SCHÄFFER
POESCHEL

Grundkurs des Steuerrechts

Band 3

Buchführungstechnik und Bilanzsteuerrecht

von

Bernfried Fanck

Professor an der Hochschule
für öffentliche Verwaltung und Finanzen Ludwigsburg

Harald Guschl

Oberregierungsrat, hauptamtlicher Dozent an der Hochschule
für öffentliche Verwaltung und Finanzen Ludwigsburg

Jürgen Kirschbaum

Professor an der Hochschule
für öffentliche Verwaltung und Finanzen Ludwigsburg

19., aktualisierte Auflage

2019
Schäffer-Poeschel Verlag Stuttgart

Bearbeiterübersicht:
Fanck: Teile A, B, C, J
Guschl: Teile D, G, I, J
Kirschbaum: Teile E, F, H, J, K, L

Bibliografische Information Der Deutschen Nationalbibliothek
Die Deutsche Nationalbibliothek verzeichnet diese Publikation in der Deutschen Nationalbiografie; detaillierte bibliografische Daten sind im Internet über http://dnb.d-nb.de abrufbar.

Print	ISBN 978-3-7910-4659-4	Bestell-Nr. 20203–0004
EPDF	ISBN 978-3-7910-4660-0	Bestell-Nr. 20203–0153

www.schaeffer-poeschel.de
service@schaeffer-poeschel.de

Printed in Germany
September 2019

Schäffer-Poeschel Verlag Stuttgart
Ein Unternehmen der Haufe Group

Vorwort zur 19. Auflage

Mit dem vorliegenden Buch stellen die Verfasser – allesamt seit vielen Jahren Dozenten an der Hochschule für öffentliche Verwaltung und Finanzen Ludwigsburg – die Technik der Buchführung und die Grundsätze des Bilanzsteuerrechts dar. Es ist als Lehrbuch für das Grundstudium I an den Fachhochschulen und anderen Ausbildungseinrichtungen der Beamten des gehobenen Dienstes in der Steuerverwaltung konzipiert. Das Werk eignet sich jedoch auch bestens als Einstieg in die Materie der Buchführung und des Bilanzsteuerrechts für alle anderen Auszubildenden und Studierenden mit steuerlicher Fachrichtung.

In dieser Neuauflage wurden die seit dem Erscheinen der Vorauflage ergangenen Gesetzesänderungen, neuen Verwaltungsanweisungen und BFH-Entscheidungen zum Bilanzsteuerrecht berücksichtigt.

Ludwigsburg, im Juni 2019

Bernfried Fanck
Harald Guschl
Jürgen Kirschbaum

Inhaltsverzeichnis

Teil C Weiterführende Buchungen

Teil D Bilanzierungs- und Bewertungsgrundsätze

Teil E Einzelne Bilanzierungs- und Buchungsfragen

Teil F Entnahmen und Einlagen

Teil G Hauptabschlussübersicht

Teil H Bilanzberichtigung

Teil I EDV-Buchführung

Abkürzungsverzeichnis

A	Abschnitt
AB	Anfangsbestand
a. F.	alte Fassung
AfA	Absetzung für Abnutzung
AG	Aktiengesellschaft
AK	Anschaffungskosten
AktG	Aktiengesetz
AO	Abgabenordnung 1977
a. o.	außerordentliche/r
BFH	Bundesfinanzhof
BGB	Bürgerliches Gesetzbuch
BilMoG	Gesetz zur Modernisierung des Bilanzrechts
BGBl I	Bundesgesetzblatt Teil I
BStBl II	Bundessteuerblatt Teil II
BV	Betriebsvermögen
BVV	Betriebsvermögensvergleich
bzw.	beziehungsweise
d. h.	das heißt
EBK	Eröffnungsbilanzkonto
EmoG	Elektromobilitätsgesetz
ESt	Einkommensteuer
EStDV	Einkommensteuerdurchführungsverordnung
EStG	Einkommensteuergesetz
EStR	Einkommensteuerrichtlinien
EuGH	Europäischer Gerichtshof
f.	folgende
ff.	fortfolgende
gem.	gemäß
GewSt	Gewerbesteuer
ggb.	gegenüber
ggf.	gegebenenfalls
GmbH	Gesellschaft mit beschränkter Haftung
GoB	Grundsätze ordnungsmäßiger Buchführung
GuV	Gewinn und Verlust
GWG	Geringwertige Wirtschaftsgüter
HAÜ	Hauptabschlussübersicht
HGB	Handelsgesetzbuch
HK	Herstellungskosten
JStG	Jahressteuergesetz
i. d. F.	in der Fassung
i. d. R.	in der Regel
i. H. d.	in Höhe des/der
i. H. v.	in Höhe von
i. R. d.	im Rahmen des

i. S. d.	im Sinne der/des
i. Ü.	im Übrigen
i. V. m.	in Verbindung mit
lt.	laut
m. E.	meines Erachtens
ND	Nutzungsdauer
n. F.	neue Fassung
o. g.	oben genannt
PV	Privatvermögen
RAP	Rechnungsabgrenzungsposten
rd.	rund
Rspr.	Rechtsprechung
Rz.	Randziffer
S.	Seite
s.	siehe
SB	Schlussbestand
SBK	Schlussbilanzkonto
s. a.	siehe auch
s. o.	siehe oben
s. u.	siehe unten
SGB VI	Sozialgesetzbuch Sechstes Buch
u. a.	unter anderem
u. U.	unter Umständen
UntStRefG	Unternehmensteuerreformgesetz
UR	Umsatzsteuer-Rundschau
USt	Umsatzsteuer
UStAE	Umsatzsteueranwendungserlass
UStDV	Umsatzsteuer-Durchführungsverordnung
UStG	Umsatzsteuergesetz
UStR	Umsatzsteuerrichtlinien
usw.	und so weiter
vgl.	vergleiche
WEK	Wareneinkaufskonto
WG	Wirtschaftsgut
Wj.	Wirtschaftsjahr
WVK	Warenverkaufskonto
z. B.	zum Beispiel
z. T.	zum Teil

Die Jahreszahlen 01, 02 usw. bedeuten nicht 2001, 2002 usw., sondern das erste, zweite bzw. weitere Jahr im jeweiligen Beispiel (Fall).

Teil A Einführung

1 Bedeutung der Buchführung

Jeder, der eine berufliche Tätigkeit ausübt, möchte selbstverständlich wissen, was er dabei verdient. Das gilt insbesondere auch für den Unternehmer. Auskunft über seine Ertrags- und Vermögenslage gibt ihm dabei die Buchführung seines Betriebs. Außerdem kann er daraus wichtige Daten für seine Kalkulation, für die Überwachung seiner Forderungen und Schulden und vieles andere mehr entnehmen. Die Buchführung ist somit eine wichtige **Informationsquelle** für den Unternehmer.

Buchführung ist aber nicht nur Privatsache. Auch aus Gründen des **Gläubigerschutzes** (Sicherung von Krediten) ist eine ordnungsmäßige Buchführung unbedingt erforderlich. Nicht zuletzt ist auch der Staat an den Ergebnissen der Buchführung interessiert, denn sie führen zu einer Reihe wichtiger **Besteuerungsgrundlagen** (z. B. Gewinn für die Einkommensteuer und die Gewerbesteuer, Verkaufserlöse = vereinbarte Entgelte für die Umsatzsteuer).

Aus diesen Gründen hat der Gesetzgeber für bestimmte Unternehmer die Buchführung zur **Pflicht** gemacht. So enthält § 238 HGB die Buchführungspflicht für alle Kaufleute (vgl. § 1 ff. HGB). Zur Befreiung von der Buchführungspflicht für kleine Einzelkaufleute siehe § 241 a HGB. § 141 AO verpflichtet alle Gewerbetreibenden und Land- und Forstwirte, deren Umsatz oder Gewinn eine bestimmte Grenze übersteigt, Bücher zu führen (vgl. auch D 1.1).

Eine bestimmte **Form der Buchführung** ist gesetzlich nicht vorgeschrieben. Jedoch müssen zum Betriebsbeginn und zum Schluss jedes Geschäftsjahrs (Wirtschaftsjahrs) ein Inventar (Bestandsverzeichnis) und eine Bilanz erstellt werden, außerdem zum Schluss jedes Geschäftsjahrs eine Gewinn- und Verlustrechnung (§ 240 Abs. 1 und 2 sowie § 242 Abs. 1 und 2 HGB). Die einzelnen Geschäftsvorfälle müssen sich in ihrer Entstehung und Abwicklung verfolgen lassen. Insgesamt muss die Buchführung so beschaffen sein, dass sie einem sachverständigen Dritten, z. B. dem Kreditsachbearbeiter der Bank oder dem Betriebsprüfer des Finanzamts, innerhalb angemessener Zeit einen sicheren Überblick über die Geschäftsvorfälle sowie über die Ertrags- und Vermögenslage des Unternehmens vermitteln kann (vgl. § 238 Abs. 1 Sätze 2 und 3 HGB sowie § 145 Abs. 1 AO). Eine Buchführung, die diesen Anforderungen entspricht, ist **ordnungsmäßig.**

2 Der Gewinnbegriff des § 4 Abs. 1 EStG

2.1 Der Betriebsvermögensvergleich

Die wohl wichtigste Besteuerungsgrundlage, die der Buchführung zu entnehmen ist, ist der Gewinn des Betriebs. Die steuerliche Bestimmung des Gewinns ist im § 4 Abs. 1 Satz 1 EStG enthalten. Aus dieser Vorschrift lässt sich folgende Darstellung ableiten:

	Betriebsvermögen am Ende des Wirtschaftsjahrs (Wj.)
./.	Betriebsvermögen am Ende des vorangegangenen Wj.
=	Unterschiedsbetrag (Betriebsvermögenszunahme oder -abnahme)
+	Entnahmen
./.	Einlagen
=	Gewinn

Diese Berechnung bezeichnet man üblicherweise als **Betriebsvermögensvergleich.**

2.2 Begriff des Betriebsvermögens

Betriebsvermögen ist einerseits die **Menge aller positiven und negativen Vermögenswerte** (Wirtschaftsgüter), die dem Betrieb dienen, also der betrieblichen Besitzposten und Schulden, s. D 2.

Andererseits stellt das Betriebsvermögen auch den **wertmäßigen Unterschied zwischen Besitzposten und Schulden** des Betriebs dar, also das **Eigenkapital**. Dieses wertmäßige Betriebsvermögen liegt der Gewinnermittlung durch Betriebsvermögensvergleich zugrunde.

Zum Betriebsvermögen zählen nur Besitzposten, die dem Kaufmann gehören, also regelmäßig nur solche, die sich in seinem **zivilrechtlichen Eigentum** befinden. Ausnahmsweise können aber auch Besitzposten im zivilrechtlichen Eigentum eines Dritten dem Betriebsvermögen des Kaufmanns als **wirtschaftliches Eigentum** zugerechnet werden, vgl. § 39 Abs. 2 Nr. 1 AO und § 246 Abs. 1 Satz 2 HGB.

2.3 Private Einflüsse

Das Betriebsvermögen wird nicht nur durch betriebliche Einnahmen und Ausgaben verändert, sondern oft auch durch private Ausgaben (Entnahmen) oder Einlagen. Damit wird das Ergebnis des Betriebsvermögensvergleichs verfälscht. Zur Korrektur müssen deshalb die Entnahmen zugerechnet, die Einlagen jedoch abgesetzt werden. Damit ist sichergestellt, dass der Gewinn nur den betrieblichen Bereich erfasst.

Was unter Entnahmen und Einlagen im Einzelnen zu verstehen ist, ergibt sich aus § 4 Abs. 1 Sätze 2 und 8 EStG. Vgl. auch § 12 EStG und Teil F.

2.4 Wirtschaftsjahr

Die meisten Gewerbetreibenden haben als **Wirtschaftsjahr** (auch: Geschäftsjahr) das **Kalenderjahr** gewählt, jedoch sind vom Kalenderjahr abweichende Wirtschaftsjahre unter bestimmten Voraussetzungen ebenfalls möglich. Für Land- und Forstwirte ist ein abweichendes Wirtschaftsjahr (01. 07. bis 30. 06.) gesetzlich vorgeschrieben, vgl. § 4 a Abs. 1 Satz 2 Nr. 1 EStG.

2.5 Übungsaufgaben zum Betriebsvermögensvergleich und zur Entwicklung des Betriebsvermögens

FÄLLE 1–3

FALL 1

Es bedeuten:
BV = Betriebsvermögen
BV 01 = Betriebsvermögen am Ende des ersten Wirtschaftsjahres
BV 02 = Betriebsvermögen am Ende des zweiten Wirtschaftsjahres

	a)	b)	c)	d)
BV 02	50 000 €	20 000 €	./. 5 000 €	60 000 €
BV 01	10 000 €	30 000 €	15 000 €	./. 4 000 €
BV-Zunahme	40 000 €	....	....	....
BV-Abnahme	–	....	....	....

Eine Betriebsvermögens-Zunahme oder -Abnahme sagt für sich allein noch nichts über den endgültigen Gewinn - oder Verlust - aus. Das Betriebsvermögen am Ende des Wirtschaftsjahrs kann durch außerbetriebliche, also private Vorgänge beeinflusst sein; Privatentnahmen minderten das Vermögen, Privateinlagen wirkten sich erhöhend aus.

FALL 2

	e)	f)	g)	h)
BV 02	25 000 €	./. 8 000 €	30 000 €	10 000 €
BV 01	35 000 €	12 000 €	10 000 €	./. 4 000 €
BV-Zunahme	–	....	....	....
BV-Abnahme	10 000 €	....	....	....
+ Entnahmen	36 000 €	14 000 €	24 000 €	30 000 €
./. Einlagen	6 000 €	5 000 €	50 000 €	2 000 €
Gewinn	20 000 €	....	....	....
Verlust	–	....	....	....

FALL 3

Die Bestandteile des Betriebsvermögensvergleichs werden oft in anderer Reihenfolge gegliedert, um die Entwicklung des Betriebsvermögens dazustellen.

	i)	k)	l)	m)
BV 01	40 000 €	./. 5 000 €	12 000 €	30 000 €
./. Entnahmen	22 000 €	19 000 €	20 000 €	18 000 €
	18 000 €	....	....	....
+ Einlagen	4 000 €	14 000 €	0 €	8 000 €
	22 000 €	....	....	....
+ Gewinn	15 000 €	30 000 €	20 000 €	–
./. Verlust	–	–	–	25 000 €
BV 02	37 000 €	....	....	....

3 Inventur – Inventar – Bilanz

Nach den gesetzlichen Vorschriften über die Buchführung (§ 240 Abs. 1 und 2, § 242 Abs. 1 HGB, § 141 Abs. 1 Satz 2 AO) muss der Unternehmer zum Betriebsbeginn und zum Schluss eines jeden Wirtschaftsjahrs ein Inventar und eine Bilanz erstellen (vgl. 1). Ohne diese Unterlagen ist ein Betriebsvermögensvergleich nicht möglich, denn durch sie wird die Höhe des BV ja erst festgestellt.

3.1 Inventur

Die Inventur ist die **körperliche Bestandsaufnahme** des gesamten BV durch Zählen, Messen und Wiegen.

Das Schwergewicht liegt bei der Aufnahme der Warenbestände. Für das Anlagevermögen ist unter bestimmten Voraussetzungen (R 5.4 Abs. 4 EStR) eine buchmäßige Bestandsaufnahme zulässig. Bei Forderungen und Schulden können die Bestände ohnehin nur buchmäßig festgestellt werden.

3.2 Inventar

Das Inventar ist das auf Grund der Inventur erstellte **Bestandsverzeichnis,** in dem die Besitzposten und Schulden des Unternehmens nach Art, Menge und Wert im Einzelnen aufgeführt sind.

Durch Gegenüberstellen von Besitzposten und Schulden ergibt sich das BV (Eigenkapital). Das Inventar muss vollständig und wahrheitsgemäß sein. Ein fehlerhaftes Inventar führt zu einem falschen Betriebsvermögen und damit auch zu einem falschen Gewinn.

3.2.1 Gliederung des Inventars

Zu einem ordnungsmäßigen Inventar gehört auch eine übersichtliche Gliederung. Besitzposten und Schulden werden getrennt aufgeführt. Beim Besitz wird zwischen Anlage-und Umlaufvermögen unterschieden. **Anlagevermögen** (§ 247 Abs. 2 HGB, R 6.1 Abs. 1 EStR) dient dem Betrieb auf längere Sicht (z. B. Einrichtung, Fuhrpark), **Umlaufvermögen** gehört i. d. R. nur kurzfristig zum BV (z. B. Waren, Geldmittel, Forderungen); vgl. R 6.1 Abs. 2 EStR.

BEISPIEL

Inventar
der Firma Kurt M., Getränkehandlung, Bachstadt
auf 31.12.01

A. Besitz		
Anlagevermögen		
1. Einrichtung		
20 Regale zu je 200 €	4 000 €	
1 Ladentheke	500 €	
1 Registrierkasse	600 €	
2 Schreibtische zu je 150 €	300 €	
2 Stühle zu je 80 €	160 €	5 560 €
2. Fuhrpark		
1 Lieferwagen		9 400 €
Summe Anlagevermögen		14 960 €

Umlaufvermögen		
1. Warenvorräte		
20 Kisten Sprudel à 3 €	60 €	
25 Kisten Limo à 4 €	100 €	
30 Kisten Export-Bier à 8 €	240 €	
10 Kisten Pils à 10 €	100 €	
	500 €	
2. Außenstände lt. besonderer Liste	200 €	
3. Guthaben bei Sparkasse B	8 160 €	
4. Kassenbestand	240 €	
Summe Umlaufvermögen	9 100 €	9 100 €
Summe Besitz		24 060 €
B. Schulden		
1. Darlehen Brauerei Unterstadt		6 000 €
2. Verbindlichkeiten an Lieferer		
Brauerei Unterstadt	150 €	
Mineralquelle Baden KG	80 €	230 €
3. rückständige Ladenmiete		320 €
4. Summe Schulden		6 550 €
C. Gegenüberstellung		
Summe Besitz		24 060 €
Summe Schulden		6 550 €
Eigenkapital (Betriebsvermögen)		17 510 €

3.2.2 Ordnungsmäßigkeit des Inventars

Das Inventar gehört zu den wichtigsten Bestandteilen einer ordnungsmäßigen Buchführung. Es muss deshalb selbst ordnungsmäßig sein. Neben der Vollständigkeit ist darauf zu achten, dass alle Eintragungen lesbar sind, nichts radiert oder sonst wie unkenntlich gemacht ist, keine unbeschriebenen Zwischenräume verbleiben (Gefahr nachträglicher Eintragungen!) und Änderungen kenntlich gemacht sind. Selbstverständlich muss die Schrift dauerhaft sein; Bleistiftschrift ist nicht zulässig.

3.3 Bilanz

Ein ordnungsmäßiges Inventar kann je nach Art und Umfang des Betriebs einen beträchtlichen Umfang haben. Für einen raschen Überblick über die Vermögenslage des Unternehmens ist es daher in der Regel nicht geeignet. Dazu dient, unter Beschränkung auf das Wesentliche, die Bilanz.

Die Bilanz ist eine gedrängte Gegenüberstellung der Besitzposten einerseits und der Schulden und des Eigenkapitals (Betriebsvermögens) andererseits.

Sie wird jeweils zum Bilanzstichtag (Abschlussstichtag, Ende des Wirtschaftsjahrs) auf Grund des Inventars erstellt.

3.3.1 Form und Inhalt der Bilanz

Die Bilanz ist eine Gegenüberstellung von Besitz und Schulden, meistens in T-Form. Dabei werden die Besitzposten auf der linken Seite (= Aktiv-Seite) ausgewiesen, während die Schuldposten auf der rechten Seite (= Passiv-Seite) stehen. Den Besitz nennt man deshalb oft auch **Aktiva,** die Schulden **Passiva.**

Da Besitz und Schulden wertmäßig praktisch nie genau übereinstimmen, ergibt sich stets ein Unterschiedsbetrag, der als **Eigenkapital** (kurz: Kapital) bezeichnet wird. Dieser Unterschiedsbetrag stellt das **Betriebsvermögen i. S. d.** § 4 Abs. 1 Satz 1 EStG dar (s. 2.1 und 2.2).

Das Eigenkapital wird in der Regel auf der Passivseite der Bilanz ausgewiesen. Dadurch gleichen sich die Bilanzsummen in Aktiva und in Passiva aus. Man bezeichnet diesen Umstand als **Bilanzgleichung** (Aktiva = Passiva).

Diese Bilanzgleichung ist für das Verständnis der doppelten Buchführung **sehr wichtig.** Sie muss jederzeit sichergestellt sein.

Am anschaulichsten ist es, wenn man die Bilanz mit einer Waage vergleicht. (Das entspricht auch ihrem Namen: il bilancia = die Waage.) Dann ergibt sich folgendes Bild:

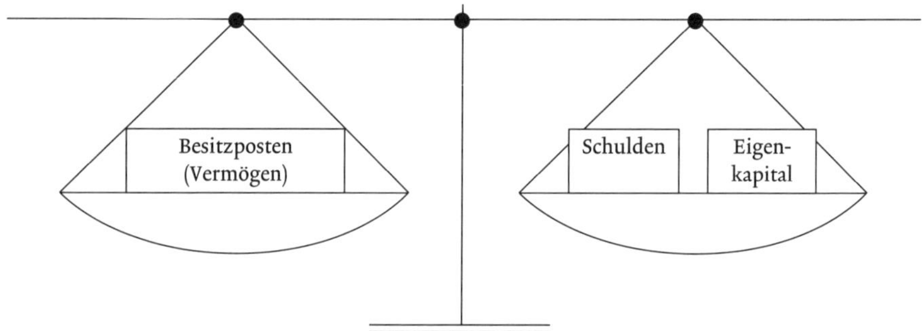

Dieses Bild zeigt auch, dass bei einer **Überschuldung** des Betriebs das Eigenkapital auf der **Aktivseite** stehen muss, denn nur dadurch lässt sich der Ausgleich beider Seiten erreichen.

Man kann den Inhalt der Bilanz auch so deuten, dass man dem Ausweis des Vermögens auf der Aktivseite die Finanzierung des Vermögens durch Eigenkapital und Fremdkapital auf der Passivseite gegenüberstellt.

Gelegentlich ist die Bilanz auch in der Form anzutreffen, dass Aktiva und Passiva nicht nebeneinander, sondern untereinander stehen. Am Grundsatz der Bilanzgleichung (Aktiva = Passiva) ändert sich dadurch jedoch nichts. Für Kapitalgesellschaften ist nach § 266 Abs. 1 Satz 1 HGB die Kontoform vorgeschrieben.

3.3.2 Gliederung der Bilanz

Der Klarheit der Bilanz dient eine übersichtliche Gliederung der Bilanzposten (§ 247 Abs. 1 HGB). Dabei ist es üblich, bei den Besitzposten zuerst das Anlagevermögen und dann das Umlaufvermögen (vgl. 3.2.1), jeweils geordnet nach der Verfügbarkeit, auszuweisen. Auf der Passivseite steht an der ersten Stelle das Eigenkapital, dann die langfristigen und schließlich die kurzfristigen Verbindlichkeiten (Schulden).

BEISPIEL

Die Bilanz der Firma Kurt M. (s. 3.2.1) könnte so aussehen:

Schlussbilanz
der Firma Kurt M., Getränkehandlung, Bachstadt,
auf den 31. Dezember 01

Aktiva		Passiva	
A. Anlagevermögen		A. Eigenkapital	17 510 €
Einrichtung	5 560 €	B. Schulden	
Fuhrpark	9 400 €	Darlehen	6 000 €
B. Umlaufvermögen		Verbindlichkeiten für Waren	230 €
Warenvorräte	500 €	sonstige Verbindlichkeiten	320 €
Forderungen	200 €		
Bankguthaben	8 160 €		
Kasse	240 €		
	24 060 €		24 060 €

Eine ausführliche Gliederungsvorschrift bringt § 266 HGB, allerdings nur für Kapitalgesellschaften, bestimmte Personengesellschaften (§ 264 a HGB) und Genossenschaften verbindlich, für andere Unternehmen aber eine gute Orientierungshilfe.

FALL 4

Durch die Inventur auf den 31. 12. 01 wurden folgende Bestände ermittelt: Bankguthaben 21 700 €, Einrichtung 8 600 €, Grundstücke 60 000 €, Hypothekenschuld 40 000 €, Kassenbestand 5 400 €, LKW 14 200 €, Verbindlichkeiten an Lieferer 16 300 €, sonstige Verbindlichkeiten 7 800 €, Warenforderungen 17 900 €, Warenvorräte 32 500 €, Eigenkapital?
Ermitteln Sie das Eigenkapital (Betriebsvermögen) und stellen Sie die Bilanz auf.

3.3.3 Bilanzenzusammenhang

Beim Betriebsvermögensvergleich nach § 4 Abs. 1 Satz 1 EStG ist das auf Grund der Bilanz ermittelte Betriebsvermögen (Eigenkapital) gleich zweimal von Bedeutung, zuerst als Endvermögen für die Gewinnermittlung des abgelaufenen Wirtschaftsjahrs und sodann als Vorjahresvermögen für die Gewinnermittlung des folgenden Jahres. Es ist deshalb nicht üblich, für jedes Jahr eine besondere Eröffnungsbilanz aufzustellen. § 242 Abs. 1 HGB sieht eine Eröffnungsbilanz nur für den Beginn des Geschäftsbetriebs vor. Die Schlussbilanz des abgelaufenen Jahres stellt praktisch die Eröffnungsbilanz für das folgende Jahr dar (Bilanzenzusammenhang), vgl. § 252 Abs. 1 Nr. 1 HGB.

4 Änderung von Bilanzposten durch Geschäftsvorfälle

Nahezu jeder betriebliche Vorgang wirkt sich auf die Bilanzposten aus. Es ist möglich, dass sich die Veränderungen gegenseitig ausgleichen, sodass das Eigenkapital unberührt bleibt. Dann handelt es sich um **Betriebsvermögensumschichtungen.** Oft wird jedoch durch einen Geschäftsvorfall das Eigenkapital erhöht oder vermindert. Dann spricht man von **Betriebsvermögensveränderungen.** Diese können nicht nur betriebliche, sondern auch außerbetriebliche,

d. h. private Anlässe haben. Von der Auswirkung auf das Eigenkapital hängt es weitgehend ab, ob ein Geschäftsvorfall eine Auswirkung auf den Gewinn hat. Deshalb ist es wichtig, die einzelnen Arten dieser Vorfälle näher zu betrachten.

4.1 Betriebsvermögensumschichtungen

Bei Betriebsvermögensumschichtungen ändert sich das Eigenkapital nur in seiner Zusammensetzung, nicht jedoch in seiner Höhe. Damit ergibt sich bei ihnen auch keine Auswirkung auf den Gewinn. Sie sind also **erfolgsneutral.** Dabei unterscheidet man drei Arten von Betriebsvermögensumschichtungen: den Aktiv-Tausch, den Passiv-Tausch und den Aktiv-Passiv-Tausch.

4.1.1 Der Aktiv-Tausch

Ein Aktiv-Tausch liegt vor, wenn der Abnahme eines Besitzpostens die Zunahme eines anderen Besitzpostens gegenübersteht. Die Bilanzsumme ändert sich nicht.

BEISPIELE

a) Anschaffung einer Maschine gegen Bankscheck.
b) Aus der Kasse wird Geld auf das betriebliche Bankkonto eingezahlt.
c) Ein Kunde zahlt eine bisher als Forderung ausgewiesene Rechnung durch Überweisung.

4.1.2 Der Passiv-Tausch

Beim Passiv-Tausch wird die Minderung einer Schuld durch die Erhöhung eines anderen Schuldpostens ausgeglichen. Die Bilanzsumme ändert sich ebenfalls nicht.

BEISPIELE

a) Eine Warenschuld wird in eine Darlehensschuld umgewandelt.
b) Eine betriebliche Steuerschuld wird durch Aufnahme eines Bankkredits getilgt.

4.1.3 Der Aktiv-Passiv-Tausch

Von einem Aktiv-Passiv-Tausch spricht man, wenn sich Besitz und Schulden (Aktiva und Passiva) in gleichem Umfang erhöhen oder vermindern.

BEISPIELE

a) Es werden Waren auf Rechnung (Kredit) gekauft.
b) Eine Lieferantenschuld wird durch Banküberweisung gezahlt.

Durch einen Aktiv-Passiv-Tausch ändert sich zwar nicht das Eigenkapital (Betriebsvermögen), die Bilanzsumme wird aber höher oder niedriger. Die Bilanzgleichung bleibt jedoch stets gewahrt.

4.2 Betriebsvermögensveränderungen

Zahlreiche Geschäftsvorfälle führen jedoch zu einer Erhöhung oder Verminderung des Eigenkapitals (Betriebsvermögens). Der Anlass dazu kann betrieblich oder auch außerbetrieblich, d. h. privat sein. Es ist einleuchtend, dass betrieblich veranlasste Vermögensveränderungen i. R. d. BVV Einfluss auf den Gewinn haben. **Privat** veranlasste Vermögensveränderungen dürfen dagegen den betrieblichen Gewinn **nicht** beeinflussen. Aus diesem Grunde erfolgt die Korrektur beim BVV, nämlich die Zurechnung der Entnahmen und die Kürzung um die Einlagen.

Demnach sind die Betriebsvermögensveränderungen in zwei Gruppen einzuteilen, in die **BV-Veränderungen aus betrieblichem Anlass** und die **BV-Veränderungen aus privatem Anlass.**

4.2.1 Betriebsvermögensveränderungen aus betrieblichem Anlass

4.2.1.1 Betriebsvermögenserhöhungen durch Ertrag

Erhält ein Unternehmer einen Vermögenszufluss, ohne dass er dafür gleichzeitig entsprechende Ausgaben hat, so **erhöht** sich sein Eigenkapital und damit auch der Gewinn. Man spricht hier von **Erträgen.**

BEISPIELE

a) Dem Unternehmer werden auf seinem betrieblichen Bankkonto Bankzinsen gutgeschrieben.
b) Für aus betrieblichem Anlass vermietete Räume wird Miete bar bezahlt.
c) Einem Handelsvertreter wird Provision überwiesen.

4.2.1.2 Betriebsvermögensminderungen durch Aufwand

Hat ein Unternehmer betrieblich veranlasste Ausgaben, für die er unmittelbar keinen Gegenwert (= mehr Aktiva oder weniger Passiva) erhält, so vermindert sich sein Eigenkapital und damit auch der Gewinn. Es liegt ein Aufwand vor.

BEISPIELE

a) Die Stromrechnung für den Betrieb wird bar bezahlt.
b) Die Kraftfahrzeugsteuer für das Betriebsfahrzeug wird an die Bundeskasse überwiesen.
c) Die Arbeitnehmer des Betriebs erhalten ihre Löhne und Gehälter ausbezahlt.

4.2.2 Betriebsvermögensveränderungen aus privatem Anlass

4.2.2.1 Betriebsvermögenserhöhungen durch Einlagen

Private Einlagen in Geld oder Geldeswert erhöhen das Betriebsvermögen. Beim Betriebsvermögensvergleich ist deshalb die Vermögenszunahme entsprechend höher. Dies wird aber ausgeglichen durch die Kürzung um die Einlagen (vgl. 2.1). Einlagen sind deshalb erfolgsneutral; sie wirken sich nicht auf den Gewinn aus.

BEISPIEL

Auf das betriebliche Bankkonto wird Geld aus einer Erbschaft oder einem Lottogewinn überwiesen.

4.2.2.2 Betriebsvermögensminderungen durch Entnahmen

Private Entnahmen in Geld oder Geldeswert vermindern das BV. Dies wirkt sich beim Betriebsvermögensvergleich negativ aus, wird aber ebenfalls ausgeglichen, und zwar durch die Zurechnung der Entnahmen (vgl. 2.1).

Entnahmen sind deshalb i. d. R. ebenfalls **erfolgsneutral;** sie wirken sich meist **nicht** auf den Gewinn aus.

BEISPIELE

a) Aus der Kasse wird Geld für private Zwecke entnommen.

b) Der Unternehmer entnimmt Ware zum Eigenverbrauch.

Eine andere Auswirkung ergibt sich, wenn ein Gegenstand in der Buchführung (Bilanz) mit einem niedrigeren Wert geführt wird, als es dem wirklichen Wert entspricht, wenn also sogenannte stille Reserven vorliegen. Diese stillen Reserven sind übrigens regelmäßig legal entstanden; bestimmte gesetzliche Bewertungsvorschriften führen oft zwangsläufig zu solchen niedrigeren Werten.

Dabei wird der in den Büchern ausgewiesene Wert als **Buchwert** bezeichnet. Unter »wirklicher Wert« ist nach dem Steuerrecht der sogenannte Teilwert zu verstehen. Zum Begriff Teilwert vgl. § 6 Abs. 1 Nr. 1 Satz 3 EStG und bei D 3. 1. 3.

In diesen Fällen weicht die Vermögensverminderung durch Abgang des Gegenstandes zum Buchwert von der Zurechnung der Entnahmen mit dem Teilwert ab (vgl. § 6 Abs. 1 Nr. 4 Satz 1 EStG). Es kann sich dadurch eine Gewinnerhöhung (Ertrag) oder eine Gewinnminderung (Aufwand) ergeben. Solche Entnahmen sind teilweise **erfolgswirksam.**

BEISPIEL

Ein bisher zum BV zählendes Fahrzeug mit einem Buchwert von 2 000 € soll künftig nur noch privat genutzt werden. Es wird entnommen. Der Teilwert beträgt bei der Entnahme
a) 5 000 €,
b) 1 500 €.

LÖSUNG

a) Es entsteht ein Ertrag von 3 000 €.
b) Es entsteht ein Aufwand von 500 €.

4.3 Sonderfälle

Nicht alle Geschäftsvorfälle sind Betriebsvermögensumschichtungen oder -veränderungen. In Ausnahmefällen, also nur selten, berührt ein Geschäftsvorfall keinen Besitz- oder Schuldposten, z. B. wenn betrieblicher Aufwand mit privaten Geldmitteln bestritten wird. Eine Gewinnauswirkung ergibt sich dabei nur, wenn Privatentnahmen oder Privateinlagen vorliegen.

BEISPIELE

a) Das Benzin für eine Geschäftsfahrt wird mit Privatgeld bezahlt.

LÖSUNG Es liegt einerseits eine Einlage, andererseits betrieblicher Aufwand vor. Der Gewinn mindert sich entsprechend.

b) Die Gemeinde bucht überzahlte Gewerbesteuer auf Grundsteuer für das private Grundstück um.
LÖSUNG Die Erstattung der Gewerbesteuer ist ein Ertrag (bzw. eine Aufwandsminderung), die Tilgung der privaten Grundsteuerschuld (weil aus betrieblichen Mitteln bestritten) eine Entnahme. Hier erhöht sich der Gewinn.
HINWEIS: Gewerbesteuerzahlungen für Kalenderjahre ab 2008 sind aber gem. § 4 Abs. 5b EStG steuerlich nicht mehr als Betriebsausgaben abzugsfähig; entsprechend sind Gewerbesteuererstattungen nicht mehr als Betriebseinnahmen zu versteuern. Dennoch liegen diesbezüglich handelsrechtlich weiterhin betriebliche Ausgaben bzw. Einnahmen vor, die auch als solche erfolgswirksam zu verbuchen sind. Zur Ermittlung des steuerlichen Gewinns als Bemessungsgrundlage für die Einkommensteuer sind allerdings Gewerbesteuerzahlungen dem handelsrechtlichen Gewinn außerhalb der Bilanz hinzuzurechnen. Gewerbesteuererstattungen sind entsprechend abzuziehen.

4.4 Zusammenfassung

Die folgenden Geschäftsvorfälle haben die folgende Gewinnauswirkung:

Art des	Geschäftsvorfalls	Gewinnauswirkung
1	Betriebsvermögensumschichtungen	erfolgsneutral (1–1.3)
1.1	Aktiv-Tausch	
1.2	Passiv-Tausch	
1.3	Aktiv-Passiv-Tausch	
2.	Betriebsvermögensveränderungen	
2.1	aus **betrieblichem** Anlass	
2.1.1	BV-Erhöhung durch Ertrag	gewinnerhöhend
2.1.2	BV-Minderung durch Aufwand	gewinnmindernd
2.2	aus **privatem** Anlass	
2.2.1	BV-Erhöhung durch Einlagen	erfolgsneutral
2.2.2	BV-Minderung durch Entnahmen	
2.2.2.1	Buchwert gleich Teilwert	erfolgsneutral
2.2.2.2	Buchwert unter Teilwert	gewinnerhöhend
2.2.2.3	Buchwert über Teilwert	gewinnmindernd
3.	Sonderfälle	
3.1	betrieblicher Aufwand mit privaten Mitteln gezahlt	gewinnmindernd
3.2	betrieblicher Ertrag für private Zwecke verwendet	gewinnerhöhend

FALL 5

Bitte vermerken Sie in Spalte

a) ob es sich um eine BV-Umschichtung (U), eine BV-Erhöhung (E) oder eine BV-Minderung (M) handelt;

b) ob ein betrieblicher (B) oder ein privater (P) Anlass vorliegt;

c) welche Auswirkung auf den Gewinn gegeben ist: erfolgsneutral (=), gewinnerhöhend (+) oder gewinnmindernd (./.).

d)

Nr.	Geschäftsvorfall	a)	b)	c)
1	Der Unternehmer (U) kauft einen Lagerplatz für 10 000 € gegen Barzahlung.			
2	U zahlt aus der Kasse 4 000 € auf das betriebliche Bankkonto ein.			
3	U bezahlt eine Warenschuld durch Banküberweisung über 2 500 €.			
4	Bankgutschrift über 20 000 € infolge Gewährung eines betrieblichen Darlehens durch die Bank.			
5	Banklastschrift für hierfür angefallene Darlehenszinsen: 500 €.			
6	Zahlung von Einkommensteuer durch Überweisung an das Finanzamt: 1 200 € (vgl. § 12 Nr. 3 EStG).			
7	Mieter von betrieblich vermieteten Ladenräumen überweist an U 400 € Miete.			
8	100 € Zinsgutschrift für Bankguthaben auf dem Geschäftskonto des U.			
9	U entnimmt der Geschäftskasse 500 € für Urlaubsreise.			
10	U zahlt aus Erbschaft 2 000 € bar auf betriebliches Bankkonto ein.			
11	U entnimmt das Betriebs-Kfz, Buchwert 2 000 €, Teilwert 5 000 €.			
12	U bezahlt Porto für Geschäftsbriefe mit 24 € aus privaten Mitteln.			

HINWEIS: Gehen Sie hier – und in allen späteren Aufgaben – davon aus, dass Zahlungsvorgänge grundsätzlich über die Geschäftskasse bzw. das betriebliche Bankkonto laufen, wenn nicht ausdrücklich etwas anderes gesagt ist.

Teil B Die Funktion der doppelten Buchführung

1 Das Konto

Wie der vorstehende Fall 5 zeigt, werden Besitzposten und Schulden sowie das Eigenkapital ständig durch Geschäftsvorfälle verändert. Aufgabe der Buchführung ist es nun, diese Veränderungen zu erfassen und übersichtlich darzustellen. Mittel dazu sind die Konten der Buchführung.

Typisch für ein Konto ist, dass es wie die Bilanz zwei Seiten hat. Der Aktivseite der Bilanz entspricht die Soll-Seite des Kontos, der Passivseite der Bilanz die Haben-Seite des Kontos.

Die äußere Form des Kontos kann unterschiedlich ausgestaltet sein. Das Konto in T-Form zeigt folgendes Bild:

Soll		.... -Konto			Haben
Datum	Text	Betrag	Datum	Text	Betrag

Das in der Praxis meist vorkommende Konto in Reihen-Form zeigt dagegen dieses Bild:

.... -Konto		Soll	Haben
Datum	Text	Betrag	Betrag

Diese Form haben in der Regel auch die durch elektronische Datenverarbeitung (EDV) erstellten Konten.

Unabhängig von der äußerlichen Form besteht die entscheidende Übereinstimmung darin, dass es bei beiden Kontenformen eine Soll-Seite und eine Haben-Seite gibt. Wegen der Bezeichnung Soll und Haben bzw. Lastschrift und Gutschrift vgl. 1. 3.

1.1 »Zerlegung« der Bilanz in Konten

Die Bilanz ist zwar ein äußerst wichtiger Bestandteil der ordnungsmäßigen Buchführung, für das Aufzeichnen der laufenden Veränderungen bei den Besitzposten und Schuldposten ist sie jedoch völlig ungeeignet. Sie wird deshalb in Konten aufgelöst, gewissermaßen »zerlegt«. Für jeden Posten der Bilanz wird ein eigenes Konto eingerichtet. Dabei werden die Bestände aus der Eröffnungsbilanz bzw. - was dasselbe ist - aus der Schlussbilanz des abgelaufenen Jahres auf die Konten übernommen.

Wichtig ist, dass bei Eröffnung der Konten die Seiten der Bestände beibehalten werden; Aktivposten kommen auf die Soll-Seite, Passivposten auf die Haben-Seite der Konten.

Aktiva	Eröffnungsbilanz		Passiva
Einrichtung	12 000 €	Eigenkapital	20 500 €
Waren	18 000 €	Warenschulden	16 000 €
Bankguthaben	5 000 €		
Kasse	1 500 €		
	36 500 €		36 500 €

Konten

S	Einrichtung		H
Bestand	12 000		

S	Waren		H
Bestand	18 000		

S	Bank		H
Bestand	5 000		

S	Kasse		H
Bestand	1 500		

S	Eigenkapital		H
		Bestand	20 500

S	Warenschulden		H
		Bestand	16 000

FALL 6

Richten Sie die Konten für die Firma Kurt M. auf Grund der unter A 3.3.2 dargestellten Schlussbilanz (= Eröffnungsbilanz auf 01. 01. 02) ein.

1.2 Kontenarten

Zu den Aufgaben einer ordnungsmäßigen Buchführung gehört es, die Geschäftsvorfälle sachlich richtig aufzuzeichnen, damit sie einen sicheren Überblick über diese geben kann (s. § 238 Abs. 1 Sätze 2 und 3 HGB und § 145 Abs. 1 AO). Diesem Zweck dienen die **Sachkonten.** Sie gehören zum Zahlenwerk der doppelten Buchführung.

Daneben gibt es auch noch die **Personenkonten,** auf denen - zusätzlich zur Buchung auf den Sachkonten - die Kunden oder Lieferer betreffenden Vorgänge aufgezeichnet werden, also alle Ausgangsrechnungen und Eingangsrechnungen und die entsprechenden Zahlungen.

1.2.1 Sachkonten

Zu den Sachkonten gehören insbesondere die **Bestandskonten;** das sind die Konten, welche die Aktiv- und Passivposten der Bilanz aufnehmen. Vgl. Beispiel in 1. 1. Es sind zu unterscheiden

a) **aktive Bestandskonten (Aktivkonten):**
In ihnen werden die Besitzposten ausgewiesen, z. B. Einrichtung, Waren, Kasse.

b) **passive Bestandskonten (Passivkonten):**
Sie dienen der Verbuchung der Schuldposten und des Eigenkapitals.

FALL 7

Auf welcher Seite der aktiven und passiven Bestandskonten stehen die Anfangsbestände?

Als weitere Sachkonten werden später noch die Erfolgskonten behandelt, vgl. 3. 1.

1.2.2 Personenkonten

Neben den Sachkonten sind Personenkonten (auch Kontokorrentkonten genannt) einzurichten, und zwar für alle Geschäftsfreunde, mit denen Geschäfte auf Ziel abgeschlossen werden. Ziel oder - besser - Zahlungsziel nennt man die Frist, die dem Leistungsempfänger zur Zahlung des Rechnungsbetrags eingeräumt ist. (Der Ausdruck »auf Ziel« als Gegensatz zum Bargeschäft wird in späteren Beispielen und Aufgaben noch oft verwendet werden.)

Es gibt Personenkonten für Kunden und für Lieferer. Die Buchungsregeln unterscheiden sich nicht von denen für die Bestandskonten. Die Summe der Bestände auf den Kundenkonten muss dem Bestand auf dem Sachkonto »Forderungen aus Lieferungen und Leistungen«, auch »(Waren-)Forderungen«, »Außenstände« oder »Debitoren« genannt, entsprechen. Bei den Liefererkonten heißt das entsprechende Sachkonto »Verbindlichkeiten aus Lieferungen und Leistungen«, »(Waren-)Verbindlichkeiten«, »Warenschulden« oder »Kreditoren«. Auch die Summe der Bestände auf den Liefererkonten muss mit dem Bestand auf dem entsprechenden Sachkonto übereinstimmen.

1.3 Die Seiten des Kontos (Soll und Haben)

Die Bezeichnung der Kontenseiten mit Soll und Haben bereitet dem Anfänger oft Schwierigkeiten. Er sucht einen tieferen Sinn, der ihm für die Lösung der Aufgaben helfen könnte. Er wird ihn vergeblich suchen. Man könnte genauso gut die Seiten mit links und rechts oder vorne und hinten bezeichnen, oder mit Aktivseite und Passivseite.

Natürlich ist die Benennung nicht grundlos erfolgt. Eine Erklärung findet man am einfachsten bei den Personenkonten. Der Kunde soll zahlen, also Buchung im Soll; der Unternehmer hat zu zahlen, also Buchung im Haben. Bisweilen werden in der Buchführung auch die Bezeichnungen Lastschrift (statt Soll) und Gutschrift (statt Haben) verwendet. Daraus abgeleitet ergibt sich für Buchungen im Soll die Bezeichnung »belasten« und für Buchungen im Haben die Bezeichnung »gutschreiben«.

Die Bezeichnungen »Lastschrift« und »Gutschrift« werden insbesondere auf den Kontoauszügen der Banken verwendet. Eine Lastschrift auf dem Kontoauszug (= Sollbuchung) bedeutet aus der Sicht der Bank eine Verminderung des Kundenguthabens (= Verbindlichkeit der Bank) oder eine Erhöhung der Bankschuld des Kunden (= Forderung der Bank). Beim Unternehmer als Bankkunde erfolgt jedoch auf dem Bankkonto seiner Buchführung insoweit eine Habenbuchung.

1.4 Buchungsregeln

Beim Buchen sind folgende Regeln zu beachten:

a) **Der Anfangsbestand steht auf derselben Seite wie der Bilanzposten in der Bilanz.**
b) **Die Zugänge stehen auf derselben Seite wie die Anfangsbestände** (als Bestandszunahmen).
c) **Die Abgänge stehen auf der den Anfangsbeständen und Zugängen entgegengesetzten Seite** (als Bestandsabnahmen).
d) **Der Endbestand steht als Saldo grundsätzlich ebenfalls auf der dem Anfangsbestand entgegengesetzten Seite.**
Eine Ausnahme gilt nur, wenn durch diverse Zu- und Abgänge aus einem Besitzposten ein Schuldposten geworden ist oder umgekehrt (z. B. aus einem Bankguthaben wird durch

Überziehung eine Bankschuld). Am Ende zeigt sich also auch beim Konto die **Bilanzgleichung,** allerdings in der Form »Soll = Haben«.

e) Jeder Sollbuchung entspricht eine Habenbuchung!

Schaubild zu den Buchungsregeln

S	Aktivkonto	H
Anfangsbestand Zugang		Abgang Endbestand

S	Passivkonto	H
Abgang Endbestand		Anfangsbestand Zugang

MERKSATZ

Buchungen auf Aktivkonten und Buchungen auf Passivkonten verhalten sich spiegelbildlich!

BEISPIELE

a) 1. Kauf von Waren auf Ziel, 850 €
Zunahme des Warenbestands = Warenkonto Soll
Zunahme der Verbindlichkeiten = Verbindlichkeitskonto Haben

2. Banküberweisung an Lieferer, 850 €
Abnahme der Verbindlichkeiten = Verbindlichkeitenkonto Soll
Abnahme des Bankguthabens = Bankkonto Haben

b) 1. Verkauf von Waren auf Ziel, 1 500 €
Zunahme der Forderungen = Forderungskonto Soll
Abnahme des Warenbestands = Warenkonto Haben

2. Banküberweisung durch Kunden, 1 500 €
Zunahme des Bankguthabens = Bankkonto Soll
Abnahme der Forderungen = Forderungskonto Haben

S	Waren		H
a) 1.	850	b) 1.	1 500

S	Verbindlichkeiten		H
a) 2.	850	a) 1.	850

S	Forderungen		H
b) 1.	1 500	b) 2.	1 500

S	Bank		H
b) 2.	1 500	a) 2.	850

Zur richtigen Buchung gehört die Angabe des Datums (in Klausuren der laufenden Nr. der Aufgabe), des Gegenkontos und des Betrags.

FÄLLE 8–10

FALL 8

Geben Sie Konto und Kontoseite für die Geschäftsvorfälle Nr. 1 bis 10 des Falls 5 an.

FALL 9

Die Firma Karz hat bei Betriebsbeginn folgende Bestände: Einrichtung 4 000 €, Waren 9 000 €, Forderungen 6 300 €, Bankguthaben 7 100 €, Kasse 2 200 €, Darlehensschuld 10 000 €, Verbindlichkeiten 5 500 €, (Eigen-)Kapital?

a) Erstellen Sie eine Eröffnungsbilanz.

b) Richten Sie die Bestandskonten ein.

c) Buchen Sie auf diesen Konten folgende Geschäftsvorfälle unter Angabe der Fall-Nr. und des Gegenkontos.

1. Überweisung an Lieferer	3 000 €
2. Bankgutschrift für Zahlung eines Kunden	3 800 €
3. Barzahlung einer Rechnung durch einen Kunden	1 000 €
4. Bareinzahlung auf Bankkonto (vgl. hierzu Hinweis zu Fall 5)	1 500 €
5. Banküberweisung zur Darlehenstilgung	2 000 €
6. Kauf von Waren auf Ziel	2 800 €
7. Verkauf von Waren auf Ziel	3 600 €
8. Verkauf von Waren, bar	1 700 €
9. Kauf eines Aktenschrankes, bar	1 100 €
10. Überweisung einer Rechnung durch einen Kunden	2 300 €

d) Stellen Sie die neuen Bestände fest (Saldo!)

HINWEIS: Bei Barzahlung oder Überweisung durch Kunden bzw. an Lieferer ist stets davon auszugehen, dass die der Zahlung zugrunde liegende Lieferung (oder sonstige Leistung) bereits gebucht ist, soweit der Sachverhalt nicht ausdrücklich etwas anderes aussagt (z. B. im Sachverhalt Nr. 8). Dies gilt auch für alle folgenden Beispiele und Aufgaben.

FALL 10

a) Erstellen Sie nach den Salden des Falls 9 eine Eröffnungsbilanz und richten Sie die Konten ein.

b) Buchen Sie auf den Konten folgende Geschäftsvorfälle und geben Sie dabei die Fall-Nr. und das Gegenkonto an.

1. Banküberweisung durch Kunden	1 200 €
2. Bareinzahlung auf das Bankkonto	2 000 €
3. Überweisung an Lieferer	3 700 €
4. Barverkauf von Waren	2 600 €
5. Kauf von Waren auf Ziel	4 500 €
6. Verkauf von Waren auf Ziel	3 900 €
7. Bareinzahlung auf das Bankkonto	1 800 €
8. Überweisung für Darlehenstilgung	3 000 €

c) Ermitteln Sie den Saldo der Konten.

2 Der Buchungssatz

Wie die bisherigen Beispiele gezeigt haben, betrifft jeder Geschäftsvorfall mehrere Sachkonten. Die Angaben über Art und Weise der Buchungen sind entsprechend umfangreich. Der Vorgang 1 aus Fall 9 ist z. B. zu buchen: Im Konto Verbindlichkeiten auf der Soll-Seite 3 000 € und im Konto Bank auf der Haben-Seite 3 000 €.

Für den Alltag des Kaufmanns, z. B. als Buchungsanweisung auf dem Beleg, sind diese Angaben zu umständlich. Sie schrumpfen im Buchungssatz auf das unbedingt Notwendige zusammen. Notwendig ist der **Name des Kontos, die Kontenseite** und der **Betrag.** Die namentliche Angabe der Konten**seite** erübrigt sich, wenn man als feste Regel voraussetzt, dass das Sollkonto zuerst, das Habenkonto zuletzt genannt wird. Es ist üblich, Sollkonto und Habenkonto durch das Wort »an« zu trennen. Der Buchungssatz wird dadurch übersichtlicher. Der Buchungssatz für das obige Beispiel lautet nun: Verbindlichkeiten an Bank 3 000 €.

Wie Sie sehen, eine kurze und klare Anweisung und Aussage. Wie geht man nun bei der Bildung eines Buchungssatzes zweckmäßigerweise vor?

Stellen Sie zuerst fest, welche Konten von dem Geschäftsvorfall betroffen sind. Prüfen Sie dann anhand der Buchungsregeln, auf welchem Konto im Soll zu buchen ist. (Sie wissen ja, im Soll stehen Besitz**zu**nahme und Schuld**ab**nahme.) Schließlich ist zu prüfen, auf welchem Konto im Haben zu buchen ist. (Im Haben: Besitz**ab**nahme und Schuld**zu**nahme.)

Nun heißt es nur noch: **Sollkonto an Habenkonto.** Dazu der Betrag, und fertig ist der Buchungssatz!

Haben Sie vielleicht nur Sollkonten oder nur Habenkonten? Das wäre der Beweis, dass Sie die Buchungsregeln nicht richtig angewandt haben. Prüfen Sie nochmals! Übrigens, Sie sehen hier schon zum ersten Mal eine Kontrollfunktion der doppelten Buchführung, die auf diese Weise schonungslos Fehler aufdeckt.

Wichtig: Geben Sie dem Wörtchen **»an«** keinen anderen Sinn, als **lediglich Trennung** zwischen Sollkonto und Habenkonto zu sein. Sie könnten sonst aus dem Buchungssatz »Bank an Kasse« gerade den falschen Vorgang herauslesen (vgl. Fall 5 Nr. 2).

2.1 Der einfache Buchungssatz

Was Sie bisher kennengelernt haben, wird als einfacher Buchungssatz bezeichnet. In ihm gibt es immer **nur zwei Konten: ein** Sollkonto und **ein** Habenkonto.

BEISPIEL

Ein Kunde überweist zum Ausgleich einer Warenforderung 1 600 €.
LÖSUNG Buchungssatz: Bank an Forderungen 1 600 €.

Dieser Buchungssatz ist übrigens einzeilig. Man kann ihn auch zweizeilig darstellen, nämlich

Bank	1 600 €	
an Forderungen		1 600 €.

Diese Form ist zweckmäßig und üblich, wenn der Buchungssatz in einem Journal (Tagebuch, in dem alle Geschäftsvorfälle zeitlich geordnet einzutragen sind) mit Soll- und Haben-Spalte aufgezeichnet wird. Dieses Journal gehört zu einer ordnungsmäßigen Buchführung. Vgl. auch 10.

FALL 11

Bilden Sie die Buchungssätze zu den Geschäftsvorfällen der Fälle 9 und 10.

2.2 Der zusammengesetzte Buchungssatz

Nicht selten sind an einem Geschäftsvorfall mehr als zwei Konten beteiligt. Zum Beispiel wird bei einem Wareneinkauf in Höhe von 4 500 € nur ein Teilbetrag von 1 000 € bar bezahlt, für den Rest ist ein Zahlungsziel eingeräumt.

Hier sind drei Konten betroffen: Waren, Kasse und Verbindlichkeiten. Zugang bei Waren (Aktivkonto) und Verbindlichkeiten (Passivkonto), Abgang bei Kasse (Aktivkonto).

Daraus ergibt sich folgender - zusammengesetzter - Buchungssatz:

Waren	4 500 €	
an Kasse		1 000 €
an Verbindlichkeiten		3 500 €

Wichtig: Auch beim zusammengesetzten Buchungssatz muss im Soll und im Haben der gleiche Betrag stehen. (Sollsumme = Habensumme!)

FALL 12

Bilden Sie die Buchungssätze für folgende Geschäftsvorfälle:

a) Ein Kunde überweist zum Ausgleich einer Forderung in Höhe von 4000 € auf das Bankkonto 3 000 € und auf das Postbankkonto 1 000 €.

b) Anschaffung eines PKW (Konto: Fuhrpark) für 45 000 € gegen Barzahlung von 10 000 €, Scheck über 30 000 €, Rest zahlbar in einem Monat.

c) Verkauf von Waren gegen Anzahlung von 2 000 € bar, Rest mit 3 000 € auf Ziel.

d) Einkauf von Waren gegen Barzahlung von 1 500 € und mit einem Monat Ziel 4 500 €.

Zusammengesetzte Buchungssätze treten vor allem im Zusammenhang mit der Umsatzsteuer auf. Hierauf wird unter C 1 später noch näher eingegangen.

2.3 Deuten von Buchungssätzen

Buchungssätze können nicht nur als Buchungsanweisung verwendet werden. Sie lassen auch Schlüsse auf den ihnen zugrunde liegenden Geschäftsvorfall zu. Sie sind gewissermaßen eine »Kurzfassung« des betrieblichen Vorgangs. Sie lassen sich bei Kenntnis der Buchungsregeln ohne Weiteres deuten.

Dabei geht man zweckmäßigerweise folgenden Weg:

1. Welches Konto steht vorne, ist also im Soll bebucht?
2. Ist das Konto ein Aktiv- oder ein Passiv-Konto?
3. Folge: Zugang oder Abgang?
4. Welches Konto steht hinten, ist also im Haben bebucht?
5. Ist das Konto ein Aktiv- oder ein Passiv-Konto?
6. Folge: Zugang oder Abgang?

BEISPIEL

Buchungssatz Waren an Verbindlichkeiten 800 €.

LÖSUNG Das im Soll bebuchte Konto »Waren« ist ein Aktiv-Konto, also Zugang 800 €. Das im Haben bebuchte Konto »Verbindlichkeiten« ist ein Passiv-Konto, also ebenfalls Zugang 800 €.
Demnach handelte es sich um Kauf von Waren auf Ziel.

FALL 13

Deuten Sie folgende Buchungssätze:

1. Bank an Kasse		2 000 €
2. Forderungen[1] an Waren		1 200 €
3. Verbindlichkeiten[2] an Bank		2 300 €
4. Postbank an Forderungen		900 €
5. Kasse an Bank		1 700 €
6. Waren an Verbindlichkeiten		4 300 €
7. Einrichtung an Kasse		1 400 €
8. Darlehensschuld an Bank		5 000 €
9. Darlehensforderung an Kasse		1 000 €
10. Waren	3 300 €	
an Kasse		300 €
an Verbindlichkeiten		3 000 €
11. Kasse	500 €	
Forderungen	5 000 €	
an Waren		5 500 €
12. Verbindlichkeiten an Forderungen		800 €
13. Bank an Darlehensschuld		15 000 €
14. Postbank an Bank		2 000 €
15. Verbindlichkeiten an Waren		3 800 €
16. Kasse an (Eigen-)Kapital		4 000 €
17. Einrichtung an Bank		1 300 €
18. Einrichtung an (sonstige) Verbindlichkeiten		1 850 €

3 Das Kapitalkonto und seine Unterkonten

Wie Sie sicher festgestellt haben, waren die bisher besprochenen Geschäftsvorfälle fast ausschließlich Betriebsvermögensumschichtungen, d. h., sie wirkten sich auf das Betriebsvermögen (Eigenkapital, Kapital) nicht aus. Zudem sind Vermögensumschichtungen stets erfolgsneutral.

Nun gibt es aber im Alltag des Unternehmers zahlreiche Geschäfte, die nicht erfolgsneutral sind, sondern Erträge oder Aufwendungen bringen. Durch sie wird das Kapital ständig verändert. Wie sind solche Vorfälle zu buchen?

Zuerst ist festzustellen, dass das **Kapitalkonto immer ein Passivkonto ist.** Das gilt für die Anwendung der Buchungsregeln selbst dann, wenn ausnahmsweise wegen Überschuldung das Kapital auf der Aktivseite der Bilanz erscheint!

Erträge erhöhen das Kapital, sie sind Kapitalzugang. Im Passivkonto steht der Zugang auf der Habenseite. **Erträge stehen also auf der Habenseite.**

Aufwendungen mindern das Kapital, sie sind Kapitalabgänge. Abgänge stehen im Passivkonto wie bekannt auf der Sollseite. **Aufwendungen stehen daher immer auf der Sollseite.**

Die Bezahlung der Stromrechnung könnte man also buchen: Kapital an Bank. Und für die Zinsgutschrift auf dem Bankkonto bietet sich der Buchungssatz Bank an Kapital an.

Aber: Wie würde bei solchen Buchungen das Kapitalkonto am Ende des Wirtschaftsjahrs aussehen? Wäre es als übersichtlich geführt zu bezeichnen? Wohl kaum!

---

1 Auch andere Bezeichnungen, z. B. Forderungen aus Lieferungen und Leistungen, Außenstände, Debitoren, Warenforderungen.

2 Andere Bezeichnungen, z. B. Verbindlichkeiten aus Lieferungen und Leistungen, Warenschulden, Kreditoren.

Die unmittelbare Buchung von Aufwendungen und Erträgen auf dem Kapitalkonto würde in der Praxis vor allem gegen den Grundsatz der Klarheit und Übersichtlichkeit verstoßen (vgl. § 243 Abs. 2 HGB). Wichtige Erkenntnisse über die Zusammenhänge von Erträgen und Aufwendungen gingen verloren. Dies ist der Grund, warum auf dem Kapitalkonto selbst, außer bei Eröffnung und beim Abschluss, nicht gebucht wird, sondern besondere **Unterkonten** eingerichtet werden. Das Kapitalkonto wird dadurch zum »ruhenden« Konto.

3.1 Erfolgskonten

Die wichtigsten Unterkonten des Kapitalkontos sind die **Erfolgskonten.** Auf ihnen werden alle **betrieblichen** Vermögensveränderungen gebucht, also die Aufwendungen und die Erträge. Man unterscheidet dabei zwischen **Aufwandskonten** und **Ertragskonten.** Wie viel und welche Erfolgskonten eingerichtet werden, richtet sich nach den Bedürfnissen des Betriebs, wobei Betriebsumfang, -struktur und -größe eine wichtige Rolle spielen.

Die Buchungen auf den Erfolgskonten stehen auf der gleichen Seite, auf der sie sonst im Kapitalkonto stehen würden. Auch für die Erfolgskonten gilt also:

Erträge stehen immer auf der Habenseite.

Aufwendungen stehen immer auf der Sollseite.

Der realistische Buchungssatz für die Zahlung der Stromrechnung lautet demnach:

Raumkosten an Bank.

Und die Zinsgutschrift würde man buchen:

Bank an Zinserträge.

Durch die Einrichtung der Erfolgskonten bleibt die Buchführung übersichtlich. Die Aufwendungen und die Erträge werden nach sachlichen Gesichtspunkten getrennt gebucht. Dadurch wird die Aussagekraft der Buchführung wesentlich verstärkt.

Schema für die Erfolgskonten

S Aufwandskonto	H
Aufwand	Aufwandsminderung Saldo

S Ertragskonto	H
Ertragsminderung Saldo	Ertrag

FÄLLE 14–15

FALL 14

Bilden Sie die Buchungssätze für folgende Geschäftsvorfälle:

Bilden Sie die Buchungssätze für folgende Geschäftsvorfälle:

1. Barzahlung für Löhne	2 100 €
2. Überweisung für zu zahlende Ladenmiete	850 €
3. Bankgutschrift für erhaltene Provision	500 €
4. Überweisung an Lieferer (Wareneinkauf bereits verbucht)	3 300 €
5. Bank belastet für Zinsen	250 €
6. Barkauf eines Aktenschrankes	1 340 €
7. Postbanküberweisung für Strom	610 €
8. Bankgutschrift für Zinsen	380 €
9. Barzahlung für Fachzeitschrift	40 €
10. Wareneinkauf auf Ziel	1 970 €
11. Warenverkauf auf Ziel	2 480 €
12. Banküberweisung für Gewerbesteuer	750 €
13. Bankgutschrift für Mietrückzahlung	100 €
14. Kunde zahlt durch Postbanküberweisung	1 370 €
15. Warenverkauf gegen bar	490 €

Folgende Erfolgskonten sind vorhanden: Personalkosten, Raumkosten, Betriebssteuern, Zinsertrag, Zinsaufwand, allgemeine Verwaltungskosten, Provisionsertrag, Waren (vgl. 6.3).

FALL 15

Deuten Sie folgende Buchungssätze:

1. Bank an Mieterträge	800 €
2. Kasse an Mieterträge	200 €
3. Personalkosten an Bank	1 200 €
4. Provisionsaufwand an Postbank	800 €
5. Allgemeine Verwaltungskosten an Kasse	50 €
6. Raumkosten an Bank	660 €
7. Postbank an Forderungen	1 470 €
8. Bank an Betriebssteuern	390 €
9. Verbindlichkeiten an Postbank	2 130 €
10. Zinsaufwand an Bank	170 €

Die Erfolgskonten haben mit Ablauf des Wirtschaftsjahrs ihre Aufgabe erfüllt, die betrieblichen Kapitalveränderungen (Aufwendungen und Erträge) aufzunehmen. Sie sind abzuschließen. Die jeweiligen Summen oder Salden zeigen, welcher Aufwand oder Ertrag im Wirtschaftsjahr angefallen ist.

BEISPIEL

Auf dem Konto Raumkosten stehen beim Abschluss im Soll insgesamt 4 660 €, im Haben 260 €.

LÖSUNG Der Saldo von 4 400 € zeigt den Aufwand für die Geschäftsräume im abgelaufenen Wirtschaftsjahr.

Bei den im Haben gebuchten Beträgen handelt es sich um Aufwandsminderungen, z. B. durch Mietrückzahlung.

3.2 Das Gewinn-und-Verlust-Konto

Die Salden der Erfolgskonten zeigen nun, sachlich gegliedert, die jeweiligen Betriebsvermögenserhöhungen und -minderungen an. Diese werden jedoch nicht unmittelbar auf das Kapitalkonto übertragen, sondern zunächst auf dem Gewinn-und-Verlust-Konto (GuV-Konto) gesammelt. Es wird gelegentlich auch als Verlust-und-Gewinn-Konto bezeichnet.

Auch das GuV-Konto ist ein Unterkonto des Kapitalkontos. Es gelten die schon bekannten Buchungsregeln: Aufwendungen im Soll, Erträge im Haben. Das GuV-Konto nimmt aber keine laufenden Geschäftsvorfälle auf, sondern nur die **Salden der Erfolgskonten.** Man braucht es also nur zum **Abschluss** am Ende des Wirtschaftsjahrs.

Da sich Erträge und Aufwendungen eines Betriebs so gut wie niemals genau ausgleichen, ergibt sich auch auf dem GuV-Konto ein Saldo, und zwar im Soll, wenn die Erträge höher sind als die Aufwendungen. **Ein Saldo im Soll weist demnach einen Gewinn aus.** Steht der Saldo im Haben, so sind die Aufwendungen größer als die Erträge, die Firma hat also einen Verlust erlitten.

Im GuV-Konto bedeutet folglich:

Saldo im Soll = Gewinn,

Saldo im Haben = Verlust.

Neben der **Gewinnermittlung durch Bestandsvergleich** auf Grund der Bilanzen bietet demnach die doppelte Buchführung auch noch die **Gewinnermittlung durch Vergleich von Aufwand und Ertrag.** Beide Gewinne müssen übereinstimmen. Andernfalls liegt ein Buchungs- oder Übertragungsfehler vor. Sie sehen damit eine weitere Kontrollfunktion der doppelten Buchführung.

Schema für das GuV-Konto

S	Gewinn-und-Verlust-Konto H
Aufwendungen	Erträge
Saldo = Gewinn	Saldo = Verlust

FALL 16

Die Erfolgskonten weisen folgende **Summen** aus: Personalkosten S 18 300 €, Raumkosten S 5 420 €, Betriebssteuern S 2 450 €, Zinsaufwand S 750 €, allgemeine Verwaltungskosten S 3 190 €. Erträge aus Leistungen H 42 580 €, Mieterträge H 2 460 €.
Erstellen Sie das Gewinn-und-Verlust-Konto. Wie hoch ist der Gewinn (oder Verlust)?

Zum Abschluss eines Betriebs gehört neben der Schlussbilanz auch die **Gewinn-und-Verlust-Rechnung** (§ 242 Abs. 3 HGB). Diese Gewinn-und-Verlust-Rechnung ist praktisch eine »Reinschrift« des Gewinn-und-Verlust-Kontos. Für Kapitalgesellschaften ist dabei nach § 275 HGB nicht die Kontoform, sondern eine Staffelform vorgeschrieben. Bei anderen Unternehmen sind beide Formen zulässig. Als Beispiel für eine Gewinn-und-Verlust-Rechnung in Staffelform vgl. Lösung zu Fall 55.

3.3 Privatkonten

Sie kennen nun die Sachkonten für Betriebsvermögensumschichtungen und **betriebliche** Vermögensveränderungen. Es bleiben also noch die außerbetrieblichen, die **privaten** Betriebsvermögensveränderungen zu behandeln.

Erinnern Sie sich: Private Entnahmen mindern das Kapital, private Einlagen erhöhen es. Trotzdem soll auch hier das Kapitalkonto nicht angesprochen werden; es soll ein ruhendes Konto bleiben. Das bedeutet: es wird ein neues Unterkonto benötigt, das Privatkonto.

3.3.1 Einheitliches Privatkonto

Auf dem **Privatkonto** werden alle nicht betrieblichen, also privaten Vermögensveränderungen gebucht. Dabei gelten die Buchungsregeln für das Kapitalkonto. Das bedeutet:

Entnahmen sind als Kapitalabnahme im Soll,
Einlagen sind als Kapitalzugang im Haben
zu buchen.

Die Entnahme von Bargeld aus der Geschäftskasse ist demnach »Privat an Kasse« zu buchen, die Einzahlung auf das betriebliche Bankkonto aus privaten Mitteln »Bank an Privat«.

FALL 17

Bilden Sie Buchungssätze für folgende Vorfälle:
1. Überweisung für Privatversicherung
2. Bareinlage aus Lottogewinn
3. Einlage eines Grundstücks, bisher im Privatvermögen
4. Entnahme von Waren
5. Postbanküberweisung der Einkommensteuer (vgl. § 12 Nr. 3 EStG)
6. Bankgutschrift für erstattete Arztkosten
7. Entnahme eines Kraftfahrzeugs (Buchwert = Teilwert)
8. Barzahlung für Urlaubsreise

Der **Saldo des Privatkontos** zeigt einen Überschuss der Entnahmen über die Einlagen – also insgesamt eine Verminderung des Kapitals – an, wenn er im Haben steht; steht er im Soll, so überwiegen die Einlagen, das Kapital hat sich insgesamt erhöht.

Schema für das Privatkonto

S	Privat H
Entnahmen	Einlagen
Saldo	Saldo
(Einlagenüberschuss)	(Entnahmeüberschuss)

3.3.2 Getrennte Privatkonten

In der Praxis ist die Aufteilung des Privatkontos in ein Konto **(Privat-)Entnahmen** und ein Konto **(Privat-)Einlagen** üblich. Auch eine weitere Unterteilung ist möglich (z. B. private Steuern, private Versicherungen).

Festzuhalten ist, dass sich durch eine andere Gliederung der Privatkonten an den Buchungsregeln nichts ändert. Soll bleibt die Entnahmeseite, Haben die Einlagenseite.

3.4 Übersicht zu den Unterkonten des Kapitalkontos

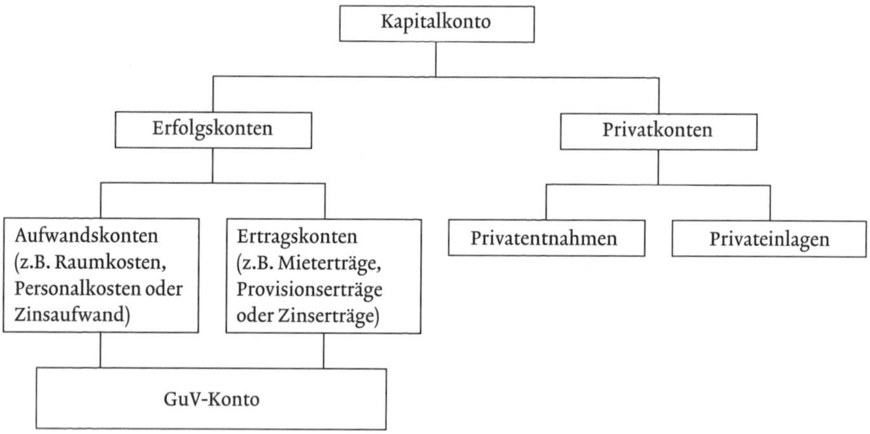

4 Kontenabschluss

Mit Ablauf des Geschäftsjahrs werden die Bestandskonten und die Erfolgskonten geschlossen. Für das folgende Geschäftsjahr werden die Konten neu eingerichtet.

Für den Kontenabschluss wird zunächst der **Saldo** festgestellt. Er steht auf der Habenseite, wenn die Buchungen im Soll überwiegen, und im Soll, wenn die im Haben gebuchten Beträge höher sind. Nach Eintragung des Saldos sind **beide Seiten des Kontos ausgeglichen.**

Auch die Eintragung des Saldos ist letztlich eine Buchung. Sie wissen, zu jeder Buchung gehört eine Gegenbuchung. Wo die Gegenbuchung erfolgt, welches Gegenkonto also in Betracht kommt, hängt von der Art des Kontos ab, das abzuschließen ist.

4.1 Abschluss der Bestandskonten

Gegenkonto für den Abschluss der Bestandskonten ist das Schlussbilanzkonto (SBK). Es nimmt die Schlussbestände dieser Konten, also die Salden auf. Inhaltlich entspricht es der Schlussbilanz.

BEISPIEL

Im Konto »Kasse« beträgt die Soll-Summe 84 670 € (Anfangsbestand + Zugänge), die Haben-Summe 79 910 € (Abgänge = Barausgaben). Der Saldo von 4 760 € steht somit auf der Haben-Seite. Damit ist das Kasse-Konto ausgeglichen.
Im Schlussbilanzkonto erscheint der Kassen-Saldo im Soll (auf der Aktivseite).
Damit lautet der Abschluss-Buchungssatz:
Schlussbilanzkonto an Kasse 4 760 €.

Dieser Buchungssatz lässt sich verallgemeinern für sämtliche Aktivkonten.
Abschlussbuchung für Aktivkonten (Besitzkonten):
Schlussbilanzkonto an Aktivkonto.
Damit ist das aktive Bestandskonto ausgeglichen und der Saldo auf das Schlussbilanzkonto übertragen.

Nach den Buchungsregeln verhalten sich die Passivkonten zu den Aktivkonten spiegelbildlich. Das gilt auch für die Abschlussbuchung. Daraus ergibt sich die typische **Abschlussbuchung für Passivkonten** (Schuldkonten):
Passivkonto an Schlussbilanzkonto.

FALL 18

Kontenstände am Ende des Geschäftsjahrs

Konto	Soll	Haben
Bank	64 730 €	58 470 €
Forderungen	72 610 €	61 880 €
Postbank	29 580 €	23 960 €
Darlehensschuld	10 000 €	80 000 €
Verbindlichkeiten	43 730 €	61 290 €
sonstige Verbindlichkeiten	8 300 €	10 760 €

Ermitteln Sie die Salden und bilden Sie die Abschluss-Buchungssätze.

4.2 Abschluss der Erfolgskonten

Die Salden der Erfolgskonten werden, wie bereits unter 3.2 behandelt, auf dem GuV-Konto gesammelt. Auch diese »Sammlung« geschieht durch Buchung und Gegenbuchung: Buchung des Saldos im Erfolgskonto und Gegenbuchung im GuV-Konto.

Damit ergeben sich für die Erfolgskonten folgende typische Abschlussbuchungssätze:
GuV-Konto an Aufwandskonto,
Ertragskonto an GuV-Konto.
Mit diesen Abschlussbuchungen sind auch die Erfolgskonten ausgeglichen und alle Aufwendungen und Erträge auf das GuV-Konto übertragen.

4.3 Abschluss des Gewinn-und-Verlust-Kontos

Nach Übernahme der Aufwendungen und Erträge wird sich auch im GuV-Konto ein Saldo ergeben. Wie bereits in 3.2 festgestellt wurde, bedeutet ein Saldo im Soll (Überschuss der Erträge über die Aufwendungen) einen Gewinn, ein Saldo im Haben (Überschuss der Aufwendungen über die Erträge) einen Verlust. Nachdem nun der betriebliche Gewinn oder Verlust bekannt ist, kann auch das Kapitalkonto weitergeführt werden. Sie erinnern sich: Für das Kapitalkonto gelten die Buchungsregeln des Passivkontos. Gewinn erhöht das Eigenkapital und muss demnach auf der Habenseite des Kapitalkontos gebucht werden. Für Verlust als Minderung des Eigenkapitals kommt folglich die Sollseite des Kapitalkontos in Betracht.

Damit ergeben sich für das Gewinn-und-Verlust-Konto folgende **Abschlussbuchungen bei Gewinn: GuV-Konto an Kapital,**
bei Verlust: Kapital an GuV-Konto.

4.4 Abschluss des Privatkontos

Auch nach dem Abschluss des GuV-Kontos hat das Kapitalkonto seinen endgültigen Stand noch nicht erreicht. Es fehlen nämlich noch die privaten Betriebsvermögensveränderungen, die auf dem Privatkonto gebucht wurden.

Als nächster Schritt ist deshalb das Privatkonto abzuschließen. Ein Saldo im Haben bedeutet, dass die Entnahmen überwiegen. Ein Entnahmeüberschuss führt zu einer Kapitalminderung und muss daher im Konto »Kapital« im Soll gebucht werden.

Hat dagegen der Unternehmer mehr eingelegt als entnommen, so steht die größere Summe im Haben. Der Saldo gehört also zum Ausgleich ins Soll. Und weil ein Einlagenüberschuss kapitalerhöhend wirkt, muss er im Kapitalkonto im Haben gebucht werden.

Der **Abschluss des Privatkontos** geht demnach über folgende Buchungen:
Kapital an Privat, bei Entnahmeüberschuss;
Privat an Kapital, bei Einlagenüberschuss.

FALL 19

Wie lauten die Abschlussbuchungssätze, wenn statt des Kontos »Privat« die Konten Entnahmen und Einlagen geführt werden?

Nach dem Übertrag der privaten Vermögensveränderungen hat das Eigenkapital seinen Endstand erreicht und ist – als Bestandskonto – mit dem Buchungssatz

Kapital an Schlussbilanzkonto

abzuschließen (bei Überschuldung: Schlussbilanzkonto an Kapital). Im Schlussbilanzkonto **muss** jetzt Aktiva = Passiva sein. (Andernfalls wurde etwas falsch gemacht.) Damit ist die gesamte Buchführung abgeschlossen.

Gelegentlich wird zwischen »Abschlussbuchungen« und »vorbereitenden Abschlussbuchungen« unterschieden. Dies hat zwar keine große praktische Bedeutung, aber damit keine Missverständnisse aufkommen: Abschlussbuchungen berühren das Schlussbilanzkonto oder das GuV-Konto, vorbereitende Abschlussbuchungen dagegen nicht. So gehört z. B. der Abschluss des Privatkontos zu den vorbereitenden Abschlussbuchungen.

4.5 Beispiel für ein abgeschlossenes Konto

S		Bank	H
1. Anfangsbestand	23 700 €	2. Verbindlichkeiten	8 600 €
3. Forderungen	6 320 €	4. Provisionsaufwand	2 510 €
6. Kasse	5 000 €	5. Mietaufwand	1 200 €
		7. Verbindlichkeiten	5 490 €
		8. SBK	17 220 €
	35 020 €		35 020 €

4.6 Übersicht zu den Sachkonten und deren Abschluss

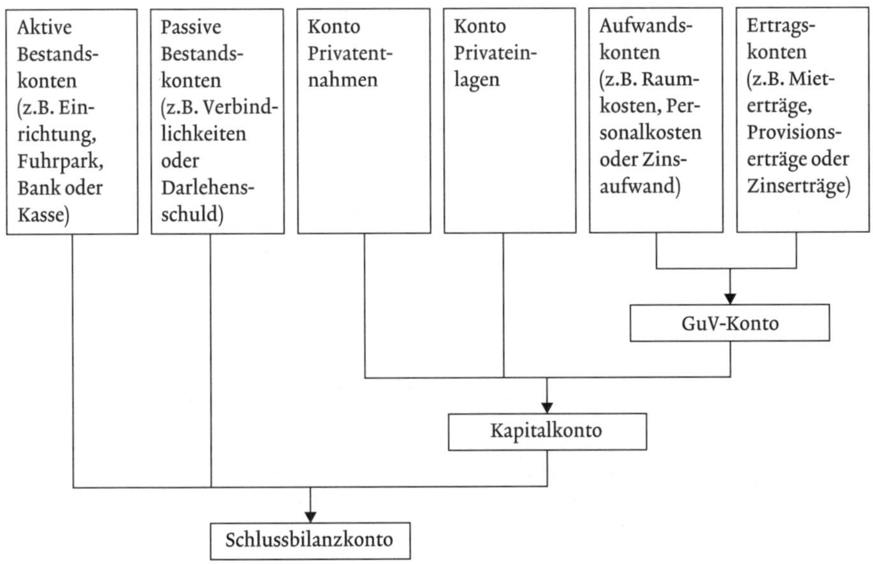

Neben den Sachkonten bestehen noch Personenkonten (Kundenkonten und Liefererkonten bzw. Debitoren- und Kreditorenkonten), die zusätzlich geführt werden, vgl. 1. 2. 2.

4.7 Übersicht zu den Abschlussbuchungen

1. Schlussbilanzkonto an Aktivkonto (für jedes Aktivkonto)
2. Passivkonto an Schlussbilanzkonto (für jedes Passivkonto)
3. Gewinn-und-Verlust-Konto an Aufwandskonto (für jedes Aufwandskonto)
4. Ertragskonto an Gewinn-und-Verlust-Konto (für jedes Ertragskonto)
5. Kapitalkonto an Konto Privatentnahmen
6. Konto Privateinlagen an Kapitalkonto
7. Gewinn-und-Verlust-Konto an Kapitalkonto (bei Gewinn)

7a. Kapitalkonto an Gewinn-und-Verlust-Konto (bei Verlust)

8. Kapitalkonto an Schlussbilanzkonto

Bestandskonten

S Aktivkonto	H
Anfangsbestand	Abgang
Zugang	Endbestand = Saldo ①

S Passivkonto	H
Abgang	Anfangsbestand
Endbestand = Saldo ②	Zugang

S Privatentnahmen	H
Entnahmen	Saldo ⑤

S Privateinlagen	H
Saldo ⑥	Einlagen

S Kapitalkonto	H
Entnahmen ⑤	Anfangsbestand
(Verlust) ⑦a	Einlagen ⑥
Endbestand = Saldo ⑧	Gewinn ⑦

Erfolgskonten

S Aufwandskonto	H
Aufwand	Aufwandsminderung
	Saldo ③

S Ertragskonto	H
Ertragsminderung	Ertrag
Saldo ④	

Abschlusskonten

S Schlussbilanzkonto	H
Aktiva ①	Passiva ②
	Endkapital ⑧
Bilanzsumme	Bilanzsumme

S Gewinn-und-Verlust-Konto	H
Aufwand ③	Ertrag ④
Gewinn ⑦	(Verlust) ⑦a

Es ist auch möglich, zuerst die Aufwandskonten, die Ertragskonten, die Privatkonten sowie das Gewinn-und-Verlust-Konto und erst danach die aktiven und passiven Bestandskonten sowie das Kapitalkonto abzuschließen. Der Abschluss des Kapitalkontos ist aber immer erst dann möglich, wenn zuvor alle Unterkonten des Kapitalkontos (siehe 3.4) abgeschlossen sind.

FÄLLE 20–21

FALL 20

Aus der Eröffnungsbilanz des Handelsvertreters H ergeben sich folgende Anfangsbestände: Bank 12 400 €, Kasse 2 350 €, Darlehensschuld 3 000 €, Kapital?
Konten: Provisionsforderungen, Bank, Kasse, Darlehensschuld, Kapital, Privat; Raumkosten, Reisekosten, Zinsaufwand, allgemeine Verwaltungskosten, Provisionserträge.

1. Barzahlung für Fahrkarte	160 €
2. Überweisung für Stromgeld	280 €
3. Provisionsertrag lt. Abrechnung Nr. 1	1 330 €
4. Bankgutschrift für Provisionsabrechnung Nr. 1	1 330 €
5. Barentnahme für Haushalt	500 €
6. Barzahlung für Reisespesen	330 €
7. Barabhebung vom Bankkonto	1 000 €
8. Banküberweisung an Vermieter für Büromiete	850 €
9. Barzahlung für Büroreinigung	300 €
10. Provisionsertrag lt. Abrechnung Nr. 2	1 830 €
11. Lastschrift der Bank für Darlehenszinsen	100 €
12. Barentnahme für Urlaubsfahrt	920 €
13. Barzahlung für Porto	740 €
14. Bankgutschrift für Provisionsabrechnung Nr. 2	1 830 €
15. Überweisung für Reisespesen	270 €
16. Überweisung für Einkommensteuer	1 000 €
17. Barabhebung vom Bankkonto	1 200 €
18. Barzahlung für Schreibarbeiten	190 €
19. Provisionsertrag lt. Abrechnung Nr. 3	2 170 €
20. Bankgutschrift für Provisionsabrechnung Nr. 3, Teilbetrag	1 000 €
21. Banklastschrift für Darlehenstilgung	1 500 €
22. Barentnahme für Haushalt	250 €

Erstellen Sie eine Eröffnungsbilanz und richten Sie die Konten ein.
Buchen Sie die Geschäftsvorfälle und schließen Sie die Konten ab über Schlussbilanzkonto und GuV-Konto.
Ermitteln Sie den Gewinn durch Betriebsvermögensvergleich.

FALL 21

Anfangsbestände (laut Eröffnungsbilanz des Reinigungsunternehmers R): Bank 27 100 €, Kasse 5 940 €, Kapital 33 040 €.
Konten: Forderungen, Bank, Kasse, Verbindlichkeiten, Kapital, Privat, Raumkosten, Personalkosten, Allgemeine Verwaltungskosten, Fahrtkosten, Erlöse aus Leistungen.

1. Bareinnahme für erbrachte Leistungen	1 620 €
2. Überweisung für Miete der Geschäftsräume	500 €
3. Barzahlung für Bus-Monatskarten	180 €
4. Rechnung an Kunde K für erbrachte Leistungen	2 940 €
5. Kauf von Büromaterial auf Ziel	370 €
6. Barentnahme für Haushalt	600 €
7. Bareinzahlung auf Bankkonto	3 500 €
8. Bankgutschrift für Überweisung durch Kunde K	2 400 €
9. Bareinnahme für erbrachte Leistungen	850 €
10. Banküberweisung für Büromaterial (s. Nr. 5)	370 €
11. Banklastschrift wegen Strom für Büroräume	320 €
12. Rechnung an Kunde Z für erbrachte Leistungen	1 830 €
13. Lohnzahlung an Arbeitnehmer durch Überweisung	2 140 €

14. Barentnahme für Urlaubsreise	800 €
15. Rechnung der B-GmbH für gelieferte Schreibwaren (Bürobedarf = Allgemeine Verwaltungskosten)	1 260 €
16. Bareinnahme für erbrachte Leistungen	930 €
17. Barzahlung für Bahn-Monatskarten	150 €
18. Überweisung an Finanzamt für Einkommensteuer	1 290 €
19. Bankgutschrift für Überweisung durch Kunde Z	1 500 €
20. Rechnung an Kunde K für erbrachte Leistungen	1 650 €

Richten Sie die Konten ein.
Bilden Sie die Buchungssätze und verbuchen Sie die Geschäftsvorfälle auf den Konten.
Schließen Sie die Konten über Schlussbilanzkonto und GuV-Konto ab.
Ermitteln Sie den Gewinn durch Betriebsvermögensvergleich.

5 Bilanzkonten

5.1 Schlussbilanzkonto

Das Schlussbilanzkonto (SBK) haben Sie bereits kennengelernt. Es ist das Gegenkonto für den Abschluss der Bestandskonten, also in die Form eines Kontos gekleidet, mit Datum, Gegenkonto (oft nur mit Angabe der Konto-Nr.) und Betrag.

Die **Schlussbilanz** unterscheidet zwar auch in Aktiva (Soll) und Passiva (Haben). Sie hat denselben Inhalt wie das Schlussbilanzkonto. Sie wird regelmäßig auch in Kontoform erstellt. Die Bilanzposten sind aber üblicherweise genauer bezeichnet, als es die Angabe des Gegen**kontos** zulässt. Zudem können u. U. mehrere Bestandskonten zu einem Bilanzposten zusammengefasst sein, z. B. mehrere Bankkonten zum Bilanzposten »Bankguthaben«. Anstatt bloßer Angabe des Kapitalkontensaldos ist meist eine Kapitalkontenentwicklung (vgl. Fall 3) eingefügt. Die Schlussbilanz muss auch mit Datum und Unterschrift versehen sein (§ 245 HGB).

Zusammengefasst kann gesagt werden, dass sich Schlussbilanz und Schlussbilanzkonto nur in der Darstellung, nicht jedoch im Inhalt unterscheiden.

5.2 Eröffnungsbilanzkonto

Der Vollständigkeit halber muss auch noch das Eröffnungsbilanzkonto (EBK) erwähnt werden. Es dient der Verteilung der Anfangsbestände auf die einzelnen Bestandskonten.

Bisher wurden die **Anfangsbestände** scheinbar ohne einen Buchungssatz auf den einzelnen Konten eingetragen. Allerdings nur scheinbar, denn tatsächlich ergab sich ein Buchungssatz, der zusammengefasst lautete:

Aktivkonten an Passivkonten.

Will man allerdings für jede **einzelne** Eröffnungsbuchung eine ganz konkrete Gegenbuchung, so kommt man ohne das Eröffnungsbilanzkonto nicht aus. Die Eröffnungsbuchungen sind dann wie folgt vorzunehmen:

Aktivkonto an Eröffnungsbilanzkonto,
Eröffnungsbilanzkonto an Passivkonto.

Das Bild des Eröffnungsbilanzkontos ist etwas unerwartet: Es ist das genaue Spiegelbild der Eröffnungsbilanz des laufenden Jahres (bzw. der Schlussbilanz des Vorjahres). Die Aktiva stehen im Haben, die Passiva im Soll! Zusammengenommen heben sich Bilanz und Eröffnungsbilanzkonto gegenseitig auf und die Bestände stehen jetzt auf den Aktivkonten und Passivkonten. Insoweit besteht also ein erheblicher Unterschied zum Verhältnis Schlussbilanz - Schlussbilanzkonto.

BEISPIEL

S	Eröffnungsbilanzkonto		H
01.01. Kapital	20 500 €	01.01. Einrichtung	12 000 €
01.01. Warenschulden	16 000 €	01.01. Waren	18 000 €
		01.01. Bank	5 000 €
		01.01. Kasse	1 500 €
	36 500 €		36 500 €

Das Eröffnungsbilanzkonto hat in der Praxis Bedeutung als »**Saldovortragskonto**«, insbesondere bei der EDV-Buchführung. In den weiteren Ausführungen wird auf die Darstellung des Eröffnungsbilanzkontos verzichtet.

6 Gemischte Konten

Bei den bisherigen Beispielen und Übungsfällen waren ausschließlich reine Bestandskonten oder Erfolgskonten angesprochen. Ihre Salden wurden entweder auf das Schlussbilanzkonto oder auf das Gewinn-und-Verlust-Konto übertragen.

In der Wirklichkeit gibt es jedoch nicht selten Fälle, in denen bei Bestandskonten der Endsaldo nicht mit dem Bestand laut Inventur übereinstimmt, und zwar auch ohne Buchungsfehler! Die Differenz kann sich dadurch ergeben, dass bei Besitzposten Wertminderungen eingetreten sind, die noch zu keiner Buchung geführt haben, oder dass unterschiedliche Wertverhältnisse berücksichtigt wurden, z. B. sind Bestände sowie Zugang mit den Einstandspreisen (Anschaffungskosten) gebucht, Abgänge dagegen mit den Verkaufspreisen. Vgl. dazu »gemischtes Warenkonto« in 6. 3.

6.1 Begriff des gemischten Kontos

Bei gemischten Konten handelt es sich immer um **Bestandskonten,** bei denen jedoch **auch Aufwendungen oder Erträge** enthalten sind.

Beim Abschluss dieser Konten muss nun zwischen Bestand und Erfolg getrennt werden: die Bestände gehen in das Schlussbilanzkonto, die Erfolge ins Gewinn-und-Verlust-Konto. Dabei ergibt sich der Bestand aus der Inventur, der verbleibende Saldo stellt den Erfolg dar.

BEISPIEL

S	gemischtes Konto		H
Anfangsbestand	8 000 €	Abgänge	47 600 €
Zugänge	33 500 €	Schlussbestand	9 400 €
Saldo	15 500 €		
	57 000 €		57 000 €

Der Saldo im Soll zeigt, dass in den Habenbuchungen nicht nur Bestandsabgänge enthalten sein können, es müssen auch Erträge gebucht sein. Der Saldo weist diesen Ertrag aus, er ist also auf die Habenseite im GuV-Konto zu übernehmen.

Ein Saldo im Haben würde dagegen auf einen Aufwand hinweisen. Gegenkonto ist dann das GuV-Konto im Soll.

FALL 22

Im Konto Wertpapiere sind gebucht:

Anfangsbestand	(S)	36 700 €
Zugänge	(S)	82 900 €
Abgänge	(H)	71 400 €

Die Inventur hat einen Endbestand von 32 700 € ergeben.
Stellen Sie das Konto dar und bilden Sie die beiden Abschlussbuchungssätze.

6.2 Besonderheiten bei Konten des abnutzbaren Anlagevermögens

Bei den Konten des Anlagevermögens erwartet man vielleicht, dass es sich um reine Bestandskonten handelt. Aber auch bei diesen Konten können Aufwendungen entstehen, hervorgerufen insbesondere durch den Wertverlust, der sich durch die Nutzung des Vermögens ergibt. Eine Maschine, ein Kraftfahrzeug, ja auch ein Gebäude werden abgenutzt und verlieren dadurch laufend an Wert. Der Kaufmann bezeichnet diese Wertminderung als **Abschreibung,** im Bilanzsteuerrecht spricht man von »**Absetzung für Abnutzung«,** kurz »AfA«. Darauf ist später, im Zusammenhang mit § 7 EStG, noch ausführlich einzugehen (vgl. D 3.6).

Bilanzansatz solcher abnutzbarer Wirtschaftsgüter (= Schlussbestand im Konto) ist der Anfangswert abzüglich der Abschreibung. Die Abschreibung wird jedoch üblicherweise nicht vom Bestandskonto unmittelbar auf das Gewinn- und Verlustkonto gebucht, sondern zunächst auf dem Aufwandskonto »Abschreibungen« oder »AfA« für alle Wirtschaftsgüter des abnutzbaren Anlagevermögens gesammelt (vorbereitende Abschlussbuchung) und erst von dort ins GuV-Konto übertragen.

Zur Absetzung für Abnutzung nur so viel im Voraus: Sie wird im Normalfall mit einem bestimmten Prozentsatz aus den Anschaffungskosten des abnutzbaren Wirtschaftsguts berechnet.

6.3 Gemischtes Warenkonto

Ein typisches gemischtes Konto ist das **einheitliche Warenkonto**, ein Konto, auf dem sowohl die Warenzugänge als auch die Abgänge durch Warenverkauf gebucht werden. In ihm zeigen sich neben den Warenbeständen auch die Erfolge aus dem Warengeschäft.

6.3.1 Inhalt des Warenkontos

Im einheitlichen Warenkonto werden sämtliche Geschäftsvorfälle gebucht, die den Einkauf und den Verkauf von Waren betreffen.

Dabei ist zu beachten, dass die **Bestände** und die **Bestandszugänge** durch Einkauf mit den **Anschaffungskosten** (Einstandspreis) anzusetzen sind, die **Verkäufe** dagegen mit dem **Verkaufserlös.** Es ist meist unmöglich, auf jeden Fall aber völlig unüblich, die verkauften Waren mit ihren Anschaffungskosten auszubuchen. In der Habenbuchung ist also außer den Anschaffungskosten der verkauften Waren auch der Rohgewinn aus dem Verkauf enthalten. Rohgewinn (auch: Handelsspanne) ist der Unterschied zwischen Verkaufserlös und Anschaffungskosten (Einstandspreis).

An den bekannten Buchungsregeln ändert sich nichts. Das bedeutet, dass der Anfangsbestand und die Zugänge im Soll stehen, die Abgänge (einschließlich des Rohgewinns) im Haben, ebenso der Schlussbestand; Warenrücksendungen und Preisnachlässe (z. B. Skonti) gehören auf die Gegenseite.

BEISPIEL

a) Einkauf von Waren auf Ziel, Rechnungsbetrag 1 000 €.
LÖSUNG Buchung: Waren an Verbindlichkeiten 1 000 €.

b) Rücksendung dieser Waren an den Lieferer.
LÖSUNG Buchung: Verbindlichkeiten an Waren 1 000 €.

Zu den Anschaffungskosten der Waren gehören auch die Eingangsfrachten und die Eingangszölle (sog. Nebenkosten der Anschaffung), vgl. D 3. 1. 1. 1.

6.3.2 Kontenmäßige Darstellung

S		Warenkonto	H
Anfangsbestand	AK	Warenverkäufe	VE
Wareneinkauf	AK	Rücksendungen an Lieferer	AK
Nebenkosten der Anschaffung	AK	Preisnachlässe durch Lieferer	AK
Rücksendungen durch Kunden	VE	Schlussbestand	AK
Preisnachlässe gegenüber Kunden	VE	(Saldo = Rohverlust)	
Saldo = Rohgewinn			

Es bedeuten: AK = Anschaffungskosten, VE = Veräußerungserlös.

6.3.3 Abschluss des Warenkontos

Die wichtigste Arbeit für den Abschluss des Warenkontos ist die Feststellung und Bewertung des Warenbestandes, also die **Inventur** (vgl. A 3.1). Nur durch die Inventur kann der Warenschlussbestand ermittelt werden. Das zeigt die große Bedeutung einer ordnungsmäßigen Inventur. Die **Bewertung der Waren** erfolgt gem. § 6 Abs. 1 Nr. 2 Satz 1 EStG in der Regel mit den **Anschaffungskosten,** das ist der Einkaufspreis zuzüglich der Nebenkosten und abzüglich der Preisnachlässe (Entgeltminderungen).

Steht der Schlussbestand der Warenvorräte fest, so kann der **Saldo** ermittelt werden. Er wird meist **im Soll** stehen, weil ja im Haben nicht nur die reinen Bestandsabgänge, sondern auch der Rohgewinn aus dem Warenverkauf mit gebucht wurde. Es ergeben sich dann folgende **Abschlussbuchungen:**

Schlussbilanzkonto an Warenkonto,
Warenkonto an GuV-Konto.

Sollte ausnahmsweise der **Saldo im Haben** erscheinen, so bedeutet dies, dass der Verkaufserlös die Anschaffungskosten nicht gedeckt hat. Somit wäre ein **Rohverlust** entstanden. Die zweite Abschlussbuchung lautet dann:

GuV-Konto an Warenkonto.

Schema für den Abschluss des Warenkontos

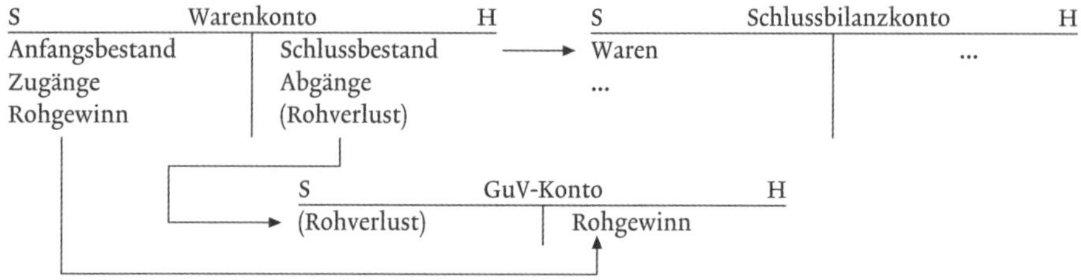

FALL 23–24

FALL 23

Im Warenkonto sind folgende Geschäftsvorfälle zu buchen:

1. Anfangsbestand	26 100 €
2. Wareneinkäufe auf Ziel	68 500 €
3. Eingangsfrachten, bar bezahlt	1 940 €
4. Preisnachlässe durch Lieferer	2 730 €
5. Erlöse aus Warenverkauf auf Ziel	110 960 €
6. Skontoabzüge durch Kunden	3 120 €
7. Warenschlussbestand lt. Inventur	19 400 €

Wie hoch ist der Rohgewinn (Rohverlust)?
Wie lauten die Abschlussbuchungen?

FALL 24

Im Warenkonto sind folgende Geschäftsvorfälle zu buchen:

1. Anfangsbestand	53 700 €
2. Wareneinkäufe	101 400 €
3. dafür gezahlte Frachtgelder	5 170 €
4. Warenrücksendungen an Lieferer	4 910 €
5. Erlöse aus Warenverkauf	105 890 €
6. Warenrücksendung durch Kunden	2 740 €
7. Skontoabzüge durch Kunden	860 €
8. Schlussbestand laut Inventur	49 520 €

Wie hoch ist der Rohgewinn (Rohverlust)?
Wie lauten die Abschlussbuchungen?

7 Kennzahlen für das Warengeschäft

Den Zahlen des Warenkontos kann der Unternehmer eine Reihe von Kennzahlen entnehmen, die für die Frage der Rentabilität oder der Konkurrenzfähigkeit seines Betriebs von Bedeutung sind. Auch für das Finanzamt, insbesondere den Betriebsprüfer, sind diese Zahlen wertvoll, denn sie ermöglichen einen Vergleich innerhalb der einzelnen Wirtschaftsjahre des Betriebs (innerer Betriebsvergleich) sowie mit branchengleichen Betrieben (äußerer Betriebsvergleich).

7.1 Wareneinsatz

Unter Wareneinsatz versteht man den Einstandspreis der verkauften Waren. Er wird nach folgender Grundformel ermittelt:
Anfangsbestand + Zugang ./. Endbestand = Wareneinsatz.

7.2 Sollumsatz

Der Sollumsatz (wirtschaftlicher Umsatz) ist der Erlös aus den Warenverkäufen.

7.3 Rohgewinn

Der Rohgewinn (Rohverlust) ist - wie schon behandelt - der Unterschied zwischen dem Sollumsatz und dem Wareneinsatz.

7.4 Rohgewinnsatz

Der Rohgewinnsatz stellt eine wichtige Vergleichsgröße dar. Er zeigt das Verhältnis des Rohgewinns zum Sollumsatz und wird kaufmännisch als **Handelsspanne** bezeichnet. Die Formel zur Errechnung des Rohgewinnsatzes lautet:

$$\text{Rohgewinnsatz} = \frac{\text{Rohgewinn x 100}}{\text{Sollumsatz}}$$

7.5 Rohgewinnaufschlagsatz

Der Rohgewinnaufschlagsatz (Rohaufschlagsatz) wird oft mit dem Rohgewinnsatz verwechselt. Er geht zwar auch vom Rohgewinn aus, bemisst sich aber nach dem Wareneinsatz. Die kaufmännische Bezeichnung heißt **Kalkulationszuschlag.**
Die Formel zur Berechnung des Rohgewinnaufschlagsatzes lautet:

$$\text{Rohgewinnaufschlagsatz} = \frac{\text{Rohgewinn x 100}}{\text{Wareneinsatz}}$$

7.6 Reingewinn und Reingewinnsatz

Reingewinn ist der Unterschied zwischen Ertrag und Aufwand insgesamt, der Gewinn, der sich auch durch den Betriebsvermögensvergleich ergibt.
Die Formel für den Reingewinnsatz lautet:

$$\text{Reingewinnsatz} = \frac{\text{Reingewinn x 100}}{\text{Sollumsatz}}$$

BEISPIEL

Das Warenkonto zeigt (zusammengefasst) folgendes Bild:

S	Warenkonto		H
Anfangsbestand	8 700 €	Verkaufserlöse	120 000 €
Wareneinkauf	96 600 €	Schlussbestand	9 300 €
Rohgewinn	24 000 €		
	129 300 €		129 300 €

Auswertung der Zahlen des Warenkontos:

Sollumsatz		120 000 €
Warenanfangsbestand	8 700 €	
+ Wareneinkauf	96 600 €	
	105 300 €	
./. Warenschlussbestand	9 300 €	
= **Wareneinsatz**	96 000 €	./. 96 000 €
Rohgewinn		24 000 €

$$\text{Rohgewinnsatz} = \frac{24\,000\,€ \times 100}{120\,000\,€} = 20\,\%$$

$$\text{Rohgewinnaufschlagsatz} = \frac{24\,000\,€ \times 100}{96\,000\,€} = 25\,\%$$

Anmerkung: Die für die Ermittlung der Kennzahlen verwendeten Begriffe sind hier vereinfacht dargestellt. Eine ausführliche Erläuterung findet sich in BStBl I 1974, 944 und BStBl I 2018, 724 (Richtsatzsammlung für 2017 – wird jährlich aktualisiert).

FÄLLE 25–26

FALL 25

Ein Unternehmen hat folgende Bestände und Geschäftsvorfälle:

Warenanfangsbestand	6 400 €
Wareneinkauf	58 700 €
Warenverkauf	80 000 €
Warenschlussbestand	5 100 €

Ermitteln Sie den Wareneinsatz, Rohgewinn, Rohgewinnsatz und Rohgewinnaufschlagsatz des Unternehmens.

FALL 26

Ein Unternehmen hat folgende Bestände und Geschäftsvorfälle:

Warenanfangsbestand	16 200 €
Warenschlussbestand	28 400 €
Wareneinkauf	135 900 €
Warenverkauf	156 800 €
Rücksendungen an Lieferer	3 700 €
Rücksendungen durch Kunden	6 800 €

Ermitteln Sie den Wareneinsatz, Rohgewinn, Rohgewinnsatz und Rohgewinnaufschlagsatz des Unternehmens.

8 Die getrennten Warenkonten

Das einheitliche (gemischte) Warenkonto führt, wie Sie feststellen konnten, zum richtigen Rohgewinn. Entscheidend dafür war die Ermittlung des richtigen Schlussbestands der Waren durch die Inventur mit der entsprechenden Bilanzierung und die Buchung des Saldos auf das GuV-Konto. Daneben konnten die Kennzahlen für das Warengeschäft berechnet werden.

Die Ermittlung von Sollumsatz und Wareneinsatz wird jedoch erheblich erschwert, wenn - wie in der Praxis üblich - viele Geschäftsvorfälle zu verbuchen sind und Rücksendungen sowie Preisnachlässe öfter vorkommen. Dann geht die Übersichtlichkeit des Warenkontos sehr schnell verloren; aber diese gehört zu einer ordnungsmäßigen Buchführung.

Das Warenkonto wird deshalb aufgeteilt in das **Wareneinkaufskonto** und das **Warenverkaufskonto.**

8.1 Wareneinkaufskonto

Das Wareneinkaufskonto (WEK) nimmt alle Geschäftsvorfälle auf, die den **Wareneinkaufsbereich** betreffen, also in erster Linie die Warenzugänge, aber auch die Nebenkosten der Warenanschaffung, die Warenrücksendungen an Lieferer und die Preisnachlässe durch Lieferer. Außerdem weist das Wareneinkaufskonto die Anfangs- und Schlussbestände aus. Als Saldo ergibt sich der Wareneinsatz (= Aufwand für die verkauften Waren). Das Wareneinkaufskonto ist also ein **gemischtes Konto.**

Die Buchungen auf dem Wareneinkaufskonto erfolgen stets mit den Anschaffungskosten (Einstandspreis).

S	Wareneinkauf H
Anfangsbestand	Rücksendung an Lieferer
Wareneinkauf (= Zugänge)	Preisnachlässe durch Lieferer
Nebenkosten der Anschaffung	Schlussbestand
	Wareneinsatz (Saldo)

Ein Vorteil des getrennten Wareneinkaufskontos ist sofort ersichtlich: Der Wareneinsatz braucht nicht mehr gesondert ermittelt zu werden, er ergibt sich als Saldo beim Abschluss.

8.2 Warenverkaufskonto

Das Warenverkaufskonto (WVK) nimmt alle Geschäftsvorfälle auf, die den **Warenverkaufsbereich** betreffen. Das sind hauptsächlich die Warenverkäufe, aber auch die Rücksendungen durch Kunden und die Preisnachlässe an Kunden. Die Buchungen erfolgen zu den Verkaufspreisen. Das Warenverkaufskonto ist ein reines Erfolgskonto, nämlich ein Ertragskonto. Es wird deshalb nur über das GuV-Konto abgeschlossen. Das Konto »Warenverkauf« wird vielfach auch als »**Umsatzerlöse**« bezeichnet (vgl. § 275 Abs. 2 Nr. 1 und Abs. 3 Nr. 1 HGB).

8.3 Abschluss der getrennten Warenkonten

Die beiden Warenkonten können nach zwei Methoden abgeschlossen werden, wobei sich ein Unterschied lediglich in der Form, nicht aber in der Auswirkung zeigen darf.

8.3.1 Nettoabschluss

Beim Nettoabschluss wird der Wareneinsatz als Minderung des Ertrags auf das Warenverkaufskonto übertragen. Buchungssatz: Warenverkauf an Wareneinkauf.

Der danach auf dem **Warenverkaufskonto** verbleibende **Saldo** weist dann, wie beim einheitlichen Warenkonto, den **Rohgewinn** (oder Rohverlust) aus, der auf das GuV-Konto zu übertragen ist.

Schema des Nettoabschlusses (mit den Zahlen des Beispiels aus 7.6)

S — Wareneinkauf (WE) — H

S		H	
AB	8700	SB	9300 → WE (Schlussbilanzkonto)
Zugang	96600	WV	96000 → WE (Warenverkauf)
	105300		105300

S — Schlussbilanzkonto — H

S		H	
WE	9300		

S — GuV-Konto — H

S		H	
		WV	24000

S — Warenverkauf (WV) — H

S		H	
WE	96000	Erlöse	120000
GuV	24000 → GuV-Konto		
	120000		120000

Schlussbilanzkonto und GuV-Konto weisen beim Nettoabschluss keinen Unterschied zum Abschluss des einheitlichen Warenkontos auf, ausgenommen, dass als Gegenkonto im GuV-Konto nun »Warenverkauf« statt »Waren« erscheint.

8.3.2 Bruttoabschluss

Die Aussagekraft des GuV-Kontos lässt sich durch den Bruttoabschluss noch verbessern. Bei dieser Abschlussmethode wird der Wareneinsatz nicht auf das Warenverkaufskonto übertragen, sondern unmittelbar ins GuV-Konto. Der Wareneinsatz lässt sich nämlich auch als Aufwand für die verkauften Waren bezeichnen. Im Warenverkaufskonto bleibt als Saldo der Sollumsatz.

Im GuV-Konto sind dann Sollumsatz und Wareneinsatz ausgewiesen. Die Gewinn-und-Verlust-Rechnung lässt damit die Ermittlung der betrieblichen Kennzahlen zu, ohne dass auf die Zahlen der einzelnen Konten zurückgegriffen werden muss.

Schema des Bruttoabschlusses (mit den Zahlen des Beispiels aus 7.6)

S	Wareneinkauf (WE)		H
AB	8700	SB	9300 →
Zugang	96600	GuV	96000 →
	105300		105300

S	Schlussbilanzkonto		H
WE	9300		

S	GuV-Konto		H
WE	96000	WV	120000

S	Warenverkauf (WV)		H
GuV	120000	Erlöse	120000

Beide Formen des Abschlusses sind zulässig.

MERKSATZ

Die Bezeichnungen Bruttoabschluss und Nettoabschluss beziehen sich **nicht** auf die Umsatzsteuer, obwohl die Begriffe »Brutto« und »Netto« gerade bei der Buchung der Umsatzsteuer eine große Rolle spielen.

FÄLLE 27–30

FÄLLE 27 + 28

Buchen Sie die Geschäftsvorfälle der Fälle 23 und 24 auf den getrennten Warenkonten. Machen Sie einen Bruttoabschluss.

FALL 29

Vorhandene Konten, Anfangsbestände in Klammern: Geschäftsausstattung (24 300 €), Wareneinkauf (37 150 €), Forderungen (18 320 €), Bank (16 790 €), Kasse (5 160 €), Darlehensschuld (40 000 €), Verbindlichkeiten (26 310 €), Kapital (?), Privat, Warenverkauf, Personalkosten, Betriebssteuern, allgemeine Verwaltungskosten (AVK), Zinsaufwand, Abschreibungen, GuV-Konto, SBK.

Geschäftsvorfälle:

1. Warenverkauf gegen bar	2 820 €
2. Einzahlung auf das Bankkonto aus der Geschäftskasse	4 000 €
3. Überweisung für Gewerbesteuervorauszahlung	800 €
4. Wareneinkauf auf Ziel	6 800€
5. Banküberweisung durch Kunden	3 100 €
6. Warenverkauf auf Ziel	8 340 €
7. Überweisung für Löhne	1 020 €
8. Überweisung an Lieferer	12 670 €
9. Warenverkauf auf Ziel	17 220 €
10. Banküberweisung durch Kunden	9 500 €
11. Lastschrift der Bank für Tilgungsrate Darlehen	4 000 €
12. Warenrücksendung durch Kunden	880 €
13. Barzahlung für Abonnement Fachzeitschrift	120 €
14. Barentnahme für Haushalt	1 000 €
15. Wareneinkauf auf Ziel	4 630 €
16. Preisnachlass durch Lieferer	430 €
17. Barzahlung für Werbung	850 €
18. Überweisung für Einkommensteuer	1 380 €
19. Kauf eines Aktenschrankes gegen Bankscheck	1 500 €
20. Banklastschrift für Darlehenszins	620 €

Angaben zum Abschluss:

- Warenbestand laut Inventur 27 250 €,
- Abschreibung (AfA) der Geschäftsausstattung beträgt 10 % des Buchwerts,
- sonst Buchbestand = Schlussbestand laut Inventur.

Richten Sie die Konten ein und verbuchen Sie die Geschäftsvorfälle. Geben Sie die Buchungssätze an. Schließen Sie die Konten ab (für Warenkonten Bruttoabschluss) und ermitteln Sie den Gewinn auf Grund eines Betriebsvermögensvergleichs. Wie hoch sind Rohgewinn und Rohgewinnsatz?

FALL 30

Bilanz des Kaufmanns K zum 31.12.00

Aktiva		Passiva	
Geschäftsausstattung	43 600 €	Kapital	91 600 €
Warenvorräte	61 500 €	Verbindlichkeiten	
Forderungen		aus Lieferungen	35 100 €
aus Lieferungen	28 900 €	Bankschulden	27 300 €
Postbankguthaben	17 400 €		
Kassenbestand	2 600 €		
	154 000 €		154 000 €

Vorhandene Konten: Geschäftsausstattung, Kapital, Forderungen, Bank, Postbank, Kasse, Verbindlichkeiten, Privat, Wareneinkauf, Personalkosten, Raumkosten, Allgemeine Verwaltungskosten, Abschreibungen, Warenverkauf, GuV-Konto, SBK.

Geschäftsvorfälle 01:

1. Barabhebung vom Bankkonto	5 000 €
2. Barzahlung für Löhne	4 210 €
3. Warenverkauf auf Ziel (AR 50-55)	37 520 €
4. Einkauf von Waren auf Ziel (ER 11 und 12)	18 340 €
5. Postbanküberweisung für fällige Ladenmiete	1 500 €
6. Barzahlung für fällige Wohnungsmiete des K	830 €
7. Kunde S überweist auf Bankkonto (für AR 46)	8 750 €
8. Bareinnahme für Warenverkauf	9 550 €
9. Barzahlung für verschiedene Bürokosten	1 150 €
10. Postbanküberweisung an Lieferer (für ER 9)	16 280 €
11. Barentnahme für Haushalt	2 200 €
12. Warenverkauf auf Ziel (AR 56 und 57)	9 880 €
13. Banküberweisung von Kunden (AR 47 und 48)	17 940 €
14. Postbanklastschrift für Stromgeld Laden	580 €
15. Postbankgutschrift von Kunden (AR 49 und 50)	8 370 €
16. Bareinnahme für Warenverkauf	10 490 €
17. Bareinzahlung auf Bankkonto	15 000 €
18. Banküberweisung für Lebensversicherung K	450 €
19. Wareneinkauf auf Ziel (ER 13)	15 880 €
20. Banküberweisung an Lieferer (für ER 10)	6 060 €

Anmerkung: AR = Ausgangsrechnung, ER = Eingangsrechnung

Angaben zum Abschluss:

- Abschreibung (AfA) auf Geschäftsausstattung beträgt 20 % des Buchwerts,
- der Warenbestand laut Inventur beträgt 50 760 €.

Bitte richten Sie die Konten ein.

Bilden Sie die Buchungssätze und verbuchen Sie die Geschäftsvorfälle auf den Konten. Schließen Sie die Konten ab und erstellen Sie den Abschluss für 01.

Ermitteln Sie den Gewinn auch durch Betriebsvermögensvergleich und dazu den Rohgewinnsatz, den Rohgewinnaufschlagsatz und den Reingewinnsatz.

8.4 Warenbestandskonto

In der EDV-Buchführung wird regelmäßig neben den Konten »Wareneinkauf« und »Warenverkauf« noch das Konto »Warenbestand« als drittes Warenkonto geführt. Auf diesem Konto wird nur zweimal im Jahr gebucht: bei der Konteneröffnung am Jahresanfang und beim Abschluss. Es handelt sich also um ein sogenanntes ruhendes Konto. Zu Beginn wird der Anfangsbestand (bzw. Endbestand des Vorjahres) eingebucht, und zwar wie im Wareneinkaufskonto im Soll; beim Abschluss erfolgt die Buchung: »SBK an Warenbestand« mit dem Warenwert laut Inventur.

Sollte nicht der unwahrscheinliche Zufall eingetreten sein, dass Anfangsbestand und Endbestand übereinstimmen, wird das Konto nach der Abschlussbuchung über SBK nicht ausgeglichen sein. Hat sich der Warenbestand gegenüber dem Vorjahr erhöht, so ist die Habenseite höher als die Sollseite. Der Saldo, der die Bestandserhöhung zeigt, wird entweder über das Erfolgskonto »Bestandsveränderungen«, auf Wareneinkauf oder unmittelbar auf das GuV-Konto gebucht (Buchung: Warenbestand an Bestandsveränderungen, Wareneinkauf bzw. GuV-Konto). Es ergibt sich ein Ertrag, oder besser gesagt, eine Verminderung des Wareneinsatzes.

Hat sich dagegen der Warenbestand vermindert, so lautet die Buchung: »Bestandsveränderungen, Wareneinkauf bzw. GuV-Konto an Warenbestand«. Hier zeigt sich ein Aufwand, nämlich durch Erhöhung des Wareneinsatzes.

Das bisher gemischte Wareneinkaufskonto wird durch diese Behandlung zum reinen Aufwandskonto; gemischtes Konto ist dafür das Konto »Warenbestand«.

BEISPIEL

Beim unmittelbaren Abschluss des Kontos »Warenbestand« über das GuV-Konto ergibt sich mit den Zahlen des Beispiels aus 7.6 folgendes Bild:

S	Warenbestand (WB)		H
AB	8 700	SB	9 300
GuV	600		

S	Schlussbilanzkonto		H
WB	9 300		

S	Wareneinkauf		H
Zugang	96 600	GuV	96 600

S	Warenverkauf		H
GuV	120 000	Erlöse	120 000

S	GuV-Konto		H
WE	96 600	WV	120 000
		WB	600

Wareneinsatz und Rohgewinn ändern sich nicht:

Warenverkauf		120 000 €
Wareneinkauf	96 600 €	
./. Bestandserhöhung	600 €	
= Wareneinsatz	96 000 €	96 000 €
= Rohgewinn		24 000 €

Wir wollen uns aber in diesem Lehrbuch im Folgenden mit den zwei »klassischen« Warenkonten (Wareneinkauf und Warenverkauf) begnügen.

9 Kontenrahmen, Kontenplan

9.1 Planmäßige Buchführung

Zur Ordnungsmäßigkeit der Buchführung gehört es, dass die Konten übersichtlich gegliedert sind. Es ist demnach für einen Betrieb wichtig, einen genauen **Kontenplan** zu erstellen. Hilfsmittel für das Aufstellen eines Kontenplanes sind die für die einzelnen Wirtschaftszweige bestehenden **Kontenrahmen.** Der Aufbau eines solchen Kontenrahmens soll am Beispiel des Kontenrahmens für den Großhandel untersucht werden. In der Praxis weichen jedoch die verschiedenen Kontenrahmen z. T. erheblich voneinander ab.

9.2 Kontenklassen

Ein Kontenrahmen ist stets in 10 Kontenklassen aufgegliedert, die ihrerseits in bis zu 10 Kontengruppen aufgeteilt werden können. Eine weitere Untergliederung führt zu den Kontennummern.

Nach dem **Kontenrahmen für den Großhandel** bestehen folgende Kontenklassen:

Klasse 0: **Anlage- und Kapitalkonten**
Dazu gehören die Konten für das Anlagevermögen und das Eigenkapital sowie für die langfristigen Verbindlichkeiten.

Klasse 1: **Finanzkonten**
Die Finanzkonten könnte man auch als Geldkonten bezeichnen. Sie umfassen Geldbestände (Kasse, Bank) sowie kurzfristige Forderungen und Verbindlichkeiten.

Klasse 2: **Abgrenzungskonten**
Unter den Abgrenzungskonten werden die Erfolgskonten (Aufwands- und Ertragskonten) geführt, die den Handelsbetrieb nicht unmittelbar betreffen. Sie werden auch als **neutrale** Konten bezeichnet, was aber nicht **erfolgs**neutral bedeutet.

Klasse 3: **Wareneinkaufskonten**
Hierzu gehört das Wareneinkaufskonto und seine Unterkonten. Je nach Art des Betriebs können auch mehrere Wareneinkaufskonten eingerichtet werden, z. B. bei unterschiedlichen Umsatzsteuersätzen oder bei verschiedenartigen Warengruppen.

Klasse 4: **Boni und Skonti**
Auf diesen Konten werden für den Großhandel typische Minderungen der Einkaufs- und Verkaufspreise verbucht. Es handelt sich um Erfolgskonten.

Klasse 5: **Konten der Kostenarten**
Unter die Kontenklasse 5 fallen ausschließlich Aufwandskonten, und zwar die für den Großhandel betriebsüblichen.

Klasse 6: **Kosten für Nebenbetriebe**
Diese Kontenklasse ist nur erforderlich, wenn Nebenbetriebe bestehen.

Klasse 7: nicht belegt

Klasse 8: **Warenverkaufskonten**
Dazu gehört das Warenverkaufskonto und seine Unterkonten. Auch hier ist die Einrichtung mehrerer Konten bei Bedarf möglich.

Klasse 9: **Abschlusskonten**
Abschlusskonten sind das Gewinn-und-Verlust-Konto und das Schlussbilanzkonto.

Ergänzung zu Klasse 4: Auf die besondere Kontenklasse für Boni und Skonti wird häufig verzichtet. Von Lieferern erhaltene Boni und Skonti werden dann in der Kontenklasse 3 erfasst, an Kunden gewährte Boni und Skonti in der Kontenklasse 8. Wir wollen in diesem Buch entsprechend verfahren.

9.3 Kontennummer

Die Kontennummer besteht in der Regel aus zwei bis vier Ziffern, je nach Umfang der Buchführung. Die erste Stelle der Nummer bezeichnet die Kontenklasse, die zweite die Kontengruppe, die weiteren das Konto selbst.

Kontennummern bringen neben der Übersichtlichkeit für die Buchführung auch noch erhebliche Vereinfachungen. So ist es möglich, bei Kontierungsanweisungen und für die Angabe des Gegenkontos (»Kontenruf«) nur die Kontennummer zu verwenden. Die Angaben lassen sich dann auf wesentlich kleinerem Raum unterbringen. Außerdem geben Kontennummern Auskunft über den Charakter des Kontos, z. B. umfassen beim Großhandel die Klassen 0 und 1 die Bestandskonten, während in den Klassen 2, 4 und 5 sowie 8 Erfolgskonten zu finden sind. Auch wir wollen deshalb die Vorteile des Kontenplans nutzen.

Einen **ausführlichen Kontenplan** finden Sie in der Anlage nach I 6. Es ist nicht sinnvoll, Kontennummern auswendig zu lernen; sie können von Betrieb zu Betrieb verschieden sein. Halten Sie sich vielmehr stets an den jeweils vorgegebenen Kontenplan bzw. die vorgegebenen Kontennummern und -bezeichnungen.

10 Journal

Sie haben nun gelernt, Geschäftsvorfälle - in erster Linie **sachlich** geordnet - auf den Sachkonten zu buchen. Die doppelte Buchführung sieht aber daneben auch noch eine Aufzeichnung vor, bei der die **zeitliche** Einordnung den Vorrang hat. Die Geschäftsvorfälle werden demnach fortlaufend aufgezeichnet, und zwar mit Datum, Konto, Gegenkonto und Betrag; evtl. auch noch Belegnummer und Erläuterungstext. Genau genommen kann man die laufende Aufzeichnung der Buchungssätze auch als Journal beschreiben (s. 2.1).

In der EDV-Buchführung gibt es in der Regel ein Erfassungsjournal (Primanota), das bei der Dateneingabe anfällt, und ein Verarbeitungsjournal. Beim sogenannten amerikanischen Journal, das für kleinere Betriebe auch heute noch geeignet sein kann, erfolgen Journalbuchungen und Sachkontenbuchungen in einer Zeile.

Das Journal ist in der Praxis ein wichtiger Teil der ordnungsmäßigen doppelten Buchführung.

BEISPIEL

Auszug aus einem Journal:

Datum	Konto Gegenkonto	Text	Umsatz (€)	
			Soll	Haben
03.01. 03.01.	130 520	Gewerbesteuer- vorauszahlung	 800,00	800,00
05.01. 05.01.	130 100		3 100,00 	 3 100,00
07.01. 07.01.	130 500	Lohn Arbeitnehmer	 1 020,00	1 020,00
08.01. 08.01.	130 170		 12 670,00	12 670,00

Es handelt sich im obigen Beispiel um die Geschäftsvorfälle 3, 5, 7 und 8 aus Fall 29, die alle das Konto »Bank« berühren. Das Zusammenfassen von Geschäftsvorfällen zu sogenannten Buchungskreisen (hier: Bank; noch üblich: Kasse, Eingangsrechnungen, Ausgangsrechnungen, Sonstiges) bringt in vielen Fällen eine Erleichterung der Buchführungsarbeit, da es z. B. bei der EDV-Buchführung dadurch regelmäßig möglich ist, bei der Datenerfassung das Konto nur einmal anzugeben und für die laufenden Geschäftsvorfälle nur noch das jeweilige Gegenkonto zu benennen.

Die Nummern der Konten und Gegenkonten ergeben sich aus dem Kontenplan in der Anlage nach I 6.

Das Journal der weitverbreiteten DATEV-Buchführung entspricht im Wesentlichen obigem Muster. Es ist jedoch um Umsatzsteuer-Spalten ergänzt und hat (mindestens) vierstellige Kontennummern.

Eine kurze Einführung zur EDV-Buchführung finden Sie unter Teil I.

Teil C Weiterführende Buchungen

Im Teil B haben Sie alle Buchungs- und Abschlussregeln kennengelernt, die für die doppelte Buchführung von Bedeutung sind. In Teil C wird nun die Verbuchung bestimmter, häufig vorkommender Geschäftsvorfälle dargestellt, die bisher noch nicht besprochen wurden. Außerdem geht es um eine weitere Aufgliederung der Buchführung mit dem Ziel, noch mehr Informationen über Betriebsabläufe zu bekommen. Die angegebenen Kontennummern sind dem als Anlage nach I 6 beigefügten Kontenplan entnommen.

1 Buchung der Umsatzsteuer

Bei allen bisher behandelten Geschäftsvorfällen wurde die Umsatzsteuer ausgeklammert, obwohl sie im Alltag des Unternehmers von erheblicher Bedeutung ist.

Jede Lieferung oder sonstige Leistung, die ein Unternehmer im Inland gegen Entgelt im Rahmen seines Unternehmens ausführt, unterliegt grundsätzlich der Umsatzsteuer (USt), vgl. § 1 Abs. 1 Nr. 1 UStG (s. a. Band 4, Meissner, Neeser; Umsatzsteuer, Teil C); eine Ausnahme besteht nur, sofern eine Steuerbefreiung nach § 4 UStG gegeben ist. Der **Normalsteuersatz** beträgt seit 01.01.2007 **19 %.** Daneben gibt es den **ermäßigten Steuersatz** von **7 %, z. B.** für Bücher und Zeitschriften sowie für bestimmte Lebensmittel. Vgl. auch A 12.1 Abs. 1 UStAE.

Bemessungsgrundlage der Umsatzsteuer ist das Entgelt **ohne** die darin enthaltene Umsatzsteuer. Die Umsatzsteuer wird häufig auch als **Mehrwertsteuer** bezeichnet.

1.1 Das Umsatzsteuerkonto

Die aus den steuerpflichtigen Leistungen eines Unternehmens geschuldete Umsatzsteuer ist i. d. R. monatlich bzw. vierteljährlich an das Finanzamt abzuführen. Bis zur Zahlung ist die Umsatzsteuerschuld auf einem besonderen Schuldkonto (Passivkonto) auszuweisen, dem Konto »Umsatzsteuer« oder »Umsatzsteuerschuld«, das oftmals als Unterkonto zu »sonstige Verbindlichkeiten« behandelt wird.

BEISPIEL

U verkauft Waren im Wert von 10 000 € + 19 % Umsatzsteuer auf Ziel.

LÖSUNG Die Forderungen erhöhen sich um den Verkaufspreis der Ware, um 11 900 €. Davon entfallen aber 1 900 € auf die Umsatzsteuer. Als Erlös aus dem Warenverkauf verbleiben damit nur noch 10 000 € (Nettoerlös).

Buchung:

100	Forderungen	11 900 €	
	an 195 Umsatzsteuer		1 900 €
	an 800 Warenverkauf		10 000 €

1.1.1 Nettobuchung der Umsatzsteuer

Vorweg: Die Nettobuchung hat nichts zu tun mit dem Nettoabschluss der Warenkonten. Der Begriff der Nettobuchung bezieht sich darauf, dass die Entgelte (Erlöse) für die Lieferung oder sonstige Leistung sofort mit dem Nettobetrag gebucht werden, also ohne die Umsatzsteuer. Im Buchungsbeispiel beträgt das Nettoentgelt 10 000 €, das Bruttoentgelt dagegen 11 900 €.

Die Nettobuchung bietet sich immer dann an, wenn das Nettoentgelt und die Umsatzsteuer von vornherein bekannt sind, z. B. durch eine Rechnung mit gesondertem Steuerausweis.

FALL 31

Geben Sie die Buchungssätze für folgende Geschäftsvorfälle an unter Anwendung der Nettomethode:

1. Verkauf von Waren auf Ziel für 6 000 € + 19 % Umsatzsteuer.
2. Barverkauf von Waren für 952 €, darin sind 152 € Umsatzsteuer enthalten.
3. Verkauf von Waren gegen Scheck über 1 785 €. Es liegt eine Rechnung über 1 500 € zzgl. 285 € Umsatzsteuer vor.

1.1.2 Bruttobuchung der Umsatzsteuer

Vor allem bei Barverkäufen an Privatkunden (Einzelhandel) ist nicht sofort ersichtlich, wie viel Umsatzsteuer die Verkaufserlöse enthalten.

BEISPIEL

Ein Textilwaren-Einzelhändler stellt nach Ladenschluss auf Grund seiner Registrierkasse eine Tageseinnahme von 2 618 € fest. Bei diesem Betrag handelt es sich um die Verkaufspreise brutto, also einschließlich 19 % Umsatzsteuer.

LÖSUNG Die Steuer muss vor einer Nettobuchung erst noch herausgerechnet werden, z. B. durch die

$$\text{Berechnung} = \frac{2618\,€ \text{ x } 19}{119} = 418\,€$$

Es besteht auch die Möglichkeit, zuerst den Nettobetrag des Entgeltes zu berechnen und dann die Umsatzsteuer.

Nettoentgelt: 2 618 € : 1,19 = 2 200 €,
USt: 19 % von 2 200 € = 418 €.
Es müsste gebucht werden:

150	Kasse	2 618 €	
	an 195 Umsatzsteuer		418 €
	an 800 Warenverkauf		2 200 €

Statt dieser Nettobuchung könnte der Kaufmann auch nach der Bruttomethode buchen.

150 Kasse an 800 Warenverkauf 2 618 €.

Damit ist jedoch der Verkaufserlös brutto, d. h. um die Umsatzsteuer zu hoch, ausgewiesen; außerdem ist die entstandene Umsatzsteuerschuld noch nicht gebucht. Deshalb ist noch eine weitere Buchung erforderlich, nämlich

800 Warenverkauf an 195 Umsatzsteuer 418 €.

Der Verkaufserlös ist nunmehr auf den Nettobetrag berichtigt, die Umsatzsteuerschuld ausgewiesen.

Die Bruttobuchung führt i. d. R. zu einer Vereinfachung der Buchungen, weil das Herausrechnen der Umsatzsteuer nicht für jede Lieferung, sondern nur einmal im Monat bzw. Vierteljahr notwendig ist, nämlich zur Feststellung der an das Finanzamt abzuführenden Umsatzsteuer-Vorauszahlung; vgl. § 63 Abs. 5 UStDV.

BEISPIEL

Beispiel zur Bruttobuchung

S	150 Kasse		H
1. 800	4 370		
2. 800	3 032		
3. 800	5 855		
4. 800	3 403		

S	800 Warenverkauf		H
5. 195	2 660	1. 150	4 370
		2. 150	3 032
		3. 150	5 855
		4. 150	3 403

S	195 Umsatzsteuer		H
6. 130	2 660	5. 800	2 660

S	130 Bank		H
		6. 195	2 660

Es bedeuten:
Nr. 1 bis 4: Barverkäufe von Waren,
Nr. 5: USt 19 % vom Nettoerlös (16 660 € : 1,19 = 14 000 €) = 2 660 €,
Nr. 6: Überweisung der Umsatzsteuerschuld an das Finanzamt.

1.2 Das Vorsteuerkonto

Der Unternehmer kann nach § 15 Abs. 1 Nr. 1 UStG die ihm von anderen Unternehmen gesondert in Rechnung gestellte Umsatzsteuer für Lieferungen und sonstige Leistungen, die für sein Unternehmen ausgeführt worden sind, als Vorsteuer von seiner eigenen Umsatzsteuerschuld absetzen; vgl. hierzu Band 4, Meissner, Neeser; Umsatzsteuer, Teil U. Er hat also i. H. d. ihm in Rechnung gestellten Umsatzsteuer (Mehrwertsteuer) einen Anspruch an das Finanzamt, eine sonstige Forderung, die aber auf einem eigenen Konto, dem Konto »Vorsteuer«, gebucht wird.

BEISPIEL

Einkauf von Waren im Wert von 500 € + 95 € USt auf Ziel.

LÖSUNG Der Kaufpreis der Waren, der zu einer Erhöhung der Verbindlichkeiten führt, beträgt 595 €. Darin enthalten sind 95 € Vorsteuer (= Umsatzsteuer beim Lieferanten), die mit der Umsatzsteuerschuld verrechnet werden können. Es verbleiben nach § 9b Abs. 1 EStG noch Anschaffungskosten von 500 €.

Buchung:

300	Wareneinkauf	500 €	
115	Vorsteuer	95 €	
	an 170 Verbindlichkeiten		595 €

Bei dieser Buchung handelt es sich wieder um eine **Nettobuchung,** die Sie aus 1.1.1 kennen. Auch bei der Vorsteuer sind jedoch **Bruttobuchungen** möglich. Der obige **Buchungssatz** würde sich dann wie folgt verändern:

- 300 Wareneinkauf an 170 Verbindlichkeiten 595 €,
- 115 Vorsteuer an 300 Wareneinkauf 95 €.

Beim **Herausrechnen der Vorsteuer ist unbedingt zu beachten,** dass ein Vorsteueranspruch nach § 15 Abs. 1 Nr. 1 Satz 2 i. V. m. § 14 Abs. 4 Nr. 8 UStG u. a. nur entsteht, wenn die Steuer gesondert in Rechnung gestellt worden ist. Lediglich bei Kleinbeträgen bis 250 € genügt es, wenn u. a. nur der Steuersatz der im Rechnungsbetrag enthaltenen Umsatzsteuer auf der Rechnung angegeben ist (Kleinbetragsrechnung), vgl. §§ 33 und 35 UStDV und A 14.6 UStAE.

Vorsteueransprüche entstehen nicht nur beim Einkauf von Waren, sondern auch bei der Anschaffung von Anlagegütern, bei Rechnungen über betrieblichen Aufwand usw.

1.3 Abschluss der Umsatzsteuerkonten

Das Vorsteuerkonto dient der Sammlung der absetzbaren Vorsteuerbeträge. Bei Berechnung der an das Finanzamt abzuführenden Umsatzsteuer kann der jeweilige Saldo des Vorsteuerkontos auf das Konto Umsatzsteuer übertragen werden. Dadurch vermindert sich die ausgewiesene Umsatzsteuerschuld. Es verbleibt die **Zahllast,** die an das Finanzamt abzuführende Umsatzsteuer.

BEISPIEL

1. Wareneinkauf für 4 000 € + 760 € USt,
2. Warenverkauf für 5 000 € + 950 € USt,
3. Umbuchung der Vorsteuer,
4. Überweisung der Zahllast an das Finanzamt.

Buchungssätze:

1.	300	Wareneinkauf	4 000 €	
	115	Vorsteuer	760 €	
		an 170 Verbindlichkeiten		4 760 €
2.	100	Forderungen	5 950 €	
		an 800 Warenverkauf		5 000 €
		an 195 Umsatzsteuer		950 €
3.	195	Umsatzsteuer	760 €	
		an 115 Vorsteuer		760 €
4.	195	Umsatzsteuer	190 €	
		an 130 Bank		190 €

Auszug aus den Sachkonten:

S	115 Vorsteuer		H
1. 170	760	3. 195	760

S	195 Umsatzsteuer		H
3. 115	760	2. 100	950
4. 130	190		

FALL 32

Für folgende Geschäftsvorfälle sind die Buchungssätze zu bilden und die Buchungen auf den Konten Wareneinkauf, Warenverkauf, Vorsteuer und Umsatzsteuer vorzunehmen.

1.	Anfangsbestand Waren	18 300 €
	Anfangsbestand USt-Schuld	870 €
2.	Wareneinkauf auf Ziel, netto	4 400 €
	+ 19 % Umsatzsteuer	836 €
3.	Warenverkauf auf Ziel, netto	6 500 €
	+ 19 % Umsatzsteuer	1 235 €
4.	Warenverkauf bar, brutto	1 547 €
	darin enthaltene Umsatzsteuer (19 %)	247 €
5.	Überweisung der Zahllast zu Nr. 1	870 €
6.	Lastschrift der Bank für Stromrechnung über netto	800 €
	+ 19 % Umsatzsteuer	152 €
7.	Barzahlung Benzin für Firmenwagen lt. Beleg	119 €
	darin enthalten 19 % Umsatzsteuer	19 €
8.	Warenschlussbestand lt. Inventur	16 850 €

Schließen Sie die Konten ab, für Warenkonten Bruttoabschluss.
Wie hoch ist die Umsatzsteuer-Zahllast?
Wie hoch sind Rohgewinn und Rohgewinnsatz?

1.4 Besonderheiten beim Abschluss der Umsatzsteuerkonten

Übersteigt die anzurechnende Vorsteuer die Umsatzsteuerschuld aus den steuerpflichtigen Lieferungen oder sonstigen Leistungen, so besteht gegenüber dem Finanzamt ein Vergütungsanspruch. Buchmäßig kann das auf zweierlei Weise berücksichtigt werden.

Entweder es bleibt bei den seitherigen vorbereitenden Abschlussbuchungen, d. h., der Vorsteuersaldo wird auf das Konto Umsatzsteuer übertragen. Dann steht der Saldo von Umsatzsteuer wegen Überzahlung ausnahmsweise im Haben. Die Abschlussbuchung lautet dann: 940 Schlussbilanzkonto an 195 Umsatzsteuer. Das würde bedeuten, dass im Schlussbilanzkonto ein Schuldkonto unter Aktiva erscheint. Tatsächlich liegt allerdings gar keine Schuld vor, sondern eine Forderung an das Finanzamt.

Die zweite Abschlussmöglichkeit sieht vor, dass für diesen Ausnahmefall die Umsatzsteuer auf das Vorsteuerkonto übertragen wird. Während sonst das Vorsteuerkonto durch die Verrechnung mit USt ausgeglichen ist und daher in der Bilanz nicht auftaucht, erscheint es diesmal unter Aktiva; dafür fehlt das Konto Umsatzsteuer.

BEISPIEL

Kontostände vor Abschluss: Vorsteuer (S) 14 850 €, Umsatzsteuer (H) 11 330 €

1. Abschlussmöglichkeit

S	115 Vorsteuer		H
Kontostand	14 850	195	14 850

S	195 Umsatzsteuer		H
115	14 850	Kontostand	11 330
		940 SBK	3 520
	14 850		14 850

2. Abschlussmöglichkeit

S	115 Vorsteuer		H
Kontostand	14 850	195	11 330
		940 SBK	3 520
	14 850		14 850

S	195 Umsatzsteuer		H
115	11 330	Kontostand	11 330

Dieser USt-Vergütungsanspruch ist unter »sonstige Forderungen« oder »sonstige Vermögensgegenstände« in der Bilanz auszuweisen.

2 Buchung von Lohnaufwand

Bei Lohn- und Gehaltszahlungen sind von den Bruttolöhnen Lohnsteuer (zuzüglich Solidaritätszuschlag - SolZ - und evtl. Kirchenlohnsteuer) sowie Sozialversicherungsbeiträge des Arbeitnehmers einzubehalten und an die zuständigen Stellen (Finanzamt, Versicherungskassen) abzuführen. Außerdem hat der Unternehmer als Arbeitgeber ebenfalls Sozialversicherungsbeiträge für seine Arbeitnehmer zu leisten. Arbeitnehmeranteil und Arbeitgeberanteil der Beiträge zur Sozialversicherung (Krankenversicherung, Rentenversicherung, Arbeitslosenversicherung, Pflegeversicherung) stehen in der Regel im Verhältnis 1 : 1.

Anmerkung: In der Pflegeversicherung erhöht sich der Beitragssatz für kinderlose Arbeitnehmer um 0,25 %; diesen Erhöhungsbetrag muss allein der Arbeitnehmer tragen. Für die folgenden Beispiele und Fälle wird dies aus Vereinfachungsgründen aber nicht berücksichtigt.

BEISPIEL

Lohnzahlung für Monat März am 15. 03.

Bruttolöhne		8 500 €
./. Lohnsteuer (einschließlich Solidaritätszuschlag)	920 €	
./. Arbeitnehmeranteile zur Sozialversicherung	1 700 €	2 620 €
Nettolöhne, überwiesen		5 880 €

Arbeitgeberanteil zur Sozialversicherung 1 700 €.
Die Beiträge zur Sozialversicherung werden am 27. 03. (Fälligkeitstermin) und die Lohnsteuer am 10.04. abgeführt.

LÖSUNG Es sind folgende Buchungen vorzunehmen:

15.03.	501	Lohnaufwand	8 500 €	
		an 130 Bank		5 880 €
		an 190 sonstige Verbindlichkeiten		2 620 €
	502	soziale Aufwendungen	1 700 €	
		an 190 sonstige Verbindlichkeiten		1 700 €
27. 03.	190	sonstige Verbindlichkeiten	3 400 €	
		an 130 Bank		3 400 €
10.04.	190	sonstige Verbindlichkeiten	920 €	
		an 130 Bank		920 €

Gewinnminderung um insgesamt 10 200 € (8 500 € + 1 700 €).
Das Konto »sonstige Verbindlichkeiten« kann auch aufgeteilt werden, z. B. in »Verbindlichkeiten Lohnsteuer/Kirchensteuer« und »Verbindlichkeiten Sozialversicherung«.

FÄLLE 33–34

FALL 33

Der Angestellte A erhält vom Arbeitgeber U einen Bruttolohn von 1 800 €. Der nach Abzug von 147 € Lohnsteuer (einschließlich SolZ) und 360 € Arbeitnehmeranteil zur Sozialversicherung verbleibende Nettolohn von 1 293 € wird am 20.04. bar an A ausgezahlt. Am 26.04. überweist U die Sozialversicherungsbeiträge einschließlich 360 € Arbeitgeberanteil (zusammen also 720 €) an den Versicherungsträger und am 10.05. die einbehaltene Lohnsteuer von 147 € an das Finanzamt. Buchen Sie die Geschäftsvorfälle.

FALL 34

Folgende Löhne werden am 15.06. durch Überweisung ausbezahlt:

Bruttolöhne		47 650 €
Abzüge:	Lohnsteuer	6 490 €
	Sozialversicherung	9 522 €
Arbeitgeberanteil Sozialversicherung		9 522 €
Am 26.06. werden an die Versicherungskasse		19 044 €
und am 10.07. an das Finanzamt überwiesen.		6 490 €

Buchen Sie die genannten Geschäftsvorfälle.

3 Verkauf von Anlagegütern

Beim Verkauf von Anlagegütern wird sich meist ein Buchgewinn oder ein Buchverlust ergeben. Buchgewinn ist der Unterschied zwischen dem Veräußerungserlös netto (also ohne Umsatzsteuer) und dem (niedrigeren) Buchwert des veräußerten Wirtschaftsguts. Beim Buchverlust war der Buchwert höher als der Veräußerungserlös.

Auch die Veräußerung eines zum Anlagevermögen gehörenden Wirtschaftsguts ist ein umsatzsteuerpflichtiges Geschäft, ein sogenannter Hilfsumsatz.

BEISPIEL

Eine im Jahr 01 für 20 000 € angeschaffte Maschine hat nach AfA für die Jahre 01 bis 05 im Jahr 06 noch einen Buchwert von 10 000 €. Sie wird für 12 000 € + 2 280 € USt auf Ziel verkauft.

LÖSUNG Es sind folgende Buchungen vorzunehmen:

110	sonstige Forderungen	14 280 €	
	an 020 Maschinen		10 000 €
	an 195 Umsatzsteuer		2 280 €
	an 260 sonstige betriebliche Erträge		2 000 €

Das Konto »sonstige Forderungen« kommt für alle Forderungen in Betracht, die nicht Forderungen aus Lieferungen und Leistungen sind.

FALL 35

a) Ein gebrauchter Betriebs-PKW wird für 5 950 € bar verkauft. Der Buchwert beträgt bei Veräußerung 2 800 €.
Wie hoch ist der Buchgewinn?
Wie lautet der Buchungssatz?

b) Eine überzählige Maschine wird für 2 000 € + 19 % USt gegen Verrechnungsscheck verkauft. Der Buchwert bei der Veräußerung beträgt 2 500 €.
Wie lautet der Buchungssatz?
Wie ist die Gewinnauswirkung?

Eine weitere Buchungsmöglichkeit für solche Hilfsgeschäfte ergibt sich durch die Einführung der Erfolgskonten »Erlöse aus Anlagenverkauf« und »Abschreibung für Anlagenabgang«. Dabei wird der Nettoerlös (Verkaufspreis ohne USt) über das Konto »Erlöse aus Anlagenverkauf« und der Restbuchwert über das Konto »Abschreibung für Anlagenabgang« gebucht. Vor allem aus umsatzsteuerlichen Gründen (vgl. § 22 Abs. 2 Nr. 1 UStG), aber auch durch die Erfordernisse der elektronischen Datenverarbeitung (EDV), hat sich diese Art der Verbuchung mehr und mehr durchgesetzt.

Das obige Buchungsbeispiel würde sich wie folgt ändern:

110	sonstige Forderungen	14 280 €	
	an 195 Umsatzsteuer		2 280 €
	an 871 Erlöse aus Anlagenverkauf		12 000 €
599	Abschreibung für Anlagenabgang	10 000 €	
	an 020 Maschinen		10 000 €

Die Gewinnauswirkung bleibt insgesamt unverändert, einem Ertrag von 12 000 € steht ein Aufwand von 10 000 € gegenüber. Der Mehr-Ertrag beträgt also 2 000 €.

Häufig wird beim Abschluss der Saldo von »Erlöse aus Anlagenverkauf« und »Abschreibung für Anlagenabgang« als »sonstiger betrieblicher Ertrag« bzw. - bei Buchverlust - als »sonstiger betrieblicher Aufwand« ausgewiesen.

FALL 36

Vorhandene Konten, Anfangsbestände in Klammern:
030 Geschäftsausstattung (85 300 €), 080 Kapital (189 320 €), 100 Forderungen (41 830 €), 115 Vorsteuer, 130 Bank (37 920 €), 150 Kasse (12 160 €), 160 Privatentnahmen, 170 Verbindlichkeiten (83 540 €), 190 sonstige Verbindlichkeiten (9 720 €), 195 Umsatzsteuer (4 380 €), 260 sonstige betriebliche Erträge, 300 Wareneinkauf (109 750 €), 501 Löhne und Gehälter, 502 soziale Aufwendungen, 510 Raumkosten, 520 Betriebssteuern, 590 Abschreibungen auf Sachanlagen (AfA), 800 Warenverkauf; 930 GuV-Konto, 940 SBK.
Geschäftsvorfälle:

1.	Warenverkauf auf Ziel, netto	24 700 €
	+ 19 % USt	4 693 €
2.	Überweisung der fälligen USt an das Finanzamt	4 380 €
3.	Überweisung der Lohnsteuer und Sozialversicherungsbeiträge für bereits verbuchte Lohnzahlung	5 370 €
4.	Wareneinkauf auf Ziel, Listenpreis netto	9 700 €
	+ 19 % USt	1 843 €
5.	Anschaffung eines Schreibtischs, Nettopreis	2 200 €
	+ 19 % USt	418 €
	bezahlt durch Verrechnungsscheck über	2 618 €
6.	Überweisung an den Vermieter für fällige Ladenmiete	2 900 €
	+ 19 % USt	551 €
7.	Eingang des Gewerbesteuerbescheids für das abgelaufene Jahr, fällig in einem Monat	2 710 €
8.	Bareinnahmen aus Warenverkauf (einschließlich 19 % USt)	14 637 €
9.	Bareinzahlung auf Bankkonto	15 000 €
10.	Banklastschrift für Strom (Ladenräume) (darin enthalten 95 € USt - lt. Beleg)	595 €
11.	Verkauf überzähliger Büromöbel, Bareinnahme	1 309 €
	Buchwert der verkauften Möbel	600 €
12.	Zahlung von Löhnen und Gehältern, brutto	5 350 €
	Abzüge: Lohnsteuer + SolZ	988 €
	Sozialversicherung Arbeitnehmeranteile	1 065 €
	Überweisung an die Arbeitnehmer	3 297 €
	Arbeitgeberanteil Sozialversicherung	1 065 €
13.	Rücksendung fehlerhafter Ware an Lieferer im Nettowert von	2 600 €
	+ 19 % USt	494 €
14.	Kunde überweist für fällige Warenrechnung auf das private Girokonto des Unternehmers	7 420 €

Bitte richten Sie die Konten ein, bilden Sie die Buchungssätze und verbuchen Sie die Geschäftsvorfälle.
Erstellen Sie den Abschluss und ermitteln Sie den Gewinn durch Betriebsvermögensvergleich. **Angaben zum Abschluss:**

- Abschreibungen auf Anlagevermögen (AfA) i. H. v. 10 200 €,
- Warenbestand laut Inventur i. H. v. 98 350 €,
- die sonstigen Inventurwerte entsprechen den Buchwerten.

4 Buchung von Erwerbsnebenkosten und Preisnachlässen

4.1 Erwerbsnebenkosten

Die beim Einkauf von Gütern entstehenden Nebenkosten wie Zölle, Verbrauchssteuern, Frachten und Verpackungskosten erhöhen die Anschaffungskosten (§ 255 Abs. 1 Satz 2 HGB).

In Handelsbetrieben ist es interessant zu wissen, was an solchen Erwerbsnebenkosten auf den **Wareneinkauf** entfällt. Aus diesem Grunde richtet man für diese Kosten besondere Konten ein, die **Unterkonten** des Wareneinkaufskontos sind. Unterkonten sind die Konten, die nicht über das GuV-Konto, sondern im Rahmen der vorbereitenden Abschlussbuchungen auf das Wareneinkaufskonto abgeschlossen werden. Wie wirkt sich das auf den Gewinn aus? Antwort: Keine abweichende Gewinnauswirkung!

BEISPIEL

An den Spediteur sind für Zufuhr von Waren bar zu zahlen: 200 € + 19 % Umsatzsteuer.

LÖSUNG Es sind folgende Buchungen vorzunehmen:

302	Eingangsfracht	200 €	
115	Vorsteuer	38 €	
	an 150 Kasse		238 €

MERKSATZ

Auf den Unterkonten zum Wareneinkauf dürfen **nur** mit dem Einkauf von **Waren** zusammenhängende Kosten gebucht werden, **niemals** jedoch Anschaffungsnebenkosten von Anlagegütern. Diese müssen auf dem entsprechenden Anlagekonto, z. B. 030 Betriebs- und Geschäftsausstattung, als Zugang gebucht werden.

Frachtaufwand, der beim **Verkauf** von Waren entsteht, ist auf Konto 560 Transportkosten (Ausgangsfrachten) zu verbuchen.

Frachtkosten und dgl. für	Wareneinkauf	Anlagegüter	Warenverkauf
zu buchen auf Konto	302 Eingangsfrachten Bezugskosten	Anlagekonto, z. B. 030 Geschäftsausstattung	560 Transportkosten, Frachtkosten

4.2 Rabatte und Skonti

Rabatte und Skonti spielen im Großhandelsbetrieb eine bedeutende Rolle. Dabei sind folgende Arten zu unterscheiden.

4.2.1 Funktionsrabatte

Sie werden als Großhandelsrabatt, Wiederverkäuferrabatt und dgl. schon beim Ausstellen der Rechnung berücksichtigt und sind branchenüblich. Es besteht kein Anlass, diese Rabatte in der Buchführung besonders kenntlich zu machen. Aus diesem Grunde wird jeweils der um den Funktionsrabatt gekürzte Warenwert als Wareneingang gebucht.

BEISPIEL

Listenpreis	4 000 €
./. 25 % Großhandelsrabatt	1 000 €
verbleiben	3 000 €
+ 19 % Umsatzsteuer	570 €
Rechnungsbetrag	3 570 €

LÖSUNG Es sind folgende Buchungen vorzunehmen:

300	Wareneinkauf	3 000 €	
115	Vorsteuer	570 €	
	an 170 Verbindlichkeiten		3 570 €

4.2.2 Mengenrabatte (Boni)

In bestimmten Branchen ist es üblich, bei Abnahme einer bestimmten Menge Waren innerhalb eines Wirtschaftsjahrs oder auch eines kürzeren Zeitraums nachträglich einen Preisnachlass (Bonus) zu gewähren. Maßgebend dafür sind die vertraglichen Vereinbarungen. Mengenrabatte, die gleich bei Rechnungserteilung berücksichtigt werden, sind wie Funktionsrabatte zu behandeln.

Für einen Großhändler ist das Ausmaß solcher Preisnachlässe von Bedeutung, z. B. für seine Kalkulation. Deshalb werden Boni im Zusammenhang mit Warengeschäften auf besonderen Konten gebucht, für die im Großhandel sogar eine eigene Kontenklasse vorgesehen sein kann. Obwohl **erhaltene Boni** den Einkaufspreis und damit die **Anschaffungskosten mindern,** werden sie i. d. R. nicht etwa auf dem Wareneinkaufskonto als Aufwandsminderung im Haben gebucht, sondern als Ertrag auf dem Konto (330) »Boni, nachträglich von Lieferern gewährt« bzw. »erhaltene Boni«, das heutzutage meist als Unterkonto zu »Wareneinkauf« in der Kontenklasse 3 geführt wird. Soweit Waren, für die ein Bonus gewährt wurde, am Bilanzstichtag noch auf Lager sind, werden diese im Inventar und in der Bilanz gem. § 253 Abs. 1 Satz 1 und § 255 Abs. 1 HGB sowie § 6 Abs. 1 Nr. 2 Satz 1 EStG grundsätzlich mit den um den anteiligen Bonus geminderten Anschaffungskosten angesetzt.[1]

Ähnlich verhält es sich mit den Kunden gewährten Preisnachlässen gleicher Art. Auch sie werden üblicherweise nicht direkt als Minderung der Verkaufserlöse behandelt, sondern als besonderer Aufwand, zu buchen auf dem Konto (830) »Boni, an Kunden gewährt« bzw. »gewährte Boni«, das häufig als Unterkonto zu »Warenverkauf (Umsatzerlöse)« geführt wird.

Zu beachten ist, dass ein Preisnachlass die **Minderung des umsatzsteuerpflichtigen Entgelts** zur Folge hat. Nach § 17 Abs. 1 UStG muss deshalb bei Boni durch Lieferer die Vorsteuer, bei Boni an Kunden die Umsatzsteuer berichtigt werden.

BEISPIELE

a) Ein Lieferer erteilt eine Bonusgutschrift über 500 € + 95 € Umsatzsteuer.

LÖSUNG Es sind folgende Buchungen beim Unternehmer (= Kunde des Lieferers) vorzunehmen:

170	Verbindlichkeiten	595 €	
	an 330 erhaltene Boni		500 €
	an 115 Vorsteuer		95 €

1 Durch den insoweit wertmäßig verminderten Warenschlussbestand erhöht sich der Wareneinsatz (Aufwand), wodurch die zuvor erfolgte Buchung über »erhaltene Boni« (Ertrag) gewinnmäßig neutralisiert wird.

b) Einem Kunden wird ein Bonus von 800 € zuzüglich 152 € Umsatzsteuer gewährt.
LÖSUNG Es sind folgende Buchungen beim Lieferer vorzunehmen:

830	gewährte Boni	800 €	
195	Umsatzsteuer	152 €	
	an 100 Forderungen		952 €

Bei der Buchung von Boni werden die Vorsteuer bzw. die Umsatzsteuer meist nach der Nettomethode gebucht, weil die genauen Steuerbeträge üblicherweise aus den Belegen offen hervorgehen.

Boni werden vertragsgemäß oft nach Ablauf eines Wirtschaftsjahrs für die Warenbezüge dieses Wirtschaftsjahrs gewährt. In solchen Fällen sind beim Abnehmer die Bonierträge noch für das alte Wirtschaftsjahr zu berücksichtigen und eine Forderung an Lieferer (Guthaben bei Lieferern) auszuweisen. Umgekehrt sind beim Lieferer im alten Wirtschaftsjahr noch der Boniaufwand und eine Verbindlichkeit an Kunden zu buchen. Zudem führt der Bonus beim Abnehmer zu einer Vorsteuerberichtigung und beim Lieferanten zu einer Umsatzsteuerberichtigung (§ 17 Abs. 1 UStG), allerdings erst im Zeitpunkt der tatsächlichen Gutschrift (A 17.1 Abs. 2 Satz 3 UStAE).

BEISPIEL

Einzelhändler H hat im Wirtschaftsjahr 01 von Großhändler G Waren im Wert von 547 400 € (Rechnungsbeträge brutto) bezogen. Nach den Geschäftsbedingungen steht ihm daher ein Bonus von 5 % zu. Die Gutschrift des G über 27 370 € wird am 15.01.02 auf dem Bankkonto des H gutgeschrieben.
LÖSUNG Bei H ist zum 31.12.01 folgende Buchung vorzunehmen:

105	Forderung an Lieferer	27 370 €	
	an 330 erhaltene Boni		23 000 €
	an 115 Vorsteuer (noch nicht zu berichtigen)		4 370 €

Bei G ist zum 31. 12. 01 folgende Buchung vorzunehmen:

830	gewährte Boni	23 000 €	
195	Umsatzsteuer (noch nicht zu berichtigen)	4 370 €	
	an 175 Verbindlichkeit an Kunden		27 370 €

Vorsteuer bzw. Umsatzsteuer dürfen gegenüber dem Finanzamt erst in der Umsatzsteuervoranmeldung für Januar 02 berichtigt werden.

4.2.3 Skonti

Ein Skonto ist ein Zahlungsabzug, der für die vorzeitige Begleichung einer Schuld eingeräumt wird. Skontoabzüge sind nicht nur im Großhandel üblich, sie werden oft auch von Privatpersonen beansprucht.

Auch für Skonti können – wie bei den zuvor behandelten Boni – besondere Konten vorgesehen sein, obwohl sie ebenfalls die Anschaffungskosten bzw. die Verkaufserlöse mindern. Aber auch diese Konten gelten nur für Skonti im Zusammenhang mit **Waren**einkäufen oder -verkäufen und **niemals** für Skonti, die bei der Zahlung von Schulden für den Kauf von **Anlagegütern** in Anspruch genommen werden. Auch hier ist eine Behandlung als Unterkonto zu »Wareneinkauf« (Liefererskonti, erhaltene Skonti) bzw. »Warenverkauf« (Kundenskonti, gewährte Skonti) möglich und üblich. Erhaltene Skonti vermindern – wie erhaltene Boni – die Anschaffungskosten der am Bilanzstichtag noch auf Lager befindlichen Waren, soweit sie anteilig auf diese entfallen (§ 253 Abs. 1 Satz 1 und § 255 Abs. 1 HGB sowie § 6 Abs. 1 Nr. 2 Satz 1 EStG).

Beim Abzug von Skonti wird – wie bei Rabatten – das umsatzsteuerliche Entgelt gemindert. Deshalb sind Umsatzsteuer und Vorsteuer nach § 17 Abs. 1 UStG zu berichtigen. Allerdings ist der auf die Steuer entfallende Anteil des Skontos in der Regel nicht ersichtlich, sondern muss erst durch Herausrechnen festgestellt werden. Aus diesem Grunde ist bei Skontobuchung die Bruttomethode üblich, die Nettomethode jedoch nicht ausgeschlossen.

BEISPIELE

a) Kauf von Ware auf Ziel für 5 000 € + 950 € USt.
Überweisung unter Abzug von 2 % Skonto: 5 831 €.
LÖSUNG Folgende Buchungen sind vorzunehmen:

1. Buchung:			
300	Wareneinkauf	5 000 €	
115	Vorsteuer	950 €	
	an 170 Verbindlichkeiten		5 950 €
2. Buchung:			
170	Verbindlichkeiten	5 950 €	
	an 130 Bank		5 831 €
	an 340 erhaltene Skonti		119 €
Herausrechnen der Vorsteuer: 19/119 von 119 € = 19 €			
3. Buchung:			
340	erhaltene Skonti	19 €	
	an 115 Vorsteuer		19 €

b) Verkauf von Ware auf Ziel für 10 000 € + 19 % USt.
Kunde überweist nach Abzug von 3 % Skonto 11 543 €.
LÖSUNG Folgende Buchungen sind vorzunehmen:

1. Buchung:			
100	Forderungen	11 900 €	
	an 800 Warenverkauf		10 000 €
	an 195 Umsatzsteuer		1 900 €
2. Buchung:			
130	Bank	11 543 €	
840	gewährte Skonti	357 €	
	an 100 Forderungen		11 900 €
Herausrechnen der Umsatzsteuer: 19/119 von 357 € = 57 €			
3. Buchung:			
195	Umsatzsteuer	57 €	
	an 840 gewährte Skonti		57 €

c) Kauf eines Aktenschranks für 1 500 € + 19 % USt.
Überweisung unter Abzug von 2 % Skonto: 1 749,30 €.
LÖSUNG Folgende Buchungen sind vorzunehmen:

1. Buchung			
030	Betriebs- und Geschäftsausstattung	1 500 €	
115	Vorsteuer	285 €	
	an 190 sonstige Verbindlichkeiten		1 785 €
2. Buchung:			
190	sonstige Verbindlichkeiten	1 785 €	
	an 130 Bank		1 749,30 €
	an 115 Vorsteuer		5,70 €
	an 030 Betriebs- und Geschäftsausstattung		30,00 €

4.2.3.1 Schematische Darstellung der Buchung von Liefererskonti

Siehe obiges Beispiel a).

S	115 Vorsteuer		H
1. 170	950	3. 340	19

S	170 Verbindlichkeiten		H
2. 130/340	5 950	1. 115/300	5 950

S	300 Wareneinkauf		H
1. 170	5 000		

S	340 erhaltene Skonti		H
3. 115	19	2. 170	119

S	130 Bank		H
		2. 170	5 831

Der verbleibende Skontoertrag beträgt 100 €, das sind 2 % des **Netto**einkaufspreises.

4.2.3.2 Schematische Darstellung der Buchung von Kundenskonti

Siehe obiges Beispiel b).

S	100 Forderungen		H
1. 195/800	11 900	2. 130/840	11 900

S	130 Bank		H
2. 100	11 543		

S	195 Umssatzsteuer		H
3. 840	57	1. 100	1 900

S	840 gewährte Skonti		H
2. 100	357	3. 195	57

S	800 Warenverkauf		H
		1. 100	10 000

Der verbleibende Skontoaufwand beträgt 300 €, das sind 3 % des **Netto**verkaufserlöses.

FALL 37

Bilden Sie die Buchungssätze zu folgenden Geschäftsvorfällen:

1.	Kauf von Waren auf Ziel,	
	Nettopreis	2 400,00 €
	19 % Umsatzsteuer	456,00 €
	Rechnungsbetrag	2 856,00 €
2.	Überweisung nach Skontoabzug von 3 %, das sind	85,68 €
	Überweisungsbetrag	2 770,32 €
3.	Herausrechnen der Vorsteuer 19/119	13,68 €
4.	Zielverkauf von Waren,	
	Nettopreis	3 800,00 €
	19 % Umsatzsteuer	722,00 €
	Rechnungsbetrag	4 522,00 €
5.	Kunde überweist nach Skontoabzug von 2 %, das sind	90,44 €
	Überweisungsbetrag	4 431,56 €
6.	Umsatzsteueranteil Skonto	14,44 €
7.	Kauf eines Schreibtisches,	
	zum Nettopreis	1 200,00 €
	19 % Umsatzsteuer	228,00 €
	Rechnungsbetrag	1 428,00 €
8.	Zahlung durch Banküberweisung,	
	nach Skontoabzug von 2 %	28,56 €
	Überweisungsbetrag	1 399,44 €
	Vorsteueranteil Skonto	4,56 €

4.2.3.3 Bruttobuchung

Eine erhebliche Vereinfachung der Buchführung ergibt sich, wenn die Skonti **stets** brutto, d. h. einschließlich des Umsatzsteueranteils gebucht werden. Das Herausrechnen kann dann **monatlich** erfolgen.

BEISPIEL

Summe Liefererskonti Monat Mai	1 350 €,
Summe Kundenskonti Monat Mai	940 €.

LÖSUNG Herausrechnen der Steueranteile:

1. Summe Liefererskonti — 1 350 €,
   darin enthaltene Vorsteuer 19/119 = 215,55 €
2. Summe Kundenskonti — 940 €,
   darin enthaltene Umsatzsteuer 19/119 = 150,08 €

Folgende Buchungen sind vorzunehmen:

1. 340 erhaltene Skonti an 115 Vorsteuer	215,55 €
2. 195 Umsatzsteuer an 840 gewährte Skonti	150,08 €

Durch diese Buchungen vermindert sich der Skontoertrag von bisher 1 350 € auf 1 134,45 € und der Skontoaufwand von bisher 940 € auf 789,92 €.

Die Vereinfachung ist jedoch nur möglich, wenn die Skontibuchungen **ausschließlich** brutto erfolgten **und** ein **einheitlicher** Umsatzsteuersatz anzuwenden ist. Erforderlichenfalls können aber getrennte Konten für Bruttobuchungen und Nettobuchungen oder für verschiedene Steuersätze eingerichtet werden.

FALL 38

Bilden Sie die Buchungssätze zu folgenden Geschäftsvorfällen:

1. Kauf von Waren auf Ziel laut Rechnung vom 21.11.:	
Listenpreis netto	6 500,00 €
+ 19 % Mehrwertsteuer	1 235,00 €
Rechnungsbetrag	7 735,00 €
2. Banküberweisung für Rechnung vom 21.11.:	
Rechnungsbetrag	7 735,00 €
./. 2 % Skonto	154,70 €
Überweisungsbetrag	7 580,30 €
3. Verkauf von Waren auf Ziel laut Rechnung Nr. 49:	
Nettoverkaufspreis	8 350,00 €
+ 19 % Mehrwertsteuer	1 586,50 €
Rechnungsbetrag	9 936,50 €
4. Kunde überweist auf Bankkonto für Rechnung Nr. 49 nach Abzug von 3 % Skonto:	9 638,40 €

Liefererskonti (erhaltene Skonti) wurden stets netto gebucht, die Kundenskonti (gewährte Skonti) dagegen immer brutto. Das Herausrechnen der Umsatzsteuerkürzung für die Kundenskonti erfolgt monatlich bei Abgabe der USt-Voranmeldung. Für den laufenden Monat sind Kundenskonti im Gesamtbetrag von 733,04 € (noch ohne Geschäftsvorfall 4) gebucht. Bitte nehmen Sie die monatliche Umbuchung der USt-Kürzung vor.

4.2.4 Abschluss der Boni- und Skontikonten

Bei den Boni- und Skontikonten handelt es sich um reine Erfolgskonten. Kundenboni und Kundenskonti sind Aufwand, Liefererboni und Liefererskonti Ertrag.

Sie können wie alle Erfolgskonten über das **GuV-Konto** abgeschlossen werden. Eine Behandlung als Unterkonten zu Wareneinkauf oder Warenverkauf ist aber nicht selten, da zu diesen Konten enge Beziehungen bestehen.

Die Abschlussbuchungssätze lauten demnach i. d. R.:

- 930 GuV-Konto an 840 gewährte Skonti bzw.
  800 Warenverkauf an 840 gewährte Skonti,
- 340 erhaltene Skonti an 930 GuV-Konto bzw.
  340 erhaltene Skonti an 300 Wareneinkauf.

Bei den Bonikonten lauten die Abschlussbuchungssätze entsprechend.

4.2.5 Boni und Skonti bei den Kennzahlen

Bei der Ermittlung der Kennzahlen für das Warengeschäft mindern erhaltene Boni und Skonti (Liefererboni, Liefererskonti) den Wareneinkauf (Wareneinsatz). Desgleichen mindern gewährte Boni und Skonti (Kundenboni, Kundenskonti) den Sollumsatz. Dies gilt unabhängig davon, ob die Skonti- und Bonikonten als Unterkonten zu »Wareneinkauf« bzw. »Warenverkauf (Umsatzerlöse)« oder als selbständige Erfolgskonten geführt werden.

4.3 Andere Preisnachlässe

Neben den bereits besprochenen Entgeltminderungen durch Rabatte und Skonti ist in der Praxis mit weiteren Preisberichtigungen zu rechnen. Anlass dazu sind in der Regel **Mängelrügen** und **Warenrücksendungen.**

4.3.1 Warenrücksendungen an Lieferer

Werden Waren an den Lieferer zurückgesandt, so wird praktisch das Anschaffungsgeschäft rückgängig gemacht. Das zeigt sich auch in der Buchung. Durch sie wird die Anschaffungsbuchung im Ergebnis aufgehoben.

BEISPIELE

a) Kauf von Waren auf Ziel für 1 000 € + 19 % USt.

LÖSUNG Folgende Buchungen sind vorzunehmen:

300	Wareneinkauf	1 000 €	
115	Vorsteuer	190 €	
	an 170 Verbindlichkeiten		1 190 €

b) Rücksendung der Waren wegen Beanstandung der Qualität.

LÖSUNG Folgende Buchungen sind vorzunehmen:

170	Verbindlichkeiten	1 190 €	
	an 300 Wareneinkauf		1 000 €
	an 115 Vorsteuer		190 €

Selbstverständlich ist auch die Rücksendung nur eines Teils der Waren möglich. Die Anschaffungsbuchung wird dann eben nicht in vollem Umfang ausgeglichen.

4.3.2 Gutschriften durch Lieferer

Bei Qualitätsmängeln wird der Kaufmann oft auf eine Rücksendung der Waren verzichten, sondern versuchen, durch eine Mängelrüge die Minderung des Kaufpreises zu erlangen. Führt eine solche berechtigte Mängelrüge zu einem Preisnachlass durch den Lieferer, so mindern sich die Anschaffungskosten der Waren. Die Buchung erfolgt in gleicher Weise wie bei den Warenrücksendungen.

4.3.3 Warenrücksendungen durch Kunden

Auch in diesen Fällen wird ein Geschäft ganz oder teilweise rückgängig gemacht. Forderungen, Umsatzsteuer und Verkaufserlöse mindern sich entsprechend.

Anders als bei Rücksendungen an Lieferer ist das Gewicht der Rücksendungen durch Kunden für den Betrieb ungleich größer, denn nennenswerte Rücksendungen zeigen, dass irgendwelche betriebliche Mängel vorliegen, die möglichst rechtzeitig erkannt und bereinigt werden sollten. Die Buchführung kann dazu die notwendigen Informationen liefern, wenn die Rücksendungen statt unmittelbar über das Warenverkaufskonto auf ein **Unterkonto** zu Warenverkauf gebucht werden, auf das Konto »801 Rücksendungen durch Kunden und Gutschriften an Kunden«.

Dieses Konto wird üblicherweise nicht über das GuV-Konto, sondern im Rahmen der vorbereitenden Abschlussbuchungen über das Konto Warenverkauf abgeschlossen.

BEISPIEL

Ein Kunde sendet Waren im Rechnungsbetrag von 952 € wegen erheblicher Mängel zurück, USt 19 %.

LÖSUNG Folgende Buchungen sind vorzunehmen:

801	Rücksendungen	800 €	
195	Umsatzsteuer	152 €	
	an 100 Forderungen		952 €

Auf keinen Fall darf eine Warenrücksendung durch Kunden – bei der ja mit **Verkauf**spreisen gerechnet wird – über das Konto Waren**einkauf** gebucht werden. Der durch die Rücksendung wieder erhöhte Warenbestand wird, falls am Bilanzstichtag noch vorhanden, durch die Inventur automatisch berücksichtigt.

4.3.4 Gutschriften an Kunden

Auch bei Gutschriften an Kunden, insbesondere bei Mängelrügen, erfolgt die Buchung über das Konto 801. Der obige Buchungssatz würde auch für eine Gutschrift über 952 € gelten.

FALL 39

Konten: 030, 080, 100, 115, 130, 150, 160, 170, 190, 195, 300, 302, 340, 501, 502, 560, 590, 800, 801, 840, 930, 940; vgl. Anlage nach I 6.

1.	Anfangsbestände:	
	Geschäftsausstattung	18 000,00 €
	Forderungen	46 500,00 €
	Bank	31 370,00 €
	Kasse	4 080,00 €
	Waren	27 940,00 €
	Verbindlichkeiten	21 470,00 €
	Umsatzsteuerschuld	1 600,00 €
2.	Bareinnahme für Warenverkauf	
	einschließlich 19 % Umsatzsteuer	3 213,00 €
3.	Wareneinkauf auf Ziel, Nettobetrag	2 800,00 €
	+ 19 % Umsatzsteuer	532,00 €
	Rechnungsbetrag	3 332,00 €
4.	Überweisung der Umsatzsteuerschuld	
	an das Finanzamt	1 600,00 €
5.	Gutschrift an Kunden wegen berechtigter	
	Mängelrüge, Bruttobetrag	595,00 €
	darin enthaltene Umsatzsteuer	95,00 €
6.	Warenverkäufe auf Ziel, Nettobetrag	4 580,00 €
	+ 19 % Umsatzsteuer	870,20 €
	Rechnungsbetrag	5 450,20 €
7.	Zahlung an Lieferer für Rechnung über	6 188,00 €
	abzüglich 3 % Skonto	185,64 €
	Überweisungsbetrag	6 002,36 €
8.	Warenrücksendung an Lieferer	
	Rechnungsbetrag brutto (inkl. 19 % USt)	238,00 €
9.	Wareneinkauf auf Ziel, Nettowert	1 450,00 €
	+ 19 % Umsatzsteuer	275,50 €
	Rechnungsbetrag	1 725,50 €
10.	Fracht für Zufuhr dieser Waren, netto	100,00 €
	+ 19 % Umsatzsteuer	19,00 €
	durch Scheck bezahlt	119,00 €
11.	Kunde zahlt Rechnung über	3 013,00 €
	abzüglich 2 % Skonto	60,26 €
	Überweisungsbetrag	2 952,74 €
12.	Gehaltszahlung für Angestellte,	
	Bruttolohn	1 670,00 €
	Abzüge (Lohnsteuer, SolZ, Sozialversicherung)	522,00 €
	überwiesener Nettolohn	1 148,00 €
	Arbeitgeberanteil zur Sozialversicherung	332,00 €
13.	Barentnahme für Haushalt	1 200,00 €
14.	Bankgutschrift für Überweisung durch Kunden	9 354,10 €
	Der Rechnungsbetrag wurde um 2 % Skonto	
	gekürzt	190,90 €
15.	Warenverkauf auf Ziel, netto	14 200,00 €
	+ 19 % Umsatzsteuer	2 698,00 €
	Rechnungsbetrag	16 898,00 €
16.	Ein Kunde gibt Ware zurück im Rechnungsbetrag	
	von brutto (19 % USt)	357,00 €
	und zahlt seine Restschuld bar mit	1 420,00 €

17. Frachtkosten für verkaufte Ware[1]	
einschl. 19 % USt bar bezahlt	59,50 €
18. Barausgabe für Wohnungsmiete	600,00 €
19. Zahlung an Lieferer für Rechnung über	5 451,00 €
abzüglich 3 % Skonto	163,53 €
Überweisungsbetrag	5 287,47 €
20. Kauf eines Aktenschrankes, Nettopreis	2 000,00 €
+ 19 % Umsatzsteuer	380,00 €
Rechnungsbetrag	2 380,00 €
abzüglich 3 % Skonto	71,40 €
bezahlt durch Verrechnungsscheck	2 308,60 €

Angaben zum Abschluss:

- Warenbestand laut Inventur 20 300,00 €.
- Die Abschreibung der Geschäftsausstattung beträgt 20 % vom Buchwert, im Übrigen entsprechen die Buchwerte den Inventurwerten.

Für die Geschäftsvorfälle und die vorbereitenden Abschlussbuchungen sind Buchungssätze zu bilden. Die Konten sind einzurichten und nach Buchung der Geschäftsvorfälle wieder abzuschließen. Bei den Warenkonten ist der Bruttoabschluss zu wählen.
Wie hoch ist der Gewinn?
Ermitteln Sie den Gewinn auch nach Betriebsvermögensvergleich.
Wie hoch sind Wareneinsatz und Rohgewinn?

4.3.5 Naturalrabatte

Gelegentlich werden Naturalrabatte gewährt, und zwar in der Weise, dass bei Abnahme einer bestimmten Menge **zusätzliche Freistücke** (Gratisexemplare) unberechnet mitgeliefert werden. Solche Naturalrabatte stellen kein Problem bei der Buchung dar, sondern berühren lediglich die Anschaffungskosten der Waren (vgl. D 3.1.1).

BEISPIEL

X hat 2 000 Kugelschreiber zu netto 0,40 € je Stück bestellt. Er erhält vom Lieferer als Naturalrabatt 50 Kugelschreiber zusätzlich ohne Berechnung. Die Rechnung lautet über 800 € + 152 € USt.

LÖSUNG Es sind folgende Buchungen vorzunehmen:

300	Wareneinkauf	800 €	
115	Vorsteuer	152 €	
	an 170 Verbindlichkeiten		952 €

Die Anschaffungskosten betragen 800 €: 2 050 € = 0,39 € je Stück.

5 Warenentnahmen

Unternehmer, die mit Gegenständen des täglichen Bedarfs handeln, werden erfahrungsgemäß die für den Privathaushalt benötigten Dinge aus ihrem betrieblichen Warenlager entnehmen, der Lebensmittelhändler die Lebensmittel, der Schreibwarenhändler sein Briefpapier, der Herrenoberbekleidungshändler seine Anzüge usw. In solchen Fällen liegen Entnahmen i. S. d. § 4 Abs. 1 Satz 2 EStG vor.

1 Bei Rechnungsbeträgen bis 250 € einschließlich USt genügt für den Vorsteuerabzug die Angabe des Steuersatzes auf dem Beleg. Wegen Einzelheiten s. §§ 33 und 35 UStDV und A 14.6 UStAE.

5.1 Gewinnauswirkung von Warenentnahmen

Durch die Entnahme von Waren wird der Warenbestand gemindert, ohne dass dem Betrieb ein Gegenwert zufließt. Das bedeutet ein niedrigeres Endkapital und damit eine niedrigere Vermögenszunahme bzw. eine höhere Vermögensabnahme. Dies wird durch den in § 4 Abs. 1 Satz 1 EStG vorgesehenen Zuschlag der Entnahmen wieder ausgeglichen. Damit ist im Grundsatz sichergestellt, dass die Entnahmen den Gewinn nicht mindern.

Auch bei der Gewinnermittlung durch Gegenüberstellung der Erträge und Aufwendungen müssen die Warenentnahmen berücksichtigt, d. h. gebucht werden. Andernfalls würde der durch die Entnahmen verminderte Endbestand zu einem erhöhten Wareneinsatz und damit zu einer unzulässigen Gewinnschmälerung führen.

BEISPIEL

	ohne Warenentnahme	mit 4 000 € (nicht gebuchter) Warenentnahme
Warenanfangsbestand	63 000 €	63 000 €
Wareneinkauf	+ 145 000 €	145 000 €
Warenschlussbestand	./. 51 000 €	47 000 €
Wareneinsatz	157 000 €	161 000 €

Der Wareneinsatz ist demnach im Fall der tatsächlich erfolgten, jedoch nicht gebuchten Warenentnahmen um 4 000 € zu hoch.

Es muss also auch im Bereich der Erfolgskonten ein Weg gefunden werden, der zu einem Ausgleich führt. Vgl. dazu 5. 3.

5.2 Bewertung der Warenentnahmen

Entnahmen sind nach § 6 Abs. 1 Nr. 4 Satz 1 EStG mit dem Teilwert anzusetzen. Bei Waren entspricht der Teilwert in der Regel den Wiederbeschaffungskosten; vgl. H 6.7 (Teilwertvermutungen - Nr. 4) EStH. Haben sich die Wertverhältnisse zwischen Anschaffung und Entnahme der Waren nicht verändert, sind also die Anschaffungskosten als Entnahmewert anzusetzen; die Entnahme ist erfolgsneutral. Höhere Wiederbeschaffungskosten im Zeitpunkt der Entnahme führen dagegen zu einem Buchgewinn, niedrigere zu einem Buchverlust.

Wegen der Bewertung von Entnahmen allgemein vgl. F 2. 4.

BEISPIELE

	a)	b)
Anschaffungskosten	1 000 €	1 000 €
Teilwert bei Entnahme	1 200 €	900 €
Buchgewinn	200 €	-
Buchverlust	-	100 €

5.3 Buchung von Warenentnahmen

5.3.1 Buchung über das Wareneinkaufskonto

Es liegt nahe, bei der Entnahme von Waren einen Abgang auf dem Konto Wareneinkauf zu buchen. Für die Entnahme von Waren zum Teilwert (= Anschaffungskosten) von 4 000 € ergäbe sich also der Buchungssatz:

160 Privat an 300 Wareneinkauf 4 000 €.

Damit ändert sich das Beispiel zu 5.1 wie folgt:

Warenanfangsbestand	63 000 €
+ Wareneinkauf	145 000 €
./. Abgang durch Entnahmen	4 000 €
./. Warenschlussbestand	47 000 €
Wareneinsatz	157 000 €

Der Wareneinsatz ist jetzt also in beiden Fällen gleich und damit auch der Gewinn. Der Saldo im Wareneinkaufskonto entspricht nun genau dem Einstandspreis der **verkauften** Waren. Vorher war der Einstandspreis der **entnommenen** Waren noch mit enthalten.

5.3.2 Buchung über das Warenverkaufskonto

Man kann die Entnahme von Waren auch als fiktiven Verkauf betrachten. Damit ist eine Buchung über das Warenverkaufskonto denkbar. Bei der angenommenen Entnahme von Waren im Wert von 4 000 € ergibt sich dann der Buchungssatz:

160 Privat an 800 Warenverkauf 4 000 €.

Ergebnis: Bei dieser Behandlung ist der Wareneinsatz zwar immer noch um 4 000 € zu hoch, aber dafür wird ein um denselben Betrag höherer Ertrag aus Warenverkauf ausgewiesen. Im Ergebnis führt das zum selben Gewinn wie bei der Buchung über das Wareneinkaufskonto.

5.3.3 Buchung über das Konto »Warenentnahmen«

In der Praxis hat sich die Buchung über das besondere Konto »Entnahme durch Unternehmer für Zwecke außerhalb des Unternehmens (Waren)«, kurz »Warenentnahmen« (früher als »Eigenverbrauch« bezeichnet) besonders bewährt. Dieses Konto gehört zu den Erfolgskonten, genauer gesagt zu den Ertragskonten. Der Buchungssatz lautet nunmehr:

160 Privat an 890 Warenentnahmen 4 000 €.

Die Gewinnauswirkung unterscheidet sich nicht von der Behandlung nach 5.3.2, aber es wird bei dieser Art der Buchung auch die Vorschrift des § 22 Abs. 2 Nr. 3 UStG erfüllt, nach der die Bemessungsgrundlagen für Lieferungen i. S. d. § 3 Abs. 1 b UStG (u. a. Entnahme eines Gegenstandes durch einen Unternehmer aus seinem Unternehmen für Zwecke, die außerhalb des Unternehmens liegen) aufzuzeichnen sind. Vgl. insoweit auch 5.4. Der Saldo im Konto Wareneinkauf entspricht allerdings nicht dem Wareneinsatz. Dieser kann jedoch leicht durch den Abzug der gebuchten Warenentnahmen ermittelt werden.

5.3.4 Vergleich der Buchungsmethoden

Wie aus dem Beispiel zu ersehen ist, führen alle drei Buchungsmethoden zur gleichen Gewinnauswirkung. Jede Methode hat jedoch ihre Vorteile und Nachteile.

Buchungsmethode	Vorteil	Nachteil
über Wareneinkauf	Saldo im Konto Wareneinkauf entspricht grundsätzlich dem Einstandspreis der verkauften Waren (richtiger Wareneinsatz)	Aufzeichnungspflicht nach § 22 Abs. 2 Nr. 3 UStG nicht erfüllt; Schwierigkeiten, wenn Teilwert nicht gleich Anschaffungskosten
über Warenverkauf	keine Schwierigkeit, auch wenn Teilwert nicht gleich Anschaffungskosten	Aufzeichnungspflicht nach § 22 Abs. 2 Nr. 3 UStG nicht erfüllt; Saldo im Konto Wareneinkauf nicht richtiger Wareneinsatz
über Warenentnahmen	Aufzeichnungspflicht nach § 22 Abs. 2 Nr. 3 UStG erfüllt; keine Schwierigkeit auch wenn Teilwert nicht gleich Anschaffungskosten	Saldo im Konto Wareneinkauf nicht richtiger Wareneinsatz, aber Richtigstellung ohne Schwierigkeit möglich

Der Vergleich zeigt, dass die Buchung über das Konto »Warenentnahme« bei geringem Nachteil die meisten Vorteile bringt, also die beste Lösung ist. Die Buchung über Wareneinkauf ist ebenfalls vertretbar, nur müsste die Aufzeichnungspflicht nach § 22 Abs. 2 Nr. 3 UStG auf andere Weise erfüllt werden, z. B. in einer Vorspalte oder im Journal. Von der Buchung über Warenverkauf ist trotz des richtigen Gewinns abzuraten; die Nachteile überwiegen.

5.4 Umsatzsteuer bei Warenentnahmen

Die **Entnahme eines Gegenstandes** durch einen Unternehmer aus seinem Unternehmen für Zwecke, die außerhalb des Unternehmens liegen (also für private Zwecke), ist nach § 3 Abs. 1 b Satz 1 Nr. 1 UStG einer steuerbaren Lieferung gegen Entgelt gleichgestellt, sofern der Gegenstand oder seine Bestandteile zum vollen oder teilweisen Vorsteuerabzug berechtigt haben (§ 3 Abs. 1b Satz 2 UStG). S. Band 4, Meissner, Neeser; Umsatzsteuer, Teil Q.

Anmerkung: Für die Beispiele und Aufgaben in diesem Buch ist von einem vorangegangenen Vorsteuerabzug auszugehen, falls nicht ausdrücklich etwas anderes angegeben wird.

Bemessungsgrundlage für die Umsatzsteuer ist der Einkaufspreis der Waren zuzüglich der Nebenkosten zum Zeitpunkt der Entnahme (vgl. § 10 Abs. 4 Nr. 1 UStG). Mit anderen Worten sind dies die **Wiederbeschaffungskosten** der Waren, die in der Regel auch den Teilwert darstellen.

Der Steuersatz beträgt gem. § 12 Abs. 1 UStG wie beim Verkauf der Waren grundsätzlich 19 % bzw. bei begünstigten Gegenständen 7 % (vgl. § 12 Abs. 2 Nr. 1 UStG i. V. m. Anlage 2 zum UStG).

Die Umsatzsteuer für Umsätze, die Entnahmen sind, gehört nach § 12 Nr. 3 EStG zu den nicht abzugsfähigen Ausgaben. Sie ist genauso zu behandeln wie z. B. die vom betrieblichen Bankkonto überwiesene Einkommensteuer, nämlich als Privatentnahme. Sie darf den Gewinn nicht mindern.

BEISPIELE

a) Entnahme von Waren, Wiederbeschaffungskosten 800 €.

LÖSUNG Es sind folgende Buchungen vorzunehmen:

160	Privat an 300 Wareneinkauf		800 €
160	Privat an 195 Umsatzsteuer		152 €
oder			
160	Privat	952 €	
	an 300 Wareneinkauf		800 €
	an 195 Umsatzsteuer		152 €
oder (empfehlenswert)			
160	Privat	952 €	
	an 890 Warenentnahmen		800 €
	an 195 Umsatzsteuer		152 €

b) Entnahme von Waren im Teilwert von 800 €, Anschaffungskosten 750 €.

LÖSUNG Es sind folgende Buchungen vorzunehmen:

160	Privat	952 €	
	an 300 Wareneinkauf		800 €
	an 195 Umsatzsteuer		152 €
oder (empfehlenswert)			
160	Privat	952 €	
	an 890 Warenentnahmen		800 €
	an 195 Umsatzsteuer		152 €

Bei der Ermittlung des Wareneinsatzes ist zu beachten, dass die Formel aus B 7.1 nunmehr wie folgt lauten muss:

	Warenanfangsbestand
+	Wareneinkauf (Zugang)
+	Bezugskosten
./.	Warenrücksendungen an Lieferer u. dgl.
./.	erhaltene Boni und Skonti
./.	Privatentnahme Waren (zu Anschaffungskosten)
./.	Warenendbestand
=	Wareneinsatz (Aufwendungen für bezogene Waren)

Die entnommenen Waren werden wegen § 6 Abs. 1 Nr. 4 EStG mit dem Teilwert verbucht (vgl. Beispiel b). Zur Ermittlung des korrekten Wareneinsatzes sind diese aber mit den AK abzuziehen. Weichen Teilwert und AK infolge zwischenzeitlicher Preisänderungen voneinander ab, ergibt sich ein nicht ganz zutreffender Wareneinsatz, wenn die Buchung der Warenentnahme über »Wareneinkauf« erfolgt bzw. wenn der unter »Warenentnahme« gebuchte Betrag (= Teilwert) zur Ermittlung des Wareneinsatzes abgezogen wird. In der Praxis können diese Unterschiede nahezu immer vernachlässigt werden, da sie auf die Kennzahlen für das Warengeschäft (vgl. B 7) regelmäßig nur eine sehr geringe Auswirkung haben. In Prüfungsklausuren sollten die Warenentnahmen zur Ermittlung des Wareneinsatzes »sicherheitshalber« jedoch stets mit den AK berücksichtigt werden.

FÄLLE 40–42

FALL 40

1.	Warenanfangsbestand	13 750 €
2.	Wareneinkauf	62 340 €
3.	Warenverkauf	87 410 €
4.	Entnahmen, Teilwert = Anschaffungskosten	2 000 €
5.	Entnahmen, Teilwert	700 €
	Anschaffungskosten	750 €
6.	Warenendbestand	15 330 €

Bilden Sie die Buchungssätze zu Nr. 4 und 5, und zwar
a) mit Buchung über das Konto Wareneinkauf,

b) mit Buchung über das Konto Warenentnahmen.
Ermitteln Sie den Wareneinsatz (Einstandspreis der verkauften Waren) und den Rohgewinn. Ermitteln Sie den Rohgewinnsatz und den Rohgewinnaufschlagsatz (auf eine Stelle nach dem Komma abgerundet).

FALL 41

Aktiva — Schlussbilanz der Firma K. Mut zum 31.12.00 — Passiva

Aktiva		Passiva	
Betriebs- und Geschäftsausstattung	21 900 €	Kapital	79 230 €
Waren	35 200 €	Verbindlichkeiten	16 440 €
Forderungen	26 360 €	sonstige Verbindlichkeiten	5 180 €
Bank	16 970 €	USt-Schuld	1 930 €
Kasse	2 350 €		
	102 780 €		102 780 €

Konten: 030, 080, 100, 115, 130, 150, 160, 170, 190, 195, 300, 302, 340, 501, 502, 520, 560, 590, 800, 801, 840, 890, 930, 940; vgl. Anlage nach I 6.
Für die folgenden Geschäftsvorfälle des Jahres 01 sind die Buchungssätze zu bilden und die Buchungen auf den genannten Konten vorzunehmen. Anschließend ist die Schlussbilanz mit Gewinn-und-Verlust-Rechnung zu erstellen.
Mut versteuert seine Umsätze mit dem Steuersatz 19 %.

1.	Verkauf von Waren an Firma Huber	
	lt. Rechnung Nr. 57, netto	5 000,00 €
	+ 19 % Umsatzsteuer	950,00 €
	Rechnungsbetrag	5 950,00 €
2.	Für diese Lieferung bar bezahlte Fracht, netto	200,00 €
	+ 19 % USt	38,00 €
	insgesamt	238,00 €
3.	Firma Huber gibt wegen mangelhafter Qualität	
	Waren zurück im Wert von netto	1 000,00 €
4.	Firma Huber überweist für verbleibenden Restbetrag von	
	4 760 € nach Abzug von 2 % (95,20 €) Skonto	4 664,80 €
5.	Lohnzahlung an Angestellte durch Überweisung,	
	Bruttolohn 4 250 €,	
	Abzüge 1 493 €	2 757,00 €
	Arbeitgeberanteil Sozialversicherung	848,00 €
6.	Barverkauf von Waren für brutto	1 785,00 €
7.	Wareneinkauf lt. Rechnung der Firma Seiz, netto	8 500,00 €
	+ 19 % Mehrwertsteuer	1 615,00 €
	Rechnungsbetrag	10 115,00 €

8.	An Firma Eildienst für Zufuhr dieser Waren	
	durch Scheck gezahlt	309,40 €
	darin enthaltene USt lt. Rechnung	49,40 €
9.	Nach Mängelrüge schreibt Firma Seiz gut	
	(einschließlich 114 € USt)	714,00 €
10.	Der Restbetrag von	9 401,00 €
	wird nach Abzug von 3 % Skonto	282,03 €
	an Firma Seiz überwiesen	9 118,97 €
11.	Für Haushalt bar entnommen	1 200,00 €
12.	Kunde Friz überweist für Rechnung Nr. 50	
	vom Dezember 00	4 600,00 €
13.	Überweisung der USt-Vorauszahlung für	
	Dezember 00 an das Finanzamt	1 930,00 €
14.	Entnahme von Ware für Haushalt,	
	Anschaffungskosten (= Wiederbeschaffungskosten)	600,00 €
15.	Lieferung an Firma Huber, Rechnung Nr. 58, netto	7 200,00 €
	+ 19 % USt	1 368,00 €
	Rechnungsbetrag	8 568,00 €
16.	Kauf eines Kopiergeräts bei Firma Bürobedarf GmbH	
	für netto	4 500,00 €
	+ 19 % USt	855,00 €
	Rechnungsbetrag	5 355,00 €
17.	Verrechnungsscheck an Firma Bürobedarf	
	nach Abzug von 2 % Skonto (107,10 €)	5 247,90 €
18.	Firma Huber überweist für Rechnung Nr. 58	
	nach Abzug von 2 % Skonto (171,36 €)	8 396,64 €
19.	Überweisung an Gemeinde für Gewerbesteuervorauszahlung	1 200,00 €
	Überweisung an Finanzamt für Einkommensteuer	2 500,00 €
20.	Verkauf an Firma Meier lt. Rechnung Nr. 59 netto	9 600,00 €
	+ 19 % USt	1 824,00 €
	Rechnungsbetrag	11 424,00 €

Angaben zum Abschluss:

- AfA der Betriebs- und Geschäftsausstattung 3 600,00 €,
- Warenbestand lt. Inventar zum 31.12.01 i. H. v. 36 800,00 €.

FALL 42

Die Konten der Firma X zeigen am 15.12.02 folgende Summen (Summen aus laufenden Buchungen, bei Bestandskosten zuzüglich der Anfangsbestände):

		Soll	Haben
030	Betriebs- und Geschäftsausstattung	36 200 €	
070	Darlehensschuld		50 000 €
080	Kapital		92 040 €
100	Forderungen	844 880 €	784 378 €
105	Guthaben bei Lieferern	11 830 €	11 830 €
115	Vorsteuer	86 731 €	79 140 €
130	Bank	924 112 €	831 579 €
150	Kasse	115 960 €	112 865 €
160	Privat	23 564 €	
170	Verbindlichkeiten	727 281 €	758 316 €
190	sonstige Verbindlichkeiten	14 980 €	19 430 €
195	Umsatzsteuer	115 026 €	118 844 €
210	Zinsaufwand		

260	sonstiger betrieblicher Ertrag		
300	Wareneinkauf	667 220 €	5 150 €
302	Eingangsfrachten	4 250 €	
330	erhaltene Boni		
340	erhaltene Skonti		7 350 €
501	Löhne	26 400 €	
502	soziale Aufwendungen	4 488 €	
510	Mietaufwand	24 000 €	
520	Betriebssteuern		
580	Allgemeine Verwaltungskosten	26 700 €	
590	Abschreibung auf Anlagevermögen (AfA)		
800	Warenverkauf		784 500 €
801	Rücksendungen und Gutschriften	2 700 €	
840	gewährte Skonti	3 700 €	
890	Warenentnahmen		4 600 €
Summe		3 660 022 €	3 660 022 €

Folgende Geschäftsvorfälle sind noch nicht gebucht:

1. (Ausgangs-)Rechnung an Kunden A für Warenlieferung über netto 36 500,00 €
   + 19 % Umsatzsteuer 6 935,00 €
   Rechnungsbetrag 43 435,00 €
2. Bankgutschrift für Überweisung des Kunden K
   für Rechnung vom 10.12.02 über (einschl. 19 % USt) 16 660,00 €
   ./. 2 % Skonto 333,20 €
   Betrag der Gutschrift 16 326,80 €
3. Verkauf eines überzähligen Schreibtisches im Buchwert (Anschaffungskosten abzüglich AfA) von 500 € an einen Freiberufler gegen Barzahlung von 1 200 €.
4. X hat im Dezember 02 Waren im Verkaufswert von 773,50 € (einschließlich 19 % USt) entnommen. Die Anschaffungskosten dieser Waren betrugen 530 €, die Wiederbeschaffungskosten (Teilwert) bei Entnahme 560 €.
5. Kunde M gab Ware im Rechnungsbetrag von 4 500 € + 855,00 € Umsatzsteuer zurück, weil sie - nachgewiesenermaßen - von unzureichender Qualität war. Der Rechnungsbetrag (brutto) ist dem Kunden gutzuschreiben.
6. Die von M beanstandete Ware wurde an den Lieferer zurückgesandt, der die Reklamation anerkannte und X den Betrag von 3 000 € + 570,00 € USt gutschrieb.
7. Lohnzahlung für Dezember 02:

Bruttolohn		2 500,00 €
Lohnsteuer + SolZ	440,00 €	
Sozialversicherung Arbeitnehmeranteil	498,00 €	
Abzüge insgesamt	938,00 €	./. 938,00 €
Der Nettolohn von		1 562,00 €

   wurde durch Banküberweisung an den Arbeitnehmer H ausbezahlt.
   Der von X zu tragende Arbeitgeberanteil zur Sozialversicherung beträgt ebenfalls 498 €. Die Überweisungen für Lohnsteuer und Sozialversicherung erfolgten im Januar 03. Der Fälligkeitstermin (27.12.02) für die Sozialversicherungsbeiträge wurde von einer neu eingestellten Bürofachkraft versehentlich übersehen.
8. Die Lieferfirma L hat X für das Jahr 02 einen Bonus von 4 % auf den Brutto-Jahresumsatz von 380 800 € gewährt und daher am 30.12.02 den Betrag von 15 232 € gutgeschrieben. Davon entfallen 2 432 € auf Umsatzsteuer. Die Gutschrift wird sogleich mit Verbindlichkeiten aus offenen Rechnungen verrechnet.

9. Für fällige Steuern wurden an das Finanzamt und an die Stadtkasse überwiesen:
   4 720 € für Einkommensteuervorauszahlung 02 und
   9 680 € für Gewerbesteuervorauszahlung 02.
10. Die Bank belastete das Bankkonto des X mit Zinsen für das Darlehen i. H. v. 8 % aus 50 000 € = 4 000 €. Zugleich wurde vereinbarungsgemäß ein Teilbetrag des Darlehens, nämlich 10 000 € zu Lasten des Bankguthabens getilgt.
11. Für einen am 14. 12. 02 an X gelieferten Aktenschrank im Wert von 2 000 € + 19 % USt (Anschaffung richtig gebucht, sonstige Verbindlichkeiten mit 2 380 € ausgewiesen) wurde der Rechnungsbetrag abzüglich 3 % Skonto = 71,40 € an das Bürofachgeschäft B überwiesen. Überweisungsbetrag 2 308,60 €.
12. Wareneingang aus Lieferung der Firma W im Betrag von 8 900,00 €
    zuzüglich 19 % Umsatzsteuer 1 691,00 €
    Rechnungsbetrag 10 591,00 €
13. Barzahlung für Rollgeld bei Zufuhr dieser Waren 285,60 €, davon laut Abrechnung 45,60 € Umsatzsteuer.
14. Banküberweisung an Firma W nach Abzug von 2 % Skonto (211,82 €) mit 10 379,18 €.

Angaben zum Abschluss:

- Die Absetzung für Abnutzung der Betriebs- und Geschäftsausstattung ist mit 20 % des Buchwerts vorzunehmen.
- Laut Inventar ergibt sich zum 31.12.02 ein Warenbestand von 47 300 €.
- Boni und Skonti sind jeweils **netto** gebucht.

Gehen Sie wie folgt vor:

- Richten Sie die Sachkonten ein.
- Bilden Sie für die noch nicht gebuchten Geschäftsvorfälle die Buchungssätze und verbuchen Sie auf den Konten.
- Schließen Sie die Konten ab, stellen Sie den Abschluss (Schlussbilanz und Gewinn-und-Verlust-Rechnung) auf und ermitteln Sie den Gewinn aufgrund des Betriebsvermögensvergleichs.
- Ermitteln Sie den Rohgewinn und den Rohgewinnsatz.

6 Storno- und Berichtigungsbuchungen

Kein Mensch ist unfehlbar – und Buchhalter sind auch Menschen. Deshalb ist es verständlich, dass auch in einer sonst ordnungsmäßigen Buchführung gelegentlich Fehler gemacht werden.

Wie bringt man nun solche Fehler wieder in Ordnung? Auf keinen Fall durch Radieren oder Überschreiben! Die Buchführung wäre nicht mehr ordnungsgemäß. Auch Durchstreichen der falschen Zahlen ist nicht immer das Richtige, bei EDV-Buchführung sogar unmöglich. Ein korrektes Ergebnis bringt dagegen eine Stornobuchung.

6.1 Stornobuchung

Durch die Stornobuchung wird der ursprüngliche Buchungssatz aufgehoben. Der Buchungssatz für die Stornierung ist das genaue Spiegelbild des falschen Buchungssatzes. Nach der Stornobuchung sind die Konten bereit für die richtige Buchung, soweit eine solche überhaupt noch in Betracht kommt.

BEISPIELE

a) Eine Rechnung über einen Wareneingang von netto 700 € + 133 € Umsatzsteuer wurde versehentlich **doppelt** gebucht.

LÖSUNG Es ist folgende Stornobuchung vorzunehmen:

170	Verbindlichkeiten	833 €	
	an 300 Wareneinkauf		700 €
	an 115 Vorsteuer		133 €

Damit ist der Fehler ausgeglichen.

b) Eine Rechnung über einen Warenausgang von netto 400 € + 76 € Umsatzsteuer wurde irrtümlich wie folgt gebucht

100	Forderungen	400 €	
195	Umsatzsteuer	76 €	
	an 800 Warenverkauf		476 €

LÖSUNG Es ist folgende Stornobuchung vorzunehmen:

800	Warenverkauf	476 €	
	an 100 Forderungen		400 €
	an 195 Umsatzsteuer		76 €

Es ist außerdem folgende Nachbuchung vorzunehmen:

100	Forderungen	476 €	
	an 195 Umsatzsteuer		76 €
	an 800 Warenverkauf		400 €

Der Fehler ist damit berichtigt.

Übrigens, vielleicht kennen Sie das Storno bereits aus Ihrem eigenen Bankkontoauszug.

6.2 Berichtigungsbuchungen

Nicht immer ist es nötig, die unrichtige Buchung in vollem Umfang zu stornieren. Es genügt oft, nur die Konten zu berichtigen, auf denen falsch gebucht wurde.

BEISPIELE

a) Die Banküberweisung eines **Kunden** mit 2200 € wurde versehentlich über Verbindlichkeiten gebucht, nämlich

130 Bank an 170 Verbindlichkeiten	2200 €

LÖSUNG Das Bankkonto ist in Ordnung, braucht also nicht berichtigt zu werden.
Folgende **Berichtigungsbuchung** ist vorzunehmen:

170 Verbindlichkeiten an 100 Forderungen	2200 €

Verbindlichkeiten und Forderungen haben jetzt ihren richtigen Stand.

b) Barzahlung an einen Spediteur für **versandte** Waren wurde gebucht

302	Eingangsfracht	50,00 €	
115	Vorsteuer	9,50 €	
	an 150 Kasse		59,50 €

LÖSUNG Die Konten Kasse und Vorsteuer wurden also richtig behandelt. Damit hat folgende **Berichtigungsbuchung** zu erfolgen:

560 Frachtkosten an 302 Eingangsfracht	50,00 €

Damit ist der Fehler beseitigt.

FALL 43

a) Eine **Ausgangsrechnung** über brutto 952 € wurde wie folgt gebucht:

300	Wareneinkauf	800 €	
115	Vorsteuer	152 €	
	an 170 Verbindlichkeiten		952 €

b) Eine Überweisung an einen **Lieferer** wurde gebucht:

100 Forderungen an 130 Bank	750 €

c) An das Finanzamt wurden 500 € Einkommensteuer durch Postbank überwiesen und gebucht:

520 Betriebssteuern an 151 Postbank	500 €

d) Die Lohnzahlung (Bruttolohn 2 000 €, Abzüge 600 €, Arbeitgeberanteile 400 €) war richtig gebucht. Bei Überweisung der Lohnsteuer und Sozialversicherung wurde (zusammengefasst) gebucht:

502 soziale Aufwendungen an 130 Bank	1 000 €

e) Der Unternehmer U erwarb am 15.03.01 bei der Firma Büro-Maier einen Aktenschrank zum Preis von 1 500 € + 285 € Mehrwertsteuer. Dieser hat eine betriebsgewöhnliche Nutzungsdauer von 9 Jahren, AfA linear.
Nach 14 Tagen übersandte U der Lieferfirma - nach Abzug von 3 % Skonto = 53,55 € - einen Verrechnungsscheck über 1 731,45 €. Irrtümlich wurde gebucht:

300	Wareneinkauf	1 500,00 €	
115	Vorsteuer	285,00 €	
	an 170 Verbindlichkeiten		1 785,00 €
170	Verbindlichkeiten	1 785,00 €	
	an 130 Bank		1 731,45 €
	an 340 erhaltene Skonti		53,55 €
340	erhaltene Skonti	8,55 €	
	an 115 Vorsteuer		8,55 €

f) Der Unternehmer X entnahm Anfang Januar 01 aus seinem Anlagevermögen (Geschäftsausstattung) für seinen Privathaushalt einen gebrauchten Schreibtisch, der am 31.12.00 noch mit 2 500 € zu Buche stand. Die Entnahme blieb versehentlich in der Buchführung unberücksichtigt. Deshalb wurde für 01 auch noch eine AfA von 500 € vorgenommen. Der Schreibtisch hatte bei Entnahme einen Teilwert (Wiederbeschaffungskosten für einen gebrauchten Schreibtisch gleicher Art und Güte) von 3 000 €.
Bilden Sie die erforderlichen Storno- bzw. Berichtigungsbuchungssätze.
Welche Auswirkung hatten die Falschbuchungen auf den Gewinn?
Welche Gewinnauswirkung ergibt sich durch die Richtigstellung, d. h. durch Stornierung bzw. Berichtigungsbuchung?

Teil D Bilanzierungs- und Bewertungsgrundsätze

1 Die Steuerbilanz als Grundlage der Gewinnermittlung

Der steuerliche Gewinn ist gem. § 4 Abs. 1 Satz 1 EStG durch Betriebsvermögensvergleich zu ermitteln. Das Betriebsvermögen i. S. d. gesetzlichen Begriffs ergibt sich aus der Differenz zwischen den Vermögenswerten und den Schulden des Betriebs (wegen der Definition des Betriebsvermögens s. A 2.2). Es ist identisch mit dem Eigenkapital, wie es regelmäßig auf der Passivseite der Bilanz ausgewiesen ist. Übersteigen die Schulden das Vermögen, erhält man ein negatives Betriebsvermögen bzw. Eigenkapital; entsprechend erscheint der Differenzbetrag auf der Aktivseite der Bilanz.

Die Bilanz gibt demnach in jedem Fall über die Höhe des Betriebsvermögens Auskunft und erweist sich damit als unentbehrliches Instrument der steuerlichen Gewinnermittlung.

Der Besteuerung soll selbstverständlich der richtige Gewinn unterworfen werden; Ausgangspunkt der Gewinnermittlung muss demnach eine richtige Bilanz sein. Das bedeutet einmal, dass die Bilanz organisch aus der Buchführung entwickelt wird und sich als deren Ergebnis darstellt (zur Technik des Jahresabschlusses s. B 4).

Darüber hinaus verlangt der Grundsatz der richtigen Bilanzierung aber auch Antwort auf die Fragen, **welche** Gegenstände zu bilanzieren und **wie** diese ggf. im Einzelnen zu bewerten sind. Mehr oder weniger erschöpfende Auskunft hierüber geben insbesondere die §§ 4–7 EStG.

Ein solchermaßen unter Beachtung der gesetzlichen Bestimmungen erstellter Abschluss ist als Steuerbilanz der Gewinnermittlung und damit der Besteuerung zugrunde zu legen (§ 158 AO).

1.1 Gewinnermittlung nach § 4 Abs. 1 und § 5 EStG

Das EStG unterscheidet bei bilanzierenden Steuerpflichtigen zwischen der Gewinnermittlung nach § 4 Abs. 1 EStG und der Gewinnermittlung nach § 5 EStG.

Beide Vorschriften gehen übereinstimmend vom Betriebsvermögensvergleich aus; § 5 Abs. 1 EStG verweist insoweit auf § 4 Abs. 1 Satz 1 EStG. Im Übrigen bestehen folgende Unterschiede.

§ 5 **EStG** erfasst nach seinem Wortlaut nur Gewerbetreibende mit Einkünften i. S. d. § 15 EStG. Zu diesem Personenkreis gehören im Einzelnen:

a) Kaufleute, die nach Handelsrecht verpflichtet sind, Bücher zu führen und regelmäßig Abschlüsse zu machen (§ 140 AO i. V. m. §§ 1 ff. und 238 ff. HGB).
b) Gewerbliche Unternehmer, die nach § 141 AO zur Buchführung verpflichtet sind. In Betracht kommen hier Kleingewerbetreibende, denen mangels Eintrag in das Handelsregister die Kaufmannseigenschaft fehlt, die aber die in § 141 Abs. 1 AO genannten Betragsgrenzen überschritten haben.
c) Gewerbetreibende, die freiwillig Bücher führen und Abschlüsse machen. Hier handelt es sich einmal um Kleingewerbetreibende, denen die Kaufmannseigenschaft fehlt und die die Betragsgrenzen des § 141 Abs. 1 AO nicht überschreiten. Zum anderen handelt es sich um Kaufleute, die gem. § 241 a HGB von der Buchführungspflicht befreit sind, weil sie die dort genannten, mit § 141 Abs. 1 AO identischen Betragsgrenzen nicht überschreiten.

Beim Betriebsvermögensvergleich nach § 5 Abs. 1 EStG ist das Betriebsvermögen anzusetzen, das nach den **handelsrechtlichen** Grundsätzen ordnungsmäßiger Buchführung auszuweisen ist. Damit ist festgelegt, dass hier neben steuerrechtlichen (EStG) auch handelsrechtliche (§§ 238 ff. HGB) Bilanzierungs- und Bewertungsvorschriften zu beachten bzw. zu befolgen sind.

§ 4 **Abs. 1 EStG** stellt demgegenüber die Gewinnermittlungsvorschrift für Land- und Forstwirte mit Einkünften i. S. d. § 13 EStG dar, soweit diese die Betragsgrenzen des § 141 Abs. 1 AO überschritten haben. Außerdem können selbständig Tätige mit Einkünften i. S. d. § 18 EStG freiwillig einen Bestandsvergleich nach § 4 Abs. 1 EStG durchführen.

1.2 Gewinnermittlung nach § 4 Abs. 3 EStG

Steuerpflichtige, die nicht zur Buchführung verpflichtet sind und auch nicht freiwillig Bücher führen, können gem. § 4 Abs. 3 EStG als Gewinn den Überschuss der Betriebseinnahmen über die Betriebsausgaben ansetzen. Diese vereinfachte Art der Gewinnermittlung verzichtet auf die jährliche Erfassung der Bestände des Betriebsvermögens. Die Einnahmen-Überschuss-Rechnung stellt daher eine Ausnahme vom Grundsatz der Gewinnermittlung durch Betriebsvermögensvergleich dar.

FALL 44

Nach welcher Vorschrift des EStG (§ 4 Abs. 1, § 5 oder § 4 Abs. 3) ermitteln die folgenden Unternehmer ihren Gewinn?

a) Alfons N ist Inhaber der im Handelsregister eingetragenen Firma Alfons N, Maschinenbau.

b) Berthold M hat sich als Rechtsanwalt niedergelassen.

c) Berthold M hat zusammen mit dem Steuerberater Claus P eine Rechts- und SteuerberatungsGmbH gegründet.

d) Dieter R betreibt einen Bahnhofskiosk.

e) Erich S ist Bauunternehmer. Sein Jahresumsatz beträgt ca. 2 Millionen €.

f) AG X betreibt Groß- und Einzelhandel mit Möbeln.

g) Fritz T vermietet Wohnungen in seinem Haus.

2 Das Betriebsvermögen (BV)

Auf Grund der Tatsache, dass alle buchführenden Unternehmer ihren steuerlichen Gewinn durch BVV zu ermitteln haben, kommt der Feststellung des jeweils maßgebenden BV eine überragende Bedeutung zu. Dabei muss zunächst einmal der Umfang des BV bestimmt werden. **Was** gehört zum BV und ist entsprechend in Buchführung und Bilanz zu erfassen?

BV ist die Summe aller Wirtschaftsgüter, die dem Betrieb tatsächlich dienen. Zum BV im Sinne dieser Definition (s. auch A 2.2) rechnen sowohl positive als auch negative Wirtschaftsgüter, d. h. nicht nur die Gegenstände des Anlage- und Umlaufvermögens (Aktiva), sondern auch die Schulden (Passiva) des Betriebs. Dieser Sachverhalt erscheint nicht überraschend, wenn man bedenkt, dass Aktiv- und Passivseite der Bilanz nicht beziehungslos nebeneinander stehen, sondern ein zusammenhängendes Ganzes bilden, was z. B. bei den Warenvorräten und den Lieferantenschulden besonders deutlich wird. Die insoweit bestehende gegenseitige Abhängigkeit von Vermögen und Schulden unterstreicht also den o. g. BV-Begriff.

Selbstverständlich können nur die im Eigentum des Unternehmers stehenden Gegenstände zu seinem BV zählen, wobei es aber nicht auf das bürgerlich-rechtliche, sondern auf das **wirtschaftliche** Eigentum ankommt (§ 39 AO).

Da nur WG zu berücksichtigen sind, die dem Betrieb dienen, ist schließlich eine klare Abgrenzung der Gegenstände des Betriebsvermögens von denen des Privatvermögens erforderlich. Dieser Abgrenzung dient die Unterscheidung zwischen notwendigem BV, gewillkürtem BV und notwendigem PV.

2.1 Notwendiges Betriebsvermögen

Notwendiges BV sind alle Wirtschaftsgüter, die dem Betrieb in einer Art und Weise dienen, dass sie objektiv erkennbar zum unmittelbaren Einsatz im Betrieb bestimmt sind (ständige BFH Rspr.; so z. B. BFH vom 01.10.1981 BStBI II 1982, 250 und vom 06.03.1991 BStBI II 1991, 829; vgl. auch R 4.2 Abs. 1 Satz 1 EStR).

Maßgebend ist demnach die Widmung des Wirtschaftsguts für den betrieblichen Zweck, die regelmäßig durch die tatsächliche Verwendung im Betrieb nach außen dokumentiert wird. Zum notwendigen BV zählen zunächst einmal die Gegenstände, die die wesentlichen Betriebsgrundlagen bilden. Welche WG das im Einzelnen sind, hängt natürlich von der Art des bestimmten Betriebs ab.

BEISPIELE

Betriebsgebäude, Maschinen und Rohstoffe bilden als Produktionsmittel eine wesentliche Grundlage des Industriebetriebs; sie gehören damit zum notwendigen BV dieses Unternehmens.
Unabhängig von der jeweiligen Betriebsbranche gehören die Betriebs- und Geschäftsausstattung, die Warenvorräte, Kundenforderungen und Lieferantenverbindlichkeiten immer zum notwendigen BV.

Aus der Formulierung »notwendiges« BV darf aber nicht die Folgerung gezogen werden, dass unter diesem Begriff nur die WG fallen, die für den Betrieb und seine Fortführung unbedingt notwendig sind; es genügt vielmehr, dass das WG vom Unternehmer zum Einsatz im Betrieb bestimmt ist und dort verwendet wird.

BEISPIEL

Der Unternehmer erstellt für seine Arbeitnehmer ein Erholungsheim.
LÖSUNG Das Heim gehört als soziale Betriebseinrichtung zum notwendigen BV (s. BFH vom 23.07.1975 BStBl II 1976, 179 und BFH vom 01.12.1976 BStBl II 1977, 315).

2.1.1 Buchmäßige Behandlung

Wirtschaftsgüter, die zum notwendigen BV des Unternehmers gehören, müssen in der Buchführung erfasst bzw. bilanziert werden. Ist ein solcher Gegenstand in Buchführung und Bilanz nicht erfasst, so bleibt dadurch dessen Eigenschaft als notwendiges BV unberührt. Die Bilanz ist in diesem Falle zu berichtigen.

2.2 Notwendiges Privatvermögen (PV)

Notwendiges PV sind WG, die entweder ihrer Natur nach nur privat genutzt werden können oder – soweit eine betriebliche Nutzung denkbar ist – tatsächlich privat genutzt werden.

Hier handelt es sich einmal um Gegenstände, die der Unternehmer, selbst wenn er wollte, nicht zum BV ziehen kann, weil sie völlig ungeeignet sind, dem Betrieb in irgendeiner Weise zu dienen. Es sind typische WG der privaten Lebensführung.

BEISPIEL

Der Unternehmerin gehört eine umfangreiche Garderobe und wertvoller persönlicher Schmuck.

LÖSUNG Die Gegenstände gehören zum notwendigen PV.

Daneben gibt es Wirtschaftsgüter, denen man die Zugehörigkeit zum Privatvermögen nicht »auf den ersten Blick« ansieht. Das sind Gegenstände, die im konkreten Fall tatsächlich privat genutzt werden, die aber ebenso betrieblichen Zwecken dienen könnten.

BEISPIEL

Der Unternehmer wohnt mit seiner Familie im eigenen Einfamilienhaus.

LÖSUNG Das Haus gehört zusammen mit der Wohnungseinrichtung zum notwendigen PV. Würde der Unternehmer dieses Haus aber ausschließlich seinen Arbeitnehmern zu Wohn- bzw. Freizeitzwecken zur Verfügung stellen, müsste eine Zuordnung zum notwendigen BV erfolgen (s. Beispiel in 2.1).

2.2.1 Buchmäßige Behandlung

Wirtschaftsgüter des notwendigen PV dürfen in Buchführung und Bilanz nicht erfasst werden. Sie nehmen am Betriebsvermögensvergleich nicht teil. Diese Gegenstände werden auch nicht etwa dadurch BV, dass sie in der Buchführung oder in der Bilanz ausgewiesen werden. Die Bilanz ist in diesem Falle zu berichtigen.

2.3 Gewillkürtes Betriebsvermögen

Wirtschaftsgüter, die weder zum notwendigen BV noch zum notwendigen PV gehören, können als gewillkürtes BV behandelt werden.

Zwischen dem notwendigen BV und dem notwendigen PV steht das gewillkürte BV. Es umfasst die WG, die nicht von vornherein eindeutig dem betrieblichen oder dem privaten Bereich zugerechnet werden können. Entscheidend für die Zuordnung zum BV ist hier, dass der Unternehmer seinen Willen bekundet, das nicht zum notwendigen PV gehörende WG zum BV zu ziehen. Außerdem muss dieses WG in einem gewissen objektiven Zusammenhang mit dem Betrieb stehen und ihn zu fördern bestimmt und geeignet sein (vgl. R 4.2 Abs. 1 Satz 3 EStR).

Dabei verbleibt allerdings dem **Kaufmann** ein weiter Entscheidungsspielraum; nur in Grenzfällen hat der Gewerbetreibende darzutun, welche Beziehung das WG zum Betrieb hat und welche vernünftigen wirtschaftlichen Überlegungen ihn veranlasst haben, das WG zum BV zu ziehen.

BEISPIEL

Der gewerbliche Unternehmer bezieht ein an Privatpersonen vermietetes Wohnhaus in sein BV ein.

LÖSUNG Da der Kaufmann i. d. R. den Umfang seines Gewerbebetriebs selbst bestimmen und deshalb ertragbringende Wirtschaftsgüter als BV behandeln kann, gehört das Grundstück zum gewillkürten BV, ohne dass der Unternehmer im Einzelnen den Zusammenhang mit seinem Betrieb darzulegen braucht (vgl. BFH vom 30.04.1975 BStBl II 1975, 582; zur Abgrenzung der Begriffe notwendiges BV, notwendiges PV und gewillkürtes BV zuletzt auch BFH vom 21.05.2001 BStBl II 2001, 828).

2.3.1 Buchmäßige Behandlung

Die Zurechnung eines WG zum gewillkürten BV setzt einen nach außen erkennbaren Willensentschluss des Unternehmers voraus (s. o.). Diesen Entschluss bekundet der Unternehmer dadurch, dass er das WG in seine Buchführung aufnimmt. Mit der Einbuchung auf einem entsprechenden Bestandskonto wird seine dahingehende Entscheidung nach außen dokumentiert.

Die Zugehörigkeit zum gewillkürten BV hängt somit entscheidend von der buchmäßigen Behandlung ab. Ein WG, das weder zum notwendigen BV noch zum notwendigen PV gehört, kann nur dann dem gewillkürten BV zugerechnet werden, wenn es eindeutig in der Buchführung ausgewiesen ist. Die Zuordnung zum gewillkürten Betriebsvermögen erfordert, dass der notwendige Widmungsakt zeitnah in den Büchern oder in Aufzeichnungen dokumentiert wird (BFH vom 27.06.2006 BStBl II 2006, 874; H 4.2 [1] (gewillkürtes BV) EStH).

Da eine solche Buchführung bei Steuerpflichtigen, die ihren Gewinn durch Einnahmen-Überschuss-Rechnung nach § 4 Abs. 3 EStG ermitteln, fehlt, ist dort der Nachweis der Zuordnung eines WG zum gewillkürten BV durch besondere Aufzeichnungen zu führen (BFH vom 02.10.2003 BStBl II 2004, 985).

2.4 Verbindlichkeiten als Betriebs- oder Privatschulden

Der Ansatz von Verbindlichkeiten ist der Verfügung des Unternehmens insoweit entzogen, als die Verbindlichkeiten nicht allein durch einen Willensakt des Unternehmens die Eigenschaft als Betriebs- oder Privatschuld wechseln können. Bei Schulden gibt es somit kein gewillkürtes BV. Sie gehören jeweils nach ihrem Anlass zum notwendigen BV oder PV (vgl. auch R 4.2 Abs. 15 EStR).

BEISPIELE

a) Der Unternehmer hat ein Darlehen zur Zahlung seiner Lieferanten aufgenommen.
LÖSUNG Das Darlehen ist eine notwendige Betriebsschuld, weil damit wiederum Lieferantenverbindlichkeiten als notwendige Betriebsschulden beglichen werden.

b) U hat eine neue Sesselgarnitur für sein Wohnzimmer erworben, die noch nicht bezahlt ist.
LÖSUNG Es liegt eine notwendige Privatschuld vor.

2.5 Gemischt genutzte Wirtschaftsgüter

Grundsätzlich gehören WG entweder in vollem Umfang zum BV oder zum PV. Wenn nun ein und dasselbe WG sowohl betrieblich als auch privat genutzt wird, kommt eine entsprechende Teilung dieser kleinsten Einheit WG nicht in Betracht. Der Gegenstand muss vielmehr voll einer der drei o. g. Vermögensgruppen zugeordnet werden. Maßgebend ist dabei der Grad der betrieblichen und privaten Nutzung des WGs.

Wird ein solches WG überwiegend betrieblich genutzt, gehört es zum notwendigen BV. Überwiegt die private Nutzung, kann das WG als gewillkürtes BV behandelt werden, es sei denn, die betriebliche Nutzung ist unbedeutend (unter 10 %). Im letzteren Fall gehört der Gegenstand zum notwendigen PV (vgl. R 4.2 Abs. 1 Sätze 4–7 EStR).

BEISPIELE

a) Der Unternehmer nutzt seinen PKW zu 70 % für betriebliche und 30 % für private Zwecke.
LÖSUNG Der PKW gehört zum notwendigen BV.

b) Ein anderer Unternehmer nutzt seinen PKW zu 25 % für eigengewerbliche und zu 75 % für private Zwecke.
LÖSUNG Der PKW kann hier entweder als gewillkürtes BV oder als PV behandelt werden.

2.6 Grundstücke und Grundstücksteile

Auch bei Grundstücken gilt der Grundsatz, dass ein und dasselbe WG nur einheitlich entweder dem BV oder dem PV zurechenbar ist. Ein Grundstück kann nun allerdings aus mehreren WG bestehen. So stellen z. B. bei einem bebauten Grundstück regelmäßig Grund und Boden einerseits und aufstehendes Gebäude andererseits je ein selbständiges WG dar (BFH vom 16.07.1968 BStBl II 1969,108). Weiterhin sind einzelne Gebäudeteile, soweit sie mit dem Gebäude nicht in einem einheitlichen Nutzungs- und Funktionszusammenhang stehen, als selbständige WG zu beurteilen (s. BFH vom 26.11.1973 BStBl II 1974, 132). Auch der Grund und Boden eines Grundstücks kann in verschiedenen Nutzungs- und Funktionszusammenhängen stehen und dann entsprechend in einzelne selbständige WG zerfallen.

Die Frage der Zuordnung eines Grundstücks oder Grundstücksteils zum BV bzw. PV lässt sich demnach erst entscheiden, wenn vorher geklärt ist, **wie viele WG** im Einzelfall vorliegen.

BEISPIELE

a) Unternehmer U ist Eigentümer eines unbebauten Grundstücks, das er als Lagerplatz nutzt.
LÖSUNG Es handelt sich um ein WG »unbebautes Grundstück«.

b) U hat sein bebautes Grundstück ausschließlich zu Wohnzwecken vermietet.
LÖSUNG Das bebaute Grundstück zerfällt in zwei WG: WG I »Grund und Boden«, WG II »Gebäude«.

c) In seinem Gebäude hat U neben den Verkaufsräumen des Betriebs seine eigene Wohnung eingerichtet.
LÖSUNG Hier wird das Gebäude nicht einheitlich für einen bestimmten Zweck genutzt. Ein Gebäudeteil dient dem Betrieb des U, der andere Teil dient Wohnzwecken. Mithin steht das Gebäude in verschiedenen Nutzungs- und Funktionszusammenhängen. Beide Gebäudeteile sind selbständige Wirtschaftsgüter, da sie jeweils besonderen Zwecken dienen (R 4.2 Abs. 3 Sätze 1 und 2 EStR): WG I »Betriebsräume«, WG II »Wohnräume«.

Wird ein Gebäude teils eigenbetrieblich, teils fremdbetrieblich, teils zu eigenen und teils zu fremden Wohnzwecken genutzt, so ist jeder der vier unterschiedlich genutzten Gebäudeteile ein **besonderes WG** (R 4.2 Abs. 4 Satz 1 EStR).

BEISPIEL

Der Unternehmer nutzt sein Gebäude wie folgt: Im Erdgeschoss befinden sich die Betriebsräume des U, der erste Stock ist an einen Textilhändler als Lager vermietet, im Dachgeschoss wohnt U selbst.
LÖSUNG Das Gebäude besteht aus folgenden drei selbständigen Wirtschaftsgütern: WG I »Eigene Betriebsräume«, WG II »Vermietete Lagerräume«, WG III »Wohnräume«.

Nach allem ist ein Gebäude nur dann ein einheitliches WG, wenn es ausschließlich eigenbetrieblichen Zwecken oder ausschließlich fremdbetrieblichen Zwecken oder ausschließlich fremden bzw. eigenen Wohnzwecken dient. Ein Gebäude besteht aus zwei, drei oder vier WG, wenn es nebeneinander zwei, drei oder allen vier angeführten Zwecken dient. Eine dem Gebäude entsprechende Beurteilung bzw. Behandlung ist dann auch beim zugehörigen Grund und Boden erforderlich. Grund und Boden und ein darauf errichtetes Gebäude bilden insoweit eine Einheit, als beide dieselben Qualifikationen aufweisen müssen (s. BFH vom 27.01.1977

BStBI II 1977, 388 und BFH vom 11.03.1980 BStBI II 1980, 740). Folglich ist die bebaute Grundstücksfläche ebenfalls in einzelne Wirtschaftsgüter zu zerlegen, soweit das Gebäude aus mehreren der genannten selbständigen Teile besteht.

Nunmehr können Sie die Lösung der beiden letzten Beispielsfälle ergänzen und die Anzahl der WG angeben, in die der Grund und Boden dort aufzuteilen ist!

Die Prüfung, ob bzw. inwieweit ein Grundstück, das in mehrere selbständige Teile zerfällt, zum **BV oder PV** gehört, hat grundsätzlich jeweils gesondert für jedes einzelne WG zu erfolgen, wobei das einzelne WG nur entweder in vollem Umfang BV oder in vollem Umfang PV sein kann.

2.6.1 Notwendiges Betriebsvermögen

Grundstücke oder Grundstücksteile, die ausschließlich und unmittelbar für eigenbetriebliche Zwecke genutzt werden, gehören regelmäßig zum notwendigen BV (R 4.2 Abs. 7 EStR). Dabei ist ggf. der Grund und Boden genauso zu qualifizieren wie das aufstehende Gebäude bzw. wie die einzelnen selbständigen Gebäudeteile (s. o.).

BEISPIELE

a) Unternehmer U nutzt sein unbebautes Grundstück als Abstellplatz für seine Betriebsfahrzeuge.
LÖSUNG Das WG »Grund und Boden« gehört zum notwendigen BV.

b) U hat auf seinem bebauten Grundstück die Einkaufsabteilung des Betriebs untergebracht. Außerdem hat er in dem Gebäude seine eigene Wohnung eingerichtet.
LÖSUNG Das WG »Eigene Betriebsräume« und der entsprechende Anteil des Grund und Bodens gehören zum notwendigen BV.

Eigenbetrieblich genutzte Grundstücksteile brauchen aber dann nicht als BV behandelt zu werden, wenn sie von **untergeordneter Bedeutung** sind. Das ist grundsätzlich der Fall, wenn der Wert des Grundstücksteils weder mehr als ein Fünftel des Wertes des ganzen Grundstücks noch mehr als 20 500 € beträgt. Bei der Wertermittlung ist in der Regel das Verhältnis der Nutzflächen zugrunde zu legen. Wird ein Gebäudeteil eigenbetrieblich genutzt, so ist auf den Wert dieses Gebäudeteils zuzüglich des zugehörigen Grund und Bodens abzustellen. Maßgebend ist im Übrigen der gemeine Wert.

BEISPIELE

a) Ein Unternehmer betreibt im eigenen Haus eine Tischlerei. Der gemeine Wert des ganzen Grundstücks beträgt 150 000 €. Der Wert des eigenbetrieblich genutzten Grundstücksteils beläuft sich auf 25 000 €.
LÖSUNG Der eigenbetrieblich genutzte Gebäudeteil und der anteilige Grund und Boden gehören zum notwendigen BV, weil ihr Wert zusammen 20 500 € übersteigt.

b) Ein Unternehmer übt als Arzt seine Praxis im eigenen von ihm selbst bewohnten Einfamilienhaus aus. Der gemeine Wert des ganzen Grundstücks beträgt 120 000 €. Der Wert des eigenbetrieblich genutzten Grundstücksteils beläuft sich auf 20 000 €.
LÖSUNG Der eigenbetrieblich genutzte Grundstücksteil ist von untergeordneter Bedeutung, weil sein Wert nicht mehr als ein Fünftel des Wertes des ganzen Grundstücks (24 000 €) beträgt und auch 20 500 € nicht übersteigt. Die Praxisräume und der entsprechende Anteil des Grund und Bodens können, müssen aber nicht als BV behandelt werden.

Die dargestellte ertragssteuerrechtliche Beurteilung von Grundstücksteilen mit untergeordneter Bedeutung ergibt sich aus § 8 EStDV i. V. m. R 4.2 Abs. 8 EStR.

Hat sich der Unternehmer entschieden, den betrieblich genutzten Grundstücksteil als Privatvermögen zu behandeln, kann er dennoch die anteiligen Grundstücksaufwendungen (z. B. Zinsen, AfA, Grundsteuer) gem. § 4 Abs. 4 EStG als Betriebsausgaben abziehen, da diese durch den Betrieb veranlasst sind (Aufwandseinlage).

Gehört ein betrieblich genutzter Grundstücksteil wegen seiner untergeordneten Bedeutung nicht zum BV, so bedeutet das insofern noch keine endgültige Entscheidung, als für jeden zukünftigen Bilanzstichtag diese Frage neu zu prüfen ist. Zwischenzeitlich können sich nämlich die Nutzungs- bzw. Wertverhältnisse so geändert haben, dass der Grundstücksteil nicht mehr als von untergeordneter Bedeutung erscheint.

2.6.2 Gewillkürtes Betriebsvermögen

Grundstücke oder Grundstücksteile können als gewillkürtes BV geführt werden, wenn sie nicht eigenbetrieblich genutzt werden und nicht eigenen Wohnzwecken dienen (z. B. zu Wohnzwecken oder zur gewerblichen Nutzung an Dritte vermietet sind).

Soweit als weitere Voraussetzung noch ein objektiver Zusammenhang mit dem Betrieb verlangt wird, ist dieser Zusammenhang bei Gewerbetreibenden i. d. R. ohne Weiteres gegeben (R 4.2 Abs. 9 EStR).

BEISPIEL

Ein Unternehmer betreibt im Erdgeschoss seines Hauses eine Schlosserei. Den ersten Stock hat er als Wohnung vermietet. Der zweite Stock ist fremdbetrieblich vermietet. Der gemeine Wert des ganzen Grundstücks beträgt 300 000 €, der Wert jedes der drei verschieden genutzten Grundstücksteile beträgt 100 000 €.

LÖSUNG Das Gebäude zerfällt in drei selbständige Wirtschaftsgüter: WG I »Eigene Betriebsräume«, WG II »Fremdbetrieblich vermietete Räume«, WG III »Fremdgenutzte Wohnräume«.

Der Unternehmer hat folgende Möglichkeiten (1–3):

Gebäudenutzung	Möglichkeit 1	Möglichkeit 2	Möglichkeit 3
2. Stock (Wert 10 000 €) fremdbetrieblich vermietet	keine Bilanzierung Privatvermögen	Bilanzierung als gewillkürtes BV (R 4.2 Abs. 9 EStR)	Bilanzierung als gewillkürtes BV (R 4.2 Abs. 9 EStR)
1. Stock (Wert 100 000 €) vermietete Wohnung	keine Bilanzierung Privatvermögen	keine Bilanzierung Privatvermögen	Bilanzierung als gewillkürtes BV (R 4.2 Abs. 9 EStR)
Erdgeschoss (Wert 100 000 €) eigener Betrieb	muss bilanziert werden notwendiges BV	muss bilanziert werden notwendiges BV	muss bilanziert werden notwendiges BV

Der Grund und Boden ist entsprechend der Entscheidung des U bei den Gebäudeteilen anteilig bzw. vollständig als BV zu behandeln.

2.6.3 Notwendiges Privatvermögen

Grundstücke oder Grundstücksteile, die eigenen Wohnzwecken dienen oder Dritten unentgeltlich zu Wohnzwecken überlassen sind, gehören zum notwendigen PV und dürfen nicht bilanziert werden. Die verbilligte Vermietung einer Wohnung an Angehörige schließt hingegen die Behandlung der Wohnung als gewillkürtes BV nicht aus (s. BFH vom 29.04.1999 BStBl II 1999, 652).

FALL 45

Zu welcher Vermögensgruppe gehören die folgenden im Eigentum des (bilanzierenden) Unternehmers stehenden WG:

a) die Praxiseinrichtung eines Arztes,

b) Wertpapiere, die für einen Betriebskredit verpfändet sind,

c) die Kfz-Steuerschuld für einen PKW, der zu 80 % betrieblich und zu 20 % privat genutzt wird,

d) ein unbebautes Grundstück, das dem Betrieb als Lagerplatz dient,

e) eine beim Erwerb des Grundstücks unter d) übernommene Hypothek,

f) eine Waschmaschine, die zu 50 % für betriebliche und zu 50 % für private Zwecke genutzt wird,

g) eine Armbanduhr,

h) die Hobelbank des Schreiners,

i) die Einkommensteuerschuld des Unternehmers,

j) ein PKW, der ausschließlich von der im Ausland studierenden Tochter des Unternehmers gefahren wird,

k) ein bebautes Grundstück, das wie folgt genutzt wird:

Betriebsbuchhaltung	40 m^2	Nutzfläche,
an einen Unternehmer vermietet	80 m^2	Nutzfläche,
für Wohnzwecke vermietet	80 m^2	Nutzfläche,
eigene Wohnung	200 m^2	Nutzfläche.

Der Verkehrswert des Grundstücks beträgt 200 000 €.

l) ein Grundstück, dessen gemeiner Wert 100 000 € beträgt, wird wie folgt genutzt:
aa) 10 % eigengewerblich, 30 % fremdgewerblich vermietet, 60 % als Wohnung vermietet,
bb) 20 % eigengewerblich, 30 % fremdgewerblich vermietet, 50 % als Wohnung vermietet,
cc) 30 % eigengewerblich, 10 % fremdgewerblich vermietet, 60 % als Wohnung vermietet
dd) 40 % eigengewerblich, 20 % fremdgewerblich vermietet, 40 % als Wohnung vermietet,
ee) 50 % eigengewerblich, 20 % fremdgewerblich vermietet, 30 % als Wohnung vermietet.
Der Gesamtwert des Grundstücks verteilt sich auf die betreffenden Grundstücksteile entsprechend den angegebenen Prozentsätzen. Die Vermietung für fremde Wohnzwecke steht mit dem eigenen Betrieb (ausnahmsweise!) **in keinerlei Zusammenhang.**

3 Die Bewertung des Betriebsvermögens

Das Ergebnis des BVV, der gem. § 4 Abs. 1 bzw. § 5 EStG der Gewinnermittlung zugrunde zu legen ist, wird natürlich nicht nur vom jeweiligen Umfang des zu vergleichenden BV, sondern auch von dessen Wertansatz wesentlich beeinflusst. Es genügt deshalb nicht, alle WG des BV vollständig zu erfassen. Diese WG müssen sodann auch richtig bewertet werden.

Bewerten heißt, dass jedem Gegenstand ein bestimmter in Geld (€) ausgedrückter Wert beizumessen ist.

Auskunft darüber, mit welchen Werten die WG des BV in der Steuerbilanz anzusetzen sind, gibt insbesondere § 6 als die zentrale Bewertungsvorschrift des EStG.

3.1 Bewertungsmaßstäbe

§ 6 EStG stellt für die Bewertung der einzelnen WG folgende Maßstäbe zur Verfügung:

- die Anschaffungskosten,
- die Herstellungskosten,
- den Teilwert.

3.1.1 Die Anschaffungskosten

Der Begriff der AK wird im EStG nicht näher erläutert. § 255 Abs. 1 HGB definiert den AK-Begriff wie folgt: »Anschaffungskosten sind die Aufwendungen, die geleistet werden, um einen Vermögensgegenstand zu erwerben und ihn in einen betriebsbereiten Zustand zu versetzen, soweit sie dem Vermögensgegenstand einzeln zugeordnet werden können. Zu den Anschaffungskosten gehören auch die Nebenkosten sowie die nachträglichen Anschaffungskosten. Anschaffungspreisminderungen sind abzusetzen.«

Von dieser handelsrechtlichen Definition der AK hat auch das Steuerrecht auszugehen (s. 3.2). Die Rspr. des BFH hat die AK zunächst wie folgt umschrieben: AK sind alle Aufwendungen, die dazu dienen, um ein WG aus der fremden in die eigene Verfügungsmacht zu überführen (so z. B. BFH vom 16. 12. 1977 BStBl II 1978, 233 mit weiteren Nachweisen).

Bei der Ermittlung der AK sind danach alle Aufwendungen zu berücksichtigen, die unmittelbar durch die Anschaffung veranlasst sind und mit der Erlangung der wirtschaftlichen Verfügungsmacht in einem engen sachlichen Zusammenhang stehen. Der enge zeitliche Zusammenhang von Aufwendungen mit dem Anschaffungsvorgang ist i. Ü. ein Indiz für deren Zugehörigkeit zu den AK.

Die AK entstehen in dem Zeitpunkt, in dem die Verfügungsmacht an dem angeschafften WG erlangt wird, regelmäßig also am Tag der Lieferung (R 7.4 Abs. 1 EStR). Sie entstehen sogleich in Höhe der Verpflichtung zur Gegenleistung. Das bedeutet, dass es auf die Bezahlung nicht ankommt. Bei Erwerb auf Kredit ist eine entsprechende Schuld auszuweisen.

3.1.1.1 Anschaffungsnebenkosten

Aus dem vorgegebenen weiten Begriff der AK folgt, dass beim Erwerb eines Gegenstandes nicht nur der an den Lieferer zu zahlende »Kaufpreis«, sondern auch sonstige Kosten, die damit im unmittelbaren Zusammenhang stehen, als Anschaffungsnebenkosten zu berücksichtigen sind. Diese Nebenkosten müssen ebenso wie der eigentliche Kaufpreis dem betreffenden WG zuaktiviert werden, dürfen also den Gewinn nicht sofort mindern. Die Frage der Abgrenzung der Erwerbsnebenkosten vom sonstigen laufenden Aufwand ist daher nicht nur von theoretischem Interesse, sondern besitzt große praktische Bedeutung.

BEISPIELE

a) Beim Erwerb von Baugelände für betriebliche Zwecke sind dem Unternehmer folgende Kosten entstanden:

Sofort bar zu entrichtender Kaufpreis	100 000 €
Grunderwerbsteuer	6 040 €
Notariatsgebühren	300 €
Grundbuchkosten	200 €

Außerdem hat U vertragsgemäß eine auf dem Grundstück ruhende Hypothekenschuld über 20 000 € übernommen und sich verpflichtet, die vom Veräußerer V noch geschuldete Grundsteuer i. H. v. 800 € zu begleichen. Von den gesamten aufgeführten Kosten hat U bisher 100 500 € durch Banküberweisung bezahlt.

LÖSUNG Die AK des Grundstücks setzen sich aus dem Kaufpreis und den angefallenen Erwerbsnebenkosten zusammen.

Der tatsächliche Kaufpreis beträgt hier 120 800 €, denn die Übernahme von Schulden des Veräußerers bildet einen Teil der Gegenleistung des Erwerbers. Dass U 20 800 € nicht sofort und nicht unmittelbar an V zu entrichten hat, ist lediglich eine Zahlungsmodalität. Notariatsgebühren und Grundbuchkosten zählen zu den Erwerbsnebenkosten des Grundstücks, denn auch diese Kosten stehen mit der Anschaffung im ursächlichen Zusammenhang und dienten unmittelbar der Erlangung der Verfügungsmacht an dem Grundstück. Die Grunderwerbsteuer ist ebenfalls den Erwerbsnebenkosten zuzurechnen; auf Grund des Kaufvertrages schuldet U diese Steuer unmittelbar dem Finanzamt. Sie könnte aber auch in den eigentlichen Kaufpreis mit einbezogen werden, weil neben dem Erwerber auch der Veräußerer Grunderwerbsteuerschuldner ist und insoweit eine unmittelbare Gegenleistung des U durch Schuldübernahme angenommen werden kann.

In jedem Fall belaufen sich die AK des Grundstücks auf insgesamt 127.340 €.

Buchung:

S	unbebaute Grundstücke	H
127 340		

S	Bank	H
		100 500

S	sonstige Verbindlichkeiten	H
		6 840

S	Hypothek	H
		20 000

b) Beim Erwerb von Wertpapieren, die der Unternehmer als (gewillkürtes) Betriebsvermögen behandeln will, sind folgende Kosten entstanden:

Kaufpreis	6 000 €
Maklergebühren	300 €
Bankprovision	150 €
Aufwendungen gesamt	6 450 € (bar bezahlt)

LÖSUNG Die gesamten Aufwendungen gehören zu den Anschaffungskosten der Wertpapiere.

Buchung:

S	Wertpapiere	H
6 450		

S	Kasse	H
		6 450

Als weitere aktivierungspflichtige Anschaffungsnebenkosten kommen z. B. Transport- und Versicherungskosten oder Kosten der Begutachtung des Kaufobjektes in Betracht. Beim Erwerb eines WG des Anlagevermögens gehören auch die Aufwendungen, die dazu dienen, das Anlagegut in einen betriebsbereiten Zustand zu versetzen, noch unmittelbar zum Anschaffungsvorgang (vgl. auch BHF vom 14. 11. 1985 BStBI II 1986, 60). So sind die Kosten der Fundamentierung, der Montage oder des Probelaufs einer Maschine, soweit diese Leistungen von dritter Seite erbracht und vom Unternehmer getragen werden, zu aktivierende AK dieses WG.

Entsprechend sind bei der Anschaffung von Vorräten die Kosten des Transports zum Betriebsgrundstück sowie auch die Kosten des Umladens, des Transports zum Lagerplatz und des Einlagerns zum Beschaffungsbereich und damit zu den AK zu rechnen (BFH vom 31.07.1967 BStBl II 1968, 22).

Dieses umfassende Verständnis des Begriffs der AK hat sich in der BFH-Rechtsprechung in folgender Definition niedergeschlagen: **AK sind nicht nur die eigentlichen Erwerbskosten, sondern auch die Aufwendungen,** die geleistet werden, **um das WG erstmals in einem dem angestrebten Zweck entsprechenden** (betriebsbereiten) **Zustand zu versetzen** (s. BFH vom 12.02.1985 BStBl II 1985, 690).

Anschaffung ist danach allgemein der Inbegriff der Maßnahmen, die dazu bestimmt sind, die wirtschaftliche Verfügungsmacht über ein WG zu erlangen **und** es für die Erzielung von Einkünften nutzen zu können.

Nebenkosten, die im unmittelbaren Zusammenhang mit der Anschaffung angefallen sind, gehören aber nur insoweit zu den aktivierungspflichtigen AK, als es sich um Einzelkosten handelt. Nebenkosten einer Anschaffung, die Gemeinkostencharakter haben, zählen nicht zu den AK.

Einzelkosten sind Aufwendungen, die eindeutig bestimmten Wirtschaftsgütern zugeordnet werden können. Im Gegensatz hierzu sind **Gemeinkosten** Aufwendungen, deren Zuordnung zu einzelnen WG nur im Schätzungswege möglich ist.

BEISPIELE

a) Der Unternehmer lässt eingekaufte Waren durch seinen Lagerverwalter L vom Bahnhof abholen. L, der den ganzen Tag mit dem Betriebs-LKW zur Erledigung anderer geschäftlicher Angelegenheiten unterwegs war, macht abends auf der Rückfahrt einen Umweg zum Bahnhof und holt dort die Waren ab.

LÖSUNG Ohne Zweifel sind dadurch Aufwendungen im Beschaffungsbereich entstanden. Diese Kosten (Lohn, Benzin, Abnutzung des LKW etc.) gehören aber als Gemeinkosten nicht zu den AK der abgeholten Waren.

b) Der Antiquitätenhändler U löst sich eine Fahrkarte 1. Klasse und fährt mit dem Intercity nach Köln, um dort eine antike Vase für sein Warensortiment abzuholen.

LÖSUNG Die Reisekosten gehören hier als Einzelkosten zu den aktivierungspflichtigen AK der Vase.

Nicht zu den AK gehören Geldbeschaffungskosten (Finanzierungskosten). Hierbei handelt es sich um AK des Kredits und nicht um solche der mit diesem Kredit angeschafften Wirtschaftsgüter (s. BFH vom 02.08.1977 BStBl II 1978, 143).

3.1.1.2 Umsatzsteuer, Vorsteuer

Die dem Unternehmer bei der Anschaffung eines WG gesondert in Rechnung gestellte Umsatzsteuer ist gem. § 15 UStG grundsätzlich als Vorsteuer mit der eigenen Umsatzsteuerschuld verrechenbar. Diese verrechenbare Vorsteuer stellt ein Guthaben (Forderung) gegenüber dem Finanzamt dar und besitzt insoweit überhaupt keinen Kostencharakter. § 9b Abs. 1 EStG bestimmt daher, dass der Vorsteuerbetrag, der bei der Umsatzsteuer abgezogen werden kann, nicht zu den AK (oder HK) des Wirtschaftsguts gehört, auf dessen Anschaffung (oder Herstellung) er entfällt.

Dagegen sind die nicht verrechenbaren Vorsteuerbeträge, die im Zusammenhang mit der Anschaffung oder Herstellung eines WG anfallen, bei diesem zu aktivieren.

BEISPIEL

Ein Arzt erwirbt für seine Praxis einen Röntgenapparat. Die Rechnung lautet über 2 000 € und 380 € USt.

LÖSUNG Die AK betragen 2 380€. Da der Arzt umsatzsteuerfreie Leistungen ausführt (§ 4 Nr. 14 UStG), ist die Vorsteuer nicht verrechenbar (§ 15 Abs. 2 Nr. 1 UStG) und gehört somit gem. § 9b Abs. 1 EStG zu den AK.

3.1.1.3 Nachträgliche Änderung der Anschaffungskosten

Die AK eines WG können sich nach ihrer Ermittlung (und Verbuchung) noch ändern. Einmal können sie sich durch nachträgliche Aufwendungen, die noch im unmittelbaren Zusammenhang mit der Anschaffung selbst stehen, erhöhen (s. o.). Zum anderen können sich aber auch die zunächst richtig ermittelten (und gebuchten) AK nachträglich vermindern. Eine solche Minderung der AK tritt häufig dadurch ein, dass auf gelieferte Wirtschaftsgüter Rabatte, Skonti oder Boni gewährt werden (s. C 4.2).

Skonti mindern die AK aber erst in dem Zeitpunkt, in dem sie in Anspruch genommen werden (s. BFH vom 27.02.1991 BStBl II 1991, 456, H 6.2 (Skonto) EStH). So sind z. B. die Warenbestände, die erst nach dem Bilanzstichtag bezahlt werden, mit dem vollen Rechnungsbetrag zu aktivieren. Auch die erfolgreiche Geltendmachung eines Anspruchs auf Kaufpreisminderung gem. §§ 437, 441 BGB wegen eines Mangels der gelieferten Sache führt zu einer entsprechenden Ermäßigung der ursprünglichen AK.

MERKSATZ

Die nachträgliche Minderung der AK führt regelmäßig auch zu einer Änderung der umsatzsteuerlichen Bemessungsgrundlage, des Entgelts i. S. d. § 10 UStG. Deshalb ist gem. § 17 Abs. 1 UStG beim Lieferanten die Umsatzsteuer und beim Abnehmer die Vorsteuer zu berichtigen.

BEISPIEL

Bei der Anschaffung einer Produktionsmaschine sind für den Unternehmer folgende Kosten entstanden:

Kaufpreis	20 000 € + 3 800 € USt
Transportkosten	800 € + 152 € USt
Fundamentierung und Montage in der Fabrikhalle	3 000 € + 570 € USt

Die Rechnung des Maschinenlieferanten wurde innerhalb von 14 Tagen unter Abzug von 3 % Skonto durch Banküberweisung bezahlt. Die beiden anderen Rechnungen sind noch nicht beglichen.

LÖSUNG Alle Beträge mit Ausnahme der verrechenbaren Vorsteuern gehören zu den Anschaffungskosten. Der Kaufpreis und die Transportkosten sind Aufwendungen, die unmittelbar der Überführung der Maschine von der fremden in die eigene Verfügungsgewalt dienten. Die Fundamentierungs- und Montagekosten versetzen die Maschine erst in einen betriebsbereiten Zustand und gehören deshalb ebenfalls zu den AK.

Die ursprünglichen AK der Maschine beliefen sich also auf 23 800 € (20 000 € + 800 € + 3 000 €). Durch die Inanspruchnahme des Skontos verminderten sich die AK um 600 €. Die endgültigen AK betragen daher 23 200 €. Von dem Bruttoskontobetrag über 714 € entfallen 114 € auf die (zu kürzende) Vorsteuer.

Buchung:

S	Maschine		H
1.	23 800	2.	600

S	sonstige Verbindlichkeiten		H
2.	23 800	1.	28 322

S	Vorsteuer		H
1.	4 522	2.	114

S	Bank		H
		2.	23 086

Ein grober Fehler wäre die Verbuchung des Nettoskontos auf dem Erfolgskonto »Skontierträge«. Denn dadurch würden auf dem Bestandskonto »Maschine« falsche, nämlich zu hohe AK ausgewiesen werden.

MERKSATZ

Bei nachträglicher Minderung der AK eines Anlageguts ist der (Netto-)Minderungsbetrag auf dem entsprechenden Bestandskonto zu verbuchen.

3.1.1.4 Anschaffungskosten beim Tausch

Ein Tausch liegt vor, wenn die Gegenleistung für die Übertragung eines Gegenstandes nicht in Geld, sondern in der Übertragung eines anderen Gegenstandes besteht. Die Vertragsparteien verpflichten sich im Tauschvertrag (§ 480 BGB) gegenseitig zu einer Sachleistung. Die jeweiligen Erfüllungsgeschäfte (Übereignungen) stellen einkommensteuerrechtlich Umsatzakte dar, die mangels Geldleistung bewertet werden müssen.

§ 6 Abs. 6 Satz 1 EStG bestimmt für diesen Fall, dass sich die AK eines im Tauschweg erlangten WG nach dem gemeinen Wert des hingegebenen WG bemessen. Der vorgeschriebene Ansatz des Verkehrswertes des hingetauschten WG für das eingetauschte WG bedeutet, dass die im hingegebenen WG regelmäßig vorhandenen stillen Reserven aufgedeckt werden.

MERKSATZ

Tausch führt zur Gewinnrealisierung.

BEISPIEL

U tauscht sein Lagergrundstück gegen ein günstiger gelegenes Grundstück des X ein, für dessen Betrieb wiederum das Grundstück des U interessant ist.

Beide Grundstücke sind gleichwertig (Verkehrswert je 200 000 €). Deshalb wird auch keine Ausgleichszahlung vereinbart.

Das von U hingetauschte Grundstück hatte einen Buchwert von 120 000 €, das Grundstück des X hatte in dessen Betrieb einen Buchwert von 150 000 €.

LÖSUNG U und X haben das erworbene Grundstück jeweils mit den AK i. H. v. 200 000 € zu aktivieren. Der Tausch führt bei U zu einem Gewinn von 80 000 € und bei X zu einem Gewinn von 50 000 €.

Buchung bei U:

S	Grundstücke		H
	120 000	1.	120 000
1.	200 000		

S	sonstiger Ertrag		H
		1.	80 000

Buchung bei X:

S	Grundstücke		H
	150 000	1.	150 000
1.	200 000		

S	sonstiger Ertrag		H
		1.	50 000

Umsatzsteuerrechtlich liegen beim Tausch gegenseitige Lieferungen vor, wobei die eine Lieferung gleichzeitig das Entgelt für die andere Lieferung verkörpert (§ 3 Abs. 12 Satz 1 UStG). Bemessungsgrundlage ist dabei gem. § 10 Abs. 2 Satz 2 UStG der gemeine Wert der jeweiligen Gegenleistung.

BEISPIEL

U veräußert einen Schreibtisch seines Umlaufvermögens (Verkehrswert 1 190 €). Als Gegenleistung des Käufers K erhält er im Tauschwege eine neue Registrierkasse aus dessen Warensortiment (Verkehrswert 952 €). Rechnungen werden nicht ausgestellt.

LÖSUNG Die Umsatzsteuer für die Lieferung U an K bemisst sich nach dem Verkehrswert der Registrierkasse. Sie beträgt 19/119 von 952 € = 152 €.

Die Umsatzsteuer für die Lieferung K an U bemisst sich nach dem Verkehrswert der erhaltenen Ware. Sie beträgt 19/119 von 1 190 € = 190 €.

Die AK der Registrierkasse belaufen sich für U auf 1 190 €. Die AK des Schreibtischs betragen für K 952 €.

Buchung bei U:

S BGA	H
1. 1 190	

S WVK	H
	1. 1 038

S USt	H
	1. 152

Buchung bei K:

S BGA	H
1. 952	

S WVK	H
	1. 762

S USt	H
	1. 190

Bei gegenseitiger Rechnungstellung mit jeweils zutreffend ausgewiesener Umsatzsteuer wären U und K gem. § 15 Abs. 1 Nr. 1 Satz 2 UStG zum Vorsteuerabzug berechtigt. Die AK der Registrierkasse beliefen sich sodann bei U auf 1 000 €, die AK des Schreibtischs bei K auf 800 €.

Wenn die Tauschobjekte einen unterschiedlichen (gemeinen) Wert aufweisen, den die Vertragspartner kennen, wird i. d. R. ein **Barausgleich** in Höhe der Wertdifferenz vereinbart.

BEISPIEL

Im vorigen Beispielsfall leistet K dem U zusätzlich eine Ausgleichszahlung i. H. v. 238 €.

LÖSUNG Der Barausgleich erhöht die AK des K. K wendet für die Anschaffung des Schreibtischs nicht nur den Sachwert, sondern auch Geld auf.

Umsatzsteuerrechtlich mindert sich die Bemessungsgrundlage seiner Lieferung, denn jetzt stellt sich der Erwerb der Registrierkasse nicht mehr ausschließlich als Gegenleistung für die Lieferung des Schreibtischs dar. Der Wert der Gegenleistung ist als Bemessungsgrundlage um den gezahlten Barausgleich zu kürzen.

Für U mindern sich die AK um den erhaltenen Barausgleich. Zum Erwerb der Registrierkasse hat er insoweit weniger aufgewendet.

Umsatzsteuerrechtlich erhöht sich der Wert der Gegenleistung als Bemessungsgrundlage für seine Lieferung um die erhaltene Ausgleichszahlung.

Unter den Voraussetzungen des § 15 Abs. 1 Nr. 1 Satz 2 UStG ergeben sich folgende **Buchungen bei U:**

S BGA	H
800	

S WVK	H
	1 000

S USt	H
	190

S VoSt	H
152	

S Geldkonto	H
238	

Buchungen bei K:

BGA	
1 000	

WVK	
	800

USt	
	152

VoSt	
190	

Geldkonto	
	238

Im folgenden Musterschema wird der Grundfall **Tausch mit Barausgleich** mit drei möglichen Varianten zur Umsatzsteuer dargestellt.

Tausch mit Barausgleich

a) ohne USt/VoSt (steuerfreie Umsätze)

	AK WG II		AK WG I
Gem. Wert		Gem. Wert	
WG I	3 570 €	WG II	5 950 €
+ Barausgl.	2 380 €	./. Barausgl.	2 380 €
	5 950 €		3 570 €

b) mit USt/ohne VoSt (nicht abzugsfähig)

AK WG II			AK WG I
5 950 € (s. o.)			3 570 € (s. o.)
	USt A		USt B
Gem. Wert		Gem. Wert	
WG II	5 950 €	WG I	3 570 €
./. Barausgl.	2 380 €	+ Barausgl.	2 380 €
	3 570 €		5 950 €
USt 19/119	570 €	USt 19/119	950 €

c) mit USt und abzugsfähiger VoSt

	AK WG II		AK WG I
Gem. Wert		Gem. Wert	
WG I	3 570 €	WG II	5 950 €
+ Barausgl.	2 380 €	./. Barausgl.	2 380 €
./. VoSt	950 €	./. VoSt	570 €
	5 000 €		3 000 €
	USt A		USt B
	570 € (s. o.)		950 € (s. o.)

FALL 46

Wie hoch sind die AK für folgende vom Unternehmer erworbene Wirtschaftsgüter? Wie sind die Vorgänge jeweils zu verbuchen?

a) U erwarb einen ausschließlich betrieblich genutzten PKW. Die Rechnung des Lieferanten lautete wie folgt:

Listenpreis ab Werk	20 000 €
Überführungskosten	600 €
Sonderausstattung 1,9 LS-Motor	900 €
Halogen-Hauptscheinwerfer	500 €
Reifen 165 SR 13 ZX	600 €
Signallackierung	400 €
	23 000 €
+ 19 % Umsatzsteuer	4 370 €
	27 370 €

U beglich den Bruttorechnungsbetrag mit Scheck.
An der Tankstelle des Lieferanten ließ er das Fahrzeug auftanken und bezahlte für diese erste Tankfüllung 80 € + 15,20 € Umsatzsteuer bar aus privaten Mitteln.
Außerdem entstanden U durch den Neuerwerb noch folgende Kosten:

Zulassungsgebühr	100 € (bar privat bezahlt)
Kfz-Steuer für das erste halbe Jahr	150 € (durch Banküberweisung)
Kfz-Versicherung für das erste halbe Jahr	250 € (durch Banküberweisung)

Den privat verauslagten Geldbetrag von 195 € ließ sich U am Monatsende aus der Geschäftskasse wieder erstatten.

b) U ist Buchhändler. Er erhielt am 31.12. einen Posten Schulbücher mit folgender Rechnung:

200 Rechenbücher à 15 €		3 000 €
./.	30 % Rabatt	./. 900 €
=		2 100 €
+	Porto und Verpackung	100 €
=		2 200 €
+	USt (7 %)	154 €
=		2 354 €

Außerdem enthielt die Rechnung den üblichen Hinweis, dass bei Bezahlung innerhalb von acht Tagen ein Skontoabzug von 2 % möglich ist. Laut Begleitschreiben hat der Lieferant dem U für das abgelaufene Kalenderjahr am 31.12. einen Umsatzbonus von 1 926 € einschließlich 7 % USt gutgeschrieben. Davon entfällt auf die vorliegende letzte Lieferung ein Betrag von 214 €.

c) Es liegen außerdem folgende Sachverhalte vor:
aa) U kaufte zur Ergänzung seiner Geschäftsausstattung einen Schreibtisch zum Gesamtpreis von 2 380 € ein.
bb) U erwarb für seine Ehefrau zu deren Geburtstag einen Ring für 595 €.
In beiden Fällen ist keine Rechnung ausgestellt worden. Die Bezahlung erfolgte jeweils über das betriebliche Bankkonto.

d) Am 02.01.08 erwarb U einen neuen PKW, den der Autohändler mit 40 000 € zzgl. 7 600 € USt in Rechnung stellte. Der in Zahlung gegebene Alt-PKW, der 01 angeschafft und bereits auf 0 € abgeschrieben war, wurde mit seinem Verkehrswert i. H. v. 11 900 € angerechnet. U hat dem Händler 35 700 € überwiesen.
U nutzt den neuen PKW - wie schon den alten in Zahlung gegebenen - auch für Privatfahrten.

e) U hat am 31.12.08 ein unbebautes Grundstück als Lagerplatz für seinen Betrieb erworben. Der Kaufpreis i. H. v. 20 000 € ist für zwei Jahre zinslos gestundet.

3.1.2 Die Herstellungskosten

Die HK sind Bewertungsmaßstab für die im eigenen Betrieb erstellten WG. In ihrer Bedeutung entsprechen die HK bei einem Produktionsbetrieb den AK bei einem Handelsbetrieb. Was man unter den HK eines WG zu verstehen hat, ist im EStG ebenfalls nicht erläutert. Eine umfangreiche Definition des HK-Begriffs findet sich in § 255 Abs. 2 HGB.

Wenn Sie diese gesetzliche Bestimmung durchgelesen haben (was selbstverständlich der Fall ist?!), wird Ihnen wahrscheinlich zunächst nur klar, dass die Ermittlung der HK recht schwierig sein muss. In der Tat ist die Feststellung der Aufwendungen, die für die Herstellung eines WG notwendig sind, ungleich schwieriger als die Ermittlung von AK. Während wir es dort mit einem abgeleiteten Erwerb von WG zu tun hatten, bei dem die dabei angefallenen Kosten regelmäßig von dritter Seite gesondert in Rechnung gestellt werden, geht es hier darum, »aus dem großen Topf« der gesamten innerbetrieblichen Aufwendungen die Kosten herauszufiltern, die zur Fertigung des einzelnen Produktes notwendig sind.

Des Weiteren haben Sie beim Studium des Gesetzestextes sicher den Eindruck gewonnen, dass die Unterscheidung zwischen Einzel- und Gemeinkosten bei der Ermittlung der HK von erheblicher Bedeutung sein muss.

Auch dieser erste Eindruck trügt nicht.

BEISPIEL

In einer Maßschneiderei ist für einen Kunden ein Anzug gefertigt worden. Dabei sind betriebliche Aufwendungen für die Herstellung dieses Anzuges angefallen, die zum Teil Einzelkosten- bzw. Gemeinkostencharakter haben.

Auf eine weitergehende Darstellung der angedeuteten Problematik der HK-Ermittlung wird an dieser Stelle verzichtet, da sie den gesteckten Rahmen einer ersten Einführung in das Bilanzsteuerrecht sprengen würde.

3.1.3 Der Teilwert

Neben den AK und HK ist der Teilwert ein weiterer Bewertungsmaßstab für die WG des BV. § 6 Abs. 1 Nr. 1 Satz 3 EStG gibt folgende Begriffsbestimmung: **Teilwert** ist der Betrag, den ein Erwerber des ganzen Betriebs im Rahmen des Gesamtkaufpreises für das einzelne Wirtschaftsgut ansetzen würde; dabei ist davon auszugehen, dass der Erwerber den Betrieb fortführt.

Der gesetzliche Teilwertbegriff will den Wert erfassen, den das einzelne Wirtschaftsgut gerade für den konkreten Betrieb besitzt. Dieser **betriebsbezogene** Wert ist oft höher als der Wert, den das Wirtschaftsgut losgelöst von seiner betrieblichen Funktion hätte. Deshalb weicht der Teilwert i. d. R. vom gemeinen Wert (Einzelveräußerungspreis) ab.

BEISPIELE

a) Eine Produktionsmaschine, die auf die Bedürfnisse des betreffenden Betriebes zugeschnitten und deren Verwendungsmöglichkeit in anderen Betrieben gering ist, besitzt einen gegenüber dem Verkehrswert höheren Teilwert. Der Erwerber des ganzen Betriebes wird nämlich bei der Überlegung, welchen Preis er für diese Maschine bezahlt, ihre betriebliche Funktion werterhöhend berücksichtigen.

b) Eine Maschine, die beliebig ausgewechselt werden kann, ohne den Produktionsablauf empfindlich zu stören, wird demgegenüber im Allgemeinen keinen solchen Mehrwert aufweisen.

Die Beantwortung der Frage, welchen Preis ein fiktiver (gedachter) Erwerber des ganzen Betriebes im Rahmen des Gesamtkaufpreises für das einzelne WG zahlen würde, stößt auf praktische Schwierigkeiten. Man ist hier auf eine Schätzung angewiesen. Als Hilfsmittel zur Ermittlung eines annähernd zutreffenden Wertes hat die Rechtsprechung folgende Grundsätze herausgearbeitet.

3.1.3.1 Grenzwerte

Die Höchstgrenze des Teilwertes bilden i. d. R. die Wiederbeschaffungskosten für ein WG gleicher Art und Güte. Dieser Grundsatz basiert auf der Überlegung, dass ein Erwerber des ganzen Betriebes für ein bestimmtes WG nicht mehr bezahlen würde, als er für dieses WG am Markt aufwenden müsste.

Entsprechendes gilt für ein WG, das im Betrieb hergestellt worden ist. Hier bilden die Wiederherstellungskosten die Obergrenze.

Bei gebrauchten WG muss natürlich der jeweilige Zustand berücksichtigt werden; die Wiederbeschaffungskosten ergeben sich hier aus dem Neupreis zum Bewertungszeitpunkt abzüglich der daraus zu errechnenden AfA.

Die untere Grenze des Teilwerts bildet der Einzelveräußerungspreis. Das ist mindestens der Material- oder Schrottwert des betreffenden WG. Die Umsatzsteuer ist i. d. R. nicht im Teilwert enthalten.

3.1.3.2 Teilwertvermutungen

Im Zeitpunkt der Anschaffung oder Herstellung eines WG deckt sich der Teilwert mit seinen tatsächlichen AK oder HK. Diese Vermutung beruht auf der Vorstellung, dass der Unternehmer für einen Gegenstand nicht mehr bezahlt, als ihm dieser wert ist.

Bei Wirtschaftsgütern des Anlagevermögens gilt die Vermutung Teilwert = AK oder HK auch für spätere Zeitpunkte mit der Einschränkung, dass die AK oder HK abnutzbarer Anlagegüter um die AfA zu vermindern sind.

Bei Wirtschaftsgütern des Umlaufvermögens (Warenvorräte!) gilt schließlich die Vermutung, dass der Teilwert den Wiederbeschaffungskosten (Wiederherstellungskosten) entspricht.

Die Wiederbeschaffungskosten ergeben sich i. d. R. aus den Marktpreisen zum Bewertungszeitpunkt (vgl. H 6.7 Teilwertvermutungen EStH).

3.2 Bewertungsgrundsätze des § 6 EStG

Bevor auf die verschiedenen Bewertungsregeln des § 6 EStG einzugehen ist, können folgende Grundsätze vorangestellt werden:

a) **Grundsatz der Einzelbewertung**
Gegenstand der Bewertung ist nur der einzelne Vermögensgegenstand, das einzelne WG. Eine Gesamtbewertung des BV im Ganzen ist unzulässig. Davon zu unterscheiden ist die mögliche rein rechnerische Zusammenfassung gleichartiger WG in der Bilanz (z. B. Bilanzposten Betriebs- und Geschäftsausstattung oder Fuhrpark).

b) **Stichtagsbewertung**
Die Bilanz gibt ein Augenblicksbild des Unternehmens zu einem bestimmten Zeitpunkt, für den die Bilanz aufgestellt wird. Für die Bewertung sind daher die Verhältnisse am

Bilanzstichtag (i. d. R. der 31.12.) maßgebend. Tatsachen, die am Stichtag (noch) nicht vorlagen, dürfen nicht berücksichtigt werden.

c) **Anschaffungskostenwertprinzip**
Dieses Prinzip verbietet einen Wertansatz, der über die AK oder HK des betreffenden WG hinausgeht. Würde der Unternehmer nämlich ein WG z. B. mit dem gegenüber den AK oder HK höheren Verkaufspreis bewerten, hätte er einen Gewinn ausgewiesen (Begründung?), den er tatsächlich (noch) nicht erzielt hat. »Der Kaufmann darf sich aber nicht reicher machen, als er ist!«

d) **Imparitätsprinzip**
Mit der Bezeichnung Imparitätsprinzip (Imparität = Ungleichheit) wird die ungleiche Behandlung von nicht verwirklichten Gewinnen und nicht verwirklichten Verlusten zum Ausdruck gebracht. Während der Ausweis nicht realisierter Gewinne generell verboten ist (s. o.), lässt § 6 EStG demgegenüber den Ausweis nicht realisierter Verluste zu. Denn die Vorschrift erlaubt den Ansatz eines gegenüber den AK oder HK niedrigeren Teilwerts. Damit dürfen bei der Bewertung entsprechende Wertminderungen berücksichtigt werden, bevor sie sich in einem Umsatzprozess niedergeschlagen, d. h. realisiert haben.

MERKSATZ

Der Bewertungsgrundsatz des § 6 EStG lautet:
Nicht realisierte Gewinne dürfen nicht ausgewiesen werden;
nicht realisierte Verluste können ausgewiesen werden; oder
für Gewinne gilt das **Realisationsprinzip,** für Verluste das **Verursachungsprinzip.**

Eine **Einschränkung** erfährt das **Imparitätsprinzip** dadurch, dass ein verursachter Verlust auch über den Bilanzstichtag hinaus Bestand haben muss. Der Ansatz des niedrigeren Teilwerts setzt eine voraussichtlich **dauernde** Wertminderung voraus (vgl. 3.4).

3.3 Die einzelnen Bewertungsregeln des § 6 EStG

§ 6 EStG gliedert die Wirtschaftsgüter des BV in verschiedene Gruppen und stellt für jede Gruppe gesonderte Bewertungsregeln auf. Danach erfolgt die Bewertung des **abnutzbaren Anlagevermögens** nach § 6 Abs. 1 Nr. 1, während das **nicht abnutzbare** und das **Umlaufvermögen** nach § 6 Abs. 1 Nr. 2, die **Verbindlichkeiten** nach § 6 Abs. 1 Nr. 3 und die Rückstellungen nach § 6 Abs. 1 Nr. 3 a EStG zu bewerten sind.

Abnutzbares Anlagevermögen	§ 6 Abs. 1 Nr. 1 EStG
Nicht abnutzbares Anlagevermögen und Umlaufvermögen	§ 6 Abs. 1 Nr. 2 EStG
Verbindlichkeiten	§ 6 Abs. 1 Nr. 3 EStG
Rückstellungen	§ 6 Abs. 1 Nr. 3 a EStG

Die Finanzverwaltung hat mit dem Schreiben des BMF vom 02. 09. 2016 BStBl I 2016, 995 umfassend zur Bewertung und zum Ansatz des Teilwerts Stellung genommen. Die angegebenen Randziffern (Rz.) im Folgenden beziehen sich auf dieses BMF-Schreiben.

Bei der Erstellung des Jahresabschlusses bzw. bei der Bewertung der Wirtschaftsgüter ist zwingend zwischen **wertaufhellenden** und **wertbegründenden** Tatsachen zu unterscheiden:

- **Wertaufhellende Tatsachen** sind solche, die zum Bilanzstichtag bereits objektiv vorlagen und nach dem Bilanzstichtag, aber vor dem Tag der Bilanzerstellung bekannt oder erkennbar wurden. Dies gilt sowohl für negative als auch für positive Tatsachen. Sie sind am Bilanzstichtag zu berücksichtigen (vgl. H 5.2 GoB EStH).

- Als **wertbegründende bzw. wertbeeinflussende Tatsachen** werden Ereignisse bezeichnet, die nach dem Bilanzstichtag eingetreten sind und somit bei der Bilanzierung außer Betracht bleiben müssen.

BEISPIELE

a) Unternehmer U hat zum 31.12.16 eine Forderung gegen den Kunden K i. H. v. 50 000 € (zzgl. 19 % USt). Mitte Januar 17 erfährt U, dass K wegen Zahlungsunfähigkeit bereits am 20.12.16 einen Antrag auf Eröffnung des Insolvenzverfahrens gestellt hat. U erstellt die Bilanz 14 am 01.03.17

LÖSUNG U erhält zwischen Bilanzstichtag und Bilanzerstellungstag Erkenntnisse hinsichtlich der Werthaltigkeit der Forderung gegenüber K zum 31.12.16. Dies ist ein wertaufhellender Umstand der bei der Bewertung zum 31.12.16 zu berücksichtigen ist. Da die Zahlungsunfähigkeit bereits 16 eingetreten ist, muss U die Forderung in der Bilanz 16 abschreiben und die Umsatzsteuer nach § 17 UStG wegen Uneinbringlichkeit berichtigen.

b) wie a), jedoch tritt die Zahlungsunfähigkeit des K erst am 05.01.17 ein.

LÖSUNG Das Eintreten der Zahlungsunfähigkeit am 05.01.17 (nach Bilanzstichtag, aber vor Bilanzerstellungstag) ist ein wertbegründender Umstand, der am Bilanzstichtag 16 außer Betracht bleibt.

3.3.1 Abnutzbare Wirtschaftsgüter des Anlagevermögens (§ 6 Abs. 1 Nr. 1 EStG)

Bei Wirtschaftsgütern des Anlagevermögens, die der Abnutzung unterliegen, hat der Unternehmer das **Wahlrecht** zwischen den AK oder HK, vermindert um die Absetzungen für Abnutzung, und dem niedrigeren Teilwert, soweit dieser voraussichtlich von Dauer ist.

Eine voraussichtlich dauernde Wertminderung liegt bei abnutzbaren Anlagegütern dann vor, wenn der Teilwert des Wirtschaftsguts zum Bilanzstichtag mindestens für die halbe Restnutzungsdauer unter dem planmäßigen Restbuchwert liegt (BMF vom 02. 09. 2016 BStBl I 2016, 995 Rz. 8).

Auch ein Zwischenwert ist sodann zulässig. Unter der Voraussetzung, dass am Bilanzstichtag der Teilwert dauerhaft unter die fortgeführten (d. h. um die AfA gekürzten) AK oder HK gesunken ist, kann hier also zwischen folgenden Wertansätzen gewählt werden:

a) die fortgeführten AK oder HK (AK oder HK abzgl. AfA),
b) der gegenüber a) niedrigere Teilwert,
c) ein Zwischenwert zwischen a) und b).

Ist der Teilwert höher als die **fortgeführten** AK oder HK, darf dieser nicht angesetzt werden. Höchstgrenze für die Bewertung des abnutzbaren Anlagevermögens ist der **um die Absetzung für Abnutzung gekürzte** Betrag der AK oder HK. Dies entspricht dem Grundsatz, dass nicht realisierte Gewinne nicht ausgewiesen werden dürfen.

3.3.1.1 Buchmäßige Behandlung der Teilwertabschreibung

Die entsprechende Wertminderung wird auf einem Aufwandskonto erfasst. Es kommen die Konten Abschreibungen oder außerordentliche Aufwendungen in Betracht.

BEISPIEL

Eine Maschine ist in der Eröffnungsbilanz zum 01.01. mit einem Buchwert von 16 000 € ausgewiesen. Die normale Jahres-AfA beträgt 4 000 €. Die Restnutzungsdauer beträgt 4 Jahre. Der Teilwert der Maschine zum 31.12. beläuft sich auf 5 000 €. Die Wertminderung ist voraussichtlich von Dauer, da der Buchwert nach Ablauf der halben Restnutzungsdauer (2 Jahre) 8 000 € beträgt und der Teilwert von 5 000 € unter diesem Wert liegt. Der Unternehmer, der diese Maschine in der Schlussbilanz mit 12 000 € oder 5 000 € oder einem Zwischenwert ansetzen kann, entscheidet sich für den Ansatz des Teilwertes.

Buchungen:

S	Maschine		H
AB	16 000	1.	4 000
		2.	7 000
		3.	5 000

S	AfA		H
1.	4 000		

S	a. o. AfA		H
2.	7 000		

S	SBK		H
3. Maschine	5 000		

3.3.2 Nicht abnutzbare Wirtschaftsgüter des Anlagevermögens und Wirtschaftsgüter des Umlaufvermögens (§ 6 Abs. 1 Nr. 2 EStG)

Auch bei den WG des Anlagevermögens, die nicht der Abnutzung unterliegen, und bei den Umlaufgütern ist dem Unternehmer ein Wahlrecht eingeräumt. Er kann sich für die Beibehaltung der AK oder HK, für den niedrigeren Teilwert oder einen Zwischenwert entscheiden, wenn die Wertminderung voraussichtlich dauerhaft ist.

Der Ansatz eines höheren Teilwerts ist auch hier unzulässig.

3.3.2.1 Nicht abnutzbare Wirtschaftsgüter des Anlagevermögens

Für die Wirtschaftsgüter des nicht abnutzbaren Anlagevermögens ist grundsätzlich darauf abzustellen, ob die Gründe für eine niedrigere Bewertung voraussichtlich anhalten werden. Es können folgende Fallgruppen unterschieden werden:

a) **Grundstücke**

Bei Grundstücken ist dann von einer voraussichtlichen dauernden Wertminderung auszugehen, wenn ein mit Altlasten verseuchtes Grundstück vorliegt und am Bilanzstichtag mit einer Beseitigung des Schadens in nächster Zeit nicht zu rechnen ist. Hingegen liegt bei einem Grundstück keine voraussichtlich dauernde Wertminderung vor, wenn der Teilwert aufgrund von Preisschwankungen am Markt niedriger ist. Denn bei Preisschwankungen handelt es sich grundsätzlich um vorübergehende Wertminderungen (Rz. 12).

b) **Börsennotierte Aktien**

Bei börsennotierten Aktien des Anlagevermögens und auch des Umlaufvermögens ist von einer voraussichtlich dauernden Wertminderung auszugehen, wenn der Börsenwert zum Bilanzstichtag unter denjenigen im Zeitpunkt des Aktienerwerbs gesunken ist und der Kursverlust die **Bagatellgrenze von 5 %** der Notierung bei Erwerb überschreitet (Rz. 17).

Der Teilwert einer Aktie kann nur dann nicht nach dem Kurswert (zuzüglich der im Falle eines Erwerbs anfallenden Erwerbsnebenkosten) bestimmt werden, wenn aufgrund konkreter und objektiv überprüfbarer Anhaltspunkte davon auszugehen ist, dass der Börsenkurs den tatsächlichen Anteilswert nicht widerspiegelt. Dies wäre z. B. dann der Fall, wenn der Kurs durch Insidergeschäfte beeinflusst (manipuliert) wurde oder über einen längeren Zeitraum kein Handel mit den zu bewerteten Aktien stattfand (Rz. 18).

Bei den **bis zum Tag der Bilanzaufstellung eingetretenen Kursänderungen** handelt es sich um **wertbeeinflussende (wertbegründende!) Umstände**, die die Bewertung der Aktien zum Bilanzstichtag grundsätzlich nicht berühren (Rz 19).

BEISPIELE

a) Einzelunternehmer U hat am 10.11.18 50 börsennotierte Aktien für 100 €/Stück erworben. Diese gehören zu seinem Anlagevermögen. Am 31.12.2018 beträgt der Börsenwert pro Aktie 94 €. Am 15.03.19 (= Tag der Bilanzaufstellung) beträgt der Börsenwert sogar nur noch 90 € pro Aktie.

LÖSUNG: Es liegt eine voraussichtlich dauernde Wertminderung i. S. d. Steuerrechts vor, da der Börsenwert zum Bilanzstichtag (= 94 € pro Aktie) unter denjenigen im Zeitpunkt des Aktienerwerbs (= 100 € pro Aktie) gesunken ist und der Kursverlust i. H. v. (100 € - 94 € =) 6 € die Bagatellgrenze von 5 % der Notierung bei Erwerb überschreitet. Die Bagatellgrenze beträgt (100 € x 5 % =) 5 €. Dass der Börsenwert bis zum 15.03.19 (= Tag der Bilanzaufstellung) noch weiter auf 90 € gesunken ist, bleibt bei der Beurteilung, ob zum 31.12.18 eine voraussichtlich dauernde Wertminderung vorliegt, außer Betracht, da diese Tatsache insoweit wertbegründend ist.
Folglich kann in der Steuerbilanz zum 31.12.18 eine Teilwertabschreibung i. H. v. 300 € (= 50 Aktien x 6 €) vorgenommen und die börsennotierten Aktien mit (50 Aktien x 94 € =) 4700 € angesetzt werden, § 6 Abs. 1 Nr. 2 Satz 2 EStG.

b) Sachverhalt wie Beispiel a), jedoch hat sich der Börsenwert bis zum 15.03.19 (= Tag der Bilanzaufstellung) erholt und beträgt sogar 120 € pro Aktie.

LÖSUNG: Wie a); der Umstand, dass sich der Börsenwert bis zum Tag der Bilanzerstellung erholt hat, hat keine Auswirkung auf den Bilanzansatz der börsennotierten Aktien zum 31.12.18 in der Steuerbilanz. Dieser Umstand ist wertbegründend.

Beachten Sie:

- Bei einer vorangegangenen Teilwertabschreibung ist für die Bestimmung der Bagatellgrenze der Bilanzansatz am vorangegangenen Bilanzstichtag maßgeblich.
- Eventuelle steuerrechtliche Sonderregelungen stehen einer Teilwertabschreibung nicht entgegen. Beispielsweise dienen die Regelungen der § 3 Nr. 40 EStG und § 3 c Abs. 2 EStG der Umsetzung des Teileinkünfteverfahrens. Die Teilwertabschreibung als solche bleibt hiervon unberührt, ist aber nur zu 60 % steuerwirksam.

c) **Festverzinsliche Wertpapiere**

Gehören festverzinsliche Wertpapiere zum Anlagevermögen bzw. zum Umlaufvermögen des Steuerpflichtigen, kann eine dauernde Wertminderung nur bis zu dem Betrag vorliegen, den der Steuerpflichtige am Fälligkeitstag bei Einlösung der festverzinslichen Wertpapiere erhält (Rz. 21).

Die Bagatellgrenze von 5 % wird bei börsennotierten festverzinslichen Wertpapieren, die eine Forderung in Höhe des Nominalwerts der Forderung verbriefen, nicht angewendet (Rz. 22).

d) **Forderungen im Anlagevermögen**

Für Forderungen im Anlagevermögen gelten dieselben Grundsätze wie für festverzinsliche Wertpapiere. Damit ist eine Forderung einer Teilwertabschreibung zugänglich, wenn die Forderung selbst in ihrem inneren Wert gemindert ist. Dies ist beispielsweise der Fall, wenn der Schuldner notleidend wird (Bonitäts- bzw. Liquiditätsrisiko).

Die Unverzinslichkeit einer im Anlagevermögen gehaltenen Forderung stellt steuerrechtlich aber keine voraussichtlich dauernde Wertminderung dar. Sie rechtfertigt deshalb nach Rz. 15 keine Teilwertabschreibung (BFH vom 24.10.2012 – I R 43/11, BStBl 2013 II, 162). Unverzinsliche Forderungen sind also nicht mit dem abgezinsten Barwert, sondern unabhängig von ihrer (Rest-)Laufzeit stets mit den Anschaffungskosten (regelmäßig Nennwert) zu aktivieren.

Aber: Werterhellende Umstände, die bis zur Bilanzaufstellung bekannt werden, **sind zu berücksichtigen.**

3.3.2.2 Wirtschaftsgüter des Umlaufvermögens

Die Wirtschaftsgüter des Umlaufvermögens sind nicht dazu bestimmt, dem Betrieb auf Dauer zu dienen. Sie werden stattdessen regelmäßig für den Verkauf oder den Verbrauch gehalten. Demgemäß kommt dem **Zeitpunkt der Veräußerung** oder **Verwendung** für die Bestimmung einer voraussichtlich dauernden Wertminderung eine besondere Bedeutung zu. Hält die Minderung bis zum Zeitpunkt der Aufstellung der Bilanz oder dem vorangegangenen Verkaufs- oder Verbrauchszeitpunkt an, ist die Wertminderung voraussichtlich von Dauer. Zusätzliche werterhellende Erkenntnisse bis zu diesen Zeitpunkten sind in die Beurteilung einer voraussichtlich dauernden Wertminderung der Wirtschaftsgüter zum Bilanzstichtag einzubeziehen, wertbegründende Tatsachen nach dem Bilanzstichtag hingegen nicht (Rz. 16).

BEISPIEL

Einzelunternehmer A hat am 15.12.18 Waren für 10 000 € eingekauft. Der übliche Verkaufspreis der Ware beträgt 14 000 €. Am 30.12.18 fällt der Einkaufspreis der Ware auf 9 000 €. Am 12.01.19 veräußert A die Ware zum Preis von 14 000 €. Am 15.01.19 erhöht sich der Einkaufspreis der Ware von 9 000 € auf 9 900 €. Im Zeitpunkt der Bilanzaufstellung liegt der Einkaufspreis der Ware bei 10 500 €.

LÖSUNG Der Marktpreis = Teilwert der Ware beträgt am 31.12.18 nur noch 9 000 €. Es liegt eine voraussichtlich dauernde Wertminderung vor, weil die Wertminderung bis zum Zeitpunkt der Veräußerung der Ware (= 12.01.19) anhält. Die Werterholung am 15.01.19 stellt keine zu berücksichtigende Werterhellung dar. Der Preis der Ware am Tag der Bilanzaufstellung ist nicht maßgebend, weil die Ware bereits vor diesem Tag veräußert wurde.

3.3.2.3 Buchmäßige Behandlung der Teilwertabschreibung

Die Wertminderung bei einem WG des nicht abnutzbaren Anlagevermögens wird buchmäßig entsprechend der Darstellung unter 3.3.1.1 erfasst.

Bei den Warenvorräten (Bewertungshauptfall des Umlaufvermögens nach § 6 Abs. 1 Nr. 2 EStG!) erfolgt die Teilwertabschreibung nur inventurmäßig. Durch die Einbuchung des mit dem niedrigeren Teilwert bewerteten Schlussbestandes (SBK an WEK) ergibt sich ein höherer Wareneinsatz und damit die Gewinnminderung.

3.3.3 Verbindlichkeiten (§ 6 Abs. 1 Nr. 3 EStG)

Verbindlichkeiten sind grundsätzlich mit dem Nennwert (Erfüllungsbetrag) anzusetzen (vgl. auch § 253 Abs. 1 Satz 2 HGB). Das ist der Betrag, den der Unternehmer dem Gläubiger schuldet. Dieser erste Wertansatz einer eingegangenen Verbindlichkeit entspricht sinngemäß dem Anschaffungswert eines Vermögensgegenstands.

Wenn der wirtschaftliche Wert einer solchen Verbindlichkeit am Bilanzstichtag von ihrem ursprünglichen Nennwert abweicht, gilt auch hier das o. g. Imparitätsprinzip.

BEISPIEL

Der Unternehmer hat Ware auf Kredit aus dem Ausland bezogen. Der Kaufvertrag wurde in Dollar-Währung abgeschlossen. Im Zeitpunkt der Lieferung hätte U für diese Ware umgerechnet 3 000 € bezahlen müssen. Am Bilanzstichtag müsste U für die noch nicht fällige Schuld infolge Kursverfalls nur noch 2 500 € aufwenden.

LÖSUNG Die Verbindlichkeit ist nach wie vor mit 3 000 € zu bewerten bzw. zu bilanzieren. Der Ansatz der Schuld mit 2 500 € würde zum Ausweis eines nicht realisierten Gewinns führen.

Für den Ansatz des Teilwerts lassen sich demnach **bei Verbindlichkeiten** folgende Regeln aufstellen: Der niedrigere Teilwert **darf nicht** angesetzt werden. Der höhere Teilwert bzw. ein entsprechender Zwischenwert kann angesetzt werden, wenn die Werterhöhung voraussichtlich von Dauer ist.

3.3.3.1 Verbindlichkeiten des Anlagevermögens

Verbindlichkeiten können unter sinngemäßer Anwendung der Regelungen in § 6 Abs. 1 Nr. 2 EStG mit einem höheren Rückzahlungsbetrag bewertet werden, wenn dieser sich beispielsweise bei Fremdwährungsverbindlichkeiten am Bilanzstichtag voraussichtlich dauerhaft erhöht hat (Rz. 30, , 31).

Allerdings begründet bei Fremdwährungsverbindlichkeiten mit einer Restlaufzeit von jedenfalls 10 Jahren ein Kursanstieg der Fremdwährung grundsätzlich keine voraussichtlich dauernde Teilwerterhöhung (Rz. 32). Die Währungsschwankungen werden in der Regel ausgeglichen (BFH vom 23.04.2009 – IV R 62/06, BStBl II, 778). Auf den Devisenmärkten übliche Wertschwankungen berechtigen nicht zu einem höheren Ansatz der Verbindlichkeiten (Rz. 33).

Nach Auffassung der Finanzverwaltung in Baden-Württemberg ist davon auszugehen, dass sich Währungsschwankungen bei einer Darlehensrestlaufzeit von mehr als einem Jahr ausgleichen können.

3.3.3.2 Verbindlichkeiten des Umlaufvermögens

Bei zum Umlaufvermögen gehörenden Verbindlichkeiten (Verbindlichkeiten des laufenden Geschäftsverkehrs) kommt dem Zeitpunkt der Tilgung oder Entnahme der Verbindlichkeit für die Bestimmung einer voraussichtlich dauernden Werterhöhung eine besondere Bedeutung zu (Rz. 34).

Bei Fremdwährungsverbindlichkeiten im Umlaufvermögen ist von einer voraussichtlich dauerhaften Werterhöhung auszugehen, wenn eine Wechselkurserhöhung bis zum Zeitpunkt der Aufstellung der Handelsbilanz (bzw. bis zur Aufstellung der Steuerbilanz, wenn keine Handelsbilanz zu erstellen ist) oder dem vorangegangenen Tilgungs- oder Entnahmezeitpunkt anhält. Zusätzliche Erkenntnisse bis zu diesen Zeitpunkten, z. B. weitere Wechselkursschwankungen auf Devisenmärkten, sind – anders als bei börsennotierten Aktien des Anlagevermögens und Umlaufvermögens – zu berücksichtigen (Rz. 36).

3.3.3.3 Bewertung langfristiger unverzinslicher Schulden

§ 6 Abs. 1 Nr. 3 EStG sieht für unverzinsliche Verbindlichkeiten, deren Laufzeit am Bilanzstichtag noch mindestens ein Jahr beträgt, eine **Abzinsungspflicht** vor. Damit soll dem Umstand Rechnung getragen werden, dass unverzinsliche Schulden bei längerer Laufzeit den Unternehmer wirtschaftlich weniger belasten als marktüblich zu verzinsende Schulden. Die Abzinsung erfolgt mit einem Zinssatz von 5,5 % (vgl. auch § 12 Abs. 3 BewG).

BEISPIEL

U hat am 02.01.01 ein unverzinsliches Darlehen über 100 000 € erhalten, das am 02.01.04 zurückzuzahlen ist.

LÖSUNG Bei Auszahlung im Jahr 01 wird die Verbindlichkeit zunächst erfolgsneutral mit der Buchung »Bank an Darlehensschuld 100 000 €« erfasst.

Die Darlehensschuld ist sodann zum 31.12.01 mit 89 800 € und zum 31.12.02 mit 94 800 € zu passivieren (vgl. Tabelle 1 zu § 12 Abs. 3 BewG).
Das führt im Jahr 01 zu einem Ertrag i. H. v. 10 200 €.
Die entsprechende Buchung beim Jahresabschluss 01 lautet »Darlehensschuld an Ertrag 10 200 €«.
Beim Jahresabschluss 02 entsteht ein Aufwand i. H. v. 5 000 €; die Buchung lautet hier »Aufwand an Darlehensschuld 5 000 €«. Im Jahr 03 beträgt der Aufwand schließlich 5 200 €, denn zum 31.12.03 muss die Schuld mit dem Rückzahlungsbetrag i. H. v. 100 000 € ausgewiesen werden. Die entsprechende Buchung lautet »Aufwand an Darlehensschuld 5 200 €«. Im Ergebnis bewirkt die Abzinsung einen vorgezogenen Ertrag, der in den Folgejahren durch Aufwand in gleicher Höhe wieder ausgeglichen wird.

Der Abzinsungspflicht kann durch Vereinbarung eines minimalen Zinssatzes entgangen werden (z. B. 0,1 %). Nach dem Gesetzeswortlaut liegt jedenfalls auch bei einer Zinsvereinbarung nahe 0 % eine verzinsliche Verbindlichkeit vor. Allerdings könnte eine solche Klausel im Einzelfall als missbräuchliche Gestaltung i. S. v. § 42 AO zu beurteilen sein (vgl. BMF vom 01. 07. 1999 BStBl I 1999, 818).

3.4 Maßgeblichkeit handelsrechtlicher GoB

Bisher wurden die einzelnen steuerlichen Bewertungsregeln zur Erstellung der Steuerbilanz vorgestellt. Gewerbetreibende, die gesetzlich zur Buchführung verpflichtet sind (Personenkreis s. 1.1), haben jedoch nach § 5 Abs. 1 Satz 1 EStG im Rahmen des BVV das nach **handelsrechtlichen** Grundsätzen ordnungsmäßiger Buchführung (GoB) auszuweisende BV anzusetzen. Man spricht in diesem Zusammenhang vom sogenannten »Maßgeblichkeitsgrundsatz«.

3.4.1 Steuerbilanz und Handelsbilanz

Für den Kaufmann ist die Beachtung handelsrechtlicher Bestimmungen bei der Ermittlung seines Vermögens ohnehin eine Selbstverständlichkeit, denn er hat gem. § 242 HGB eine entsprechende **Handelsbilanz** aufzustellen. Diese Handelsbilanz ist gem. § 5 Abs. 1 EStG gleichzeitig auch Ausgangspunkt der steuerlichen Gewinnermittlung. Das bedeutet, dass die in der Handelsbilanz gewählten bzw. vorgeschriebenen Wertansätze grundsätzlich auch für die Steuerbilanz verbindlich sind. Diese Abhängigkeit der Steuerbilanz von der Handelsbilanz bezeichnet man als **Maßgeblichkeit der Handelsbilanz für die Steuerbilanz.** Durch den Maßgeblichkeitsgrundsatz wird der Fiskus sonstigen Gläubigern gleichgestellt. Außerdem erspart sich der Gewerbetreibende eine separate Datenermittlung für handelsrechtliche und steuerrechtliche Zwecke. Je nach Ausübung von Wahlrechten kann daher eine Einheitsbilanz möglich sein, d. h. Handelsbilanz und Steuerbilanz sind identisch.

3.4.2 Handelsrechtliche Bewertungsvorschriften

Gem. § 243 Abs. 1 HGB ist der Jahresabschluss nach den Grundsätzen ordnungsmäßiger Buchführung aufzustellen. Die nachfolgenden Vorschriften des Ersten Abschnitts des Dritten Buches des HGB enthalten sodann spezielle Ausformungen dieser GoB. Dabei sind die allgemeinen handelsrechtlichen Bewertungsvorschriften in den §§ 252–256 a HGB zusammengefasst.

§ 252 HGB stellt zunächst allgemeine Bewertungsprinzipien voran, die auch den Bewertungsregeln des § 6 EStG immanent sind. So kennen wir bereits den Grundsatz der Einzelbewertung, der in § 252 Abs. 1 Nr. 3 HGB seinen ausdrücklichen Niederschlag gefunden hat. Ebenso ist an dieser Stelle das Stichtagsprinzip genannt. Auch das in § 252 Abs. 1 Nr. 4 HGB verankerte **Vorsichtsprinzip** haben wir als Bewertungsgrundsatz in den Modifikationen des Anschaffungskostenwertprinzips und des Imparitätsprinzips kennengelernt.

An dieser Stelle ist nun insbesondere auf die Bewertungsregeln des § 253 Abs. 3 und Abs. 4 HGB hinzuweisen. Daraus ergibt sich, dass das Handelsrecht bei der Bewertung des Umlaufvermögens kein Bewertungswahlrecht einräumt, wenn das betreffende WG am Bilanzstichtag einen unter den AK oder HK liegenden Wert besitzt. Dieser niedrigere Wert **muss** angesetzt werden **(absolutes Niederstwertprinzip beim Umlaufvermögen).**

Bei der Bewertung des Anlagevermögens ist der Ansatz des niedrigeren Wertes nur dann zwingend vorgeschrieben, wenn es sich um eine voraussichtlich dauernde Wertminderung handelt. Bei einer voraussichtlich vorübergehenden Wertminderung gilt ein Verbot des Ansatzes eines niedrigeren Wertes. Im Übrigen besteht für Finanzanlagen ein Bewertungswahlrecht zwischen (fortgeführten) AK oder HK und niedrigerem Wert **(eingeschränktes Niederstwertprinzip bei Finanzanlagen des Anlagevermögens).**

Das o. g. Imparitätsprinzip erfährt also handelsrechtlich insoweit noch eine Verschärfung bzw. Präzisierung, als nicht realisierte Verluste zumindest beim Umlaufvermögen immer ausgewiesen werden müssen.

BEISPIEL

Der Unternehmer, der seinen Gewinn gem. § 5 EStG ermittelt, hat Warenvorräte auf Lager, deren AK insgesamt 8 000 € betragen haben. Der Marktpreis (Wiederbeschaffungswert) der Waren ist am Bilanzstichtag nachhaltig auf 6 500 € gesunken.

LÖSUNG U muss diese Waren in der Handelsbilanz mit 6 500 € bewerten bzw. bilanzieren (absolutes Niederstwertprinzip!).

3.4.3 Der Maßgeblichkeitsgrundsatz (§ 5 Abs. 1 Satz 1 EStG)

Der Maßgeblichkeitsgrundsatz besagt, dass die in der Handelsbilanz gewählten bzw. vorgeschriebenen Wertansätze grundsätzlich auch für die Ansätze in der Steuerbilanz maßgeblich sind. Er ist eine Kernnorm des deutschen Bilanzsteuerrechts und gilt sowohl für die Aktivseite als auch für die Passivseite der Bilanz sowie für den Ansatz von Bilanzpositionen dem Grunde nach ebenso wie für deren Bewertung.

Der Maßgeblichkeitsgrundsatz wird jedoch durch zwingende steuerliche Ansatz- und Bewertungsvorbehalte durchbrochen bzw. eingeschränkt. So werden in den § 5 Abs. 1a–4b EStG spezielle Ansatzvorschriften für die Steuerbilanz aufgeführt, die den handelsrechtlichen Vorschriften vorgehen. Zudem ergibt sich im § 5 Abs. 6 EStG ein Bewertungsvorbehalt für die Steuerbilanz. Danach sind die Vorschriften des EStG über die Bewertung (§§ 6, 6a EStG) und über die AfA (§ 7 EStG) bei der steuerlichen Gewinnermittlung zu befolgen.

Durch das Bilanzrechtsmodernisierungsgesetz (BilMoG) vom 15.05.2009 wurde § 5 Abs. 1 EStG dahingehend geändert, dass in § 5 Abs. 1 Satz 1 HS 2 EStG ein eigenständiges steuerliches Wahlrecht eingeführt wurde, wodurch der Maßgeblichkeitsgrundsatz eine weitere Durchbrechung erfahren hat. Die Finanzverwaltung hat hierzu im Schreiben des BMF vom 12.03.2010 BStBl I 2010, 239 umfassend Stellung genommen.

3.4.3.1 Maßgeblichkeitsgrundsatz bei der Bilanzierung

Der BMF stellt in seinem BMF-Schreiben folgende allgemeine Grundsätze zum Ansatz von Wirtschaftsgütern, Schulden und Rechnungsabgrenzungsposten dar (Rz. 3 bis 7):

Handelsbilanz	Steuerbilanz
Aktivierungsgebot	Aktivierungsgebot
Aktivierungswahlrecht	Aktivierungsgebot
Aktivierungsverbot	Aktivierungsverbot
Passivierungsverbot	Passivierungsverbot
Passivierungswahlrecht	Passivierungsverbot
Passivierungsgebot	Passivierungsgebot

Handelsrechtliche Aktivierungs- bzw. Passivierungsgebote führen zu Aktivierungs- bzw. Passivierungsgeboten in der Steuerbilanz. Handelsrechtliche Aktivierungs- bzw. Passivierungsverbote führen zu Aktivierungs- bzw. Passivierungsverboten in der Steuerbilanz.

BEISPIEL

Ein Unternehmer hat in seiner Handelsbilanz nach § 249 Abs. 1 HGB eine Rückstellung für die Kosten zur Aufstellung des Jahresabschlusses passiviert.

LÖSUNG Nach § 5 Abs. 1 Satz 1 EStG hat er in der Steuerbilanz eine entsprechende Verbindlichkeitsrückstellung auszuweisen.

Was handelsrechtlich aktiviert werden kann, muss steuerrechtlich aktiviert werden. Was handelsrechtlich passiviert werden kann, darf steuerrechtlich nicht passiviert werden. Damit wird der Maßgeblichkeitsgrundsatz in der Art eingeschränkt, dass handelsrechtliche Bilanzierungswahlrechte, die dazu geeignet sind, den Gewinn zu beeinflussen, umfunktioniert werden zu steuerrechtlichen Pflichten bzw. Verboten (vgl. BFH vom 03. 02. 1969 BStBl II 1969, 291).

Von den aufgeführten Grundsätzen wird nur dann abgewichen, wenn steuerliche Sondervorschriften im Gegensatz zur handelsrechtlichen Behandlung eine Bilanzierung erfordern bzw. verbieten.

BEISPIEL

Ein Pharmazieunternehmen hat in der Handelsbilanz das Aktivierungswahlrecht nach § 248 Abs. 2 HGB ausgeübt und die eigenen Entwicklungskosten für ein neues Medikament aktiviert.

LÖSUNG Das Aktivierungswahlrecht in der Handelsbilanz führt nicht zu einem Aktivierungsgebot in der Steuerbilanz, da lex specialis ein Aktivierungsverbot von selbst erstellten immateriellen Wirtschaftsgütern nach § 5 Abs. 2 EStG gegeben ist.

3.4.3.2 Maßgeblichkeitsgrundsatz bei der Bewertung

Bewertungswahlrechte, die in der Handelsbilanz ausgeübt werden können, ohne dass eine eigenständige steuerliche Regelung besteht, wirken wegen des maßgeblichen Handelsbilanzansatzes auch auf den Wertansatz in der Steuerbilanz.

BEISPIEL

Der Unternehmer U übt das Bewertungswahlrecht des § 255 Abs. 3 Satz 2 HGB aus und rechnet in die Herstellungskosten für seine halbfertigen und fertigen Erzeugnisse Fremdkapitalzinsen mit ein.

LÖSUNG Nach § 5 Abs. 1 Satz 1 HS 1 EStG ist in der Steuerbilanz der Wertansatz aus der Handelsbilanz zu übernehmen (R 6.3 Abs. 5 EStR).

Wahlrechte, die nur für die Steuerbilanz bestehen (z. B. §§ 6, 6b, 7 EStG oder R 6.6 EStR), können gem. § 5 Abs. 1 Satz 1 HS 2 EStG unabhängig von den handelsrechtlichen Wertansätzen ausgeübt werden (BMF vom 12.03.2010 BStBl I 2010, 239, Rz. 13).

BEISPIEL

U hat zum 31.12.01 Rohstoffe zu AK von 100 000 € auf Lager. Der Marktpreis (Wiederbeschaffungswert) liegt zum Bilanzstichtag bei 80 000 € und ist bis zum Zeitpunkt der Bilanzerstellung auf 70 000 € gesunken.

LÖSUNG Aufgrund des strengen Niederstwertprinzips des § 253 Abs. 4 HGB sind die Rohstoffe in der Handelsbilanz mit 80 000 € zu bilanzieren. Da die Wertminderung bis zur Bilanzerstellung angehalten hat, liegt eine voraussichtlich dauernde Wertminderung vor. Nach § 6 Abs. 1 Nr. 2 Satz 2 EStG i. V. m. § 5 Abs. 1 Satz 1 HS 2 EStG kann U selbständig wählen, ob er die Rohstoffe zu AK von 100 000 € oder mit dem niedrigeren Teilwert von 80 000 € in der Steuerbilanz ansetzt.

Bestehen sowohl im Handels- als auch im Steuerrecht Wahlrechte, so können diese aufgrund von § 5 Abs. 1 Satz 1 HS 2 EStG unterschiedlich ausgeübt werden (BMF vom 12.03.2010 BStBl I 2010, 239, Rz. 16).

BEISPIEL

U erwirbt eine Maschine und wählt in der Handelsbilanz die Leistungsabschreibung als Abschreibungsmethode zur planmäßigen Abschreibung gem. § 253 Abs. 3 HGB.

LÖSUNG Steuerrechtlich besteht für U das Wahlrecht zwischen linearer AfA nach § 7 Abs. 1 Satz 1 und Leistungs-AfA nach § 7 Abs. 1 Satz 6 EStG. Dieses Wahlrecht kann U unabhängig von seiner Wahl in der Handelsbilanz ausüben.

Entstehen bei der Ausübung steuerlicher Wahlrechte von der Handelsbilanz abweichende Wertansätze, so sind diese in besondere, laufend zu führende Verzeichnisse aufzunehmen (§ 5 Abs. 1 Satz 2 EStG). Hierin sind der Tag der Anschaffung oder Herstellung, die Anschaffungs- oder Herstellungskosten, die Vorschrift des ausgeübten steuerlichen Wahlrechts und die vorgenommenen Abschreibungen anzugeben (BMF-Schreiben vom 12.03.2010 BStBl I 2010, 239, Rz. 19). Die Abweichungen können jedoch auch im Anlageverzeichnis dargestellt werden (BMF vom 12.03.2010 BStBl I 2010, 239, Rz. 20).

3.4.4 Zusammenfassende Darstellung

Die folgende Gegenüberstellung der handelsrechtlichen und der steuerrechtlichen Bewertungsregeln verdeutlicht die angesprochenen Gemeinsamkeiten und Unterschiede.

Bilanzansatz

Gegenstand	gem. § 253 HGB	gem. § 6 EStG
Anlagevermögen	a) (Fortgeführte) AK/HK b) Niedrigerer Zeitwert aa) dauerhaft Pflicht bb) nicht dauerhaft Verbot Ausnahme: Bei Finanzanlagen Wahlrecht	a) (Fortgeführte) AK/HK b) Niedrigerer Teilwert aa) dauerhaft Wahlrecht bb) nicht dauerhaft Verbot
Umlaufvermögen	a) AK/HK b) Niedrigerer Zeitwert immer Pflicht	a) AK/HK b) Niedrigerer Teilwert aa) dauerhaft Wahlrecht bb) nicht dauerhaft Verbot
Verbindlichkeiten	a) Erfüllungsbetrag b) Höherer Stichtagswert bei Devisenschulden aa) dauerhaft Pflicht bb) nicht dauerhaft Pflicht bei UV Wahlrecht bei AV	a) Erfüllungsbetrag = AK b) Höherer Stichtagswert bei Devisenschulden aa) dauerhaft Wahlrecht bb) nicht dauerhaft Verbot

Achtung! Evtl. Abzinsungspflicht.

FALL 47

Mit welchen Werten muss bzw. kann der Unternehmer, der seinen Gewinn nach § 5 EStG ermittelt, in den folgenden Fällen jeweils zum 31.12.01 bilanzieren?
Wie lauten die entsprechenden Buchungen beim Jahresabschluss?
a) U hat am 02.01.01 eine Maschine für 20 000 € + 3 800 € USt erworben. Die Jahres-AfA beträgt 2 000 €. Der beizulegende (Teil-)Wert der Maschine beträgt zum 31.12.01
aa) 21 000 €,
bb) 7 000 €,
cc) 19 000 €.

b) U hat am 31.12.01 folgende Vorräte auf Lager:
Warengruppe I AK 4 000 €,
Warengruppe II AK 2 000 €.
Die entsprechenden Marktpreise zum 31.12.01 betrugen:

	Warengruppe I	Warengruppe II	Summe
aa)	3 500 €	2 500 €	6 000 €
bb)	4 500 €	1 800 €	6 300 €

Die Marktpreise haben sich bis zum Verkauf der Waren nicht verändert.

c) U hat die Rechnung eines ausländischen Lieferanten über 10 000 US-$ erst im Januar 02 bezahlt. Der Kurs im Zeitpunkt der Lieferung im Jahr 01 betrug 1 US-$ = 1 €. Zum 31.12.01 und bei der Bezahlung betrug der Kurs
aa) 1 US-$ = 0,90 €,
bb) 1 US-$ = 1,10 €.

3.5 Wertaufholung

Hat ein Steuerpflichtiger an einem Bilanzstichtag eine Teilwertabschreibung auf ein Wirtschaftsgut des Anlagevermögens bzw. des Umlaufvermögens vorgenommen, ist an den jeweils nachfolgenden Bilanzstichtagen – sofern sich das Wirtschaftsgut noch im Betriebsvermögen befindet – sowohl in der Handelsbilanz (§ 253 Abs. 5 HGB) als auch in der Steuerbilanz (§ 6 Abs. 1 Nr. 1 Satz 4 bzw. Nr. 2 i. V. m. Nr. 1 Satz 4 EStG) zu überprüfen, ob die Gründe für eine (voraussichtlich dauernde) Wertminderung noch gegeben sind. Bestehen die Gründe für eine (voraussichtlich dauernde) Wertminderung nicht mehr, hat der Steuerpflichtige zwingend eine sog. Wertaufholung (Zuschreibung) bis max. zu den Anschaffungs-/Herstellungskosten vorzunehmen.

Bei börsennotierten Wertpapieren des Anlage- und Umlaufvermögens wird in Fällen der Wertaufholung nach einer vorhergehenden Teilwertabschreibung die Bagatellgrenze von 5 % nicht angewendet. Die Wertaufholung muss auf den aktuellen Börsenkurs am Bilanzstichtag, jedoch maximal bis zu den Anschaffungskosten vorgenommen werden (BMF vom 02.09.2016 BStBl I 2016, 995, Rz. 17).

BEISPIEL

U hatte zum 31.12.03 auf ein unbebautes Grundstück eine seinerzeit berechtigte Teilwertabschreibung i. H. v. 30 000 € vorgenommen. An AK waren 01 100 000 € angefallen. Seit 06 ist der Marktwert des Grundstücks kontinuierlich gestiegen. Er betrug Ende 06 schließlich 120 000 €. In den Bilanzen des U ist das Grundstück seit 03 unverändert mit 70 000 € ausgewiesen.

LÖSUNG Zum 31.12.06 muss das Grundstück mit den ursprünglichen AK aktiviert werden. Vorbereitende Abschlussbuchung 06: »Unbebautes Grundstück an a. o. Erträge 30 000 €«.

3.6 Absetzung für Abnutzung nach § 7 EStG

3.6.1 Allgemeines

Zweck der AfA nach § 7 EStG ist, die durch die Anschaffung oder Herstellung eines abnutzbaren Anlagegutes verursachten Aufwendungen auf die Dauer seiner Nutzung zu verteilen.

Der AfA unterliegen WG, die

a) abnutzbar sind,
b) zum Anlagevermögen gehören und
c) deren Nutzungsdauer mehr als ein Jahr beträgt.

Für WG, die nicht abnutzbar sind oder dem Umlaufvermögen angehören, kommt nur eine Teilwertabschreibung in Betracht (s. 3.3.2). AK oder HK von abnutzbaren WG des Anlagevermögens, die eine Nutzungsdauer von höchstens einem Jahr haben, sind als laufender Aufwand zu behandeln.

Die Abschreibungsbefugnis steht dem (wirtschaftlichen) Eigentümer zu.

Die Vornahme der AfA ist gleichzeitig Pflicht, denn § 6 Abs. 1 Nr. 1 EStG bestimmt insoweit, dass die abnutzbaren Anlagegüter mit den AK oder HK vermindert um die AfA anzusetzen sind (s. 3.3.1).

Entsprechend dem Grundsatz der Einzelbewertung ist auch jedes selbständig nutzbare WG für sich abzuschreiben.

Die Höhe der AfA ist regelmäßig abhängig von den AK oder HK, der Nutzungsdauer und der AfA-Methode.

Während handelsrechtlich jedes planmäßige Absetzungsverfahren, das die AK oder HK sinnvoll über die Nutzungsdauer verteilt, zulässig ist (§ 253 Abs. 3 HGB), stellt § 7 EStG eine begrenzte Anzahl von AfA-Methoden zur Verfügung, die für die steuerliche Gewinnermittlung kraft des Bewertungsvorbehalts des § 5 Abs. 6 EStG vorrangig sind.

3.6.2 Die lineare AfA (§ 7 Abs. 1 Satz 1 EStG)

Die AK oder HK des WG werden hier **gleichmäßig** auf die Jahre der betriebsgewöhnlichen Nutzungsdauer verteilt. Der jährliche AfA-Betrag ergibt sich durch Division der AK oder HK durch die Zahl der voraussichtlichen Nutzungsjahre:

$$\frac{\text{Anschaffungskosten bzw. Herstellungskosten}}{\text{Nutzungsdauer}} = \text{lineare AfA}$$

Die Nutzungsdauer ist dabei unter Berücksichtigung aller Umstände zu schätzen. Dabei sind Erfahrungssätze zu beachten, die der Praxis in Form von sogenannten **AfA-Tabellen** zur Verfügung stehen.

Den entsprechenden AfA-(Prozent-)Satz erhält man durch Division von 100 durch die Zahl der Nutzungsjahre: 100 : Nutzungsdauer.

BEISPIEL

Die AK betrugen 30 000 € und die betriebsgewöhnliche Nutzungsdauer fünf Jahre.

LÖSUNG Der jährliche AfA-Betrag beträgt 6 000 € (30 000 : 5) der AfA-Satz 20 % (100 : 5).

3.6.3 Die Leistungs-AfA (§ 7 Abs. 1 Satz 6 EStG)

Diese AfA-Methode wird für **bewegliche** WG des abnutzbaren Anlagevermögens zugelassen, wenn sie wirtschaftlich begründet ist. Sie erscheint bei solchen WG sinnvoll, deren Leistung während der Nutzungszeit erheblichen Schwankungen unterworfen ist. Anstelle des Maßstabs Zeit (ND) tritt hier die Leistung. Die voraussichtliche Gesamtleistung ist zu der im einzelnen Jahr tatsächlich erbrachten Leistung in Beziehung zu setzen.

BEISPIEL

Ein Spezialfahrzeug, dessen AK 40 000 € betrugen, fährt erfahrungsgemäß etwa 200 000 km. Den Fahrkilometern eines Jahres entsprechend (Kilometerzähler!) bemisst sich die AfA wie folgt:

	km	%	€
1. Jahr	50 000	25	10 000
2. Jahr	80 000	40	16 000
3. Jahr	25 000	12,5	5 000
4. Jahr	45 000	22,5	9 000
	200 000	100,0	40 000

3.6.4 Die degressive AfA (§ 7 Abs. 2 EStG)

Während sich bei der linearen AfA die jährlichen AfA-Beträge bis zur vollständigen Abschreibung des WG nicht verändern, verringern sich bei der degressiven AfA die AfA-Beträge von Jahr zu Jahr. Die **fallenden** AfA-Beträge ergeben sich durch jährliche Verringerung der AfA-Bemessungsgrundlage bei gleich bleibendem AfA-Satz. AfA-Bemessungsgrundlage ist hier nämlich der jeweilige Restbuchwert des WG. Deshalb wird diese AfA-Methode auch als Buchwertabschreibung bezeichnet.

Die degressive AfA ist nur bei **beweglichen** WG des abnutzbaren Anlagevermögens zugelassen.

Die degressive AfA auf bewegliche WG des Anlagevermögens ist in den letzten Jahren mehrmals geändert worden. Für WG, die nach dem 31.12.2010 angeschafft wurden, besteht nunmehr keine Möglichkeit einer Abschreibung nach § 7 Abs. 2 EStG. Die folgende Übersicht zeigt die Änderungen in den vergangenen Jahren:

Veranlagungszeitraum	AfA-Satz nach § 7 Abs. 2 EStG
2006 und 2007	das 3-Fache der linearen AfA, höchstens 30 %
2008	keine AfA nach § 7 Abs. 2 EStG möglich
2009 und 2010	das 2,5-Fache der linearen AfA, höchstens 25 %
ab 2011	keine AfA nach § 7 Abs. 2 EStG möglich

3.6.5 AfA bei Gebäuden (§ 7 Abs. 4 und 5 EStG)

3.6.5.1 Das Gebäude als selbständiges abnutzbares Wirtschaftsgut

Das mit dem Grund und Boden fest verbundene Gebäude ist zivilrechtlich ein unselbständiger Bestandteil der Einheit Grundstück (§§ 93, 94 BGB). Abweichend davon bilden steuerrechtlich der Grund und Boden einerseits und das aufstehende Gebäude andererseits selbständige WG, die entsprechend getrennt zu bewerten (und zu bilanzieren) sind. Der Grund und Boden ist dabei ein unbewegliches nicht abnutzbares WG, während das Gebäude als unbewegliches WG der Abnutzung unterliegt.

3.6.5.2 AfA für Wirtschaftsgebäude (§ 7 Abs. 4 Nr. 1 und Abs. 5 Nr. 1 EStG)

Abweichend von § 7 Abs. 1 EStG wird bei Wirtschaftsgebäuden grundsätzlich eine Nutzungsdauer von rd. 33 Jahren gesetzlich fingiert. Diese Gebäude müssen nebeneinander folgende drei Voraussetzungen erfüllen:

1. Zugehörigkeit zum BV,
2. keine Nutzung zu Wohnzwecken,
3. Antrag auf Baugenehmigung nach dem 31.03.1985.

Die **lineare** AfA beträgt gem. § 7 Abs. 4 Nr. 1 EStG jährlich 3 %. Dieser gesetzlich festgelegte AfA-Satz darf nicht unterschritten werden. Bei tatsächlich kürzerer Nutzungsdauer eines Wirtschaftsgebäudes kann er überschritten werden (§ 7 Abs. 4 Satz 2 EStG).

Ist im Fall der Herstellung der Bauantrag vor dem 01.01.2001 gestellt worden oder ist im Fall der Anschaffung der obligatorische Vertrag vor dem 01.01.2001 abgeschlossen worden, beträgt die lineare Jahres-AfA für Wirtschaftsgebäude grundsätzlich 4 % der AK bzw. HK (§ 52 Abs. 21 b EStG).

Gem. § 7 Abs. 5 Nr. 1 EStG hatte der **Bauherr** bei im Inland belegenen Wirtschaftsgebäuden die Wahl, anstelle der linearen eine in ihren Sätzen festgelegte degressive Gebäude-AfA vorzunehmen, wenn der entsprechende Bauantrag **vor dem 01. 01. 1994** gestellt worden war.

Danach konnten im Jahr der Fertigstellung und in den folgenden drei Jahren jeweils 10 %, in den darauf folgenden drei Jahren jeweils 5 % und in den darauf folgenden 18 Jahren jeweils 2,5 % der **HK** abgezogen werden. Auch der Steuerpflichtige, der ein im Inland belegenes Wirtschaftsgebäude auf Grund eines **vor dem 01. 01. 1994** abgeschlossenen obligatorischen Vertrags (Kaufvertrag) im Jahr der Fertigstellung angeschafft hatte, konnte diese degressive AfA von den **AK** vornehmen, wenn der Hersteller für das veräußerte Gebäude weder degressive noch erhöhte AfA oder Sonderabschreibungen in Anspruch genommen hatte.

3.6.5.3 AfA für sonstige Gebäude (§ 7 Abs. 4 Nr. 2 und Abs. 5 Nr. 2 und 3 EStG)

Bei Gebäuden, die die o. g. drei Voraussetzungen eines Wirtschaftsgebäudes nicht erfüllen, geht das EStG grundsätzlich von einer 50-jährigen Nutzungsdauer aus. Die **lineare** AfA beträgt demnach gem. § 7 Abs. 4 Nr. 2 a EStG jährlich mindestens 2 %.

Bei Gebäuden, die vor dem 01. 01. 1925 fertiggestellt worden sind, unterstellt das EStG eine Nutzungsdauer von 40 Jahren und schreibt gem. § 7 Abs. 4 Nr. 2 b EStG eine Mindest-AfA von jährlich 2,5 % vor. Beträgt die tatsächliche Nutzungsdauer des Gebäudes weniger als 50 bzw. 40 Jahre, so können diese AfA-Sätze überschritten werden. Zum Begriff der **Nutzungsdauer** eines Gebäudes und zum Zeitpunkt ihres Beginns lesen Sie bitte § 11 c Abs. 1 EStDV!

Der **Bauherr** eines im Inland belegenen Gebäudes, das die Voraussetzungen eines Wirtschaftsgebäudes nicht erfüllt, konnte auch hier anstelle der linearen eine **degressive** Gebäude-AfA in Anspruch nehmen, deren Sätze gem. § 7 Abs. 5 Satz 1 Nr. 2 EStG wie folgt gestaffelt sind: Im Jahr der Fertigstellung und in den folgenden sieben Jahren sind jeweils 5 %, in den darauf folgenden sechs Jahren jeweils 2,5 % und in den darauf folgenden 36 Jahren jeweils 1,25 % der HK gesetzlich festgelegt.

Schließlich konnte der **Bauherr** anstelle der AfA-Beträge nach § 7 Abs. 5 Satz 1 Nr. 2 EStG im Jahr der Fertigstellung und in den folgenden drei Jahren jeweils 7 %, in den darauf folgenden sechs Jahren jeweils 5 %, in den darauf folgenden sechs Jahren jeweils 2 % und für weitere 24 Jahre jeweils 1,25 % der HK absetzen, soweit das Gebäude Wohnzwecken dient und der Bauantrag nach dem 28. 02. 1989 gestellt worden war (§ 7 Abs. 5 Satz 1 Nr. 3 a EStG).

Auch der Steuerpflichtige, der ein Gebäude im Jahr der Fertigstellung angeschafft hatte, konnte die degressive AfA mit den vorgegebenen starren AfA-Sätzen von den AK vornehmen, wenn beim Hersteller noch kein entsprechender AfA-Verbrauch eingetreten ist. Weitere Voraussetzungen der Inanspruchnahme der verbesserten AfA für ein Wohnzwecken dienendes Gebäude ist hierbei, dass der betreffende Kaufvertrag nach dem 28. 02. 1989 abgeschlossen worden ist.

Achtung! Wie die degressive AfA für Wirtschaftsgebäude (s. o.) kann die degressive AfA für neue Gebäude, die keine BV-Eigenschaft besitzen und nicht Wohnzwecken dienen, bei Neuinvestitionen nicht mehr beansprucht werden. **Stichtag** ist hier der **01. 01. 1995** (vgl. § 7 Abs. 5 Satz 1 Nr. 2 EStG).

Außerdem ist mit Wirkung vom **01. 01. 2006** die degressive AfA für Wohngebäude endgültig entfallen (vgl. § 7 Abs. 5 Satz 1 Nr. 3 c EStG).

Für Neubauten reduziert sich jedenfalls das verwirrende gesetzliche Angebot an möglichen AfA-Methoden wie folgt:

a) **Wirtschaftsgebäude** (mit Bauantrag/Vertrag nach dem 31. 12. 2000) können generell nur noch mit jährlich 3 % abgeschrieben werden, wenn deren tatsächliche Nutzungsdauer mindestens 33 Jahre beträgt (§ 7 Abs. 4 Satz 1 Nr. 1 i. V. m. Satz 2 EStG).
b) Für **sonstige Gebäude** gilt grundsätzlich eine Jahres-AfA von 2 % (§ 7 Abs. 4 Satz 1 Nr. 2 i. V. m. Satz 2 EStG).
c) Dient das neue Gebäude **fremden Wohnzwecken,** kommt daneben die degressive AfA gem. § 7 Abs. 5 Satz 1 Nr. 3 EStG nicht mehr in Betracht. Ein Wechsel der AfA-Methode kann i. Ü. nur durch eine spätere Nutzungsänderung geboten sein (vgl. R 7.4 Abs. 7 EStR).

3.6.5.4 AfA bei selbständigen Gebäudeteilen (§ 7 Abs. 5a EStG)

Ein Gebäude, das in verschiedenen Nutzungs- und Funktionszusammenhängen steht, zerfällt in mehrere selbständige WG (R 4.2 Abs. 4 EStR; s. 2.6). Dabei ist der Teil, der zu eigenbetrieblichen oder zu fremdbetrieblichen oder zu eigenen bzw. fremden Wohnzwecken genutzt wird, jeweils ein unbewegliches abnutzbares WG des Anlagevermögens. Auf jedes dieser selbständigen WG finden die Vorschriften über die Gebäude-AfA entsprechende Anwendung (§ 7 Abs. 5 a EStG).

Da sich die AfA nach der Höhe der AK und HK des betreffenden WG richtet, sind hier zunächst die AK bzw. HK zu ermitteln, die auf den einzelnen selbständigen Gebäudeteil entfallen. Zu diesem Zweck sind die AK oder HK des gesamten Gebäudes auf die einzelnen Gebäudeteile zu verteilen. Maßgebend ist dabei das Verhältnis der Nutzfläche des betreffenden Gebäudeteils zur Nutzfläche des gesamten Gebäudes (R 4.2 Abs. 6 EStR).

BEISPIEL

Unternehmer U hat 2019 ein Gebäude mit einer Gesamtnutzfläche von 600 m^2 fertig gestellt. 300 m^2 werden eigenbetrieblich, 180 m^2 fremdbetrieblich und 120 m^2 für fremde Wohnzwecke genutzt. Die HK des gesamten Gebäudes betragen 800 000 €. Der Bauantrag war im Mai 2018 gestellt worden.

LÖSUNG Die HK verteilen sich auf die drei selbständigen Gebäudeteile wie folgt:
WG I »Eigene Betriebsräume« 400 000 €, WG II »Fremdbetriebliche Räume« 240 000 €, WG III »Wohnräume« 160 000 €.

Die Abschreibung ist grundsätzlich für jeden selbständigen Gebäudeteil gesondert vorzunehmen. Dabei ist von einer einheitlichen Nutzungsdauer aller Gebäudeteile auszugehen. Für die einzelnen Gebäudeteile sind unterschiedliche AfA-Methoden zulässig und ggf. vorgeschrieben.

BEISPIEL

Im vorangegangenen Beispielsfall hat U den eigen- und den fremdbetrieblich genutzten Gebäudeteil nach § 7 Abs. 4 Nr. 1 EStG abzuschreiben. Für den zu Wohnzwecken genutzten Gebäudeteil kann U nur die AfA nach § 7 Abs. 4 Nr. 2 a EStG in Anspruch nehmen. Das Gebäude hat eine Nutzungsdauer von 50 Jahren.

Die jährliche AfA für die einzelnen WG berechnet sich wie folgt:

AfA für WG I:	3 % von 400 000 € = 12 000 €,
AfA für WG II:	3 % von 240 000 € = 7 200 €,
AfA für WG III:	2 % von 160 000 € = 3 200 €.

Die Aufteilung eines unterschiedlich genutzten Gebäudes in einzelne WG kann i. Ü. aus Vereinfachungsgründen unterbleiben, wenn sie aus steuerlichen Gründen nicht erforderlich ist. Dann entfällt auch eine gesonderte AfA für einzelne Gebäudeteile.

BEISPIEL

Die tatsächliche Nutzungsdauer des Gebäudes (s. o.) beträgt nur 25 Jahre.

LÖSUNG U schreibt gem. § 7 Abs. 4 Satz 2 EStG jährlich 4 % von 800 000 € = 32 000 € ab.

3.6.6 Beginn und Ende der AfA

AfA ist vorzunehmen, sobald ein WG angeschafft oder hergestellt ist. Ein WG ist in dem Zeitpunkt angeschafft, in dem der Erwerber das wirtschaftliche Eigentum erlangt; das ist regelmäßig der Zeitpunkt, zu dem Besitz, Nutzungen, Lasten und Gefahr auf ihn übergehen. Ein WG ist hergestellt, soweit es fertig gestellt ist, d. h. seiner Zweckbestimmung entsprechend genutzt werden kann (R 7.4 Abs. 1 EStR).

Werden WG im Laufe des Wj. angeschafft oder hergestellt, so ist die AfA grundsätzlich »pro rata temporis«, d. h. zeitanteilig, vorzunehmen (§ 7 Abs. 1 Satz 4 EStG), wobei die AfA für den **Monat** der Anschaffung bzw. Herstellung **voll** verrechnet wird. Das gilt entsprechend beim Ausscheiden eines WG im Laufe eines Wj. (R 7.4 Abs. 8 EStR).

Eine Ausnahme war nur bei der degressiven Gebäude-AfA nach § 7 Abs. 5 EStG vorgesehen; hier war im Jahr der Herstellung bzw. Anschaffung stets der volle Jahresbetrag der AfA abzusetzen (§ 7 Abs. 5 Satz 3 EStG).

3.6.7 Buchung der AfA

Abschreibungen sind betrieblicher Aufwand. Sie werden daher auf einem entsprechenden Aufwandskonto »Abschreibungen« oder »AfA« erfasst. Die Gegenbuchung erfolgt auf dem betreffenden aktiven Bestandskonto und vermindert dort den jeweiligen Buchwert. Im Übrigen wird auf die Darstellung unter B 6.2 verwiesen.

3.6.8 Erhöhte Absetzungen und Sonderabschreibungen

3.6.8.1 Allgemeines

Die Investitionsbereitschaft eines Unternehmers hängt nicht zuletzt davon ab, in welchem Umfang das Steuerrecht durch Abschreibungsvergünstigungen Finanzierungshilfe leistet. Das Steuerrecht kann daher auch als ein Instrument zur Unterstützung wirtschafts- und gesellschaftspolitischer Zielsetzungen dienen. Der Gesetzgeber hat in der Vergangenheit von dieser Möglichkeit reichlich Gebrauch gemacht.

Als Beispiele können hier zunächst die degressive AfA nach § 7 Abs. 2 EStG (s. 3.6.4) und die verbesserte Gebäude-AfA nach § 7 Abs. 5 EStG (s. 3.6.5.2 und 3.6.5.3) sowie die Vorschrift des § 7 g EStG genannt werden. Daneben wurden Investitionen in den neuen Bundesländern durch das Investitionszulagegesetz begünstigt. Gemeinsames Charakteristikum aller dieser Bestimmungen ist die **Vorverlagerung** von Absetzungen für Abnutzung. Über höhere Abschreibungsbeträge in den ersten Jahren nach Investitionsvornahme wird der zu versteuernde Gewinn und damit die Gewinnsteuerbelastung verringert; die vorläufige Steuerersparnis wird durch die in späteren Jahren anfallenden geringeren Abschreibungsbeträge zurückgezahlt. Der entstehende Zinsvorteil bildet einen Investitionsanreiz für den Unternehmer. Ein weiterer finanzieller Vorteil erwächst dem Unternehmer durch künftig sinkende ESt-Sätze.

Die Abschreibungsvergünstigungen werden entweder durch erhöhte Absetzungen oder Sonderabschreibungen gewährt. **Erhöhte Absetzungen** treten an die Stelle der AfA nach § 7 EStG. **Sonderabschreibungen** sind neben der AfA nach § 7 EStG möglich. Das EStG fasst schließlich in § 7 a die Grundsätze bei Inanspruchnahme von erhöhten Absetzungen bzw. Sonderabschreibungen zusammen.

Besondere Bedeutung für kleinere und mittlere Betriebe hat die Vorschrift des § 7 g EStG erlangt, auf die im Folgenden näher eingegangen werden soll.

3.6.8.2 Sonderabschreibungen nach § 7 g EStG

§ 7 g Abs. 5 EStG begünstigt die Anschaffung oder Herstellung abnutzbarer beweglicher WG des Anlagevermögens. Für diese WG können neben der AfA nach § 7 Abs. 1 EStG im Jahr der Anschaffung oder Herstellung und in den vier folgenden Jahren Sonderabschreibungen bis zu insgesamt 20 % der AK oder HK in Anspruch genommen werden. Die Begünstigung setzt des Weiteren voraus, dass das BV zum Schluss des der Anschaffung oder Herstellung vorangegangenen Wj. nicht mehr als 235 000 € betragen hat (§ 7 g Abs. 6 Nr. 1 i. V. m. Abs. 1 Satz 2 Nr. 1 EStG). Maßgebend ist hierbei der Steuerbilanzwert. Außerdem muss das WG mindestens bis zum Ende des dem Wj. der Anschaffung oder Herstellung folgenden Wj. in einer inländischen Betriebsstätte des Betriebes verbleiben. Schließlich verlangt die Gesetzesvorschrift für diesen Zeitraum eine ausschließliche oder fast ausschließliche betriebliche Nutzung des betreffenden WG (§ 7 g Abs. 6 Nr. 2 EStG). Die außerbetriebliche Nutzung darf danach bei gemischt genutzten WG 10 % der Gesamtnutzung nicht überschreiten.

Liegen alle Voraussetzungen der Abschreibungsvergünstigung vor, hat der Unternehmer das Wahlrecht, neben der Normal-AfA gem. § 7 Abs. 1 bzw. Abs. 2 EStG innerhalb der ersten fünf Jahre nach Anschaffung oder Herstellung Sonderabschreibungen gem. § 7 g EStG bis zu insgesamt 20 % der AK oder HK vorzunehmen. Regelmäßig bringt die Inanspruchnahme der gesamten 20 % der AK bzw. HK bereits im Jahr der Anschaffung oder Herstellung den größten Liquiditäts- und Steuervorteil.

BEISPIEL

U hat im Januar 01 eine Registrierkasse, deren Nutzungsdauer zehn Jahre beträgt, zum Kaufpreis von 2 000 € + 380 € USt erworben.

LÖSUNG Die maximale Höhe der möglichen Sonderabschreibung gem. § 7 g Abs. 5 EStG beläuft sich auf 400 € (20 % von AK 2 000 €). Diesen Betrag kann U sofort im Jahr 01 von den AK absetzen. Er kann diesen Betrag auch auf die Jahre 01 bis 05 beliebig verteilen oder erst im Jahr 05 geltend machen. In allen beschriebenen Varianten beträgt der Restbuchwert des begünstigten WG zum 31.12.05 sodann 600 € (AK 2 000 € abzüglich der zwingenden AfA gem. § 7 Abs. 1 EStG für fünf Jahre = 1 000 € abzüglich AfA gem. § 7 g Abs. 5 EStG = 400 €). Dieser Restbuchwert ist sodann gem. § 7 a Abs. 9 EStG innerhalb der verbleibenden Restnutzungsdauer abzuschreiben. Ab dem Jahr 06 beträgt die jährliche AfA demnach 120 € (600 € : 5 Jahre).

Die in Anspruch genommene Abschreibungsvergünstigung entfällt rückwirkend, wenn sich später herausstellt, dass das betreffende WG nicht bis zum Ende des dem Wj. der Anschaffung oder Herstellung folgenden Wj. in einer inländischen Betriebsstätte verblieben ist oder in diesem Zeitraum nicht (fast) ausschließlich betrieblich genutzt worden ist. Entsprechende Steuer- bzw. Feststellungsbescheide sind insoweit zu ändern, ohne dass der Beginn der Verzinsung der Steuernachforderung gem. § 233a Abs. 2a AO aufgeschoben wird (§ 7g Abs. 6 Nr. 2 i. V. m. Abs. 4 EStG).

BEISPIEL

U hat sich im Dezember 01 einen neuen PKW für 36 000 € + 6 480 € USt angeschafft, den er 01 ausschließlich betrieblich nutzte. Er hat den PKW in 01 wie folgt abgeschrieben:

Zugang 01	36 000€
AfA gem. § 7 Abs. 1 EStG (1/12 v. 6 000)	./. 500 €
AfA gem. § 7 g Abs. 5 EStG (20 % v. 36 000)	./. 7 200 €
31.12.01	28 300 €

Im Jahr 02 nutzt U den PKW nur noch zu 60 % betrieblich und zu 40 % für private Zwecke. U wurde für 01 nach Erklärung veranlagt. Der betreffende Bescheid erging endgültig und ist bestandskräftig.

LÖSUNG Der gegenüber U ergangene ESt-Bescheid ist gem. § 7 g Abs. 6 Nr. 2 i. V. m. Abs. 4 EStG zu ändern. Die Bilanz zum 31.12.01 ist zu berichtigen. Der PKW ist dort mit 35 500 € anzusetzen. Die Voraussetzungen für die Inanspruchnahme des § 7 g Abs. 5 EStG waren nicht gegeben, da der PKW im Jahr 02 nicht fast ausschließlich betrieblich genutzt worden ist. Der Zinslauf für die entsprechende Steuernachforderung beginnt gem. § 232 Abs. 2 AO am 01.04.03. Bei Anwendbarkeit des § 232 Abs. 2 a AO würde der Zinslauf erst am 01.04.04 beginnen, weil das rückwirkende Ereignis erst 02 eingetreten ist.

3.6.8.3 Der Investitionsabzugsbetrag (IAB) gem. § 7 g EStG

3.6.8.3.1 Inanspruchnahme eines IAB in nach dem 31.12.2015 endenden Wirtschaftsjahren

Der Steuer- bzw. Zinsspareffekt wird im Ergebnis noch dadurch vergrößert, dass der Unternehmer bis zu 40 % der auf ein begünstigtes Investitionsgut entfallenden AK oder HK bereits in dem Wj. gewinnmindernd berücksichtigt, in dem er die betreffende Investition für die folgenden drei Wj. plant (§ 7 g Abs. 1 EStG). Dieser sogenannte Investitionsabzugsbetrag wird **außerhalb** der Buchführung vom Gewinn abgezogen. Es handelt sich um einen abstrakten Rechenposten.

BEISPIEL

U plant in 01 die Anschaffung eines abnutzbaren Wirtschaftsguts des Anlagevermögens im Jahr 02, spätestens jedoch im Jahr 04. Die AK dieses Wirtschaftsguts werden voraussichtlich 100 000 € betragen.

LÖSUNG Auf Grund der beabsichtigten Investition kann U im Wj. 01 gem. § 7 g Abs. 1 EStG einen Investitionsabzugsbetrag i. H. v. maximal 40 000 € (40 % von 100 000) von seinem buchmäßigen Gewinn 01 abziehen (außerbilanzielle Gewinnminderung). Eine Aufstockung dieses IAB ist in einem Folgejahr nicht möglich.

Wird ein abnutzbares bewegliches Anlagegut, innerhalb der folgenden drei Jahre tatsächlich angeschafft und wurde ein IAB nach § 7 g Abs. 1 gebildet, können bis zu 40 % der Anschaffungs- oder Herstellungskosten **außerhalb** der Buchführung gewinnerhöhend hinzugerechnet werden, maximal in Höhe des gebildeten Investitionsabzugsbetrags (§ 7 g Abs. 2 Satz 1 EStG). Gleichzeitig können die AK oder HK um bis zu 40 % – höchstens i. H. des betreffenden Investitionsabzugsbetrags – gewinnmindernd herabgesetzt werden (Buchung: sonstiger betrieblicher Aufwand an Wirtschaftsgut). Entsprechend verringert sich sodann die Bemessungsgrundlage für die weiteren Abschreibungen (§ 7 g Abs. 2 Satz 2 EStG).

BEISPIEL

U hat im Jahr 01 einen IAB von 40 000 € gebildet. Er schafft dann im Jahr 03 ein abnutzbares bewegliches Wirtschaftsgut (Maschine) an. Die betreffende Maschine wird ihm im Januar 03 geliefert. Die Rechnung lautet auf 100 000 € + 19 000 € USt. Die betriebsgewöhnliche Nutzungsdauer der Maschine beträgt zehn Jahre.

LÖSUNG U kann (Wahlrecht!) im Jahr 03 bis zu 40 % der Anschaffungskosten dem Gewinn hinzurechnen bzw. vom Verlust abziehen, maximal in Höhe des gebildeten IAB.

Hat U den »vollen IAB« von 40 000 € hinzugerechnet, so kann er von den AK bis zu 40 % gewinnmindernd absetzen und die Maschine in der Bilanz zum 31.12.03 wie folgt aktivieren:

Zugang 03	100 000 €
Vorwegabzug gem. § 7 g Abs. 2 EStG	./. 40 000 €
AfA gem. § 7 Abs. 1 EStG (10 % v. 60 000)	./. 6 000 €
	54 000 €

Darüber hinaus kann U auch noch die Sonder-AfA gem. § 7 g Abs. 5 EStG von maximal 20 % von 60 000 € = 12 000 € in Anspruch nehmen. Dadurch würde sich der Buchwert der Maschine zum 31.12.03 schließlich auf 42 000 € verringern.

Für die Inanspruchnahme eines Investitionsabzugsbetrags ist i. Ü. Voraussetzung, dass das BV nicht mehr als 235 000 € beträgt. Maßgebend ist hierbei der Steuerbilanzwert am Schluss des Wj., in dem der Abzugsbetrag in Anspruch genommen werden soll (§ 7 g Abs. 1 Satz 2 Nr. 1 EStG).

Begünstigte Investitionsgüter sind WG des abnutzbaren beweglichen Anlagevermögens. Der Steuerpflichtige muss beabsichtigen, das betreffende WG mindestens bis zum Ende des dem Wj. der Herstellung oder Anschaffung folgenden Wj. in einer inländischen Betriebsstätte ausschließlich oder fast ausschließlich (= zu mindestens 90 %) betrieblich zu nutzen (§ 7 g Abs. 1 Satz 1 EStG). Die Summe der Abzugsbeträge und die hinzugerechneten und/oder rückgängig gemachten IAB müssen nach amtlichen vorgeschriebenen Datensätzen durch Datenfernübertragung an die Finanzverwaltung übertragen werden. Auf Antrag können Steuerpflichtige in Härtefällen von dieser elektronischen Übermittlungspflicht befreit werden (§ 7 g Abs. 1 Satz 2 Nr. 2 EStG).

Die Summe der Beträge, die im Wj. des Abzugs und in den zwei vorangegangenen Wj. insgesamt abgezogen wurden, darf schließlich je Betrieb den Höchstbetrag von 200 000 € nicht übersteigen. Dabei bleiben Abzugsbeträge unberücksichtigt, die nach erfolgter Investition wieder hinzugerechnet bzw. rückgängig gemacht wurden (§ 7 g Abs. 1 Satz 4 EStG). Wenn eine Investition in ein abnutzbares bewegliches Wirtschaftsgut des Anlagevermögens nicht bis zum Ende des dritten auf das Wj. des Abzugs folgenden Wj. durchgeführt wurde, ist der in Anspruch genommene Abzugsbetrag rückwirkend zu versagen. Ein bereits ergangener Steuerbescheid ist insoweit zu ändern (§ 7 g Abs. 3 EStG). Der Unternehmer kann auch die vorzeitige Rückgängigmachung von Investitionsabzugsbeträgen vor Ablauf der Investitionsfrist beantragen (§ 7 g Abs. 3 Satz 1 EStG). Die Verzinsung der Steuernachzahlung nach § 233a AO fällt somit niedriger aus. Entsprechend ist zu verfahren, wenn die Verbleibensvoraussetzung bzw. die fast ausschließlich betriebliche Nutzung des Investitionsgutes nicht realisiert werden (§ 7 g Abs. 4 EStG).

BEISPIEL

Die Maschine, für die im Jahr 01 ein Investitionsabzugsbetrag i. H. v. 40 000 € in Anspruch genommen worden ist und die zum 31.12.03 mit 42 000 € aktiviert war (vgl. das vorangegangene Beispiel), wird im Jahr 04 von U veräußert.

LÖSUNG Da die Maschine nicht bis zum Ende des dem Wj. der Anschaffung folgenden Wj. im Betrieb des U verblieben ist, sind die Steuervergünstigungen gem. § 7 g Abs. 4 EStG wie folgt rückgängig zu machen:
1. Der außerbilanzielle Abzug vom Gewinn 01 i. H. v. 40 000 € entfällt.
2. Die außerbilanzielle Hinzurechnung zum Gewinn 03 i. H. v. 40 000 € entfällt.
3. Die gewinnmindernde Herabsetzung der im Jahr 03 angefallenen AK i. H. v. 40 000 € entfällt.
4. Die in 03 vorgenommene Sonderabschreibung gem. § 7 g Abs. 5 EStG entfällt.

Der zu versteuernde Gewinn 01 erhöht sich damit rückwirkend um 40 000 €. Der zu versteuernde Gewinn 03 ändert sich rückwirkend um folgende Beträge:
./. 40 000 € (Stornierung der Hinzurechnung des Abzugsbetrages)
+ 40 000 € (Stornierung der AK-Herabsetzung)
./. 4 000 € (Erhöhung der AfA gem. § 7 Abs. 1 EStG auf 10 000 €)
+ 12 000 € (Stornierung der Sonder-AfA gem. § 7 g Abs. 5 EStG)

In der Bilanz zum 31.12.03 erfolgt eine Bilanzberichtigung. Die Maschine ist dort mit 90 000 € (AK 100 000 ./. 10 000 AfA gem. § 7 Abs. 1 EStG) auszuweisen. Der ursprüngliche Bilanzansatz von 42 000 € ist durch die Veräußerung der Maschine im Jahr 04 unrichtig geworden. Steuerbescheide, denen die ursprünglichen Gewinne zugrunde liegen, sind insoweit gem. § 7 g Abs. 4 Satz 2 EStG zu ändern.

Eine rückwirkende Gewinnerhöhung ist auch dann geboten, wenn die tatsächlich angefallenen AK oder HK des begünstigten Investitionsgutes die seinerzeit geschätzten AK oder HK unterschreiten und der Investitionsabzugsbetrag maximal in Anspruch genommen worden war, da die Gewinnzurechnung im Investitionsjahr auf 40 % der angefallenen AK oder HK beschränkt ist. Der verbleibende **Restbetrag** ist sodann spätestens nach Ablauf der Investitionsfrist gem. § 7 g Abs. 1 Satz 2 Nr. 2 a i. V. m. Abs. 3 EStG rückwirkend gewinnerhöhend zu erfassen.

BEISPIEL

U nimmt 01 für die geplante Anschaffung eines abnutzbaren beweglichen Wirtschaftsgut des Anlagevermögens (Verpackungsmaschine) einen Investitionsabzugsbetrag i. H. v. 24 000 € in Anspruch. Er geht dabei von voraussichtlichen AK i. H. v. 60 000 € aus.
Die Maschine wird Ende 04 zum Preis von 55 000 € + 10 450 € USt geliefert. Dies ist die einzige Investition des U im Zeitraum 02 – 04.

LÖSUNG Im Jahr 04 kann U den Investitionsabzugsbetrag i. H. v. 22 000 € (40 % der AK von 55 000 €) dem Gewinn hinzurechnen. Gleichzeitig können die AK der Maschine bis zu 22 000 € gewinnmindernd herabgesetzt werden.
Der in 01 beanspruchte Abzugsbetrag hat sich als »überhöht« erwiesen. Der verbleibende Differenzbetrag von 2 000 € (24 000 € ./. 22 000 €) ist gem. § 7 g Abs. 3 EStG für 01 rückgängig zu machen und führt zu einer entsprechenden Gewinnerhöhung. Hierbei entstehen Zinsen gem. § 233a AO.

Anmerkung: Die Finanzverwaltung beantwortet Zweifelsfragen zum Investitionsabzugsbetrag in einem BMF-Schreiben (BMF vom 20. 03. 2017 BStBl I,423).

3.6.8.3.2 Inanspruchnahme eines IAB in vor dem 01.01.2016 endenden Wirtschaftsjahren

Für einen IAB, der in einem vor dem 01.01.2016 endenden Wirtschaftsjahr gebildet wurde, musste zusätzlich eine konkrete Investitionsabsicht im Investitionszeitraum vorliegen. Hierzu war es erforderlich, das Wirtschaftsgut in seiner Funktion (z. B. PKW, Nutzfahrzeug, Bürotechnik-Gegenstand) zu benennen und dessen voraussichtliche Anschaffungs-/Herstellungskosten anzugeben (§ 7 g Abs. 1 Satz 2 Nr. 3 EStG a. F.). Eine Datenfernübertragung der Datensätze an das Finanzamt war nicht erforderlich.

Erfolgt im Investitionszeitraum eine Anschaffung bzw. Herstellung so muss (im Gegensatz zur Neuregelung, da besteht ein Wahlrecht) eine Hinzurechnung erfolgen. In Höhe dieser Zurechnung können dann die Anschaffungs- oder Herstellungskosten des Wirtschaftsgutes gewinnmindernd herabgesetzt werden, was zu einer Kürzung der Bemessungsgrundlage für die AfA führt.

Ein in Anspruch genommener Investitionsabzugsbetrag ist auch nach der Altregel (§ 7 g Abs. 3 EStG) rückgängig zu machen, wenn die beabsichtigte Anschaffung bzw. Herstellung und die später tatsächlich durchgeführte Investition nicht gleichartig sind. Es ist nicht zulässig, den für eine bestimmte künftige Investition berücksichtigten Abzugsbetrag für eine Investition anderer Art zu verwenden. Das bei Inanspruchnahme des Investitionsabzugsbetrags benannte WG und das später tatsächlich angeschaffte oder hergestellte WG müssen zumindest funktionsgleich sein.

BEISPIEL

U hat im Jahr 2015 auf Grund der für das Jahr 2018 geplanten Anschaffung eines LKW einen Investitionsabzugsbetrag i. H. v. 24 000 € (40 % der voraussichtlichen AK) in Anspruch genommen. Später lässt er diese Planung fallen und erwirbt 2018 einen PKW-Kombi, der als Transportfahrzeug für seinen Betrieb ausreicht.

LÖSUNG Die beabsichtigte Investition, für die der Abzugsbetrag 2015 in Anspruch genommen wurde, und die im Jahr 2018 tatsächlich durchgeführte Investition sind nicht gleichartig. Das ursprünglich benannte und das später tatsächlich angeschaffte WG müssen funktionsgleich sein. Das ist nicht der Fall, wenn anstelle der geplanten Anschaffung eines LKW ein PKW erworben wird.
Der im Jahr 2015 erfolgte Abzug von 24 000 € ist gem. § 7 g Abs. 3 EStG rückgängig zu machen.

3.7 Abschreibung von geringwertigen Wirtschaftsgütern/Sammelposten

Das EStG ermöglicht mit den §§ 6 Abs. 2 und Abs. 2 a EStG ein Wahlrecht für die Bewertung abnutzbarer beweglicher WG des Anlagevermögens, die einer selbständigen Nutzung fähig sind und deren AK oder HK, vermindert um einen darin enthaltenen Vorsteuerbetrag (§ 9 b Abs. 1 EStG), 250 €, 800 € bzw. 1 000 € nicht überschreiten. Ob der Vorsteuerbetrag umsatzsteuerrechtlich abziehbar ist, spielt in diesem Fall keine Rolle (R 9 b Abs. 2 Satz 2 EStR). Bei Prüfung der vorgegebenen Wertgrenzen sind selbstverständlich auch Anschaffungsnebenkosten oder AK-Minderungen zu berücksichtigen.

Beispiele für einer selbständigen Nutzung fähige WG sind Büromöbel, Geschirr oder Wäsche im Hotel, Instrumente eines Arztes, Laptops, nicht jedoch z. B. technisch aufeinander abgestimmte Gerüst- und Schalungsteile, Bohrer, Fräser oder einzelne Teile (Peripheriegeräte) einer Computeranlage (Monitore, Drucker, Scanner etc.; vgl. hierzu H 6.13 EStH).

Für Wirtschaftsgüter, die ab 01.01.2018 angeschafft oder herstellt werden, gilt Folgendes:

3.7.1 Wahlrechtsausübung

Der Steuerpflichtige kann für angeschaffte bzw. hergestellte WG jährlich noch bei der Erstellung der Bilanz bzw. Einnahmen-Überschuss-Rechnung für eine der folgenden Möglichkeiten entscheiden.

3.7.1.1 Keine Anwendung der §§ 6 Abs. 2 und Abs. 2 a EStG

Die §§ 6 Abs. 2 und Abs. 2 a EStG sind Kann-Vorschriften und damit nicht zwingend anzuwenden. Damit ist eine Aktivierung des WG, verbunden mit einem Ansatz nach § 6 Abs. 1 Nr. 1 EStG sowie einer planmäßigen Abschreibung nach § 7 EStG, ebenfalls möglich.

3.7.1.2 Anwendung des § 6 Abs. 2 EStG

Bei der Wahlrechtsausübung nach § 6 Abs. 2 EStG kann der Unternehmer bei jedem WG mit AK bzw. HK bis 800 € wählen, ob er die Kosten sofort als Betriebsausgaben geltend machen möchte oder ob er eine Aktivierung vornehmen und die Aufwendungen entsprechend der betriebsgewöhnlichen Nutzungsdauer abschreiben will. Betragen die AK bzw. HK mehr als 800 €, so ist ein sofortiger Betriebsausgabenabzug ausgeschlossen und es muss planmäßig abgeschrieben werden. WG, deren Wert 250 € übersteigen, hat der Unternehmer grundsätzlich in ein besonderes, laufend zu führendes Verzeichnis aufzunehmen. Auf die Führung eines Verzeichnisses kann verzichtet werden, wenn diese Angaben aus der Buchführung ersichtlich sind.

3.7.1.3 Anwendung des § 6 Abs. 2 a EStG

Entscheidet sich der Unternehmer für die Anwendung des § 6 Abs. 2 a EStG, kann er die AK bzw. HK für WG bis 250 € sofort als Betriebsausgaben abziehen oder wahlweise aktivieren und planmäßig abschreiben. Für WG mit AK bzw. HK zwischen 251 € und 1 000 € wird ein Sammelposten für sämtliche im Wirtschaftsjahr angeschaffte bzw. hergestellte Wirtschaftsgüter gebildet und im Jahr der Bildung sowie in den folgenden vier Jahren mit jeweils 20 % aufgelöst. In welchem Monat die WG angeschafft bzw. hergestellt wurden, ist dabei unerheblich. Eine Veräußerung oder Entnahme eines oder mehrerer im Sammelposten erfassten WG vor Ablauf des Fünfjahreszeitraums hat keinen Einfluss auf die Aufwandsverteilung. Ebenfalls sind Teilwertabschreibungen ausgeschlossen, da der Sammelposten kein WG, sondern allein eine Rechengröße ist (R 6.13 Abs. 6 EStR).

3.7.2 Buchmäßige Behandlung

Entscheidet sich der Unternehmer für die Anwendung des § 6 Abs. 2 EStG, werden die AK oder HK des betreffenden WG nicht auf einem Bestandskonto, sondern auf einem Aufwandskonto erfasst.

BEISPIEL

U hat einen Laptop für seinen Betrieb gegen Barzahlung erworben. Der Rechnungsbetrag lautete auf 400 € + 76 € USt.

LÖSUNG Die Buchung lautet wie folgt:

GWG

1.	400	GuV	400

Kasse

		1.	476

VoSt

1.	76		

GuV

GwG	400		

Beim Jahresabschluss gibt das Konto »GWG« wie jedes Aufwandskonto seinen Saldo an das GuV-Konto ab.

Entscheidet sich der Unternehmer für die Anwendung des § 6 Abs. 2a EStG, sind abnutzbare bewegliche WG des Anlagevermögens, die einer selbständigen Nutzung fähig sind und deren AK oder HK 250 €, aber nicht 1 000 € überschritten, auf einem Bestandskonto, dem sogenannten Sammelposten, mit den jeweiligen AK bzw. HK zu erfassen. Dieser Sammelposten wird beim Jahresabschluss linear mit 20 % aufgelöst.

BEISPIEL

U hat im Jahr 01 abnutzbare bewegliche und selbständig nutzungsfähige WG des Anlagevermögens mit AK von insgesamt 5 400 € erworben. Die AK des einzelnen WG bewegen sich zwischen 151 € und 1 000 €. Im Jahr 02 hat U gleichartige WG mit AK von insgesamt 6 200 € erworben.

LÖSUNG U kann die betreffenden WG jahrgangsweise in einem Sammelposten aktivieren und diesen Sammelposten jeweils mit 20 % der AK auflösen.

Bf 01:

Sammelposten 01

5 400		1.	1 080
		SB-Kto	4 320

AfA

1.	1 080		

SB-Kto

Sammelp. 01	4 320		

Bf 02:

Sammelposten 01

4 320		1.	1 080
		SB-Kto	3 240

AfA

1.	1 080		
2.	1 240		

SB-Kto

Sammelp. 01	3 240		
Sammelp. 02 09	4 960		

Sammelposten 02

6 200		2.	1 240
		SB-Kto	4 960

Scheidet ein WG, das in einem Sammelposten erfasst ist, aus dem Betriebsvermögen aus, wird dadurch der Sammelposten nicht vermindert (§ 6 Abs. 2a Satz 3 EStG).

BEISPIEL

U hat ein im Sammelposten 01 enthaltenes WG mit AK 01 von 700 € im Jahr 02 für 500 € + 95 € USt wieder veräußert. Die Bezahlung erfolgte durch Überweisung.

LÖSUNG Die Buchung lautet wie folgt:

Bank

1.	595		

sonst. Ertrag

		1.	500

USt

		1.	95

Der Sammelposten 01 wird unverändert fortgeführt (s. o.).

Anmerkung: Die Finanzverwaltung beantwortet Zweifelsfragen zur bilanziellen Behandlung geringwertiger Wirtschaftsgüter und zum Sammelposten in einem BMF-Schreiben (BMF vom 30.09.2010 BStBl I, 755).

3.7.3 Rechtslage bis 2017

Für bis 2017 angeschaffte oder hergestellte Wirtschaftsgüter beträgt

- die Aufzeichnungsgrenze (§ 6 Abs. 2 Satz 4 EStG) für GWG 150 €,
- die Sofortabschreibung gem. § 6 Abs. 2 EStG 410 €,
- bei der Sammelpostenregelung (§ 6 Abs. 2a EStG) die Wertuntergrenze 150 €.

FALL 48

1. Wie hoch ist jeweils der lineare und degressive AfA-Satz (Anschaffung in 2010) bei einer Maschine, deren betriebsgewöhnliche Nutzungsdauer
a) 3 Jahre,
b) 4 Jahre,
c) 5 Jahre,
d) 20 Jahre
beträgt?

2. U hat 2019 eine Spezialmaschine für 40 000 € + 7 600 € USt erworben. Sie erreicht eine Gesamtleistung von 20 000 Stunden.
Die Maschine arbeitet im
- 1. Jahr 6 000 Stunden,
- 2. Jahr 8 000 Stunden,
- 3. Jahr 4 000 Stunden,
- 4. Jahr 2 000 Stunden.

Welche AfA-Methode wählt U?

3. Wie lautet die Buchung bei folgenden Sachverhalten?
a) U hat am 01.12.19 einen Lieferwagen zum Listenpreis von 30 000 € + 5 700 € USt erworben, dessen betriebsgewöhnliche Nutzungsdauer acht Jahre beträgt.
b) Die Bezahlung der Rechnung erfolgt unter Abzug von 2 % Skonto durch Banküberweisung am 10.12.19.
c) Die Bezahlung der nachträglich in Rechnung gestellten Überführungskosten i. H. v. 600 € + 114 € USt erfolgt am 13.12.19 in bar.
d) Der Abschluss des Kontos »Lieferwagen« erfolgt zum 31.12.19.
e) Der Verkauf des Lieferwagens erfolgt am 30.06.20 für 25 000 € + 4 750 € USt gegen Verrechnungsscheck.

4. U plant in 2016, in den Jahren 2017 bis 2019 folgende Investitionen in abnutzbare bewegliche WG des Anlagevermögens vorzunehmen:
- 2017 WG I voraussichtliche AK 200 000 €
- 2017 WG II voraussichtliche AK 300 000 €
- 2018 WG III voraussichtliche AK 150 000 €
- 2019 WG IV voraussichtliche AK 100 000 €

Die Investitionen werden wie geplant durchgeführt und U rechnet im Jahr der Anschaffung den gebildeten IAB außerbilanziell seinem Gewinn hinzu (§ 7 g Abs. 2 Satz 1 EStG n. F.).
Das BV hat zu keinem Zeitpunkt mehr als 235 000 € betragen.
In welcher Höhe kann U in den Jahren 2016 und 2017 Investitionsabzugsbeträge in Anspruch nehmen?

5. Wie lautet die Buchung bei folgenden Sachverhalten?
a) U hat am 30.10.19 einen Büroschreibtisch für 850 € + 162 € USt erworben.
b) Die Bezahlung der Rechnung erfolgt am 15.11.19 in bar unter Abzug von 119 € wegen vom Lieferanten anerkannter Mängelrüge.
c) Die betriebsgewöhnliche Nutzungsdauer des Schreibtisches beträgt acht Jahre.
d) Am 20.12.19 hat U noch einen Drucker zum Preis von 200 € + 38 € USt und einen Scanner zum Preis von 360 € + 68 € USt als Zubehör für seinen Betriebs-PC erworben. Die Nutzungsdauer dieser Geräte beträgt drei Jahre.

6. Wie lautet die Buchung bei folgenden Sachverhalten?
a) U hat am 05.09.2019 ein bebautes Grundstück zur eigenbetrieblichen Nutzung für 200 000 € gegen Barzahlung von 50 000 € und Übernahme einer Hypothek von 150 000 € erworben. Auf den Grund und Boden entfallen 40 000 €. Das Gebäude wurde 1984 erstellt.
b) Die angefallenen Notariats- und Grundbuchgebühren von 1 000 € + 100 € USt sind am 10. 10. 2019 per Banküberweisung bezahlt worden.

c) Die Grunderwerbsteuer beträgt 10 000 €. Der Bescheid des Finanzamts ist am 15. 02. 2020 ergangen. Die Bezahlung erfolgte am 14. 03. 2020 per Banküberweisung.
d) Die Nutzungsdauer des Gebäudes beträgt noch 60 Jahre.

7. Wie lautet die Buchung bei folgendem Sachverhalt?
Am 02. 10. 2019 hat U ein mit Haupt- und (selbständigem) Nebengebäude bebautes Grundstück erworben. Die Gebäude waren im Dezember 2018 vom Veräußerer fertig gestellt worden. Die gesamten erst im Januar 2020 bezahlten AK beliefen sich auf 400 000 €; davon entfielen auf den Grund und Boden 100 000 €, auf das Hauptgebäude 250 000 € und auf das Nebengebäude 50 000 €.
Die Grundstücksfläche umfasst 100 m^2, wovon 80 m^2 auf das Hauptgebäude und 20 m^2 auf das Nebengebäude entfallen.
U nutzt das Hauptgebäude wie folgt:

- Eigenbetriebliche Nutzfläche 200 m^2,
- Fremdbetriebliche Nutzfläche 100 m^2,
- Eigene Wohnung 100 m^2.

Das Nebengebäude mit einer Nutzfläche von insgesamt 50 m^2 wird ausschließlich eigenbetrieblich (als Werkstatt) genutzt.
U möchte kein gewillkürtes BV bilden!
Die Nutzungsdauer des Hauptgebäudes beträgt noch 70 Jahre, die Nutzungsdauer des Werkstattgebäudes beträgt noch 40 Jahre.

Teil E Einzelne Bilanzierungs- und Buchungsfragen

1 Forderungen

1.1 Begriff

»Kraft des Schuldverhältnisses ist der Gläubiger berechtigt, von dem Schuldner eine Leistung zu fordern« (§ 241 BGB). Die Existenz einer Forderung setzt demnach das Bestehen eines Schuldverhältnisses voraus. Ein Schuldverhältnis als die Rechtsbeziehung zwischen Gläubiger und Schuldner entsteht entweder kraft Gesetzes oder auf Grund eines Rechtsgeschäftes. Rechtsgeschäftliche Schuldverhältnisse beruhen grundsätzlich auf Verträgen.

Das im täglichen Leben am häufigsten vorkommende und daher geläufigste rechtsgeschäftliche Schuldverhältnis ist der Kaufvertrag. Als weitere häufig vorkommende Verträge seien der Mietvertrag und der Dienstleistungsvertrag genannt. Forderungen aus Darlehensverträgen werden Darlehensforderungen genannt. Der Verkauf einer Ware durch den Unternehmer bedeutet rechtlich, dass sich der Unternehmer als Verkäufer gegenüber dem Kunden als Käufer verpflichtet hat, diesem die Ware zu übergeben und das Eigentum an der Ware zu verschaffen. Auf der anderen Seite ist der Käufer auf Grund des Kaufvertrages verpflichtet, dem Unternehmer den vereinbarten Kaufpreis zu zahlen und die Ware abzunehmen (s. § 433 Abs. 1 und 2 BGB).

Bezüglich des Kaufpreises hat der Käufer demnach die Stellung des Schuldners, der zur Zahlung verpflichtet ist, während der Verkäufer die Stellung des Gläubigers einnimmt, der den Kaufpreis vom Käufer bzw. Kunden fordern kann. Solche Forderungen werden daher Kundenforderungen genannt.

1.2 Zeitpunkt der Buchung bzw. Bilanzierung von Kundenforderungen

Wenn der Unternehmer als Verkäufer mit Abschluss des Kaufvertrages rechtswirksam die Kaufpreisforderung gegen den Kunden erworben hat, liegt es nahe, daraus sofort die buchmäßigen Konsequenzen zu ziehen, d. h. diese Forderung in der Buchführung zu erfassen. Gleichzeitig müsste dann natürlich auch die entsprechende Lieferverpflichtung des Unternehmers buchmäßig berücksichtigt werden.

Es entspricht jedoch den Grundsätzen ordnungsmäßiger Buchführung (GoB), die Kundenforderung erst im Zeitpunkt der **Warenlieferung** zu verbuchen. Das ist im Fall einer Versendungslieferung der **Zeitpunkt der Warenversendung**, sonst der Zeitpunkt der **Verschaffung der wirtschaftlichen Verfügungsmacht** über die verkaufte Ware. Erst zu diesem Zeitpunkt ist die Kundenforderung regelmäßig gem. § 320 BGB auch durchsetzbar und somit buchungsfähig und buchungspflichtig. Entsprechend erfolgt dann auch erst die Einbuchung der Verbindlichkeit beim Käufer. Bis zum Zeitpunkt der Lieferung liegt ein sogenanntes **schwebendes Geschäft** vor, das als solches noch nicht gebucht wird.

1.3 Bewertung von Kundenforderungen

Kundenforderungen gehören regelmäßig zum Umlaufvermögen. Sie sind demnach gem. § 6 Abs. 1 Nr. 2 EStG mit den AK bzw. HK oder, bei voraussichtlich dauerhafter Wertminderung, wahlweise mit dem niedrigeren Teilwert zu bewerten. Während für die steuerliche Gewinnermittlung nach § 6 Abs. 1 Nr. 2 Satz 2 EStG ein Wahlrecht zur Bewertung mit dem niedrigeren Teilwert in der Steuerbilanz geregelt ist, müssen Kaufleute in ihrer Handelsbilanz nach § 253 Abs. 4 HGB zwingend den niedrigeren Wert ansetzen, dies auch unabhängig davon, ob die Wertminderung von Dauer ist oder nicht (**strenges Niederstwertprinzip**). Trotz Maßgeblichkeitsgrundsatz bleibt gem. § 5 Abs. 1 Satz 1 letzter HS EStG für den konkreten Ansatz in der Steuerbilanz das Wahlrecht jedoch bestehen, sodass es insoweit zu unterschiedlichen Wertansätzen in der Steuerbilanz einerseits und der Handelsbilanz andererseits kommen kann.

1.3.1 Anschaffungs- oder Herstellungskosten

Die wörtliche Anwendung der Bewertungsmaßstäbe AK bzw. HK ist bei der Bewertung einer Forderung i. d. R. nicht möglich, da ein entsprechender Anschaffungs- oder Herstellungsvorgang fehlt. Die Warenforderung entsteht vielmehr durch Rechtsgeschäft (s. o.).

Nach den GoB sind Kundenforderungen mit dem **Nennwert** anzusetzen (BFH vom 23. 11. 1967 BStBl II 1968, 176 und vom 24. 10. 2006 BStBl II 2007, 469). Das bedeutet, dass der volle Rechnungsbetrag einschließlich Umsatzsteuer zu aktivieren ist. Die Forderung gegen den Kunden besteht nämlich in Höhe des (Brutto-)Rechnungsbetrages. Der Nennwert erfüllt damit den Bewertungsmaßstab Anschaffungskosten. Insoweit kann man den Begriff der AK auch als Zugangswert des zu bilanzierenden WG verstehen.

1.3.2 Teilwert

Der wirtschaftliche Wert, die Bonität einer Forderung stimmt oft nicht mit ihrem Nennwert überein. Wertmindernd kommt hier vor allem das einer Forderung möglicherweise anhaftende **Ausfallrisiko** in Betracht, wobei die Bonität des Schuldners individuell nach dessen Verhältnissen zu ermitteln ist. Wenn die Vermögenslage des Schuldners den Eingang der Forderung bei Fälligkeit als zweifelhaft oder vielleicht sogar als ausgeschlossen erscheinen lässt, wird ein Erwerber des Betriebes i. R. d. Gesamtkaufpreises weniger als den Nennwert für diese Forderung bezahlen. In diesem Fall ist der Teilwert der Forderung unter ihren Nennwert und damit unter die AK gesunken. Diese Forderung kann steuerlich dann mit dem niedrigeren Teilwert bewertet werden. Soweit keine besseren Erkenntnisse bis zum Zeitpunkt der Erstellung des Jahresabschlusses vorliegen, ist die Wertminderung grundsätzlich auch als dauerhaft i. S. d. § 6 Abs. 1 Nr. 2 Satz 2 EStG anzusehen. Ein Ansatz mit dem niedrigeren Teilwert bedeutet, dass man eine **aufwandswirksame** Teilwertabschreibung durchführt.

Anmerkung:

Die (angebliche) Unverzinslichkeit einer über längere Zeit gestundeten Kaufpreisforderung führt nicht zu einem niedrigeren Teilwert, so dass deshalb keine Teilwertabschreibung vorzunehmen ist. Zwar wird bei Forderungen, deren Laufzeit mehr als ein Jahr beträgt, angenommen, dass auch bei erklärter Unverzinslichkeit der Stundung im Forderungsbetrag dennoch ein (verdecktes) Zinsentgelt enthalten ist (vgl. BFH vom 21. 10. 1980 BStBl II 1981, 160; vom 25. 06. 1974 BStBl II 1975, 431; vom 24. 03. 2013 BFH/NV 2014, 304). Dies führt aber lediglich dazu, dass der durch Abzinsung ermittelte Zinsertrag über die Laufzeit der Forderung zu verteilen ist, für eine Teilwertabschreibung bei der Bewertung der gestundeten Forderung jedoch kein Anlass besteht (vgl. BFH vom 11. 12. 1986 BStBl II 1987, 553). Der Anspruch auf Zahlung der Zinsen besteht ja und ist daher auch im Forderungsausweis darzustellen, solange kein Ausfallrisiko besteht.

Je nach dem Grad des der jeweiligen Forderung anhaftenden Ausfallrisikos kann man zwischen vollwertigen, zweifelhaften und uneinbringlichen Kundenforderungen unterscheiden.

1.3.2.1 Vollwertige Kundenforderungen

Wenn die Vermögenslage des Schuldners so beschaffen ist, dass Zweifel darüber, ob dieser bei Fälligkeit der Forderung zahlen wird, ausgeschlossen sind, handelt es sich um eine vollwertige Forderung. Diese Forderung ist grundsätzlich mit dem Nennwert zu bewerten bzw. zu bilanzieren; eine Teilwertabschreibung kommt nicht in Betracht.

1.3.2.2 Zweifelhafte (dubiose) Kundenforderungen

Der Eingang einer Forderung ist ungewiss, wenn Zweifel an der Bonität des Schuldners angebracht sind. Das ist i. d. R. der Fall, wenn sich der Kunde in Zahlungsverzug befindet und Mahnungen unbeachtet lässt. Hat der Kunde eine Mängelrüge erhoben (§ 434 BGB) oder bestreitet er das Bestehen der Forderung überhaupt, bedeutet dies ebenfalls eine Minderung des wirtschaftlichen Wertes der Forderung. Bei solchermaßen zweifelhaften Forderungen ist eine Teilwertabschreibung geboten.

Die Höhe der Teilwertabschreibung hängt i. Ü. von den Verhältnissen im Einzelfall ab. Dabei verbleibt dem Unternehmer, der die Verhältnisse seines Betriebes am besten kennt, ein gewisser **Schätzungsspielraum.** Seine Schätzung darf allerdings nicht offensichtlich unrichtig oder willkürlich sein.

1.3.2.3 Uneinbringliche Kundenforderungen

Die Uneinbringlichkeit einer rechtlich weiterhin noch bestehenden Forderung zwingt zu ihrer vollen Abschreibung. Ein Erwerber des ganzen Betriebes würde für eine wirtschaftlich wertlose Forderung nichts bezahlen; ihr Teilwert beträgt 0 €.

Die Vollabschreibung einer Forderung ist z. B. geboten, wenn gegen den Schuldner das Insolvenzverfahren eingeleitet und später mangels Masse eingestellt worden ist. Erst recht gilt dies, wenn das Insolvenzverfahren mangels Masse gar nicht erst eröffnet worden ist.

Fruchtlos verlaufene Beitreibungsversuche im Wege der Zwangsvollstreckung dokumentieren ebenfalls die Wertlosigkeit der betreffenden Forderung. Uneinbringlichkeit ist weiterhin anzunehmen, wenn der Aufenthaltsort des Schuldners nicht mehr ermittelt werden kann.

In diesen und ähnlichen Fällen liegt die Möglichkeit der künftigen Realisierung der Forderung so fern, dass im Wirtschaftsleben nicht mehr mit ihrer Begleichung gerechnet wird.

Die Uneinbringlichkeit bewirkt zudem, dass sich auch die Umsatzsteuerschuld aus der Lieferung nach § 17 Abs. 2 Nr. 1 Satz 1 UStG vermindert und somit zu berichtigen ist. Dies wiederum bedeutet, dass sich als **Abschreibungsaufwand lediglich der Nettobetrag** der jetzt mit 0 € zu bewertenden Forderung auswirkt.

Es ist jedoch zu beachten, dass die wertlose und damit auf 0 € abgeschriebene Forderung dennoch zivilrechtlich weiterhin existiert. Falls nun nach dem Bilanzstichtag Umstände eintreten, die den Schuldner wieder in die Lage versetzen, die Forderung wenigstens teilweise zu begleichen, wird der spätere Geldeingang bei Zahlung verbucht. Da in diesem Fall die Umsatzsteuerschuld nach § 17 Abs. 2 Nr. 1 Satz 2 UStG wieder auflebt, ist dann lediglich der Nettobetrag des Geldeingangs als Ertrag zu verbuchen und daneben der Berichtigungsbetrag der Umsatzsteuerschuld (s. Beispiele in 1.3.5.1).

1.3.3 Wertaufhellung

Ein unter ihrem Nennbetrag liegender Teilwert von Geldforderungen kann im Allgemeinen nur im Wege der Schätzung ermittelt werden, welche wiederum unter Berücksichtigung der jeweiligen Umstände des Einzelfalls zu erfolgen hat. Zudem muss die Schätzung auf der Grundlage der am Bilanzstichtag gegebenen Verhältnisse erfolgen. Dies folgt aus dem Stichtagsprinzip des § 252 Abs. 1 Nr. 3 HGB, das nach § 5 Abs. 1 Satz 1 Halbsatz 1 EStG (Maßgeblichkeitsgrundsatz) bei Bücher führenden Gewerbetreibenden auch bei der steuerlichen Gewinnermittlung gilt. Hierbei sind dann aber auch, wie bei jeder Schätzung, die Grundsätze über die Berücksichtigung wertaufhellender Umstände zu beachten. Danach sind bis zum Tag der Bilanzerstellung erlangte Kenntnisse über den **Wert** der Forderung **am Bilanzstichtag** zu berücksichtigen.

Falls die Zahlungsunfähigkeit eines Kunden erst durch ein Ereignis nach dem Bilanzstichtag eingetreten ist, das keinen Rückschluss auf die Wertverhältnisse zum Bilanzstichtag zulässt, ist dies für die Bewertung der Forderung zum Bilanzstichtag unbeachtlich.

BEISPIEL

U hat am 31.12.01 gegen den Kunden K eine fällige Forderung aus Warenlieferung i. H. v. 11 900 €. Die im Januar 02 abgesandte Mahnung blieb unbeantwortet. Im Februar 02 erfährt U schließlich, dass K sein gesamtes Vermögen am Dreikönigstag des Jahres 02 beim Roulette in Baden-Baden verspielt hat.

LÖSUNG Die Forderung gegen K ist erst im Jahr 02 ausgefallen bzw. wertlos geworden. Der Vermögensverlust des K im Januar 02 ist als wertbegründender Umstand einzustufen und darf bei der Bewertung der Forderung in der Bilanz des U zum 31.12.01 nicht berücksichtigt werden. Die Forderung ist in der Bilanz 01 daher mit 11 900 € auszuweisen.

Eine zusätzliche Erschwernis bei der steuerlichen Möglichkeit der Teilwertabschreibung ergibt sich nun daraus, dass der niedrigere Teilwert nur bei einer voraussichtlich dauernden Wertminderung angesetzt werden darf. Dies erfordert eine zusätzliche Prognose über die künftige Wertentwicklung. Diese Prognose hat jedoch eigenständig zu erfolgen und somit grundsätzlich auch ohne die Heranziehung der Grundsätze über die Abgrenzung zwischen wertaufhellenden und wertbeeinflussenden Umständen. Diese Grundsätze werden primär bei der Berechnung des Teilwerts der Forderung herangezogen. Bei der nun anstehenden Prognose steht der niedrigere Teilwert aber bereits fest und es geht nur noch darum, ob er als dauerhaft niedriger angesehen werden kann. Bei dieser Prognoseentscheidung sind künftige Entwicklungen, die aufgrund allgemeiner wirtschaftlicher Erfahrungen am Bilanzstichtag möglich waren und die bis zum Zeitpunkt der Bilanzerstellung dann tatsächlich eingetreten sind, in stärkerem Maße zu berücksichtigen, als dies bei Anwendung der Grundsätze über die Abgrenzung wertbeeinflussender und wertaufhellender Umstände möglich wäre. Dennoch werden nach dem Bilanzstichtag eingetretene Umstände dann eher seltener die Prognose einer voraussichtlich dauernden Wertminderung am Bilanzstichtag stützen können, wenn sie als wertbegründende Umstände eingestuft werden müssen.

Hat ein Kunde seine am Bilanzstichtag bestehende Schuld bis zum Zeitpunkt der Bilanzerstellung vollständig getilgt, scheint eine Teilwertabschreibung dieser Forderung zum vorangegangenen Bilanzstichtag von vornherein ausgeschlossen zu sein. Bei genauerer Betrachtung muss dies jedoch nicht so sein.

Hat sich der betreffende Kunde am Bilanzstichtag tatsächlich in einer Liquiditätskrise befunden (z. B. wegen schleppenden Zahlungseingangs von Seiten seiner eigenen Kunden), war der Teilwert der Forderung zu diesem Zeitpunkt unter den Nennwert gefallen. Nun ist zusätzlich zu prüfen, ob die Wertminderung der Forderung als von Dauer angesehen werden kann. Falls keine weiteren Umstände feststellbar sind, zeigt die spätere tatsächliche Zahlung i. d. R. aber an, dass die

Krise überwunden ist. Es hat sich dann nur um eine kurzfristige Wertminderung gehandelt, die damit eine Teilwertabschreibung nach § 6 Abs. 1 Nr. 2 Satz 2 EStG nicht rechtfertigt.

War der Kunde aber nur deshalb wieder zahlungsfähig geworden, weil er nach dem Bilanzstichtag 31.12. den Haupttreffer im Lotto erzielt hat, ist dieser unerwartete Geldsegen zum einen als wertbegründender Umstand bei der Wertfeststellung der Forderung zum 31.12. nicht zu berücksichtigen, sodass auch hier von einem niedrigeren Teilwert ausgegangen werden kann. Und zum anderen lässt dieser Glücksfall auch nicht den Schluss zu, es habe sich am 31.12. nur um eine kurzfristige Wertminderung gehandelt. In eine zum 31.12. vorzunehmende Prognoseentscheidung konnte dieser Umstand vernünftigerweise nicht mit einbezogen werden. Eine Teilwertabschreibung gem. § 6 Abs. 1 Nr. 2 Satz 2 EStG wäre zulässig.

Grundsätzliches zur steuerlichen Teilwertabschreibung findet sich im Schreiben des BMF vom 02.09.2016 BStBl I 2016, 995.

1.3.4 Bewertungsverfahren

Jede Forderung ist als selbständiges WG grundsätzlich **einzeln** zu bewerten. Dieses Verfahren stößt aber auf erhebliche praktische Schwierigkeiten, wenn man bedenkt, dass der Unternehmer i. d. R. eine Vielzahl einzelner Kundenforderungen besitzt, ohne immer einen zuverlässigen Einblick in die finanziellen und wirtschaftlichen Verhältnisse des jeweiligen Abnehmers zu haben. Zur Abdeckung eines im Einzelnen noch nicht erkennbaren, aber erfahrungsgemäß bestehenden und insoweit auch dauerhaften Ausfallrisikos ist daher eine **Sammelbewertung** zugelassen. Die Zulässigkeit dieser Pauschalwertberichtigung ist zwar in den §§ 243 ff. HGB nicht ausdrücklich festgelegt, entspricht aber den (ungeschriebenen) GoB. Bei dieser **Pauschalbewertung** wird von der Summe der betreffenden Forderungen ein Teilwertabschlag in Höhe eines bestimmten Prozentsatzes, der den betrieblichen Erfahrungen entspricht, vorgenommen. Bei Vornahme der Pauschalbewertung kann zudem aufgrund des Abstellens auf die betriebliche Erfahrung angenommen werden, dass die zum Teilwertabschlag führende Wertminderung voraussichtlich von Dauer ist.

Ebenfalls zulässig und in der Praxis häufig anzutreffen ist ein **gemischtes Verfahren.** Hier wird ein Teil der Forderungen einzeln und der Rest pauschal bewertet.

1.3.5 Buchtechnische Durchführung der Bewertung

1.3.5.1 Einzelbewertung uneinbringlicher Forderungen

Uneinbringliche Forderungen sind auszubuchen. Dabei ist § 17 Abs. 2 Nr. 1 Satz 1 UStG zu beachten; als Aufwand darf nur der Nettobetrag erfasst werden, während die Umsatzsteuer erfolgsneutral zu berichtigen ist.

BEISPIEL

Eine Kundenforderung des Unternehmers i. H. v. 1 000 € + 190 € USt ist uneinbringlich geworden.

LÖSUNG Folgende Buchung ist vorzunehmen:

S	Forderungen	H
		1 190

S	Forderungsverluste	H
1 000		

S	Umsatzsteuer	H
190		

Sollte eine abgeschriebene Forderung wider Erwarten in späteren Jahren doch noch eingehen, würde ein sonstiger Ertrag entstehen, während die Umsatzsteuer erneut berichtigt werden müsste (§ 17 Abs. 2 Nr. 1 Satz 2 UStG!).

BEISPIEL

Die o. g. abgeschriebene Forderung geht Jahre später in voller Höhe ein.

LÖSUNG Folgende Buchung ist vorzunehmen:

S Bank	H
1 190	

S Sonstiger Ertrag	H
	1 000

S Umsatzsteuer	H
	190

1.3.5.2 Pauschalbewertung von Forderungen unter ihrem Nennwert

Diese Vorgehensweise wird bei Forderungen angewandt, die bisher noch nicht auffällig geworden sind, allerdings nach den betrieblichen Erfahrungen davon ausgegangen werden kann, dass auch hier Risiken bestehen, die eine Teilwertabschreibung rechtfertigen, wie zum Beispiel ein am Bilanzstichtag noch nicht erkanntes Ausfallrisiko. Die Teilwertabschreibung wird hier nicht wie bei einem feststehenden Forderungsausfall (uneinbringliche Forderung) direkt vom Konto Forderungen vorgenommen (s. o.), sondern **indirekt** durch Bildung eines entsprechenden Passivpostens. Dadurch wird erreicht, dass in der Bilanz die betreffenden Forderungen auf der Aktivseite weiterhin mit ihrem vollen Nennwert erscheinen, während die Wertminderung auf der Passivseite durch einen Wertberichtigungsposten ausgewiesen wird. Es handelt sich hierbei um das Konto »Wertberichtigung auf Forderungen« oder »Delkredere«. Die Bemessungsgrundlage der Teilwertabschreibung (Brutto- oder Nettobetrag der Forderung) hängt vom Risiko ab, das mit Hilfe der Teilwertabschreibung erfasst werden soll (s. a. Finanz und Steuern, Band 1, Horschitz/Groß/Fanck/Kirschbaum/Schustek; Bilanzsteuerrecht, Teil K 4.4.2).

BEISPIEL

Der betriebliche Erfahrungssatz für das allgemeine Kreditrisiko (Ausfallrisiko) beträgt 3 %, der Forderungsbestand 238 000 € einschließlich 19 % USt.

LÖSUNG Folgende Buchungen sind vorzunehmen:

S Forderungen			H
	238 000	SKB	238 000

S Abschreibung auf Forderungen			H
1.	6 000	2. GuV	6 000

S GuV			H
2. Abschreibung auf Forderungen	6 000		

S Delkredere			H
SBK	6 000	1.	6 000

S SKB			H
Forderungen	238 000	Delkredere	6 000

Die Pauschalwertberichtigung (hier 3 %) wegen eines Ausfallrisikos ist regelmäßig vom Nettobetrag der Forderungen vorzunehmen, da der Ausfall der Umsatzsteuer zu einem entsprechenden Erstattungsanspruch gegenüber dem Finanzamt führt (§ 17 Abs. 2 UStG) und sich damit lediglich der Nettobetrag der Forderung als Abschreibungsaufwand auswirken kann. Allerdings kann eine Umsatzsteuerberichtigung erst durchgeführt werden, wenn ein Forderungsausfall **tatsächlich eingetreten** ist (s. § 17 Abs. 1 Satz 7 UStG).

MERKSATZ

Ein auf Schätzung beruhendes Ausfallrisiko berechtigt noch nicht zur Umsatzsteuerberichtigung! Durch die indirekte Wertberichtigung über das Konto Delkredere werden die rechtlich in voller Höhe bestehenden Forderungen weiterhin ungekürzt auf der Aktivseite der Bilanz ausgewiesen.

1.3.5.3 Einzelbewertung von zweifelhaften Forderungen

Zweifelhafte Forderungen können zunächst buch- und bilanzmäßig gesondert auf dem Konto »Dubiose« erfasst werden. Dies geschieht durch eine einfache erfolgsneutrale Umbuchung.

BEISPIEL

Bei einem Forderungsbestand von 300 000 € erscheinen 70 000 € als zweifelhaft.

LÖSUNG Folgende Buchungen sind vorzunehmen:

S	Forderungen	H
	300 000	70 000

S	Dubiose	H
	70 000	

Das Konto »Dubiose« ist ebenso wie das Konto »Forderungen« ein aktives Bestandskonto.

Die **Einzelwertberichtigung** zweifelhafter Forderungen erfolgt i. d. R. neben der Pauschalwertberichtigung i. R. d. gemischten Verfahrens (s. 1.3.4). Für die Pauschalwertberichtigung bleiben dann nur noch jene Forderungen übrig, bei denen keine Einzelwertberichtigung vorgenommen wurde.

BEISPIEL

Bei einem Forderungsbestand von 357 000 € einschließlich 19 % USt ist der Eingang einer Forderung von 119 000 € einschließlich USt dauerhaft gefährdet; das bei dieser Forderung geschätzte Ausfallrisiko beträgt 50 %. Der betriebliche Erfahrungssatz für das allgemeine Ausfallrisiko beläuft sich i. Ü. auf ca. 2 %.

LÖSUNG Folgende Buchungen sind vorzunehmen:

S	Forderungen	H
	357 000	

S	Delkredere	H
		54 000

S	Abschreibung auf Forderungen	H
	54 000	

Das Delkredere berechnet sich wie folgt:

Einzelwertberichtigung 50 % von 100 000 =	50 000 €
Pauschalwertberichtigung 2 % von 200 000 =	4 000 €
	54 000 €

MERKSATZ

Einzelwertberichtigte Forderungen dürfen in die Pauschalwertberichtigung nicht mehr einbezogen werden.

1.3.5.4 Buchtechnische Fortführung des im Vorjahr gebildeten Delkredere

Wie die vorangegangenen Beispiele gezeigt haben, führt die **erstmalige** Bildung des Delkredere zu einem entsprechenden Aufwand. Es fragt sich nun, welche buchtechnische Behandlung das aus der Schlussbilanz des Vorjahres übernommene Delkredere im folgenden Jahr erfährt. In der Regel ist das Delkredere-Konto ein ruhendes Konto, d. h., es nimmt im laufenden Jahr keine Buchungen auf. Eingetretene Forderungsausfälle werden auf dem Konto »Forderungsverluste« gebucht (s. 1.3.5.1).

Beim Jahresabschluss bieten sich folgende Möglichkeiten an:

a) Auflösung des Delkredere-Bestandes aus dem Vorjahr durch die Buchung »Delkredere an sonstiger Ertrag« und Einstellung der neu berechneten Wertberichtigung durch die Buchung »Abschreibung auf Forderungen an Delkredere«.

BEISPIEL

Das aus der Eröffnungsbilanz 01.01. (Schlussbilanz des Vorjahres) übernommene Delkredere beträgt 6 000 €, die zum 31.12. neu berechnete Wertberichtigung 8 000 €.

LÖSUNG Folgende Buchungen sind vorzunehmen:

S	Delkredere		H
1.	6 000	AB	6 000
SBK	8 000	2.	8 000

S	Sonstige Erträge		H
GuV	6 000	1.	6 000

S	SBK		H
		Delkredere	8 000

S	Abschreibung auf Forderungen		H
2.	8 000	GuV	8 000

S	GuV		H
Abschreibungen auf Forderungen	8 000	Sonstige Erträge	6 000

b) Anpassung des Delkredere-Bestandes am 01.01. an das zum 31.12. neu errechnete Delkredere durch **eine** Buchung, die nur den Saldo erfasst. Bei dieser Vorgehensweise wird das Konto Delkredere als gemischtes Konto (s. B 6.1) behandelt und weist auch einen Erfolgssaldo aus.

BEISPIEL

Sachverhalt wie im vorigen Beispiel.

LÖSUNG Folgende Buchungen sind vorzunehmen:

S	Delkredere		H
SBK	8 000	AB	6 000
		1.	2 000

S	Abschreibung auf Forderungen		H
1.	2 000	GuV	2 000

S	SBK		H
		Delkredere	8 000

S	GuV		H
Abschreibungen auf Forderungen	2 000		

Wenn die Wertberichtigung im Vergleich zum Vorjahr geringer geworden ist, muss die Anpassungsbuchung entsprechend »Delkredere an sonstige Erträge« lauten.

BEISPIEL

Das zum 31.12. neu berechnete Delkredere beträgt nur 5 000 €.

LÖSUNG Folgende Buchung ist vorzunehmen:

S	Delkredere		H
1.	1 000	AB	6 000
SBK	5 000		

S	Sonstige Erträge		H
GuV	1 000	1.	1 000

S	GuV		H
		Sonstige Erträge	1 000

Durch die Beispiele wird verdeutlicht, dass Wertberichtigungen auf Forderungen nur den Gewinn des Jahres ihrer **erstmaligen** Bildung in voller Höhe mindern. Die späteren Änderungen beeinflussen den Gewinn (Aufwand oder Ertrag) nur noch i. H. d. jeweiligen Differenz zwischen dem Anfangs- und dem Schlussbestand. Dieser Saldo des Delkrederekontos kann auch ohne Zwischenschaltung des Kontos »Abschreibung auf Forderungen« bzw. »sonstige Erträge« unmittelbar vom GuV-Konto übernommen werden. Im obigen Beispiel mit Abschreibungssaldo 2 000 € würde dann die Abschlussbuchung wie folgt lauten:

GuV-Konto 2 000 an Delkredere 2 000

Diese zuletzt dargestellte Buchungsvariante ist hier aber eher nicht zu empfehlen, da es aus Gründen der Klarheit zu bevorzugen ist, dass bereits aus der Formulierung im GuV-Konto (Angabe des Gegenkontos) klar ersichtlich ist, dass es sich um einen Abschreibungsaufwand aus Forderungsberichtigungen handelt.

MERKSATZ

Das Delkrederekonto ist ein gemischtes Konto. Jede (Falsch-)Buchung auf diesem Konto wirkt sich wegen ihrer Auswirkung auf den Erfolgssaldo auf den Gewinn aus. Insoweit kann es mit dem (gemischten) Wareneinkaufskonto verglichen werden.

1.3.5.5 Aktivische Absetzung der Wertberichtigung

Die Behandlung des Kontos »Delkredere« erfolgt nach denselben eben aufgezeigten Grundsätzen, wenn der zum Stichtag ermittelte Wertberichtigungsbetrag von den Forderungen abgezogen und nicht als Passivposten in der Schlussbilanz ausgewiesen wird. Dieser Betrag wird nämlich bei Eröffnung der Buchführung des Folgejahres wiederum gesondert auf dem Konto »Delkredere« erfasst und die betreffenden Forderungen sodann ohne die vorgenommene Wertberichtigung mit dem Nennwert eingebucht.

BEISPIEL

Forderungsbestand am 31.12.01	119 000 €
Wertberichtigungsbetrag	12 000 €

LÖSUNG

Bilanz zum 31.12.01

Forderungen	119 000 €	
./. Wertberichtigung	12 000 €	kein Wertberichtigungsposten
	107 000 €	

Eröffnung der Buchführung 01.01.02

Forderungen			Delkredere	
AB	119 000		AB	12 000

Kapitalgesellschaften sowie bestimmte Personenhandelsgesellschaften dürfen gem. § 266 Abs. 3 HGB einen passiven Wertberichtigungsposten nicht in der Bilanz ausweisen und müssen deshalb beim Jahresabschluss die Wertberichtigung aktivisch von den Forderungen absetzen. Einzelunternehmen haben das Wahlrecht, nach der direkten oder indirekten Abschreibungsmethode (Passivierung einer Position Delkredere) zu verfahren.

1.3.6 Unverzinsliche Darlehensforderungen

Mit einem Darlehen gewährt der Darlehensgeber dem Darlehensnehmer für einen gewissen Zeitraum die Nutzung der diesem überlassenen Geldmittel, vgl. § 488 Abs. 1 BGB. Darlehensforderungen gehören daher in der Regel zum Anlagevermögen.

Auch bei unverzinslichen (ebenso bei niedrig verzinslichen) Darlehensforderungen entsprechen die Anschaffungskosten dem Nenn- bzw. Nominalwert der Forderung. Jedoch liegt der Teilwert einer unverzinslichen Darlehensforderung in der Regel unterhalb ihres Nominalwerts. Sie ist weniger wert als eine nominal gleich hohe Forderung, die kurzfristig eingezogen werden kann. Der Teilwert ist dabei grundsätzlich durch Abzinsung der künftigen Rückzahlung zu ermitteln (vgl. BFH vom 24.10.2006 BStBl II 2007, 469). Eine Bilanzierung mit dem niedrigen Teilwert ist jedoch auch hier nach § 6 Abs. 1 Nr. 2 Satz 2 EStG nur dann möglich, wenn eine voraussichtlich dauernde Wertminderung vorliegt. Die allein auf der Unverzinslichkeit einer im Anlagevermögen gehaltenen Darlehensforderung beruhende Teilwertminderung ist jedoch keine voraussichtlich dauernde Wertminderung und rechtfertigt deshalb keine Teilwertabschreibung (s. BFH vom 24.10.2012 BStBl II 2013, 162; s. a. D 3.3.2.1 d) und BMF vom 02.09.2016 BStBl I 2016, 995 Rz. 15), da grundsätzlich davon ausgegangen werden kann, dass diese Forderung später am Fälligkeitszeitpunkt zum Nenn- bzw. Nominalwert getilgt wird. Dass ein unternehmerischer Darlehensschuldner in seiner Bilanz die unverzinsliche Darlehensverbindlichkeit nach § 6 Abs. 1 Nr. 3 EStG nur mit einem abgezinsten Wert bilanzieren darf, spielt dabei keine Rolle. Die sich daraus ergebende Asymmetrie ist den gesetzlichen Regelungen immanent. Ein übergeordnetes Korrespondenzprinzip existiert nicht (vgl. BFH vom 24.10.2012 a. a. O.).

1.4 Anzahlungen

Nicht selten verlangt der aufgrund eines schuldrechtlichen Vertrags Verpflichtete vor Ausführung seiner Lieferung oder Leistung vom Vertragspartner eine Anzahlung bzw. Vorauszahlung. Handelt es sich bei den Vertragsparteien um Buch führende Unternehmer, ist eine solche Zahlung bei beiden als laufender Geschäftsvorfall zu verbuchen.

Der Zahlungsempfänger weist die Anzahlung auf dem passiven Bestandskonto »Erhaltene Anzahlungen« aus, während der die Anzahlung Leistende das aktive Bestandskonto »Geleistete Anzahlungen« belastet. Der Vorgang ist bei beiden **erfolgsneutral** zu erfassen. Gewinnauswirkung entfaltet erst die (spätere) Buchung bei Lieferung oder Leistung des Vertragsgegenstandes. Dies entspricht dem Grundsatz, dass die Erfolgsauswirkung eines Geschäfts erst bei vollständiger Erbringung der Leistungshandlung zu erfassen ist (Realisationsprinzip – s. § 252 Abs. 1 Nr. 4, 5 HGB).

Umsatzsteuerrechtlich ist zu beachten, dass gem. § 13 Abs. 1 Nr. 1 a Satz 4 UStG die Vereinnahmung des Entgelts vor Erbringung der Leistung bereits der Umsatzsteuer unterliegt und entsprechend der zahlende Unternehmer bei Vorliegen einer ordnungsgemäßen Rechnung gem. § 15 Abs. 1 Nr. 1 Satz 3 UStG die Vorsteuerabzugsberechtigung hat.

BEISPIEL

U hat im Dezember 11 bei seinem Lieferanten L Ware zum Kaufpreis von 5 950 € bestellt und gleichzeitig eine Anzahlung von 1 000 € überwiesen. Eine Rechnung über die Anzahlung wurde nicht ausgestellt.
L hat die Ware mit Rechnung über 5 000 € + 950 € USt abzüglich 1 000 € Anzahlung im Januar 12 geliefert.

LÖSUNG **Bei U** wird die Anzahlung 11 wie folgt verbucht:

S Bank	H	S Geleistete Anz.	H
	1. 1 000	1. 1 000	

12 wird nach Lieferung wie folgt gebucht:

S WEK	H	S VoSt	H	S Verbindlichkeiten	H	S Geleistete Anz.	H
2. 5 000		2. 950			2. 4 950	AB 1 000	2. 1 000

Bei L wird die Anzahlung 11 wie folgt verbucht:

S Bank	H	S erhaltene Anz.	H	S USt	H
1. 1 000			1. 840		1. 160 (19/119 von 1 000)

12 wird nach Lieferung wie folgt gebucht:

S Forderungen	H	S WVK	H	S USt	H	S Erhaltene Anz.	H
2. 4 950			2. 5 000		2. 790	2. 840	AB 840

Hätte L über die erhaltene Anzahlung 11 eine Rechnung über 840 € + 160 € USt ausgestellt, würden die Buchungen bei U wie folgt lauten:

11:

S Bank	H	S VoSt	H	S Geleistete Anz.	H
	1. 1 000	1. 160		1. 840	

12:

S WEK	H	S VoSt	H	S Verbindlichkeiten	H	S Geleistete Anz.	H
2. 5 000		2. 790			2. 4 950	AB 840	2. 840

Hinweis: Wird die Möglichkeit gewählt, die Anzahlung mit dem vollen Betrag des Geldeingangs zu passivieren und die darin enthaltene Umsatzsteuer zusätzlich auszuweisen (s. hierzu BFH vom 26.06.1979 BStBl II 1979, 625), so ist in Höhe der geschuldeten Umsatzsteuer nach § 5 Abs. 5 Satz 2 Nr. 2 EStG ein aktiver RAP zu bilden.
Im obigen Beispiel hätte dann L im Jahr 11 den Geldeingang wie folgt zu buchen

	Bank	1 000
	Aktiver RAP	160
an	erhaltene Anz.	1 000
an	Umsatzsteuer	160

Und im Jahr 12 bei Lieferung

	Forderungen	4 950
	Erhaltene Anz.	1 000
an	WVK	5 000
an	Umsatzsteuer	790
an	Aktiver RAP	160

FALL 49

1. Wie lauten jeweils die erforderlichen Buchungen?
Der Unternehmer U hat am Jahresende 01 auf dem Konto »Kundenforderungen« einen Gesamtbetrag von 238 000 € einschließlich 19 % USt ausgewiesen. Darin ist eine zweifelhafte Forderung i. H. v. 59 500 € enthalten. Den voraussichtlich dauerhaften Ausfall schätzt U auf 40 %. Die Pauschalwertberichtigung beträgt 3 %. Die im laufenden Jahr endgültig eingetretenen Forderungsausfälle i. H. v. 23 800 € sind außerdem noch nicht verbucht worden. Der Delkredere-Bestand am 01.01. betrug 10 000 €.

2. Wie lauten die jeweils erforderlichen Buchungen?
a) Gegen S besteht eine Forderung über 952 € einschließlich 19 % USt. S ist unbekannt verzogen.
b) Gegen T besteht noch eine Forderung aus 05 über 2 380 € einschl. 19 % USt, die bereits in den Vorjahren zu 50 % wertberichtigt worden war. Gegen T wird das Insolvenzverfahren eröffnet, das im Folgejahr mangels Masse eingestellt wird.
c) Von einer im Vorjahr voll abgeschriebenen Forderung aus 06 über 1 000 € einschl. 19 % USt wird überraschend ein Teilbetrag von 500 € überwiesen.

3. Das zum 31.12. errechnete Delkredere beträgt 3 500 €, der Anfangsbestand ist mit 4 000 € ausgewiesen. Wie wird gebucht?

2 Rechnungsabgrenzung

2.1 Begriff und Zweck der Rechnungsabgrenzung

Die Ermittlung des steuerlichen Gewinns hat infolge des Maßgeblichkeitsgrundsatzes (s. D 3.4.3) gem. § 252 Abs. 1 Nr. 4 HGB periodenmäßig zu erfolgen; die maßgebende Periode (der Gewinnermittlungszeitraum) ist das Wj. Die zutreffende Ermittlung des jeweiligen Periodengewinns setzt voraus, dass betrieblich veranlasste Betriebsvermögensvermehrungen (Erträge) und betrieblich veranlasste Betriebsvermögensminderungen (Aufwendungen) dem Wj. bzw. Kalenderjahr zugerechnet werden, dem sie - wirtschaftlich betrachtet - angehören. Das entspricht dem **Grundsatz der periodengerechten Gewinnermittlung.**

Das Erfordernis einer richtigen Periodenabgrenzung entsteht immer dann, wenn Aufwand und Ertrag auf der einen Seite und der entsprechende Zahlungsvorgang auf der anderen Seite in verschiedene Perioden fallen.

Periodengerechte Erfolgsabgrenzung - § 252 Abs. 1 Nr. 4, 5 HGB
gilt über den Maßgeblichkeitsgrundsatz § 5 Abs. 1 Satz 1 erster Halbsatz EStG auch für die steuerliche Gewinnermittlung nach §§ 4;5 EStG

- geleistete Vorauszahlung für zeitbezogene Gegenleistung nach dem Bilanzstichtag
- Bildung eines aktiven RAP n. § 5 Abs. 5 Satz 1 Nr. 1 EStG/§ 250 Abs. 1 HGB
- erhaltene Vorauszahlung für zeitbezogene Leistung nach dem Bilanzstichtag
- Bildung eines passiven RAP n. § 5 Abs. 5 Satz 1 Nr. 2 EStG/§ 250 Abs. 2 HGB

Die periodengerechte Verteilung des Aufwands oder Ertrags erfolgt mittels Bildung und späterer Auflösung des aktiven RAP bzw. passiven RAP entsprechend der wirtschaftlichen Verursachung.

- Ausstehende Zahlung (Nachzahlung) für zeitbezogene, bereits vor dem Bilanzstichtag erhaltene Gegenleistung
- Passivierung einer sonstigen Verbindlichkeit
- Ausstehende Zahlung (Nachzahlung) für zeitbezogene, bereits vor dem Bilanzstichtag erbrachte Leistung
- Aktivierung einer sonstigen Forderung

Die periodengerechte Erfassung des Aufwands oder Ertrags erfolgt mittels Bilanzierung einer sonstigen Verbindlichkeit bzw. sonstigen Forderung entsprechend der wirtschaftlichen Verursachung.

2.2 Abgrenzung transitorischer Vorgänge

Eine Betriebseinnahme oder Betriebsausgabe des laufenden Wj. stellt i. d. R. gleichzeitig auch Ertrag bzw. Aufwand desselben Wj. dar. In bestimmten Fällen muss aber ein solcher Geldzufluss bzw. Geldabfluss für betriebliche Zwecke **wirtschaftlich** der folgenden Rechnungsperiode ganz oder zum Teil zugerechnet werden. Dann handelt es sich um einen transitorischen Vorgang, der in das folgende Wj. hineinreicht (transire = hinübergehen).

Situation einer **transitorischen** Abgrenzung:

Jahr 01	31.12.01	Jahr 02
tatsächliche Zahlung		wirtschaftliche Verursachung der Zahlung
Betriebseinnahme	→→→	Ertrag
Betriebsausgabe	→→→	Aufwand

BEISPIEL

Unternehmer A hat vom Unternehmer B Geschäftsräume angemietet. Das vermietete Gebäude gehört zum Betriebsvermögen des B.

A hat die Nettomiete für den Monat Januar 02 i. H. v. 1 400 € bereits am 10.12.01 im Voraus bezahlt.

LÖSUNG Bei A liegt im Zeitpunkt des Geldabflusses eine Ausgabe vor, die wirtschaftlich aber nicht in das Jahr 01, sondern in das Jahr 02 gehört. Der Zahlungsvorgang stellt sich damit bei A als **Betriebsausgabe 01**, aber als **Aufwand des Jahres 02** dar.

Bei B ist im Zeitpunkt des Geldzuflusses eine Einnahme gegeben, die wirtschaftlich das Jahr 02 betrifft. Die Mietzahlung ist für B eine **Betriebseinnahme 01**, aber ein **Ertrag des Jahres 02**.

2.2.1 Buchtechnische Durchführung der Abgrenzung

Geleistete bzw. erhaltene Vorauszahlungen, die wirtschaftlich als Aufwand bzw. Ertrag nicht in die laufende, sondern in eine folgende Rechnungsperiode gehören, werden durch sogenannte **transitorische Rechnungsabgrenzungsposten (RAP)** erfasst. Diese RAP erscheinen in der Bilanz sowohl auf der Aktiv- als auch auf der Passivseite; die entsprechenden Konten haben Bestandskontencharakter (s. auch R 5.6 Abs. 1 EStR).

2.2.1.1 Aktive Rechnungsabgrenzungsposten (§ 5 Abs. 5 Satz 1 Nr. 1 EStG)

Aktive RAP sind für Ausgaben zu bilden, die bis zum Bilanzstichtag geleistet werden, aber Aufwand für eine **bestimmte** Zeit nach diesem Tag darstellen. Die Betriebsausgabe muss daher für eine zeitraumbezogene Gegenleistung erfolgen, wobei der Zeitraum entweder vollständig oder teilweise nach dem Bilanzstichtag liegen muss. Der entsprechende Buchungssatz für die Zahlung lautet: »Aktiver RAP an Geldkonto« (zu einer weiteren Buchungsmöglichkeit s. 2.2.1.3). Das Konto Aktiver RAP wird dann ins darauffolgende Wirtschaftsjahr übernommen und über seine spätere periodengerechte Auflösung kann somit im Wirtschaftsjahr der Auflösung ein Aufwand erfasst werden, obwohl dort dann kein tatsächlicher Vermögensabfluss mehr stattfindet.

BEISPIEL

Die von A im Dezember 01 geleistete Mietvorauszahlung für Januar 02 i. H. v. 1 400 € (s. voriges Beispiel) ist in dessen Buchführung wie folgt zu erfassen.

LÖSUNG Folgende Buchungen sind im Jahr 01 vorzunehmen:

S	Aktiver RAP		H
1.	1 400	SBK	1 400

S	Bank, Kasse		H
		1.	1 400

S	SBK		H
Aktiver RAP1	400		

Durch die erfolgsneutrale Verbuchung der Mietzahlung im Jahre 01 mit Hilfe des Kontos »Aktiver RAP« wird der Mietaufwand gleichsam in das Jahr seiner wirtschaftlichen Zugehörigkeit transportiert; das Konto wird im Jahre 02 erfolgswirksam durch die Buchung »Aufwandskonto an Aktiver RAP« aufgelöst und hat damit seine Funktion erfüllt.
Folgende Buchung ist im Jahr 02 vorzunehmen:

S	Aktiver RAP		H
AB	1 400		1 400

S	Mietaufwand		H
	1 400		

Obwohl auf den ersten Blick die Vorschriften über die Bildung eines aktiven RAP in der Steuerbilanz (§ 5 Abs. 5 Satz 1 Nr. 1 EStG) und in der Handelsbilanz (§ 250 Abs. 1 HGB) übereinstimmende Aussagen treffen, sei an dieser Stelle der in Klausuren häufig vorkommende Fall der Auszahlung eines Darlehens unter Einbehalt/Abzug eines Disagios (oder Damnums) erwähnt. Bei der Behandlung dieses Disagios weicht die steuerrechtliche von der handelsrechtlichen Behandlung ab. Während in der **Steuerbilanz** in diesem Fall eine **Pflicht** zur Bildung eines aktiven RAP mit anschließender ratierlich verteilter aufwandswirksamer Auflösung besteht (Disagio = vorausbezahltes Zinsentgelt), räumt die Sondervorschrift des § 250 Abs. 3 HGB dem Unternehmer für die **handelsrechtliche** Behandlung ein **Wahlrecht** ein, entweder auf Behandlung des gesamten Disagios als sofortiger Aufwand oder auf Bildung eines aktiven RAP mit nachfolgender planmäßig verteilter aufwandswirksamer Auflösung. Je nachdem, wie der Unternehmer sein Wahlrecht in der Handelsbilanz ausübt, kann es daher zu einer Abweichung des handelsrechtlichen vom steuerlichen Gewinn kommen.

2.2.1.2 Passive Rechnungsabgrenzungsposten (§ 5 Abs. 5 Satz 1 Nr. 2 EStG)

Passive RAP sind für Einnahmen zu bilden, die bis zum Bilanzstichtag zugeflossen sind, aber Ertrag für eine **bestimmte** Zeit nach diesem Tag darstellen. Die Betriebseinnahme muss daher für eine zeitraumbezogene Leistung erfolgen, wobei der Zeitraum entweder vollständig oder teilweise nach dem Bilanzstichtag liegen muss. Der entsprechende Buchungssatz für die Zahlung lautet: »Geldkonto an Passiver RAP«. Das Konto Passiver RAP wird dann ins darauffolgende Wirtschaftsjahr übernommen und über seine spätere periodengerechte Auflösung kann somit im Wirtschaftsjahr der Auflösung ein Ertrag erfasst werden, obwohl dort dann kein tatsächlicher Vermögenszufluss mehr stattfindet.

BEISPIEL

Die von B im Dezember 01 vereinnahmte Mietvorauszahlung für Januar 02 i. H. v. 1 400 € (s. o.) ist in dessen Buchführung wie folgt zu erfassen:

LÖSUNG Folgende Buchungen sind vorzunehmen: Buchung 01:

S	Bank, Kasse		H
1.	1 400		

S	Passiver RAP		H
SBK	1 400	1.	1 400

S	SBK		H
		Passiver RAP	1 400

Buchung 02:

S	Passiver RAP		H
1.	1 400	AB	1 400

S	Mieterträge		H
		1.	1 400

Wiederum wird hier die Transportfunktion des RAP deutlich; er ermöglicht die erfolgsneutrale Erfassung der Mieteinnahme im Jahr 01 und ihre Erfolgswirksamkeit im Jahr 02, dem Jahr der wirtschaftlichen Zugehörigkeit (Buchung dort: »Passiver RAP an Ertragskonto«).

2.2.1.3 Bildung der Rechnungsabgrenzungsposten beim Jahresabschluss

Periodengerechte Erfolgsabgrenzungen haben zum Bilanzstichtag zu erfolgen. Oft werden erforderliche Rechnungsabgrenzungsbuchungen bzw. wird die Bildung der erforderlichen Rechnungsabgrenzungsposten erst im Rahmen der vorbereitenden Abschlussbuchungen durchgeführt. Dies ist der Fall, wenn betrieblich veranlasste Geldein- und -ausgänge des laufenden Jahres zunächst ausnahmslos auf den betreffenden Ertrags- und Aufwandskonten verbucht worden sind, ohne zugleich die RAP-Konten anzusprechen.

Hier muss die entsprechende Abgrenzungsbuchung dann »Aktiver RAP an Aufwandskonto« bzw. »Ertragskonto an Passiver RAP« lauten. Dadurch wird der vorher gebuchte Aufwand bzw. Ertrag insoweit wieder neutralisiert.

Der Wortlaut des § 5 Abs. 5 Satz 1 EStG geht dabei von dieser Art der Verbuchung aus. Es ist eine Frage der Praktikabilität im Einzelfall, welche Vorgehensweise der Verbuchung gewählt wird.

BEISPIEL

U überweist von seinem betrieblichen Konto für die von ihm für eine Monatsmiete von 1 000 € umsatzsteuerfrei gemieteten Lagerräume bereits am 1. Dezember 11 die Mieten für die Monate Dezember 11, Januar und Februar 12 an den Vermieter, insgesamt damit 3 000 €.

LÖSUNG Folgende Buchungen sind vorzunehmen:

Buchung 11:

1. Möglichkeit:

S	Bank		H
		1.	3 000

S	Aktiver RAP		H
1.	2 000	SBK	2 000

S	SBK		H
Aktiver RAP	2 000		

S	Mietaufwand		H
1.	1 000	GuV-Konto	1 000

S	GuV-Konto		H
Mietaufwand	1 000		

2. Möglichkeit:

S	Bank		H
		1.	3 000

S	Aktiver RAP		H
2.	2 000	SBK	2 000

S	SBK		H
Aktiver RAP	2 000		

S	Mietaufwand		H
1.	3 000	2.	2 000
		GuV-Konto	1 000

S	GuV-Konto		H
Mietaufwand	1 000		

Buchung 12:
Für beide Möglichkeiten:

S	Aktiver RAP		H
AB	2 000	1.	2 000

S	Mietaufwand		H
1.	2 000		

2.3 Abgrenzung antizipativer Vorgänge und buchtechnische Durchführung der Abgrenzung

Ein transitorischer Vorgang ist gegeben, wenn sich die Geldbewegung auf eine Leistung bezieht, die erst in der folgenden Rechnungsperiode erbracht wird. Ist die Leistung im abgelaufenen Wj. erbracht worden, die entsprechende leistungsbezogene Gegenleistung in Form der Geldzahlung aber erst in einer späteren Rechnungsperiode erfolgt, liegt der umgekehrte Fall vor. Wir haben es dann mit einem sogenannten **antizipativen** Vorgang zu tun. Die Betriebseinnahme oder Betriebsausgabe im Zeitpunkt des Geldflusses gehört hier wirtschaftlich in das vorangegangene Wj.; d. h., die Gewinnauswirkung (Aufwand oder Ertrag) muss gleichsam dort vorweggenommen werden (anticipare = vorwegnehmen). Soweit die eigene zeitbezogene Leistung bereits vor dem Bilanzstichtag erbracht wurde, ist die Forderung auf die Gegenleistung wirtschaftlich so gut wie sicher und daher realisiert (vgl. BFH vom 20.05.1992 BStBl II 1992, 904) und somit zu bilanzieren (aktivieren). Die Forderung ist bereits vor dem Bilanzstichtag wirtschaftlich entstanden.

Soweit die zu beanspruchende zeitbezogene Gegenleistung bereits vor dem Bilanzstichtag erbracht wurde, ist die Verbindlichkeit zur eigenen Leistungserbringung so gut wie sicher und daher realisiert und somit zu bilanzieren (passivieren) –vgl. R 5.6 Abs. 3 Satz 2 EStR. Die Verbindlichkeit ist bereits vor dem Bilanzstichtag wirtschaftlich entstanden.

Die Abgrenzungsbuchungen erfolgen grundsätzlich zum Bilanzstichtag im Rahmen der Jahresabschlussarbeiten.

Situation einer **antizipativen** Abgrenzung:

Jahr 01	31.12.01	Jahr 02
wirtschaftliche Verursachung der Zahlung		tatsächliche Zahlung
Ertrag	←←←	Betriebseinnahme
Aufwand	←←←	Betriebsausgabe

BEISPIEL

Unternehmer A hat die Nettomiete für den Monat Dezember 01 i. H. v. 1 400 € erst am 20.01.02 an den Unternehmer B bezahlt (Sachverhalt i. Ü. s. 2.2).

LÖSUNG Bei A liegt eine **Betriebsausgabe 02** vor, die wirtschaftlich als **Aufwand** in das Jahr **01** gehört.

Bei B ist eine **Betriebseinnahme 02** gegeben, die wirtschaftlich als **Ertrag** dem Jahr **01** zuzuordnen ist.

Soweit im abgelaufenen Wj. Leistungen erbracht worden sind, deren Begleichung am Bilanzstichtag noch aussteht, erfolgt die erforderliche **Abgrenzung** mit Hilfe der Konten sonstige Forderungen und sonstige Verbindlichkeiten (s. auch R 5.6 Abs. 3 Satz 2 EStR).

BEISPIEL

Die von A geschuldete Miete Dezember 01 (s. obiges Beispiel) ist in dessen Buchführung wie folgt zu erfassen:

LÖSUNG Folgende Buchungen sind vorzunehmen:

Buchung 01:

S	Sonstige Verbindlichkeiten		H
		1.	1 400

S	Mietaufwand		H
1.	1 400		

Bei Bezahlung im Jahr 02 wird die sonstige Verbindlichkeit erfolgsneutral aufgelöst.

Buchung 02:

S	Bank, Kasse		H
		1.	1 400

S	Sonstige Verbindlichkeiten		H
1.	1 400	AB	1 400

Bei B wird derselbe Vorgang in dessen Buchführung wie folgt erfasst:

Buchung 01:

S	Sonstige Forderungen		H
1.	1 400		

S	Mieterträge		H
		1.	1 400

Buchung 02:

S	Sonstige Forderungen		H
AB	1 400	1.	1 400

S	Bank, Kasse		H
1.	1 400		

Der Ertrag ist auch hier richtig im Jahr 01 ausgewiesen, während die Bezahlung im Jahr 02 erfolgsneutral verbucht wird.

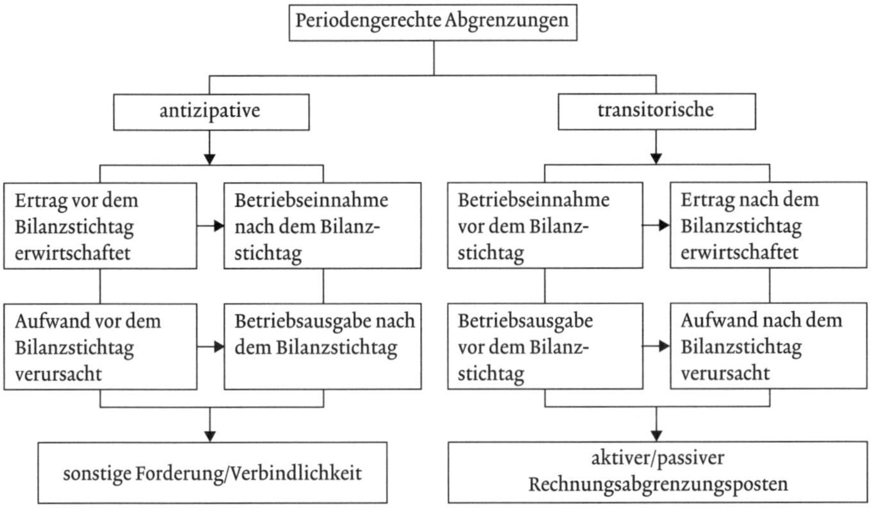

FALL 50

Wie lauten jeweils die erforderlichen Buchungen in den Jahren 01 und 02?[1]

1. Die Feuerversicherungsprämie für das Betriebsgebäude i. H. v. 600 € wird am 26.09.01 durch Banküberweisung für die Zeit vom 01.10.01 bis 31.03.02 im Voraus bezahlt.
2. Für den Ausstellungsstand auf der Frankfurter Frühjahrsmesse (10.-16.03.02) zahlt U am 30.11.01 die Platzmiete von 500 € mit Scheck im Voraus.
3. Der Mieter eines zum BV gehörenden Grundstücks überweist am 02.12.01 per Postgiro die vierteljährlich im Voraus zu zahlende Miete für die Monate Dezember, Januar, Februar i. H. v. 1 000 € je Monat.
4. Am 29.12.01 überweist ein Geschäftsfreund für eine an ihn vermietete Garage die Januarmiete von 80 € auf das Bankkonto.
5. Ein Darlehensschuldner überweist dem Unternehmer die nachträglich zu zahlenden Jahreszinsen für die Zeit vom 01.05.01 bis 30.04.02 i. H. v. 600 € am 05.05.02 per Postgiro.
6. Die Zinsen für eine betriebliche Festgeldanlage für das abgelaufene Jahr 01 i. H. v. 700 € wurden von der Bank erst am 15.01.02 gutgeschrieben. Steuerabzugsbeträge (z. B. Kapitalertragsteuer) wurden nicht einbehalten.
7. Für die Lohnwoche vom 29.12.01 bis 04.01.02 sind 1 400 € Löhne für Lagerarbeiter zu zahlen. Zahltag ist der 04.01.02.
   Auf die Zeit vom 29.12. bis 31.12.01 entfallen 750 €. Lohnsteuer und Sozialversicherungsbeiträge fallen nicht an.
8. Laut vorliegender Abrechnung des Vertreters V für den Monat Dezember 01 hat dieser 3 570 € einschließlich 19 % USt Provision zu beanspruchen. Die Provision wird am 10.01.02 durch Postgiroüberweisung gezahlt.
9. Die Jahreszinsen für ein am 01.07.01 gegebenes Darlehen, die der Schuldner nachträglich zu entrichten hat, betragen 480 €.
10. Am 20.12.01 hat U die Feuerversicherungsprämie für sein privates Mietwohngrundstück für die Zeit vom 01.12.01 bis 30.11.02 vom betrieblichen Bankkonto überwiesen (300 €).
11. Die dem U für den Monat November 01 zustehende Provision i. H. v. 952 € einschließlich 19 % USt wurde trotz Rechnungserteilung noch nicht überwiesen.
12. Laut Gehaltsliste waren im Monat Dezember 01 Bruttogehälter i. H. v. 16 300 € zu zahlen. Darauf entfielen 2 820 € Lohnsteuer, 270 € Kirchensteuer und 2 910 € Arbeitnehmeranteil an der Sozialversicherung. Der Arbeitgeberanteil an der Sozialversicherung betrug ebenfalls 2 910 €.

1 Falls nicht angegeben, jeweils ohne USt bzw. Vorsteuer.

Die Nettogehälter sind am 20.12.01 durch Banküberweisung ausgezahlt worden. Die Steuern und Sozialversicherungsbeiträge sind am 10.01.02 überwiesen worden.

13. U nimmt am 01.07.01 bei der Bank ein Darlehen i. H. v. 50 000 € auf, um damit betriebliche Investitionen zu finanzieren.
Das Darlehen ist am 01.07.06 zur Rückzahlung fällig und mit 6 % zu verzinsen. Die Zinsen sind jährlich fällig, erstmals am 01.07.02. Von der Bank werden 47 000 € ausgezahlt.

MERKSATZ

Weichen das Jahr der Zahlung einer **zeitraumbezogenen** Betriebsausgabe oder Betriebseinnahme und das Jahr ihrer wirtschaftlichen Verursachung voneinander ab, so hat eine periodengerechte Aufwands- bzw. Ertragsabgrenzung zu erfolgen. Dies geschieht mit Hilfe der Bilanzposten »Aktiver RAP« und »Passiver RAP« bei transitorischen Abgrenzungen und mit Hilfe der Bilanzposten »Sonstige Verbindlichkeit« und »Sonstige Forderung« bei antizipativen Abgrenzungen.

3 Rückstellungen

3.1 Allgemeines

Rückstellungen werden als Passivposten in der Bilanz für mögliche künftige Betriebsausgaben gebildet, die das abgelaufene Wj. betreffen, aber dem Grunde und/oder der Höhe nach ungewiss sind. Sie dienen demnach ebenfalls einer zutreffenden Periodenabgrenzung und sind zugleich Ausdruck des bilanzrechtlichen Vorsichtsprinzips (s. § 252 Abs.1 Nr. 4 HGB).

Gegenüber Verbindlichkeiten unterscheiden sich Rückstellungen dadurch, dass Verbindlichkeiten dem Grunde und der Höhe nach feststehen, während Rückstellungsbelastungen geschätzt werden müssen. Rückstellungen sind insofern **ungewisse Belastungen.**

3.2 Voraussetzung der Rückstellungsbildung

Die künftigen Ausgaben müssen zumindest wahrscheinlich sein. Dabei ist nicht erforderlich, dass eine Verbindlichkeit am Bilanzstichtag bereits rechtlich entstanden ist. Es genügt, wenn mit ihrem Entstehen ernstlich gerechnet werden muss und sie wirtschaftlich im abgelaufenen Wj. verursacht, d. h. mit Ereignissen dieses Jahres ursächlich verknüpft ist. Steht eine Verbindlichkeit dem Grunde nach fest, ist eine Rückstellung zu bilden, soweit ihre Höhe nicht genau bekannt ist. Dies kann nur durch Schätzung ermittelt werden.

Liegt nach den Verhältnissen am Bilanzstichtag objektiv ein Tatbestand vor, der die Bildung einer Rückstellung rechtfertigt, so besteht für den Kaufmann grundsätzlich eine **Pflicht zur Passivierung** (§ 249 Abs. 1 HGB). (Noch) nicht verwirklichte Verluste müssen handelsrechtlich in dem Jahr ausgewiesen werden, in dem die Ursache für den Aufwand gelegt worden ist (Verursachungsprinzip s. D 3.2).

3.3 Bewertung von Rückstellungen

Rückstellungen sind als ungewisse Verbindlichkeiten steuerlich nach § 6 Abs. 1 Nr. 3a EStG zu bewerten.

Ihre Höhe muss geschätzt werden. Dabei kommt der eigenen Schätzung des Kaufmanns, der die Verhältnisse seines Betriebs am besten zu beurteilen vermag, wiederum eine besondere

Bedeutung zu. Seine Schätzung darf allerdings nicht offensichtlich unrichtig oder willkürlich sein. Einen Anhaltspunkt gibt insoweit § 253 Abs. 1 Satz 2 HGB, wonach Rückstellungen i. H. d. Betrages anzusetzen sind, der **nach vernünftiger kaufmännischer Beurteilung** zur Erfüllung der Verbindlichkeit notwendig ist.

Einschränkende steuerliche Bewertungsregeln

Der eben aufgezeigte Ermessensspielraum, den das Handelsrecht dem Kaufmann bei der Rückstellungsbewertung einräumt, war dem Steuergesetzgeber seit jeher ein Dorn im Auge.

Das EStG hat daher eigene Bewertungsgrundsätze in § 6 **Abs. 1 Nr. 3a.** aufgestellt, die das **Maßgeblichkeitsprinzip einschränken** (s. a. § 5 Abs. 6 EStG) und die Höhe gebotener Rückstellungen auf ein Maß zurückführen sollen, das der tatsächlichen wirtschaftlichen Belastung des Unternehmers am jeweiligen Bilanzstichtag entspricht. Daher weicht das Steuerrecht in vielen Punkten von den, insbesondere in § 253 HGB aufgestellten, handelsrechtlichen Regelungen zur Rückstellungsbewertung ab.

3.4 Buchmäßige Behandlung von Rückstellungen

Durch die Buchung »Aufwandskonto an Rückstellungskonto« werden die (wahrscheinlichen) künftigen Ausgaben gewinnmindernd bereits im Jahr ihrer wirtschaftlichen Zugehörigkeit erfasst.

BEISPIEL

Für einen am Bilanzstichtag 31.12.01 schwebenden Prozess aus betrieblichen Gründen ist mit Prozesskosten i. H. v. ca. 3 000 € zu rechnen, falls U in diesem Rechtsstreit unterliegt. Der Ausgang des Prozesses ist zu diesem Zeitpunkt völlig offen.

LÖSUNG Es liegt demnach eine dem Grunde und der Höhe nach ungewisse (da der Ausgang des Rechtsstreits offen ist) Verbindlichkeit vor, die gem. § 249 Abs. 1 Satz 1 HGB bei Erstellung des Jahresabschlusses wie folgt zu berücksichtigen ist:

Buchung 01:

S	Prozesskosten		H
1.	3 000	GuV	3 000

S	Rückstellung		H
SBK	3 000	1.	3 000

S	GuV		H
Prozesskosten	3 000		

S	SBK		H
		Rückstellungen	3 000

Im Jahre 02 verliert U den Prozess endgültig. Die tatsächlichen Prozesskosten belaufen sich auf 3 400 €, die U durch Banküberweisung bezahlt.

Buchung 02:

S	Rückstellung		H
	3 000	AB	3000

S	Prozesskosten		H
	400		

S	Bank		H
			3 400

Eine gebildete Rückstellung ist nach § 249 Abs. 2 Satz 2 HGB nur und erst aufzulösen, sobald und soweit die Voraussetzungen für ihre Bildung (die »Ungewissheit«) entfallen sind. Da der Rückstellungsbetrag auf einer Schätzung beruht, weicht der später tatsächlich anfallende Aufwand regelmäßig von der ursprünglich geschätzten Höhe nach oben oder unten ab. Der Differenzbetrag ist dann buchmäßig im Jahr der Beseitigung der Ungewissheit über die entsprechenden Aufwandskonten bzw. als »sonstiger Ertrag« zu erfassen.

BEISPIEL

Sollten die endgültigen Prozesskosten für U im obigen Beispiel nur 2 800 € betragen, müsste im Jahr 02 wie folgt gebucht werden.

LÖSUNG

S	Rückstellung		H
	3 000	AB	3000

S	sonstiger Ertrag	H
		200

S	Bank	H
		2 800

Wie lautet die entsprechende Buchung, wenn U den Prozess im Jahre 02 überraschend gewonnen hat?

In der Praxis wird das Rückstellungskonto häufig auch als ruhendes Konto behandelt. In diesem Fall werden die tatsächlichen Ausgaben im Jahr der Zahlung dem betreffenden Aufwandskonto belastet, während die dafür gebildete Rückstellung erst am Jahresende erfolgswirksam aufgelöst wird. Erfolgswirksam deshalb, damit keine nochmalige/doppelte Erfassung des bereits in der Vergangenheit über die Rückstellungsbildung erfassten Aufwands erfolgt.

In den obigen Beispielen würde dann im Jahr 02 wie folgt gebucht:

Im Fall der Mehrkosten würde im Jahr 02 gebucht:

Prozesskosten	3 400	an	Bank	3 400
Rückstellung	3 000	an	Ertrag aus Rückstellungsauflösung	3 000

Somit wirken sich auch hier im Jahr 02 lediglich 400 € als Aufwand aus.

Im Fall der geringeren Kosten würde im Jahr 02 gebucht:

Prozesskosten	2 800	an	Bank	2 800
Rückstellung	3 000	an	Ertrag aus Rückstellungsauflösung	3 000

Somit ergibt sich auch hier im Jahr 02 ein Ertragsüberhang von 200 €. Dies kann als eine im Jahr 02 erfolgte Korrektur der im Jahr 01 zu hoch geschätzten und gebuchten Prozesskosten betrachtet werden. Die zu hohe Schätzung im Jahr 01 war im Übrigen nicht rechtswidrig, sondern nach den Angaben im Sachverhalt gemäß § 253 Abs. 1 Satz 2 HGB gesetzeskonform, so dass eine Berichtigung der zum 31.12.01 gebildeten Rückstellung nicht erfolgen muss.

3.5 Rückstellungsarten

Rückstellungen kommen aus den verschiedensten Gründen in Betracht. Die zulässigen Rückstellungsarten sind in § 249 Abs. 1 HGB aufgeführt. Andere Rückstellungsarten sind gemäß § 249 Abs. 2 Satz 1 HGB nicht möglich. Neben der eben behandelten sogenannten Prozesskostenrückstellung sollen im Folgenden exemplarisch einige weitere Beispiele für Rückstellungen besprochen werden, deren praktische Bedeutung über den Einzelfall hinausreicht. Hierbei handelt es sich jeweils um Beispiele einer Rückstellung für ungewisse Verbindlichkeiten nach § 249 Abs. 1 Satz 1 HGB, der am häufigsten vorkommenden Rückstellungsart, zu der auch die Prozesskostenrückstellung zählt.

3.5.1 Abschlusskostenrückstellung

Die Erstellung des Jahresabschlusses ist mit Kosten verbunden, denen sich der Unternehmer, der auf Grund gesetzlicher Vorschriften zur Abschlusserstellung verpflichtet ist, nicht entziehen kann. Wegen dieser mit Ablauf des Geschäftsjahres entstehenden öffentlich-rechtlichen Verpflichtung ist deshalb eine Rückstellung i. H. d. voraussichtlich anfallenden Jahresabschlusskosten geboten. Hierbei ist es wegen des Abstellens auf die öffentlich-rechtliche Verpflichtung unerheblich, ob der Jahresabschluss dann von einem Steuerberater oder durch eigene Arbeitnehmer des Unternehmers gefertigt wird. Der künftige Aufwand ist durch das abgelaufene Wj. wirtschaftlich verursacht (s. BFH vom 24.11.1983 BStBl II 1984, 301). Ungewiss ist dabei regelmäßig die Höhe der bei der Erfüllung der Verbindlichkeit entstehenden Kosten.

BEISPIEL

Der gesetzlich zur Buchführung verpflichtete U hat den Steuerberater S mit der Erstellung des Abschlusses zum 31.12.01 für seinen Betrieb beauftragt. Der ihm von S vorgelegte Kostenvoranschlag für die Abschlussarbeiten beläuft sich auf 4 000 € (netto).

LÖSUNG In der Bilanz zum 31.12.01 muss gemäß § 249 Abs. 1 Satz 1 HGB eine Rückstellung wegen der voraussichtlich in 02 anfallenden Kosten für die Erstellung des Abschlusses 01 i. H. v. 4 000 € passiviert werden. Dies gilt wegen § 5 Abs. 1 Satz 1 erster Halbsatz EStG auch für die Steuerbilanz.

Die Kosten der Erstellung von Betriebssteuererklärungen sind ebenfalls durch eine entsprechende Rückstellung zu berücksichtigen.

BEISPIEL

U hat in der Steuerbilanz zum 31.12.01 eine Rückstellung für die Kosten der Anfertigung der Steuererklärungen für 01 i. H. v. 2 000 € gebildet. Von diesem Betrag entfallen auf die USt-Erklärung 500 €, auf die GewSt-Erklärung 900 € und auf die ESt-Erklärung 600 €.

LÖSUNG Eine Rückstellung ist nur i. H. v. 1 400 € (Kosten der Erstellung der USt- und der GewSt-Erklärung) zulässig und geboten. Die ESt ist nach § 12 Nr. 3 EStG kein betrieblicher Aufwand. Entsprechendes gilt sodann für die Kosten der ESt-Erklärung. Die Kosten für die Nachzahlung der GewSt und die Erstellung der GewSt-Erklärung sind nach R 5.7 Abs. 1 Satz 2 EStR rückstellungsfähig.

MERKSATZ

Nur **künftig anfallender** betrieblicher Aufwand kann in eine Rückstellung eingestellt werden, falls er bereits vor dem Bilanzstichtag wirtschaftlich verursacht ist.

3.5.2 Garantierückstellung

Der Kaufvertrag verpflichtet den Unternehmer, seinem Abnehmer mangelfreie Ware zu liefern. Ist die gelieferte Ware mit Fehlern behaftet, hat der Verkäufer dafür einzustehen. Der Käufer hat primär einen sogenannten Nacherfüllungsanspruch; er kann die Beseitigung des Mangels oder die Lieferung einer mangelfreien Sache verlangen (vgl. im Einzelnen §§ 434 ff. BGB).

Sieht sich der Unternehmer am Bilanzstichtag mit solchen Gewährleistungsansprüchen konfrontiert, hat er die auf ihn zukommenden zusätzlichen Kosten für Garantiearbeiten durch eine Rückstellung zu berücksichtigen. Dabei können für die bis zum Tag der Abschlusserstellung bekannt gewordenen Garantiefälle jeweils **Einzelrückstellungen** in Betracht kommen. Der Unternehmer kann aber die Risiken auch in Form einer **Pauschalrückstellung** berücksichtigen, wenn er aufgrund der Erfahrungen in der Vergangenheit mit einer gewissen Wahrscheinlichkeit mit Garantieinanspruchnahmen rechnen muss.

BEISPIEL

Aufgrund der Erfahrungen in der Vergangenheit erbringt U regelmäßig Garantieleistungen i. H. v. durchschnittlich 1 % des garantiebehafteten Umsatzes. Die Garantiezeit beträgt zwei Jahre.
Die garantiebehafteten Erlöse betrugen 300 000 € in 01 und 400 000 € in 02.
In welcher Höhe ist zum 31.12.02 eine (Pauschal-)Garantierückstellung zu bilden?

LÖSUNG Zum 31.12.02 sind bei einer Garantiezeit von zwei Jahren die Jahreserlöse 01 und 02 noch garantiebehaftet. Die darauf entfallenden Garantieleistungen betragen nach dem betrieblichen Erfahrungssatz insgesamt 7 000 € (1 % von 700 000 €).

Diese Summe ist nun grundsätzlich gleichmäßig, d. h. linear, auf die Garantiezeit zu verteilen, weil davon auszugehen ist, dass diese Garantieleistungen laufend erbracht werden und damit am 31.12.02 z. T. auch schon erbracht sind. Für die Kosten der bereits erbrachten Garantieleistungen scheidet damit eine Rückstellung wegen **zukünftiger** Garantieleistungen aus. Gleichzeitig wird unterstellt, dass sich die Erlöse gleichmäßig auf das jeweilige Jahr verteilen und dementsprechend auch die Garantieleistung. Die zum 31.12.02 noch wahrscheinliche Inanspruchnahme aus den Erlösen 01 und 02 ist danach rechnerisch wie folgt zu ermitteln:

	Erlöse 01		**Erlöse 02**	
	300 000 €		400 000 €	
1 % Garantieleistung	3 000 €		4 000 €	
davon 01 erbracht	750 €	(1/4)	–	
davon 02 erbracht	1 500 €	(2/4)	1 000 €	(1/4)
noch offen 31.12.02	750 €		3 000 €	

Die zum 31.12.02 noch ausstehenden Garantieleistungen betragen somit noch 3 750 €. Eine Abzinsung der Rückstellung gem. § 6 Abs. 1 Nr. 3 a Buchst. e) EStG ist dabei für die voraussichtlich erst in 04 zu erbringenden Garantieleistungen vorzunehmen, da nur für diesen Teil der Rückstellung am 31.12.02 die Restlaufzeit noch mindestens 12 Monate beträgt (s. § 6 Abs. 1 Nr. 3 Satz 2 EStG). Unter der Voraussetzung, dass sich diese gleichmäßig verteilen (s. o.), verbleiben für das Jahr 04 noch Garantieleistungen i. H. v. 1 000 € (1/4 von 4 000 €). Bei einer durchschnittlichen Laufzeit dieser Teilverbindlichkeit von 1,5 Jahren ergibt die Abzinsung einen Betrag von 923 €.

Nach allem ist zum 31.12.02 eine Garantierückstellung i. H. v. 3 673 € (2 750 € + 923 €) zulässig und geboten.

Wegen der nun doch recht komplizierten Berechnungsweise verzichtet die Verwaltung aus Vereinfachungsgründen bei Pauschal-Garantierückstellungen auf die Anwendung des Abzinsungsgebots (BMF vom 26.05.2005 BStBl I 2005, 699 Rz. 27), sodass i. d. R. letztlich eine Garantierückstellung i. H. v. 3 750 € gebildet wird.

3.5.3 Ansammlungsrückstellung

Der Kaufmann betreibt sein Unternehmen nicht selten in gemieteten Räumen. Diese Räumlichkeiten sind wiederum oft nicht auf die Belange seines Betriebs zugeschnitten. In diesem Fall werden regelmäßig bauliche Veränderungen vorgenommen, die nach Beendigung des Mietverhältnisses wieder beseitigt werden müssen.

Der Kaufmann übernimmt hier als Mieter gegenüber dem Vermieter eine nicht in Geld bestehende Leistungsverpflichtung, deren Erfüllungszeitpunkt mit dem Ende des Mietverhältnisses zusammenfällt. Die mit dieser Verpflichtung verbundenen voraussichtlichen Kosten können nicht sofort in voller Höhe erfolgswirksam berücksichtigt werden, sondern sind ratierlich bis zum Zeitpunkt der Erfüllung anzusammeln, weil für die eingegangene Verpflichtung wirtschaftlich der laufende Betrieb ursächlich ist (§ 6 Abs. 1 Nr. 3 a Buchst. d) EStG).

BEISPIEL

U hat im Januar 01 an einem gemieteten Betriebsgebäude erhebliche Umbaumaßnahmen vorgenommen. Gegenüber dem Vermieter hat er sich verpflichtet, nach Ablauf des Mietvertrags, der zum 31.12.10 ausläuft, das Gebäude im ursprünglichen Zustand zurückzugeben. Die voraussichtlichen Abbruchkosten werden nach einem zum Jahreswechsel 01/02 vorliegenden Sachverständigengutachten 50 000 € betragen.

Zum Jahreswechsel 03/04 liegt ein neues Gutachten vor, das die Kosten mit 60 000 € veranschlagt.

LÖSUNG Die nach den Preisverhältnissen des Bilanzstichtags zu bestimmenden voraussichtlichen Abbruchkosten sind gem. § 6 Abs. 1 Nr. 3 a Buchst. d) EStG gleichmäßig auf die Mietdauer zu verteilen und entsprechend jährlich der Rückstellung zuzuführen. Erst zum 31.12.03 sind nach § 6 Abs. 1 Nr. 3 a Buchst. f) EStG die neuen Preisverhältnisse zu beachten (neue jährliche Ansammlungsrate 6 000 €), wobei gem. R 6.11 Abs. 2 Satz 6 EStR auf den 31.12.03 eine Nachholung der auf die Jahre 01 und 02 entfallenden Preissteigerungsraten erfolgt (2 × 1 000 €). Der Abzinsungszeitraum bestimmt sich gem. § 6 Abs. 1 Nr. 3 a Buchst. e) EStG jeweils bis zum Ende der Mietdauer, da dann mit den Abbrucharbeiten begonnen wird. Der jeweilige Abzinsungsfaktor ist der Tabelle 2 zum Schreiben des BMF vom 26. 05. 2005 BStBl I 2005, 699 zu entnehmen.

		Abzinsungsfaktor	**Abgezinster Betrag**
Zuführung 01	+ 5 000 €		
31.12.01	5 000 €	0,618	3 090 €
Zuführung 02	+ 5 000 €		
31.12.02	10 000 €	0,652	6 520 €
Zuführung 03	+ 8 000 €		
31.12.03	18 000 €	0,687	12 366 €
Zuführung 04	+ 6 000 €		
31.12.04	24 000 €	0,725	17 400 €
Zuführung 05	+ 6 000 €		
31.12.05	30 000 €	0,765	22 950 €
Zuführung 06	+ 6 000 €		
31.12.06	36 000 €	0,807	29 052 €
Zuführung 07	+ 6 000 €		
31.12.07	42 000 €	0,852	35 784 €
Zuführung 08	+ 6 000 €		
31.12.08	48 000 €	0,898	43 104 €
Zuführung 09	+ 6 000 €		
31.12.09	54 000 €	0,948	51 192 €
Zuführung 10	+ 6 000 €		
31.12.10	60 000 €	Keine Abzinsung	60 000 €

Der jährliche Aufwandsbetrag ergibt sich aus der Differenz des aktuellen Rückstellungsbetrags zum Rückstellungsbetrag des Vorjahres.

Im Gegensatz zur steuerrechtlichen Bewertung, bei der nach § 6 Abs. 1 Nr. 3 a Buchst. f) EStG für die Bewertung der Rückstellung die Preisverhältnisse zum jeweiligen Bilanzstichtag zugrunde zu legen sind, sodass künftige Preis- und Kostensteigerungen nicht berücksichtigt werden dürfen, sind bei der handelsrechtlichen Bewertung der Rückstellung gem. § 253 Abs. 1 Satz 2 HGB bei der Bestimmung des notwendigen Erfüllungsbetrags künftige Preis- und Kostensteigerungen mit einzubeziehen. Handelsrechtlich ist demnach bei der Schätzung der zukünftigen Kosten das voraussichtliche Preisniveau **zum Zeitpunkt des Abbruchs** zugrunde zu legen und damit von vornherein wahrscheinliche bzw. bereits jetzt absehbare Preissteigerungen mit zu berücksichtigen. Insofern kann es aufgrund wahrscheinlicher Inflationsraten regelmäßig zu abweichenden Bilanzansätzen der Rückstellung in der Steuerbilanz einerseits und der

Handelsbilanz andererseits kommen. Eine weitere Abweichung kann sich aus der Abzinsung der Rückstellung ergeben. Diese hat steuerlich für ihre Restlaufzeit nach § 6 Abs. 1 Nr. 3a Buchst. e) EStG auf der Basis eines Zinssatzes von 5,5 % zu erfolgen, während handelsrechtlich die Abzinsung nach § 253 Abs. 2 Satz 1 HGB mit dem ihrer Restlaufzeit entsprechenden durchschnittlichen Marktzinssatz der vergangenen sieben Geschäftsjahre zu erfolgen hat.

3.5.4 Gewerbesteuerrückstellung

Der nach den Vorschriften des EStG ermittelte Gewinn des gewerblich tätigen Unternehmens unterliegt auch der GewSt. Das GewStG berücksichtigt diesen Gewinn als Ausgangsgröße bei der Ermittlung des Gewerbeertrags (vgl. §§ 7 f. GewStG).

Da die GewSt als Jahressteuer mit Ablauf des Wirtschaftsjahres entsteht und durch den Gewinn bzw. Gewerbeertrag dieses Wirtschaftsjahres betrieblich verursacht ist, muss die Gewerbesteuerschuld, soweit sie nicht bereits durchlaufende Vorauszahlungen getilgt ist, bis zum Ergehen des GewSt-Bescheids in der Schlussbilanz des betreffenden Jahres gem. § 249 Abs. 1 Satz 1 HGB ausgewiesen werden. Dabei wird anerkannt, dass die Gewerbesteuer aufgrund ihrer betrieblichen Veranlassung als Betriebsausgabe zu qualifizieren ist. Nach dem Wortlaut des § 4 Abs. 5b EStG sind die Gewerbesteuer und die darauf entfallenden Nebenleistungen jedoch keine Betriebsausgaben. Diese Regelung gilt erstmals für die Gewerbesteuer, die für Erhebungszeiträume festgesetzt wird, die nach dem 31. 12. 2007 enden (§ 52 Abs. 12 Satz 7 EStG). Dieser Wortlaut wird jedoch im Allgemeinen als missglückt angesehen. Auch unter dem Aspekt der formalen Systematik des Gesetzes wird daraus, dass diese Vorschrift unmittelbar nach der Vorschrift des § 4 Abs. 5 EStG aufgeführt ist, der Schluss gezogen, dass steuerlich die Gewerbesteuer und die darauf entfallenden Nebenleistungen lediglich als steuerlich nicht abziehbare Betriebsausgaben anzusehen sind, also als Betriebsausgaben, die allerdings den steuerlichen Gewinn nicht mindern dürfen. Trotz dieses Abzugsverbots ist daher nach R 5.7 Abs. 1 Satz 2 EStR die handelsrechtlich zu passivierende Gewerbesteuerrückstellung aufgrund des Maßgeblichkeitsgrundsatzes gem. § 5 Abs. 1 Satz 1 EStG auch in der Steuerbilanz auszuweisen. Allerdings sind die sich aus der Berücksichtigung der Gewerbesteuerrückstellung ergebenden Gewinnminderungen außerbilanziell wieder zu korrigieren. Bei der Berechnung der Gewerbesteuerrückstellung ist die Gewerbesteuer mit dem Betrag anzusetzen, der sich ohne ihre Berücksichtigung als Betriebsausgabe ergibt. Auf entsprechende Weise dürfen sich auch geleistete GewSt-Zahlungen (Vorauszahlungen und Nachzahlungen) steuerlich nicht auf den Gewinn auswirken und sind für steuerliche Zwecke **außerbilanziell** wieder dem Gewinn hinzuzurechnen. Letztlich hat die Belastung des Unternehmens durch die GewSt damit auf die Höhe des ertragssteuerrechtlichen Gewinns keinen Einfluss mehr.

3.5.5 Drohverlust-Rückstellung

Gem. § 249 Abs. 1 HGB sind nicht nur Rückstellungen wegen ungewisser Verbindlichkeiten, sondern auch Rückstellungen wegen drohender Verluste aus schwebenden Geschäften vorgeschrieben.

Ein schwebendes Geschäft liegt vor, wenn der aufgrund eines schuldrechtlichen Vertrags zur Sach- oder Dienstleistung Verpflichtete seine Lieferung oder Leistung noch nicht (voll) erbracht hat. Es entspricht den GoB, einen solchermaßen noch nicht erfüllten Vertrag nicht zu bilanzieren (vgl. 1.2) und somit den aus dem Geschäft resultierenden Erfolg noch nicht zu buchen. Das Vorsichtsprinzip verlangt aber dann eine Ausnahme, wenn der Wert des eigenen

Anspruchs hinter dem Wert der eigenen Verpflichtung zurückbleibt. Noch nicht verwirklichte Verluste, die sich nach den Wertverhältnissen zum Abschlussstichtag abzeichnen, sind handelsrechtlich regelmäßig auszuweisen (vgl. § 252 Abs. 1 Nr. 4 HGB).

§ 5 Abs. 4 a Satz 1 EStG verbietet dagegen grundsätzlich den Ansatz einer Drohverlust-Rückstellung und durchbricht hier ein weiteres Mal den Grundsatz der Maßgeblichkeit der Handelsbilanz für die Steuerbilanz. Eine Ausnahme wird steuerlich nach § 5 Abs. 4 a Satz 2 EStG lediglich für den Fall einer Bewertungseinheit im Zusammenhang mit finanzwirtschaftlichen Absicherungsgeschäften zugelassen (vgl. § 5 Abs. 1 a EStG, § 254 HGB und Finanz und Steuern, Band 1, Horschitz/Groß/Fanck/Kirschbaum/Schustek; Bilanzsteuerrecht, G 4.8.3.2).

BEISPIEL

U hat bei seinem Lieferanten Ware zum Kaufpreis von 10 000 € + 1 900 € USt bestellt. Die Lieferung steht am Abschlussstichtag noch aus. Der Marktpreis der bestellten Ware beträgt am 31.12. 9 000 € (netto).

LÖSUNG Nach den Wertverhältnissen des Bilanzstichtags hat U aus dem schwebenden Vertrag einen Lieferanspruch im Wert von netto 9 000 € und eine Zahlungsverpflichtung i. H. v. netto 10 000 €. Es droht vermögensmäßig ein Verlust von 1 000 €, der gem. § 249 Abs. 1 HGB zum 31.12. in Form einer Drohverlust-Rückstellung auszuweisen ist. In der Steuerbilanz darf die Rückstellung gem. § 5 Abs. 4 a Satz 1 EStG nicht passiviert werden. Steuerlicher Gewinn und handelsrechtlicher Gewinn weichen damit zwingend voneinander ab.

FALL 51

Wie lauten jeweils die erforderlichen Buchungen in den Jahren 02 und 03?

1. Für das abgelaufene Wj. 02 muss U mit einer Einkommensteuer-Abschlusszahlung i. H. v. 3 500 € rechnen.
Laut ESt-Bescheid 02 vom 20.06.03 sind 3 300 € nachzuzahlen, die am 18.07.03 per Postgiro an das Finanzamt überwiesen werden.

2. U muss damit rechnen, einen aus betrieblichen Gründen geführten Prozess in allen Rechtszügen zu verlieren. Die voraussichtlichen Kosten der ersten Instanz betragen ca. 700 €, die der zweiten Instanz ca. 1 000 €. Der Prozess ist am Bilanzstichtag 31.12.02 in der ersten Instanz anhängig. Mitte des Jahres 03 geht der Prozess in der ersten Instanz verloren. U überweist die in dieser Instanz angefallenen Kosten i. H. v. 750 € an die Gerichtskasse. Gleichzeitig legt er gegen das Urteil Berufung ein. Am Bilanzstichtag 31.12.03 schwebt der Prozess noch in der zweiten Instanz. U hat sich mittlerweile entschlossen, die Sache notfalls »bis nach Karlsruhe« zu bringen, auch wenn dadurch noch zusätzliche Kosten i. H. v. ca. 2 500 € entstehen würden.

3. Im Herbst 02 hat U nach einer Betriebsinspektion durch die zuständige Behörde von dieser folgende Auflagen erhalten:
a) Anbringung einer neuen Filteranlage, die den Bestimmungen des Immissionsschutzgesetzes entspricht,
b) Abtragen des kontaminierten Erdreichs von einem seiner Betriebsgrundstücke,
c) Beseitigung des auf diesem Grundstück lagernden industriellen Abfalls.
U muss nach Einholung entsprechender Kostenvoranschläge zum 31.12.02 mit folgenden Aufwendungen rechnen:
Bei a) 10 000 €, bei b) 40 000 € und bei c) 5 000 €.
Die Sanierungsmaßnahmen wurden Anfang 03 in Angriff genommen und waren Ende 03 abgeschlossen.
Die endgültigen Aufwendungen betrugen für a) 12 000 €, für b) 42 000 € und für c) 4 000 €.

4.
a) Unwetter haben Ende 02 die Außenfassade des Betriebsgebäudes beschädigt. Die Reparaturkosten betragen 20 000 €. Der Schaden ist nicht versichert. Die Reparaturarbeiten werden im Februar 03 aufgenommen und sind im März 03 abgeschlossen.
b) Wie ist die Rechtslage, wenn die Reparatur erst im April 03 abgeschlossen worden wäre?

4 Steuerfreie Rücklagen

4.1 Allgemeines

Das (positive) Eigenkapital des Kaufmanns kennen wir als erste auf der Passivseite der Bilanz auszuweisende Größe. Es dokumentiert die Höhe des am Stichtag vorhandenen Netto-Betriebsvermögens, das dem Betriebsvermögensvergleich gem. § 4 Abs. 1 EStG zugrunde zu legen ist.

Bei Kapitalgesellschaften wird dieses Eigenkapital in einzelne Bilanzposten aufgegliedert. Neben das feste gezeichnete Kapital treten ggf. noch Kapital- und Gewinnrücklagen. Außerdem können freie Rücklagen gebildet werden (vgl. § 272 Abs. 2 bis 4 HGB). Alle diese Rücklagen haben Eigenkapitalcharakter.

Von diesen Eigenkapitalrücklagen sind ebenfalls auf der Passivseite der Bilanz zu findende Rücklagen zu unterscheiden, die dazu dienen, die sofortige Besteuerung realisierter Gewinne zu verhindern. Um diesen Effekt der Vermeidung der sofortigen Besteuerung zum Ausdruck zu bringen, werden sie auch **steuerfreie Rücklagen** genannt, obwohl sie keine echte dauerhafte Steuerfreiheit bewirken. Sie sind gewissermaßen ein buchtechnisches Instrument zur Neutralisierung eines bereits realisierten Gewinns. Mit der Buchung »Aufwand an Rücklage« wird ein entstandener Gewinn buchmäßig storniert, neutral gestellt. Wann der darin enthaltene Gewinn dann versteuert wird, hängt von der weiteren Behandlung dieser Rücklage ab. Solche steuerfreien Rücklagen waren früher auch in der Handelsbilanz als sogenannte »Sonderposten mit Rücklageanteil« nach § 247 Abs. 3 HGB zu finden. Durch das BilMoG wurde § 247 Abs. 3 HGB jedoch gestrichen, sodass es sich bei diesen steuerfreien Rücklagen nunmehr nur noch um Passivposten **in der Steuerbilanz** handelt. Diese Vermeidung eines normalerweise steuerpflichtigen und damit sofort zu versteuernden Gewinns ist nur zulässig, wenn eine solche Verfahrensweise gesetzlich zugelassen ist. Das Einkommensteuerrecht räumt nun an verschiedenen Stellen dem Steuerpflichtigen unter bestimmten Voraussetzungen diese Möglichkeit ein. Es sei aber nochmals anzumerken, dass die **Besteuerung dadurch nur aufgeschoben** wird. In Höhe der gebildeten Rücklage handelt es sich um einen **noch nicht** versteuerten Gewinn.

4.2 Rücklage gem. § 6 b EStG

4.2.1 Erster Hauptfall: Veräußerung von Grundstücken

§ 6 b EStG erlaubt die Neutralisierung des bei der Veräußerung von Grund und Boden oder Gebäuden realisierten Gewinns, wenn diese WG mindestens sechs Jahre ununterbrochen zum Anlagevermögen einer inländischen Betriebsstätte des bilanzierenden Steuerpflichtigen gehört haben (§ 6 b Abs. 1 bis 4 EStG). Die Neutralisierung erfolgt nach der gesetzlichen Zielrichtung grundsätzlich mittels Übertragung der aufgedeckten stillen Reserve auf ein anderes, in § 6 b Abs. 1 Sätze 2 und 3 EStG aufgeführtes Wirtschaftsgut. Dadurch wird auf die sofortige Besteuerung der bei der Veräußerung aufgedeckten stillen Reserve verzichtet. Die Besteuerung erfolgt dann in der Folgezeit im Rahmen der Behandlung des die stille Reserve aufnehmenden Wirtschaftsguts. Erfolgt die Übertragung im selben Wirtschaftsjahr, in dem auch die stille Reserve aufgedeckt wurde, kann dies ohne Zwischenbuchung über ein Rücklagekonto geschehen. Erfolgt die Übertragung der stillen Reserve jedoch in einem auf die Veräußerung folgenden Wirtschaftsjahr, bedarf es hierfür gemäß § 6 b Abs. 3 EStG der Bildung einer den aktuellen steuerlichen Gewinn mindernden Rücklage, in diesem Fall »§ 6 b-Rücklage« genannt. Diese erscheint dann auf der Passivseite der Steuerbilanz und mindert dadurch das ausgewiesene Eigenkapital.

Der Verzicht auf die sofortige Besteuerung der realisierten stillen Reserven soll es dem Steuerpflichtigen erleichtern, betriebliche Umstrukturierungen durchzuführen, wobei dann der Veräußerungserlös durch Steuern ungeschmälert für neue entsprechende Investitionen zur Verfügung steht. Die Reinvestitionsabsicht des Unternehmers mag in vielen Fällen bei der Veräußerung vorliegen, ist aber nicht Voraussetzung der Inanspruchnahme der Begünstigung. Daher ermöglicht das Gesetz auch eine Neutralisierung, ohne dass es letztlich, mangels Reinvestition, zur Übertragung der stillen Reserven kommt. Die später erfolgende Versteuerung der stillen Reserven wird dann aber zusätzlich gem. § 6b Abs. 7 EStG durch einen steuerlichen Gewinnzuschlag verzinst.

BEISPIEL

U veräußert am 20.09.14 ein bebautes Grundstück, das er seit zwölf Jahren zur Lagerung seiner Warenbestände genutzt hatte. Vom Erlös i. H. v. 300 000 € entfallen 2/3 auf den Grund und Boden, der zum 31.12.13 mit den ursprünglichen AK von 120 000 € bilanziert war. Das Gebäude hatte zum 31.12.13 einen Restbuchwert von 80 000 € und war gem. § 7 Abs. 4 Satz 1 Nr. 1 EStG mit jährlich 6 400 € abgeschrieben worden.

LÖSUNG U kann den Buchgewinn durch Bildung einer Rücklage neutralisieren. Beim Grund und Boden beträgt dieser Gewinn 80 000 € und beim Gebäude 24 800 €. Der Buchwert des Gebäudes zum Zeitpunkt der Veräußerung gem. § 6b Abs. 2 EStG beträgt 75 200 € (80 000 € ./. zeitanteilige AfA bis einschließlich September 14 = 4 800 €). Der Bilanzposten § 6b-Rücklage enthält somit beide realisierten stillen Reserven.

Buchungen 14:

S	Grund und Boden		H
AB	120 000	2.	120 000

S	Gebäude		H
AB	80 000	1.	4 800
		2.	75 200

S	Geldkonto		H
2.	300 000		

S	AfA		H
1.	4 800		

S	Erträge		H
		2.	104 800

S	Aufwand		H
3.	104 800		

S	§ 6b-Rücklage		H
		3.	104 800

Die anlässlich der Veräußerung gebildete Rücklage kann als Passivposten in den Bilanzen der folgenden drei Jahre unverändert fortgeführt werden. Spätestens nach Ablauf von vier Jahren ist die Rücklage sodann gewinnerhöhend aufzulösen, was nunmehr die Versteuerung der im Jahr ihrer Realisierung steuerneutral gestellten stillen Reserven auslöst. Diese Frist kann sich bei der Herstellung eines Gebäudes als Reinvestitionsgut noch auf sechs Jahre verlängern (vgl. § 6b Abs. 3 EStG).

Wird die Rücklage erfolgswirksam aufgelöst, ohne dass es zur Übertragung der darin enthaltenen stillen Reserven kommt, ist dem Gewinn außerhalb der Buchführung ein Betrag i. H. v. 6 % des Rücklagenbetrags für jedes volle Jahr, in dem die Rücklage bestanden hat, hinzuzurechnen (§ 6b Abs. 7 EStG).

Die eben beschriebene nachteilige Folge der Versteuerung infolge Auflösung der Rücklage zuzüglich außerbilanzieller Gewinnzurechnung kann jedoch vermieden werden, wenn der Unternehmer im Jahr der Veräußerung, im vorangegangenen Jahr oder innerhalb der nachfolgenden vier bzw. sechs Jahre eine entsprechende Reininvestition getätigt hat bzw. tätigt. Als entsprechende Investitionsgüter gelten gem. § 6b Abs. 1 Satz 2 EStG insbesondere Grund und Boden und Gebäude. Die stillen Reserven des veräußerten WG können sodann im Ergebnis erfolgsneutral auf das neue WG übertragen werden.

BEISPIEL

In Fortführung des vorangegangenen Beispielfalls hat U am 03.11.15 ein anderes bebautes Grundstück (Baujahr 1990), das er für eigenbetriebliche Zwecke nutzt, zu AK von 350 000 € erworben. Die AK verteilen sich je hälftig auf Grund und Boden und Gebäude.

LÖSUNG U könnte den Buchgewinn in voller Höhe (104 800 €) von den AK des erworbenen Gebäudes abziehen (§ 6b Abs. 1 Satz 2 Nr. 3 EStG). Das würde aber gem. § 6b Abs. 6 EStG zu einer entsprechenden Minderung der AfA-Bemessungsgrundlage und des AfA-Volumens führen. Deshalb wird U den Buchgewinn 80 000 € aus der Veräußerung des Grund und Bodens gem. § 6 Abs. 1 Satz 2 Nr. 1 EStG bei den AK des neu erworbenen Grund und Bodens abziehen und nur den Rest von den AK des neu angeschafften Gebäudes. Buchtechnisch wäre der Vorgang wie folgt in 15 zu erfassen:

S	§ 6b-Rücklage		H
2.	104 800	AB	104 800

S	Grund u. Boden (neu)		H
1.	175 000	2.	80 000

S	Gebäude (neu)		H
1.	175 000	2.	24 800
		3.	751

S	Geldkonto		H
		1.	350 000

S	AfA		H
3.	751		

Die AfA berechnet sich gem. § 7 Abs. 4 Satz 1 Nr. 1 i. V. m. § 6b Abs. 6 EStG mit 3 % von 150 200 € = 4 506 €; davon in 15 wegen der Anschaffung erst im November zeitanteilig 2/12 = 751 €.

Der Abzug eines Veräußerungsgewinns i. S. d. § 6b Abs. 1 Satz 1 EStG kommt i. Ü. auch bei aktivierungspflichtigen Kosten des Aus- oder Umbaus von Gebäuden in Betracht. Solche Maßnahmen sind einer Anschaffung oder Herstellung gleichgestellt (§ 6b Abs. 1 Sätze 3 und 4 EStG).

4.2.2 Zweiter Hauptfall: Veräußerung von Anteilen an Kapitalgesellschaften

4.2.2.1 Allgemeines

Der Einzelunternehmer[2] kann auch den Gewinn, den er bei der Veräußerung von Anteilen an Kapitalgesellschaften erzielt, bis zu einem Betrag von 500 000 € im Wj. der Veräußerung durch Bildung einer Reinvestitionsrücklage gem. § 6b Abs. 10 EStG neutralisieren, wobei anzumerken ist, dass der Einsatz des Kontos »§ 6b-Rücklage« nur in den Fällen unbedingt erforderlich ist, in denen die Reinvestition nicht in das Jahr des Veräußerungsgewinns fällt (s. § 6b Abs. 10 Satz 5 EStG). Weitere Voraussetzung ist wiederum, dass die Anteile mindestens sechs Jahre zum Anlagevermögen des bilanzierenden Unternehmers gehört haben (§ 6b Abs. 10 Satz 4 i. V. m. Abs. 4 Satz 1 Nr. 2 EStG).

Zum besseren Verständnis der überaus kompliziert anmutenden Einzelregelungen des § 6b Abs. 10 EStG über Reinvestitionsobjekte und Übertragungsmodalitäten der Rücklage einschließlich eines Gewinnzuschlags bei fehlender Neuinvestition ist vorab darauf hinzuweisen, dass der Gewinn aus einer Anteilsveräußerung beim Einzelunternehmer von vornherein nur zu 60 % besteuert wird (§ 3 Nr. 40 Buchst. a) und § 3c Abs. 2 EStG; sogenanntes Teileinkünfteverfahren).

2 Begünstigt sind generell Personenunternehmen bei Veräußerungen nach dem 31.12.2001 (§ 52 Abs. 18a Satz 1 EStG). Nicht begünstigt sind Körperschaften, deren entsprechende Gewinne ohnehin gem. § 8b Abs. 2 KStG grds. steuerfrei sind.

4.2.2.2 Die Reinvestitionsobjekte, die Übertragungsfristen und die Übertragungsmodalitäten

Das weitere Schicksal der zulässigerweise in Höhe des Gewinns aus der Anteilsveräußerung gebildeten Rücklage hängt davon ab, ob in zeitlicher Nähe zur Anteilsveräußerung eine begünstigte Reinvestition getätigt worden ist. Als begünstigte Reinvestitionsobjekte kommen neu angeschaffte Anteile an Kapitalgesellschaften, neu angeschaffte bzw. hergestellte, abnutzbare bewegliche WG oder Gebäude in Betracht.

Im Einzelnen gilt Folgendes:

a) Reinvestitionsfall »Neuanschaffung von Anteilen an Kapitalgesellschaften«
Der Unternehmer hat in den auf das Jahr der Veräußerung der alten Anteile folgenden zwei Wirtschaftsjahren neue Anteile erworben. Der in der Rücklage geparkte gesamte Gewinn aus der Anteilsveräußerung kann mit den Anschaffungskosten der Neuinvestition verrechnet werden gem. § 6b Abs. 10 Sätze 3, 5 und 6 EStG.

BEISPIEL

U hat den Gewinn aus einer im Jahr 10 erfolgten Anteilsveräußerung i. H. v. 25 000 € durch eine Rücklage gem. § 6b Abs. 10 EStG neutralisiert. Im Jahr 11 hat er neue Anteile an einer Kapitalgesellschaft für 50 000 € erworben.

LÖSUNG Der gesamte Gewinn aus der Anteilsveräußerung kann mit den AK der neuen Anteile verrechnet werden. Die endgültigen AK der neuen Anteile betragen nach Übertragung bzw. Auflösung der Rücklage 25 000 € (50 000 € ./. 25 000 €).

b) Reinvestitionsfall »Neuanschaffung oder Herstellung abnutzbarer beweglicher Wirtschaftsgüter«
Der Unternehmer hat in den auf das Jahr der Veräußerung der Anteile folgenden zwei Wirtschaftsjahren abnutzbare bewegliche WG erworben oder hergestellt. Der in der Rücklage geparkte gesamte Gewinn aus der Anteilsveräußerung kann gem. § 6b Abs. 10 Sätze 2 und 6 EStG **zu 60 %** (steuerpflichtiger Teil des Veräußerungsgewinns) mit den AK/HK der Neuinvestition verrechnet werden. Die restlichen 40 % (steuerfreier Teil des Veräußerungsgewinns) sind sodann erfolgswirksam aufzulösen. Dieser Gewinn bleibt gem. § 6b Abs. 10 Satz 7 i. V. m. § 3 Nr. 40 Buchst. a) EStG und § 3c Abs. 2 EStG steuerfrei, sodass die ursprüngliche teilweise Steuerfreiheit des Veräußerungsgewinns gewahrt bleibt.

BEISPIEL

In Abwandlung des vorangegangenen Beispiels hat U im Jahr 11 einen LKW für 50 000 € AK erworben.

LÖSUNG 60 % der Rücklage können von den AK des LKW abgezogen werden. Die endgültigen AK des LKW betragen danach 35 000 € (50 000 € ./. 15 000 €).
Die anderen 40 % der Rücklage werden gemäß § 6 Abs. 10 Satz 7 EStG erfolgswirksam aufgelöst, wobei dieser Gewinn aber gem. § 3 Nr. 40 Buchst. a) EStG i. V. m. § 3c Abs. 2 EStG steuerfrei bleibt.

c) Reinvestitionsfall »Neuanschaffung bzw. Herstellung Gebäude«
Der Unternehmer hat in den auf das Jahr der Veräußerung der Anteile folgenden vier Jahren Gebäude neu angeschafft oder hergestellt. Der in der Rücklage geparkte Gewinn kann **zu 60 %** mit den AK/HK der Neuinvestitionen verrechnet werden. Die anderen 40 % sind sodann erfolgswirksam aufzulösen, bleiben aber gem. § 6b Abs. 10 Satz 7 i. V. m. § 3 Nr. 40 Buchst. a) EStG i. V. m. § 3c Abs. 2 EStG steuerfrei.

BEISPIEL

In Abwandlung des vorangegangenen Beispiels hat U im Jahr 11 ein bebautes Grundstück zu AK von 400 000 € erworben. Die AK entfallen je zur Hälfte auf Grund und Boden und Gebäude.

LÖSUNG Buchführung 11:

S	§ 6b-Rücklage		H
2.	25 000	AB	25 000

S	Grund u. Boden		H
1.	200 000		

S	Gebäude		H
1.	200 000	2.	15 000

S	Ertrag		H
		2.	10 000

S	Geldkonto		H
		1.	400 000

Die endgültigen AK des Gebäudes betragen 185 000 €.
Der Ertrag i. H. v. 10 000 € bleibt steuerfrei.

Die Frage, ob die Reinvestition in den Fällen a bis c auch begünstigt ist, wenn sie in dem der Veräußerung vorangegangenen Wirtschaftsjahr erfolgte, ist nach dem Wortlaut des § 6b Abs. 10 Satz 1 EStG zu verneinen. Im Gegensatz zu § 6b Abs. 1 Satz 1 EStG ist dieser Sachverhalt in § 6b Abs. 10 Satz 1 EStG nicht genannt (s. a. R 6b.2 Abs. 13 Satz 2 EStR).

4.2.2.3 Auflösung der Rücklage ohne Übertragung/Verzinsung

Eine im Jahr der Anteilsveräußerung zulässig gebildete Rücklage gem. § 6b Abs. 10 EStG ist spätestens nach vier Jahren gewinnerhöhend aufzulösen (§ 6b Abs. 10 Satz 8 EStG). Gleichzeitig ist der Gewinn im Jahr der Rücklagenauflösung für jedes Wirtschaftsjahr, in dem die Rücklage bestanden hat, um jeweils 6 % des nicht steuerbefreit aufgelösten Rücklagenbetrags zu erhöhen (§ 6b Abs. 10 Satz 9 EStG).

BEISPIEL

Eine zum 31.12.10 gebildete Rücklage gem. § 6b Abs. 10 EStG i. H. v. 25 000 € wird bis zum 31.12.14 unverändert weitergeführt.

LÖSUNG Gem. § 6b Abs. 10 Satz 8 EStG ist die im Jahr 10 gebildete Rücklage spätestens am 31.12.14 erfolgswirksam aufzulösen. Von diesem Auflösungsgewinn i. H. v. 25 000 € bleiben 40 % gem. § 3 Nr. 40 Buchst. a) i. V. m. § 3c Abs. 2 EStG steuerfrei.
Gleichzeitig werden nach § 6b Abs. 10 Satz 9 EStG dem steuerpflichtigen Gewinn 14 (außerhalb der Buchführung) 6 % von 15 000 € = 900 €, somit für vier Jahre = 3 600 € hinzugerechnet.

4.3 Rücklage für Ersatzbeschaffung (R 6.6 EStR)

4.3.1 Allgemeines

Mehr als ärgerlich ist es, wenn ein WG aus dem Betrieb ausscheidet, ohne dass dies auf eine Entscheidung des Unternehmers zurückzuführen ist. Das Einkommensteuerrecht ermöglicht es nun in bestimmten Fällen, eine in diesem Zusammenhang möglicherweise entstehende Steuerbelastung zu verhindern.

BEISPIEL

Der ordnungsgemäß geparkte Betriebs-PKW des U wird in einer Nacht des Jahres 01 vom PKW eines anschließend Unfallflucht begehenden Verkehrsteilnehmers gerammt. Der Betriebs-PKW des U erleidet einen Totalschaden. Die Kaskoversicherung des U ersetzt noch im Jahr 01 den Zeitwert des Betriebs-PKW i. H. v. 2 000 €. Der Buchwert des Betriebs-PKW im Zeitpunkt des Unfalls betrug 0 €.

LÖSUNG Der Unfall und seine Folgen haben bei U einen Buchgewinn i. H. v. 2 000 € ausgelöst. Die Rechtsprechung hat in solchen und ähnlichen Fällen ein Einsehen gezeigt und Tatbestandsmerkmale entwickelt, bei deren Vorliegen die sofortige Besteuerung der im Zeitpunkt des Unfalls eingetretenen Gewinnrealisierung ausnahmsweise vermieden werden kann. Es handelt sich insoweit um ungeschriebenes Gewohnheitsrecht, das seinen Niederschlag in der Verwaltungsanweisung R 6.6 EStR gefunden hat.

4.3.2 Die einzelnen Tatbestandsmerkmale

Die Aufdeckung stiller Reserven kann (Wahlrecht) unterbleiben, wenn

1. ein WG des Anlage- oder Umlaufvermögens infolge **höherer Gewalt** oder zur Vermeidung eines **behördlichen Eingriffs** gegen **Entschädigung** aus dem Betriebsvermögen ausscheidet;
2. innerhalb einer bestimmten Frist ein funktionsgleiches **Ersatz-WG** angeschafft oder hergestellt wird, auf dessen Anschaffungs- oder Herstellungskosten die stillen Reserven des ausgeschiedenen WG übertragen werden.

Obwohl die Richtlinien in R 6.6 Abs. 1 EStR formulieren, dass die Gewinnverwirklichung durch Aufdeckung stiller Reserven vermieden werden kann, ist gemeint, dass die sofortige Besteuerung der aufgedeckten stillen Reserven vermieden werden kann. Dies hat dann zur Folge, dass die Entschädigung vollständig, ohne Berücksichtigung einer Steuerbelastung, für die Ersatzbeschaffung verwendet werden kann.

- **Höhere Gewalt**

  Höhere Gewalt sind zunächst einmal Elementarereignisse wie z. B. Brand, Sturm, Überschwemmung, Erdbeben, aber auch Diebstahl, Unterschlagung oder Raub. Auch der unverschuldete Verkehrsunfall gilt als höhere Gewalt (BFH vom 14. 10. 1999 BStBl II 2001, 130).

BEISPIEL

In Fortführung des vorangegangenen Beispielsfalls schafft sich U noch im Jahr des Unfalls einen neuen (Ersatz-)PKW für 20 000 € + 3 800 € USt an, den er ausschließlich betrieblich nutzt.

LÖSUNG U kann den Buchgewinn neutralisieren und die stillen Reserven des Alt-PKW auf den Neu-PKW übertragen. Die AK des Neu-PKW betragen danach 18 000 €.

Buchungen:

S	Aufwand		H
2.	2 000		

S	R 6.6-Rücklage		H
4.	2 000	2.	2 000

S	Geldkonto		H
1.	2 000	3.	23 800

S	PKW neu		H
3.	20 000	4.	2 000

S	VoSt		H
3.	3 800		

S	Ertrag		H
		1.	2 000

Falls die Ersatzbeschaffung noch im Wirtschaftsjahr des Ausscheidens des Wirtschaftsguts erfolgt, kann die Behandlung buchtechnisch auch ohne Buchung über das Rücklagenkonto erfolgen. Die (zwischenzeitliche) Buchung über das Konto R 6.6-Rücklage ist aber auch hier wegen der besseren Nachverfolgbarkeit der Übertragung der stillen Reserve zu empfehlen. Die Buchung über das Rücklagenkonto ist demnach zwingend nur dann erforderlich, wenn die Ersatzbeschaffung in einem auf das Ausscheiden folgenden Wirtschaftsjahr erfolgt.

BEISPIEL

Wie voriges Beispiel, nur dass die Übertragung der stillen Reserve ohne Zwischenbuchung auf dem Rücklagenkonto erfolgt

LÖSUNG Die aufgedeckte stille Reserve wird als Ertrag gebucht und die Übertragung als Minderung der Anschaffungskosten des Ersatz-PKW und somit als sonstige Abschreibung.

S	sonst. Abschreibung		H
3.	2 000		

S	Ertrag		H
		1.	2 000

S	Geldkonto		H
1.	2 000	2.	23 800

S	PKW neu		H
2.	20 000	3.	2 000

S	Vorsteuer		H
2.	3 800		

BEISPIEL

Wie voriges Beispiel, nur dass der Ersatz-PKW erst im Folgejahr 02 angeschafft wird und damit die Übertragung der durch die Versicherungsentschädigung im Jahr 01 aufgedeckte stille Reserve erst im Jahr 02 erfolgt.

LÖSUNG Mangels Anschaffung des Ersatz-PKW kann in 01 noch keine Übertragung der aufgedeckten stillen Reserve erfolgen. Nach R 6.6 Abs. 4 Satz 1 EStR kann jedoch zum 31.12.01 eine Rücklage nach R 6.6 EStR gebildet werden. Nach R 6.6 Abs. 4 Satz 8 EStR erfolgt dann im Jahr 02 eine Übertragung der stillen Reserve durch Übertragung der Rücklage auf die Anschaffungskosten des im Jahr 02 angeschafften Ersatz-PKW. Der gesamte Vorgang stellt damit eine erfolgsneutrale Übertragung der aufgedeckten stillen Reserve dar. Die für die weitere Behandlung des Ersatz-PKW maßgebenden AK betragen dann, wie in den vorigen Beispielen, 18.000 €.

Buchungen in 01:

S	Aufwand		H
2.	2 000		

S	R 6.6-Rücklage		H
SBK	2 000	2.	2 000

S	Geldkonto		H
1.	2 000		

S	Ertrag		H
		1.	2 000

Buchungen in 02:

S	R 6.6-Rücklage		H
2.	2 000	AB	2 000

S	Geldkonto		H
		1.	23 800

S	PKW neu		H
1.	20 000	2.	2 000

S	VoSt		H
1.	3 800		

- **Behördlicher Eingriff**

Ein drohender behördlicher Eingriff beseitigt die Entschließungsfreiheit des Unternehmers. Er befindet sich in einer Zwangslage, die kraft öffentlichen Rechts entstanden ist.

BEISPIEL

U muss damit rechnen, dass er eine neue in Planung befindliche Streckenführung der S-Bahn über sein Betriebsgelände auf Dauer nicht verhindern kann. Er veräußert das Betriebsgrundstück »freiwillig« an das Land als Betreiber der S-Bahn. Gleichzeitig ist er auf der Suche nach einem geeigneten Ersatzgrundstück.

LÖSUNG U kann den bei der Veräußerung ggf. erzielten Buchgewinn durch Bildung einer Rücklage für Ersatzbeschaffung neutralisieren. Er verkauft sein Grundstück, da er höchstwahrscheinlich über kurz oder lang einem gesetzlichen Enteignungsverfahren ausgesetzt sein wird.

- **Die Entschädigung**

Eine Entschädigung i. S. d. R 6.6 EStR liegt nur vor, soweit sie für das aus dem Betriebsvermögen ausgeschiedene WG als solches und nicht für Schäden gezahlt worden ist, die Folge des Ausscheidens sind.

BEISPIEL

Die Versicherung erstattet nicht nur den Zeitwert eines durch höhere Gewalt aus dem Betriebsvermögen ausgeschiedenen WG, sondern darüber hinaus den durch den Ausfall des WG verursachten entgangenen Betriebsgewinn.

LÖSUNG Der Ersatz des entgangenen Gewinns ist keine Entschädigung i. S. d. R 6.6 EStR. Es liegt insoweit ein betrieblicher Ertrag vor, der nicht neutralisiert werden darf.

Soweit die Entschädigung nicht in voller Höhe zur Ersatzbeschaffung verwendet wird, darf eine gebildete Rücklage nur anteilig auf das Ersatz-WG übertragen und muss i. Ü. erfolgswirksam aufgelöst werden.

BEISPIEL

U hat für das wegen drohender Enteignung veräußerte Betriebsgrundstück einen Erlös i. H. v. 200 000 € erzielt. Der Buchwert des Grundstücks betrug 140 000 €. U hat eine Rücklage für Ersatzbeschaffung i. H. v. 60 000 € gebildet. Die AK für das Ersatzgrundstück beliefen sich auf 150 000 €.

LÖSUNG U hat nur 75 % der Entschädigung bzw. des Erlöses zur Ersatzbeschaffung verwendet. Es dürfen daher nur 75 % der Rücklage erfolgsneutral auf das Ersatz-WG übertragen werden; 25 % des Rücklagenbetrags sind gewinnerhöhend aufzulösen – vgl. H 6.6 [3] (Mehrentschädigung) EStH.

Buchungen:

S	RfE	H
2.	60 000	60 000

S	Ersatzgrundstück	H
1.	150 000	2. 45 000

S	Geldkonto	H
		1. 150 000

S	Ertrag	H
		2. 15 000

- **Das Ersatz-WG**

An die Stelle des ausgeschiedenen muss ein funktionsgleiches WG treten. Eine Rücklage für Ersatzbeschaffung ist erfolgswirksam aufzulösen, wenn das aus dem Betriebsvermögen ausgeschiedene WG nicht durch ein wirtschaftlich gleichartiges und ebenso genutztes WG ersetzt wird (BFH vom 29. 04. 1999 BStBl II 1999, 488).

4.3.3 Die Übertragungsfristen

Ist im Wirtschaftsjahr des Ausscheidens des betreffenden WG noch keine Ersatzbeschaffung vorgenommen worden, wird eine gebildete Rücklage in der Schlussbilanz dieses Jahres gewinnmindernd passiviert. Unterbleibt auch im folgenden Jahr die Ersatzbeschaffung, muss die Rücklage erfolgswirksam aufgelöst werden. Die Frist von einem Jahr verdoppelt sich bei einer Rücklage, die aufgrund des Ausscheidens eines Grundstücks oder Gebäudes gebildet worden ist. Voraussetzung der (weiteren) Passivierung einer Rücklage ist i. Ü., dass die Ersatzbeschaffung am Abschlussstichtag ernstlich geplant war (vgl. im Einzelnen R 6.6 Abs. 4 EStR).

Die Gewinnrealisierung bei einem (drohenden) behördlichen Eingriff kann auch vermieden werden, wenn die Ersatzbeschaffung in einem Wj. vorgenommen worden ist, das dem Wj. des Ausscheidens des ersetzten WG aus dem Betriebsvermögen vorangeht. Die Begünstigung einer solchen **vorgezogenen Ersatzbeschaffung** setzt einen ursächlichen Zusammenhang zwischen beiden Vorgängen voraus (BFH vom 12.06.2001 BStBl II 2001, 830).

BEISPIEL

Mit Ordnungsverfügung vom 03.02.01 wurde dem U die gewerbliche Nutzung seines Betriebsgrundstücks ab dem 01.09.01 untersagt. Es bietet sich ihm die günstige Gelegenheit, ein funktionsgleiches Grundstück noch im Dezember 01 zu erwerben. Der Betrieb wurde sodann im Jahr 02 dorthin verlegt. Im Jahr 03 konnte das alte Grundstück mit einem Buchgewinn von 40 000 € veräußert werden.

LÖSUNG U kann den erzielten Gewinn in 03 vom Buchwert des in 01 erworbenen Grundstücks absetzen. Der ursächliche Zusammenhang zwischen Veräußerung und Ersatzbeschaffung ist bei einem Zeitabstand von zwei bis drei Jahren noch gewahrt (BFH vom 12.06.2001 BStBl II 2001, 830).

4.3.4 Entschädigung bei Beschädigung

Erhält der Unternehmer für ein WG, das infolge höherer Gewalt oder eines behördlichen Eingriffs beschädigt worden ist, eine Entschädigung, so kann in Höhe der Entschädigung eine den Gewinn mindernde Rücklage gebildet werden, wenn das WG erst in einem späteren Wirtschaftsjahr repariert wird. Die Rücklage ist sodann im Zeitpunkt der Reparatur in voller Höhe gewinnerhöhend aufzulösen. Ist die Reparatur am Ende des zweiten, auf die Bildung folgenden Wj. noch nicht erfolgt, so ist die Rücklage zu diesem Zeitpunkt aufzulösen (R 6.6 Abs. 7 EStR).

4.3.5 Verhältnis R 6.6 EStR zu § 6 b EStG

Die Voraussetzungen der Begünstigung nach § 6 b EStG und R 6.6 EStR können bei Veräußerung wegen drohenden behördlichen Eingriffs gleichzeitig erfüllt sein. Der Unternehmer hat dann die Wahl zwischen beiden Möglichkeiten. Er kann natürlich auch auf jede dieser Begünstigungen verzichten.

FALL 52

a) U hat in den Jahren 10 und 11 folgende betriebliche Umstrukturierungen vorgenommen:
1. Veräußerung einer Beteiligung an der X-GmbH in 10 mit einem Buchgewinn von 20 000 €.
2. Veräußerung eines Betriebsgrundstücks 10 mit einem Buchgewinn von 50 000 € (davon 30 000 € auf Grund und Boden und 20 000 € auf Gebäude entfallend).
3. Erwerb einer Beteiligung an der Y-GmbH 11 (AK 100 000 €).
4. Erwerb eines Betriebsgrundstücks im Dezember 11 (AK 300 000 €, davon je 150 000 € auf Grund und Boden und Gebäude entfallend). Das Gebäude ist 1990 erstellt worden.

Die Beteiligung an der X-GmbH und das veräußerte Grundstück gehörten seit zehn bzw. zwölf Jahren zum Anlagevermögen des U.

Muss U die Veräußerungsgewinne 10 versteuern? Welche Gestaltungsmöglichkeiten ergeben sich für U aufgrund der 11 getätigten Neuinvestitionen?

b) Wegen drohender Enteignung veräußerte U sein seit zehn Jahren zum Anlagevermögen gehörendes Betriebsgrundstück im März 11 für 500 000 € an die Gemeinde. Dadurch wurden stille Reserven im Grund und Boden i. H. v. 200 000 € und im Gebäude i. H. v. 40 000 € aufgedeckt.

Im Oktober 11 erwarb U ein funktionsgleiches Ersatzgrundstück (Baujahr des Gebäudes 1999). Seine AK betrugen 600 000 € (Grund und Boden 180 000 €, Gebäude 420 000 €).

Im Dezember 11 hat U außerdem seine seit elf Jahren zum Anlagevermögen gehörende Beteiligung an der X-AG veräußert und dabei einen Buchgewinn i. H. v. 20 000 € erzielt.

Im März 12 erwarb U eine Beteiligung an der Y-AG, für die er 50 000 € aufgewendet hat.

Weitere Investitionen sind von U in der Zukunft nicht geplant.

Welche Möglichkeiten bieten sich U, die o. g. Gewinne 11 zu neutralisieren?

Welche Wahl wird U treffen?

Stellen Sie die buchmäßigen Auswirkungen bis zur Schlussbilanz 31.12.11 dar!

Teil F Entnahmen und Einlagen

1 Bedeutung

Noch einmal muss an dieser Stelle daran erinnert werden, dass der Buch führende Unternehmer seinen Gewinn durch **BVV** zu ermitteln hat. Die Höhe der im Laufe eines Wj. eingetretenen Vermögensvermehrung oder Vermögensverminderung (erkennbar an der in der Bilanz dargestellten tatsächlichen Eigenkapitalveränderung = Veränderung des betrieblichen Reinvermögens) wird aber nun regelmäßig nicht nur durch betriebliche, sondern auch durch außerbetriebliche Vorgänge beeinflusst. Schon frühzeitig haben wir deshalb zwischen betrieblich veranlassten Betriebsvermögensvermehrungen (Ertrag) oder -minderungen (Aufwand) und privat veranlassten Betriebsvermögensvermehrungen (Einlagen) oder -minderungen (Entnahmen) zu unterscheiden gelernt (s. A 2).

Wir wissen, dass die Höhe des BV durch Privatentnahmen oder Privateinlagen verändert, aber das Betriebsergebnis dadurch i. d. R. nicht beeinflusst wird. Entsprechend schreibt § 4 Abs. 1 Satz 1 EStG vor, dass der Vermögensunterschied um den Wert der Entnahmen zu vermehren und um den Wert der Einlagen zu vermindern ist.

Unter welchen Voraussetzungen muss nun eine Betriebsvermögensänderung als privat veranlasst angesehen werden? Zur Beantwortung dieser Frage bedarf es einer Klärung des Begriffspaares Entnahmen und Einlagen.

2 Entnahmen

Nach der Definition in § 4 Abs. 1 Satz 2 EStG sind Entnahmen alle WG, die der Steuerpflichtige dem Betrieb für sich, für seinen Haushalt oder für andere betriebsfremde Zwecke im Laufe des Wj. entnommen hat. Der Begriff der Entnahme bedeutet demnach die Überführung eines WG aus dem BV in die außerbetriebliche Sphäre, i. d. R. ins PV.

Dabei ist allerdings zu sehen, dass nach der in § 4 Abs. 1 Satz 2 EStG enthaltenen Definition auch Nutzungen und Leistungen des Betriebs Gegenstand einer Entnahme sein können, der Begriff des entnahmefähigen Wirtschaftsguts damit weiter gefasst ist als der übliche Wirtschaftsgutbegriff des Bilanzrechts. Es soll damit verhindert werden, dass (die mit den sich im betriebsfremden Bereich auswirkenden Nutzungen und Leistungen zusammenhängenden) Wertabgaben aus betriebsfremden Zwecken, die zu einer Schmälerung des Betriebsvermögens führen, sich auf den Gewinn auswirken. Die durch die Wertabgaben veranlassten Kosten sollen den Gewinn nicht mindern und müssen demnach im Rahmen des Betriebsvermögensvergleichs der Betriebsvermögensdifferenz wieder hinzugerechnet werden (s. 2.1).

Entnahmefähig sind alle WG, bei denen eine private Nutzung denkbar ist. Hierzu gehören insbesondere die Gegenstände des **gewillkürten BV** (zum Begriff s. D 2.3), z. B. der Unternehmer überführt bisher im BV gehaltene Wertpapiere in sein PV.

WG des **notwendigen BV** (zum Begriff s. D 2. 1) sind so lange nicht entnommen, wie ihre Zweckbestimmung, dem Betrieb zu dienen, weiterbesteht. Daher ist auch eine Nutzungsänderung, durch die das WG zwar seinen Charakter als notwendiges BV verliert, jedoch nicht zu notwendigem PV wird, ohne eine eindeutige Entnahmeerklärung des Unternehmers keine Entnahme des WG (s. R 4.3 Abs. 3 Satz 5 EStR).

BEISPIELE

a) Der Unternehmer »entnimmt« eine Maschine, die weiterhin der Produktion des Betriebes dient.
LÖSUNG Die Maschine gehört nach wie vor zum notwendigen BV und ist damit nicht entnahmefähig.

b) Der Unternehmer schenkt die Maschine seinem Sohn für dessen Betrieb.
LÖSUNG Hier ist die Zweckbestimmung der Maschine, dem Betrieb des U zu dienen, gelöst. Außerdem hat ein Eigentumswechsel stattgefunden. Es ist eine Entnahme gegeben.

c) Ein Lebensmittelhändler entnimmt Nahrungsmittel für seinen Haushalt aus dem Betrieb.
LÖSUNG Es liegt eine Privatentnahme vor, denn durch die private Verwendung wird die Bindung an den Betrieb aufgehoben; die betreffenden Nahrungsmittel sind jetzt zum privaten Verbrauch bestimmt.

Eine Überführung von WG in die private Sphäre und damit eine Entnahme von Geld liegt auch vor, wenn Einkommensteuer und sonstige Personensteuern aus Betriebsmitteln bezahlt werden.

2.1 Aufwandsentnahme

Nicht selten werden vom Unternehmer WG des BV oder auch betriebliche Dienstleistungen für private Zwecke in Anspruch genommen, ohne dass dabei WG aus dem BV in das PV überführt werden.

BEISPIEL

a) Der Unternehmer lässt den Garten vor seinem Wohnhaus durch einen Arbeiter seines Betriebes bepflanzen.
b) Der Unternehmer fährt mit dem betrieblichen PKW in Urlaub.

In den genannten Fällen werden dem Betrieb keine WG entnommen. Gleichwohl liegt eine **Wertabgabe zu betriebsfremden Zwecken** vor, die zu einer entsprechenden Aufwandskorrektur führen muss, da die insoweit verursachten Kosten nicht betrieblich, sondern privat veranlasst sind. Mit der Buchung »Privat an Aufwand« werden die betreffenden Kosten neutralisiert. Diese sogenannte Aufwandsentnahme stellt somit sicher, dass letztlich nur betrieblicher Aufwand den Gewinn mindert.

Da der **eigenen Arbeitsleistung** des Unternehmers von vornherein der Aufwandscharakter fehlt, scheidet hier eine entsprechende Aufwandsentnahme aus.

BEISPIEL

a) Ein Schneidermeister fertigt einen Anzug für sich selbst an.
b) Ein Arzt behandelt seine Kinder.
c) Ein Dekorationsmaler streicht die Wände seiner eigenen Wohnung.
LÖSUNG In diesen Fällen liegt keine Aufwandsentnahme vor.

2.2 Entnahmehandlung

Eine Entnahme setzt eine **eindeutige Entnahmehandlung** voraus (vgl. BFH vom 19.06.1975 BStBl II 1975, 811). Der Willensentschluss des Unternehmers, ein WG aus der betrieblichen auf Dauer in die private Sphäre zu überführen, muss durch ein entsprechendes

Tätigwerden erkennbar nach außen in Erscheinung treten. Bei Überführung von WG des **gewillkürten** BV in das PV dokumentiert i. d. R. **die Buchung,** ob und zu welchem Zeitpunkt WG aus dem BV ausgeschieden sind (vgl. R 4.3 Abs. 3 Satz 3 EStR).

Eine schlüssige Entnahmehandlung kann auch in einer **Nutzungsänderung** liegen, durch die auf Dauer jede Beziehung des WG zum Betrieb endgültig gelöst und dieses vom notwendigen BV in das (notwendige) PV überführt wird (vgl. BFH vom 04.11.1982 BStBl II 1983, 448). Sind die buchmäßigen Konsequenzen auf Grund einer solchen Nutzungsänderung nicht durch eine entsprechende Entnahmebuchung gezogen worden, ist die Bilanz falsch und muss berichtigt werden (vgl. R 4.3 Abs. 3 Satz 4 EStR). Falls sich das Wirtschaftsgut bereits im gewillkürten Betriebsvermögen befunden hat, legt die Rechtsprechung für das Erfordernis der eindeutigen Entnahmehandlung als Ausdruck der dauerhaften Lösung der Zuordnung zum Betrieb jedoch einen strengen Maßstab an. So hat der BFH in seinem Urteil vom 21.08.2012 BStBl II 2013, 117 ausgeführt, dass, wenn sich der Umfang der betrieblichen Nutzung eines Kfz, das dem gewillkürten Betriebsvermögen eines Unternehmens in einem früheren Veranlagungszeitraum wegen einer mehr als zehnprozentigen betrieblichen Nutzung zugeordnet wurde, in einem Folgejahr auf unter zehn Prozent ändert, dies an der Zuordnung zum gewillkürten Betriebsvermögen nichts ändert, weil eine solche Nutzungsänderung **allein** keine Entnahme darstellt. Die Verwaltung folgt dieser Auffassung, s. H 4.3 [2–4] (Nutzungsänderung) EStH. Eine Nutzungsänderung, durch die das WG zwar seine Eigenschaft als notwendiges BV verliert, jedoch nicht zu notwendigem PV wird, weil es infolge der Nutzungsänderung die Eigenschaft als gewillkürtes BV erlangt, ist ohne eindeutige Entnahmeerklärung des Unternehmers keine Entnahme des WG (vgl. R 4.3 Abs. 3 Satz 5 EStR).

BEISPIELE

a) Der Unternehmer nutzt einen bisher ausschließlich Betriebszwecken dienenden PKW künftig nur noch privat.

LÖSUNG Mit der Nutzungsänderung ist der PKW entnommen, weil er nunmehr **dauerhaft** zu **notwendigem** PV wird.

b) Der Unternehmer nutzt einen bisher ausschließlich Betriebszwecken dienenden PKW künftig nur noch zu 20 % betrieblich.

LÖSUNG Allein durch die Nutzungsänderung ist der PKW noch nicht als entnommen anzusehen, da er infolge seines künftigen betrieblichen Nutzungsumfangs noch zur Gruppe des **gewillkürten** BV gehört. Eine Entnahme (ggf. unter Aufdeckung stiller Reserven) kann nur bei ausdrücklicher Entnahmeerklärung des Unternehmers angenommen werden, die in der Ausbuchung des PKW gesehen werden kann.

c) Der Unternehmer errichtet auf einem bisher als Lagerplatz verwendeten Betriebsgrundstück ein eigenen Wohnzwecken dienendes Einfamilienhaus.

LÖSUNG Die Nutzungsänderung führt zu einer Entnahme des Grund und Bodens, da ein zu eigenen Wohnzwecken genutztes Grundstück notwendiges PV ist (vgl. a. R 4.2 Abs. 9 Satz 1 EStR).

Die strenge Auffassung des BFH zur erforderlichen Entnahmehandlung im Bereich des **gewillkürten Betriebsvermögens** kommt auch darin zum Ausdruck, dass auch der Grundsatz der einheitlichen Behandlung eines Wirtschaftsguts nicht zu einer Zwangsentnahme führen kann –vgl. BFH vom 10.11.2004 BStBl II 2005, 334, was insbesondere bei unterschiedlich genutzten Gebäudeteilen relevant wird. In diesem Urteil führte der BFH aus, dass ein zunächst betrieblich genutzter Gebäudeteil seine Eigenschaft als Betriebsvermögen nicht dadurch verliert, dass er nun zu fremden Wohnzwecken vermietet wird und sich in dem Gebäude ein weiterer zu fremden Wohnzwecken vermieteter Gebäudeteil befindet, der zum Privatvermögen gehört. Ein Ausscheiden des ursprünglich betrieblich genutzten Gebäudeteils aus dem Betriebsvermögen erfordert daher eine eindeutige Entnahmeerklärung des Unternehmers. Danach kann eine Entnahme nur dann ohne eine Entnahmeerklärung des Unternehmers vorliegen, wenn dieser die bisherige Nutzung eines WG auf Dauer so ändert, dass es seine Beziehung zum Betrieb verliert und dadurch zum notwendigen PV wird. Dagegen führt eine Nutzungsänderung, durch die das WG zwar einerseits seine Eigenschaft als notwendiges BV verliert, andererseits aber auch nicht zu notwendigem PV wird (also die Merkmale eines WG des gewillkürten BV erfüllt), ohne eindeutige Entnahmeerklärung des Unternehmers nicht zu einer Entnahme des WG. Nach Auffassung des BFH setze der sogenannte Einheitlichkeitsgrundsatz zur einheitlich steuerlichen Behandlung von Gebäudeteilen, die in einem gleichartigen Nutzungs- und Funktionszusammenhang stehen, die Regelungen über die Entnahme und Einlage von Wirtschaftsgütern nicht außer Kraft.

2.3 Entnahme und Umsatzsteuer

Das UStG stellt gem. § 3 Abs. 1 b Nr. 1 UStG die Entnahme eines Gegenstands durch den Unternehmer aus seinem Unternehmen für Zwecke, die außerhalb des Unternehmens liegen, einer Lieferung gegen Entgelt gleich unter der Voraussetzung, dass der Gegenstand zum vollen oder teilweisen Vorsteuerabzug berechtigt hat. Bemessungsgrundlage des Umsatzes ist gem. § 10 Abs. 4 Nr. 1 UStG der Einkaufspreis zuzüglich der Nebenkosten für den Gegenstand zum Zeitpunkt der Entnahme.

Weiterhin wird gem. § 3 Abs. 9 a Nr. 1 UStG die Verwendung eines dem Unternehmen zugeordneten Gegenstands, der zum vollen oder teilweisen Vorsteuerabzug berechtigt hat, für Zwecke, die außerhalb des Unternehmens liegen, einer sonstigen Leistung gegen Entgelt gleichgestellt. Bemessungsgrundlage des Umsatzes sind gem. § 10 Abs. 4 Nr. 2 UStG die dabei entstandenen Kosten, soweit sie zum Vorsteuerabzug berechtigt haben.

Die ertragssteuerrechtliche (Aufwands-)Entnahme zieht somit regelmäßig auch die aufgezeigten umsatzsteuerrechtlichen Konsequenzen nach sich. Die dabei entstehende USt-Schuld darf aber gem. **§ 12 Nr. 3 EStG** den Gewinn nicht mindern. **Sie erhöht somit die Entnahmebuchung.**

2.4 Bewertung der Entnahmen

Entnahmen sind gem. § 6 Abs. 1 Nr. 4 Satz 1 EStG grundsätzlich mit dem **Teilwert** im Zeitpunkt der Entnahme zu bewerten. Der Ansatz des Teilwerts (zum Begriff s. D 3.1.3) bezweckt die steuerliche Erfassung von stillen Reserven, die während der Betriebszugehörigkeit des betreffenden WG gebildet worden sind. Die Entnahme stellt zwar keine Veräußerung dar, wird aber vom EStG gleichsam **wie eine Veräußerung** vom BV an das PV behandelt. Die vorgeschriebene Aufdeckung der im entnommenen WG ruhenden stillen Reserve führt zu einer Gewinnerhöhung. Die Entnahme eines WG, dessen Wertansatz bisher den maßgebenden Teilwert überschritten hatte, führt umgekehrt zu einer entsprechenden Gewinnminderung. In diesen Fällen liegt daher eine insoweit **erfolgswirksame** Privatentnahme vor.

Dieser Gewinnauswirkung muss sich der Unternehmer nicht bewusst sein. Die an eine Entnahme geknüpften Rechtsfolgen treten ein, ohne dass es darauf ankommt, ob der Wille des Steuerpflichtigen diese Rechtsfolgen mitumfasst (BFH vom 31.01.1985 BStBl II 1985, 395).

Die Bewertungsvorschrift des § 6 **Abs. 1 Nr. 4 Satz 1 EStG** besitzt **keine Geltung** für **Aufwandsentnahmen.** Nach § 6 Abs. 1 Nr. 4 Satz 1 EStG gilt das Gebot, eine Entnahme mit dem

Teilwert zu bewerten, nur für WG, die als BV anzusetzen sind. Schlichte Nutzungen und Leistungen, die zu Aufwandsentnahmen führen, stellen aber keine bilanzierungsfähigen WG dar. Die insoweit bestehende Gesetzeslücke hat die Rechtsprechung durch den Ansatz der tatsächlichen **Selbstkosten** geschlossen (vgl. BFH vom 24.05.1989 BStBl II 1990, 8 im Anschluss an BFH vom 26.10.1987 BStBl II 1988, 348). Für die Höhe einer Aufwandsentnahme sind danach die anteilig auf die private Nutzung oder Leistung entfallenden betrieblichen Aufwendungen maßgebend. Dies korrespondiert auch mit dem Entnahmebegriff des § 4 Abs. 1 Satz 2 EStG, der darauf abzielt, außerbetrieblich veranlasste Aufwendungen (Minderungen des Betriebsvermögens) nicht als den Gewinn schmälernden Aufwand zuzulassen.

2.5 Buchmäßige Behandlung von Entnahmen

Bei der Entnahme von Gegenständen des **Anlagevermögens** weicht der anzusetzende Teilwert i. d. R. vom Buchwert ab; i. H. d. Differenzbetrags entsteht ein außerordentlicher Ertrag bzw. Aufwand. Die Privatentnahme ist insoweit erfolgswirksam.

BEISPIELE

Ein Betriebsgrundstück, das mit 50 000 € zu Buche steht, wird zu privaten Zwecken entnommen.

a) Der Teilwert im Zeitpunkt der Entnahme beträgt 80 000 €.

LÖSUNG Folgende Buchung ist vorzunehmen:

S	Grundstück		H
AB	50 000	1.	50 000

S	s. b. Ertrag		H
		1.	30 000

S	Privatentnahmen		H
1.	80 000		

b) Der Teilwert des Grundstücks zum Entnahmezeitpunkt beträgt 40 000 €.

LÖSUNG Folgende Buchung ist vorzunehmen:

S	Grundstück		H
AB	50 000	1.	50 000

S	s. b. Aufwand		H
1.	10 000		

S	Privatentnahmen		H
1.	40 000		

Zur Buchungstechnik bei Warenentnahmen wird auf die Darstellung unter C 5.3 verwiesen.

Auch wenn eine Finanzierungsschuld den Vermögensbereich wechselt, indem wegen der Einlage des fremdfinanzierten WG aus einer ursprünglich privaten Schuld eine betriebliche Schuld wird (s. R 4.2 Abs. 15 Satz 2 EStR), kann dies nur mit Hilfe einer Entnahmebuchung dargestellt werden, obwohl auf die Verbindlichkeit bezogen eine Entnahme, verstanden als Überführung eines WG des BV ins PV, definitionsgemäß nicht vorliegt. Dieser Vorgang kann aber nur über eine Entnahmebuchung erfolgsneutral erfasst werden. Erfolgsneutral deshalb, weil die durch die Einbuchung der Verbindlichkeit hervorgerufene Verminderung des Eigenkapitals auf keinem aufwandsverursachenden Vorgang beruht.

BEISPIEL

U hat im Jahr 15 einen PKW erworben, den er ausschließlich privat nutzte. Im Jahr 19 überführt er den PKW aufgrund nunmehr überwiegender betrieblicher Nutzung in sein BV.

Der Einlagewert des PKW beträgt 10 000 €. Im Jahr 15 hatte U zur Finanzierung des Erwerbs des PKW bei seiner Hausbank eine Finanzierungsschuld aufgenommen, die im Zeitpunkt der Einlage des PKW noch in Höhe von 8.000 € besteht.

LÖSUNG Nach R 4.2 Abs. 15 Satz 2 EStR wird die Finanzierungsschuld zu einer Betriebsschuld und ist einzubuchen. Erfolgsneutral kann dies nur mit Hilfe einer Entnahmebuchung geschehen. Die Buchungssätze lauten:

Fuhrpark	10 000	an Privateinlage	10 000
Privatentnahme	8 000	an Sonst. Verbindlichkeit	8 000

2.6 Private Nutzung betrieblicher PKW

2.6.1 Ertragssteuerrechtliche Beurteilung

Betriebliche PKW werden erfahrungsgemäß oft in nicht unerheblichem Umfang auch privat gefahren.[1] Die private Nutzung des betrieblichen PKW führt damit zu einer Aufwandsentnahme, weil die darauf entfallenden Kosten keine Betriebsausgaben sind. Der Wertansatz dieser Aufwandsentnahme richtet sich zunächst nach der Höhe der gesamten Aufwendungen des Betriebs für den betreffenden PKW. Hierzu gehören die variablen Kosten (Kraftstoffverbrauch, Reparaturen u. Ä.) **und die fixen Kosten** (AfA, Kfz-Steuer, Haftpflichtversicherung). Diese Kosten sind sodann im Verhältnis der betrieblichen zur privaten Benutzung aufzuteilen.

Die buchmäßige Erfassung der entsprechenden Aufwandsentnahme erfolgt regelmäßig erst am Jahresende i. R. d. vorbereitenden Abschlussbuchungen. Während des laufenden Jahres werden die gesamten Kfz-Kosten in voller Höhe als Aufwand gebucht.

BEISPIEL

Der Unternehmer hat seinen PKW während des abgelaufenen Wj. laut Fahrtenbuch zu 70 % betrieblich und zu 30 % privat genutzt. Die für diesen PKW angefallenen und als Aufwand verbuchten variablen und fixen Kosten haben 10 000 € betragen. Außerdem wurde die Jahres-AfA i. H. v. 6 000 € zutreffend gebucht. Der Unternehmer möchte zulässigerweise den privaten Nutzungsanteil nach dem tatsächlichen Nutzungsverhältnis berechnen.

LÖSUNG [2] Folgende Buchungen sind vorzunehmen:

S	Kfz-Kosten		H
	10 000	1.	3 000

S	AfA		H
	6 000	1.	1 800

S	Privatentnahmen		H
1.	4 800		

Durch die Buchung werden die ursprünglich voll als Aufwand erfassten Kosten um den privaten Nutzungsanteil gekürzt und damit neutralisiert. Würde die Buchung nicht vorgenommen, wäre der Gewinn um 4 800 € zu niedrig.

Die buchtechnische Kürzung der in den betreffenden Aufwandskonten erfassten PKW-Kosten ist häufig aufwendig und wird daher in der Praxis üblicherweise durch den Ausweis eines entsprechenden Ertrags ersetzt. Die Buchung lautet sodann einfach »Privat(entnahmen) an Erträge aus privater Kfz-Nutzung«.

1 Zur Frage, unter welchen Voraussetzungen ein gemischt genutztes WG zum BV gehört, s. D 2.5.

2 ohne Berücksichtigung ggf. entstehender USt

2.6.1.1 Vereinfachungsregelung

Oft sind die einzelnen Aufwendungen für das betreffende Fahrzeug in der Buchführung nicht getrennt von den übrigen Kosten des betrieblichen Fuhrparks ausgewiesen. Deshalb hatte die Finanzverwaltung in der Vergangenheit als privaten Nutzungsanteil auch einen Durchschnittswert von monatlich 1 % der Anschaffungskosten des PKW zugelassen.

Durch die Regelung des § 6 Abs. 1 Nr. 4 **Satz 2** EStG hat diese Pauschalierung der privaten Kfz-Kosten modifiziert Eingang in das Gesetz gefunden. Danach ist die private Nutzung eines Kraftfahrzeugs des **notwendigen** Betriebsvermögens grundsätzlich für jeden Kalendermonat mit **1 % des inländischen Listenpreises** (gemäß BMF vom 18. 11. 2009 BStBl I 2019, 1326 Rz. 10 Satz 7 auf volle hundert Euro abgerundet) im Zeitpunkt der Erstzulassung zuzüglich der Kosten einer Sonderausstattung anzusetzen. Die tatsächlich angefallenen Kfz-Kosten können bei diesen Kfz alternativ nur noch dann der Berechnung des privaten Nutzungsanteils zugrunde gelegt werden, wenn diese Aufwendungen buch- bzw. belegmäßig nachgewiesen sind und außerdem das Verhältnis der privaten zu den betrieblichen Fahrten durch ein ordnungsgemäßes Fahrtenbuch dokumentiert ist (vgl. § 6 Abs. 1 Nr. 4 Satz 3 EStG). Sind diese Voraussetzungen gegeben, hat der Unternehmer die Wahl, den privaten Nutzungsanteil nach der 1 %-Methode oder der **Fahrtenbuchmethode** zu ermitteln.

BEISPIEL

Der im obigen Beispiel angeführte PKW hatte im Zeitpunkt der Erstzulassung einen Listenpreis von 40 000 € zuzüglich 7 600 € USt. Die Gesamtkosten i. H. v. netto 16 000 € sind getrennt aufgezeichnet worden. Der Fahrtenbuchnachweis ist erbracht.

LÖSUNG Der Entnahmejahreswert gem. § 6 Abs. 1 Nr. 4 Satz 2 EStG beträgt 5 712 € (12 % von 47 600 €) und ist damit höher als der Entnahmewert nach Fahrtenbuchmethode (4 800 €). U wird sich hier für die Fahrtenbuchmethode entscheiden.

Bei Anwendung der 1 %-Methode sind die Monatswerte auch dann anzusetzen, wenn das Kfz im Monat nur gelegentlich für Privatfahrten genutzt wird. Die Monatswerte werden nur dann nicht angesetzt, wenn in den entsprechenden Kalendermonaten eine private Nutzung ausgeschlossen ist (BMF vom 18. 11. 2009 BStBl I 2009, 1326 Rz. 15). Gehören gleichzeitig mehrere Kraftfahrzeuge zum Betriebsvermögen, so ist der pauschale Nutzungswert grundsätzlich für jedes Kraftfahrzeug anzusetzen, das vom Unternehmer oder von zu seiner Privatsphäre gehörenden Personen für Privatfahrten genutzt wird. Hierzu und zu Ausnahmen für bestimmte Kraftfahrzeuge und der Möglichkeit der Beschränkung auf die alleinige Erfassung des Kraftfahrzeugs mit dem höchsten Listenpreis vgl. BMF vom 18. 11. 2009 BStBl I 2009, 1326 Rz. 12.

Die gesetzliche Regelung der privaten Kfz-Nutzung hat i. Ü. zahlreiche Zweifelsfragen aufgeworfen, zu denen die Finanzverwaltung in diesem BMF-Schreiben (BMF vom 18. 11. 2009 BStBl I 2009, 1326 unter Berücksichtigung der Änderungen durch BMF vom 15. 11. 2012 BStBl I 2012, 1099) Stellung genommen hat.

2.6.1.2 Beschränkung der 1 %-Regelung auf Fahrzeuge des notwendigen BV

Die Anwendung der 1 %-Methode ist auf gemischt genutzte PKW des **notwendigen** Betriebsvermögens beschränkt. Damit verhindert der Gesetzgeber, dass die Kosten eines überwiegend privat genutzten PKW in voller Höhe das Betriebsergebnis belasten und durch den Ansatz der 1 %-Pauschale nur unzureichend ausgeglichen werden. Der private Nutzungswert bei Kfz des **gewillkürten** Betriebsvermögens ist nach § 6 Abs. 1 Nr. 4 **Satz 1** EStG zu ermitteln.

Wenn für ein solches Fahrzeug des gewillkürten Betriebsvermögens zu diesem Zweck kein ordnungsgemäßes Fahrtenbuch vorliegt, muss der private Nutzungsanteil geschätzt werden. Die Höhe des Anteils kann sich dabei zwischen 90 % und 50 % (jeweils einschließlich) bewegen.

Bewertung der **privaten PKW-Nutzung** nach § 6 Abs. 1 Nr. 4 EStG

PKW des **notwendigen** BV Nr. 4 Sätze 2 und 3	
Pauschale 1% -Regelung § 6 (1) Nr. 4 Satz 2	tatsächliche Kosten auf Nachweis § 6 (1) Nr. 4 Satz 3 **(Fahrtenbuchmethode)**
• für jeden angefangenen **Monat der privaten Nutzung** • 1 % vom **inländischen Listenpreis** (keine Überführung/Zulassung) im Zeitpunkt der **Erstzulassung** + Kosten der **Sonderausstattung** + Umsatzsteuer	auf die tatsächliche private Nutzung entfallende Kosten zu ermitteln: • Gesamtkosten des KfZ • durch Belege nachgewiesen • Verhältnis zwischen privaten und übrigen Fahrten durch ordnungsgemäßes Fahrtenbuch nachgewiesen (BMF vom 21.01.2002 BStBl I 2002, 148)
tatsächlicher Umfang der privaten Nutzung ist insoweit **unerheblich**	**Wahlrecht**

PKW des **gewillkürten** BV Nr. 4 Satz 1
tatsächliche Kosten auf Nachweis nach üblichen Darlegungs- und Beweislastregeln (grundsätzlich Fahrtenbuchnachweis, aber auch Schätzung zulässig)

Einem PKW des notwendigen Betriebsvermögens werden auch gemischt genutzte gemietete oder geleaste PKW gleichgestellt, die zu mehr als 50 % betrieblich genutzt werden (BMF vom 18.11.2009 BStBl I 2009, 1326 Rz. 1).

Bei Elektrofahrzeugen, extern aufladbaren Hybridelektrofahrzeugen und Brennstoffzellenfahrzeugen (vgl. BMF vom 24.01.2018 BStBl I 2018, 272) vermindern sich der Listenpreis bzw. die bei der Fahrtenbuchmethode als Bemessungsgrundlage anzusetzenden Aufwendungen wegen der derzeit noch hohen Kosten des Batteriesystems im in § 6 Abs. 1 Nr. 4 Sätze 2 und 3 EStG beschriebenen Umfang. Zu den sich hierbei ergebenden besonderen Fragestellungen s. BMF vom 05.06.2014 BStBl I 2014, 835. Falls die Anschaffung derartiger Kraftfahrzeuge nach dem 31.12.2018 und vor dem 01.01.2022 erfolgt, greift zur Unterstützung der politisch angestrebten Energiewende eine erhöhte Begünstigung nach § 6 Abs. 1 Nr. 4 Satz 2 zweiter Halbsatz Nr. 2 und Satz 3 zweiter Halbsatz Nr. 2 EStG. Bei diesen Kraftfahrzeugen wird bei der pauschalen Berechnung des Entnahmewerts der Listenpreis **nur zur Hälfte** angesetzt bzw. bei Ermittlung der Aufwendungen im Rahmen der Fahrtenbuchmethode die AK des Kraftfahrzeugs (oder vergleichbare Aufwendungen) **nur zur Hälfte** berücksichtigt. Bei extern aufladbaren Hybridelektrofahrzeugen müssen diese hierfür allerdings die zusätzlichen Voraussetzungen des § 3 Abs. 2 EmoG erfüllen. Bisher sehen die Formulierungen des § 6 Abs. 1 Nr. 4 Sätze 2 und 3 EStG vor, dass auch die dort in der jeweiligen Nr. 1 geregelten Kürzungen bei nach dem 31.12.2022 angeschafften Kraftfahrzeugen entfallen.

2.6.2 Umsatzsteuerrechtliche Beurteilung

Wie bereits erwähnt (s. 2.3), löst die private Nutzung eines Kfz des Unternehmensvermögens, das zum vollen oder teilweisen Vorsteuerabzug berechtigt hat, gem. § 3 Abs. 9 a Nr. 1 UStG eine Umsatzsteuerschuld aus. Die Zuordnung zum ertragssteuerlichen Betriebsvermögen einerseits und zum umsatzsteuerlichen Unternehmensvermögen andererseits kann allerdings unterschiedlich ausfallen (s. A 15.23 Abs. 1 Satz 2 UStAE).

Im Gegensatz zur ertragssteuerrechtlichen Behandlung können WG, die nicht in vollem Umfang für betriebliche Zwecke genutzt werden, dem Unternehmensvermögen teilweise zugeordnet werden. Der Unternehmer hat hier Wahlrechte. Nutzt er einen Gegenstand sowohl betrieblich bzw. unternehmerisch als auch privat bzw. nichtunternehmerisch, stehen ihm folgende Möglichkeiten zur Verfügung (vgl. A 15.2 c Abs. 2 Satz 1 Nr. 2 Buchst. b) UStAE):

a) Volle Zuordnung des WG zur nichtunternehmerischen/privaten Sphäre.
b) Volle Zuordnung zur unternehmerischen/betrieblichen Sphäre.
c) Zuordnung teils zur unternehmerischen/betrieblichen, teils zur nichtunternehmerischen/privaten Sphäre entsprechend dem Verhältnis der im Zeitpunkt des Bezugs vorgesehenen gemischten Nutzung.

Die Zuordnung zum Unternehmensvermögen ist allerdings ausgeschlossen, wenn der Gegenstand zu weniger als 10 % für das Unternehmen genutzt wird (§ 15 Abs. 1 Satz 2 UStG). Der Unternehmer trifft seine Zuordnungsentscheidung in der Umsatzsteuervoranmeldung bzw. Umsatzsteuererklärung. Dort wird er i. d. R. die ihm bei Bezug des Gegenstandes gesondert in Rechnung gestellte USt in höchstmöglichem Umfang als Vorsteuer abziehen und damit das WG entsprechend zu **100 %** dem **Unternehmensvermögen** zuordnen.

Aufgrund dieser Zuordnungsentscheidung (100 % Unternehmensvermögen) kann der Unternehmer grundsätzlich die ihm in Rechnung gestellte USt als Vorsteuer abziehen. Das gilt gleichermaßen für die USt, die bei Erwerb wie auch für die USt, die beim Betrieb des Fahrzeugs anfällt. Die Privatnutzung unterliegt sodann gem. § 3 Abs. 9 a Nr. 1 UStG der Umsatzsteuer. Bemessungsgrundlage sind gem. § 10 Abs. 4 Satz 1 Nr. 2 Satz 1 UStG die auf die unternehmensfremde Verwendung entfallenden Kosten bzw. Ausgaben. Dabei ist der Anteil der Privatnutzung durch die Daten des für ertragssteuerrechtliche Zwecke vorgesehenen Fahrtenbuchs festgelegt. Fehlt ein solcher Fahrtenbuchnachweis, ist der private Nutzungsanteil anhand geeigneter Unterlagen im Wege einer sachgerechten Schätzung zu ermitteln. Liegen geeignete Unterlagen nicht vor, ist der private Nutzungsanteil i. d. R. mit mindestens 50 % zu schätzen (BMF vom 27.08.2004 BStBl I 2004, 864). Aus den Gesamtausgaben sind in jedem Fall Kosten auszuscheiden, die nicht zum vollen oder teilweisen Vorsteuerabzug berechtigt haben (A 10.6 Abs. 3 Satz 5 UStAE).

Zum Fall der nur teilweisen Zuordnung des PKW zum Unternehmensvermögen s. A 15.23 Absatz 3 Sätze 3 und 4 UStAE.

BEISPIEL

Bei dem PKW aus vorherigem Beispiel, der voll dem Unternehmensvermögen zugeordnet wurde, schlüsseln sich die laufenden Kosten wie folgt auf:

a) Kfz-Steuer	500 €
b) Kfz-Versicherungen (Haftpflicht und Kasko)	1 440 €
c) Rundfunkgebühren für Autoradio	60 €
d) Benzin, Öl	4 600 €
e) Wartungskosten (Inspektion, Wäsche)	1 300 €
f) Reparaturen	2 100 €
	10 000 €

Ein Vorsteuerabzug stand dem Unternehmer nur bezüglich der Rechnungen über die Kosten d) bis f) zu. Die bei Erwerb des PKW in der Rechnung gesondert ausgewiesene USt hatte U in vollem Umfang als Vorsteuer abgezogen.

LÖSUNG In die Bemessungsgrundlage für die fiktive sonstige Leistung fließen anteilig nur die Kosten d) bis f) ein. Die Kosten a) bis c) bleiben unberücksichtigt, da insoweit kein Vorsteuerabzug möglich war.

Gem. § 10 Abs. 4 Satz 1 Nr. 2 Satz 2 UStG gehören auch die AK oder HK eines teilweise privat genutzten Fahrzeugs anteilig zur Bemessungsgrundlage, soweit dieses dem Unternehmen zugeordnet ist und die Berechtigung zum Vorsteuerabzug bestand. Gem. § 10 Abs. 4 Nr. 2 Satz 3 UStG sind sodann die AK bzw. HK gleichmäßig auf einen sog. Berichtigungszeitraum, wie ihn § 15 a UStG vorsieht, unter der Voraussetzung zu verteilen, dass die AK bzw. HK mindestens 500 € betragen.

Der Sinn dieser Bestimmung erschließt sich also nur, wenn man einen (vorsichtigen) Blick in § 15 a UStG riskiert. Dort geht es zunächst allgemein um die Berichtigung des Vorsteuerabzugs, wenn sich bei einem Wirtschaftsgut des Unternehmensvermögens innerhalb von fünf Jahren, bei Grundstücken innerhalb von zehn Jahren ab dem Zeitpunkt der erstmaligen Verwendung die für den Vorsteuerabzug maßgebenden Verhältnisse ändern (§ 15 a Abs. 1 UStG).

Übertragen auf § 10 Abs. 4 Nr. 2 Satz 3 UStG und unser Problem heißt das: In die Berechnung der umsatzsteuerlichen Bemessungsgrundlage für die Verwendung des PKW für Zwecke außerhalb des Unternehmens sind dessen AK innerhalb von fünf Jahren vollständig und gleichmäßig verteilt aufzunehmen.

BEISPIEL

Die AK des PKW haben 36 000 € betragen. Der PKW wurde im Jahr der Anschaffung zutreffend gem. § 7 Abs. 1 EStG mit 6 000 € abgeschrieben (vgl. i. Ü. den vorangegangenen Beispielsfall).

LÖSUNG Gem. § 10 Abs. 4 Nr. 2 Satz 3 UStG sind die AK von 36 000 € gleichmäßig auf fünf Jahre zu verteilen. Damit entfallen hier auf das Jahr der Anschaffung und die vier Folgejahre je 7 200 €. Die Bemessungsgrundlage für die fiktive sonstige Leistung (»Verwendungseigenverbrauch«) im Erstjahr setzt sich insgesamt wie folgt zusammen:

Kostenanteil AK	7 200 €
+ Übrige laufende Kosten (mit VorSt-Abzug)	8 000 €
	15 200 €
Privatanteil 30 % =	4 560 €
19 % USt =	866 €

Die USt-Schuld wird erfolgsneutral (§ 12 Nr. 3 EStG!) über das Privatkonto eingebucht.
Der ertragssteuerlich nach der Fahrtenbuchmethode ermittelte und als Aufwandsentnahme zu buchende Betrag hingegen beträgt (AfA + laufende Kosten: 16 000 € × 30 % =) 4 800 €.

Die gleichmäßige Verteilung der AK oder HK auf den durch § 15 a UStG einheitlich festgelegten Berichtigungszeitraum bedeutet, dass diese umsatzsteuerrechtliche Kostenumlage mit der ertragssteuerrechtlichen Abschreibung für abnutzbare Wirtschaftsgüter des Anlagevermögens i. d. R. nicht übereinstimmt. Damit darf hinsichtlich der AK oder HK die ertragsteuerlich berechnete AfA der Berechnung der umsatzsteuerlichen Bemessungsgrundlage für die außerunternehmerische Verwendung nicht zugrunde gelegt werden, sondern der Teil der AK bzw. HK, der sich bei ihrer gleichmäßigen Verteilung auf einen Zeitraum ergibt, der dem Berichtigungszeitraum nach § 15 a UStG für diesen Gegenstand entspricht (A 10.6 Abs. 3 Sätze 3 und 4

UStAE). Damit kann die Bemessungsgrundlage für die ertragssteuerliche Entnahme nach § 6 Abs. 1 Nr. 4 EStG von der Bemessungsgrundlage für die USt auf die nichtunternehmerische Nutzung abweichen.

2.6.2.1 Privatnutzung und 1 %-Methode

Der Vereinfachungseffekt, den die 1 %-Regelung ertragssteuerrechtlich bewirkt, schlägt grundsätzlich nicht auf die Ermittlung der umsatzsteuerrechtlichen Bemessungsgrundlage für die fiktive sonstige Leistung durch. Hier fehlt eine entsprechende gesetzliche Bestimmung, die den nach § 6 Abs. 1 Nr. 4 Satz 2 EStG ermittelten Pauschalentnahmewert auch als Bemessungsgrundlage für die entstehende USt festlegt.

Gleichwohl kann der Unternehmer aus Vereinfachungsgründen auch für Umsatzsteuerzwecke von diesem Wert ausgehen, wenn er für Ertragssteuerzwecke den Nutzungswert nach der 1 %-Methode ermittelt. Für umsatzsteuerliche Zwecke erfolgt jedoch keine pauschale Kürzung des inländischen Listenpreises für Elektrofahrzeuge oder für extern aufladbare Hybridelektrofahrzeuge und Brennstoffzellenfahrzeuge. Der so ermittelte Betrag ist der Nettowert, der zwecks Berücksichtigung von nicht mit Vorsteuer belasteten Kosten noch um pauschal 20 % gekürzt wird; die Umsatzsteuer ist mit dem allgemeinen Steuersatz hinzuzurechnen (vgl. A 15.23 Abs. 5 Satz 4 Nr. 1 Buchst. a) UStAE).

BEISPIEL

Für den zu 30 % privat genutzten PKW des Unternehmensvermögens mit einem Listenpreis von 40 000 € + 7 600 € USt ist die USt für die Privatnutzung im Jahr 11 zu berechnen.

LÖSUNG

Entnahmewert gem. § 6 Abs. 1 Nr. 4 Satz 2 EStG (47 600 € x 1 % x 12 Monate)	5 712 €
./. 20 %	1 142 €
Bemessungsgrundlage	4 570 €
USt 19 %	= 868 €

Bei Anwendung der Fahrtenbuchmethode nach § 6 Abs. 1 Nr. 4 Satz 3 EStG ist der danach ermittelte Wert der privaten Nutzung grundsätzlich auch als Bemessungsgrundlage für die Umsatzbesteuerung der unternehmensfremden Nutzung anzusetzen. Für umsatzsteuerliche Zwecke erfolgt jedoch keine Kürzung der insgesamt entstandenen Aufwendungen um Aufwendungen, die auf das Batteriesystem bei Elektro- und Hybridelektrofahrzeugen entfallen. Aus den Gesamtaufwendungen sind für Umsatzsteuerzwecke die nicht mit Vorsteuern belasteten Ausgaben in der belegmäßig nachgewiesenen Höhe auszuscheiden.

Ist die Anwendung der 1 %-Regelung gemäß § 6 Abs. 1 Nr. 4 Satz 2 EStG ausgeschlossen, weil das Fahrzeug zu nicht mehr als 50 % betrieblich genutzt wird, ist der für ertragssteuerliche Zwecke nach § 6 Abs. 1 Nr. 4 Satz 1 EStG ermittelte Nutzungsanteil grundsätzlich auch der Umsatzbesteuerung zugrunde zu legen. Für Umsatzsteuerzwecke sind allerdings die Gesamtaufwendungen für Elektro- und Hybridelektrofahrzeugen nicht um solche Aufwendungen zu kürzen, die auf das Batteriesystem entfallen. Aus den Gesamtaufwendungen sind für Umsatzsteuerzwecke die nicht mit Vorsteuern belasteten Ausgaben in der belegmäßig nachgewiesenen Höhe auszuscheiden.

Wird der nichtunternehmerische Nutzungsanteil nicht durch ein ordnungsgemäßes Fahrtenbuch nachgewiesen, ist dieser Nutzungsanteil im Wege der sachgerechten Schätzung anhand geeigneter Unterlagen zu ermitteln. Liegen keine geeigneten Unterlagen für eine Schätzung vor, ist der private Nutzungsanteil für Umsatzsteuerzwecke mit mindestens 50 % zu schätzen, soweit sich aus den besonderen Verhältnissen des Einzelfalls nichts Gegenteiliges ergibt. Aus den Gesamtaufwendungen sind die nicht mit Vorsteuern belasteten Ausgaben in der belegmäßig nachgewiesenen Höhe auszuscheiden.

Vgl. hierzu im Einzelnen A 15.23 Abs. 5 Satz 4 Nr. 2 und 3 UStAE.

Konnte der Unternehmer bei der Anschaffung eines dem Unternehmen zugeordneten Fahrzeugs keinen Vorsteuerabzug vornehmen (z. B. Erwerb von einem Nichtunternehmer), sind nur die vorsteuerbelasteten Unterhaltskosten zur Ermittlung der Bemessungsgrundlage heranzuziehen.

2.6.3 Entnahme eines auch privat genutzten PKW

Überführt der Unternehmer einen bisher auch privat genutzten Betriebs-PKW in sein PV, hat er diese Entnahme gem. § 6 Abs. 1 Nr. 4 EStG mit dem Teilwert anzusetzen. Gleichzeitig unterliegt die Entnahme gem. § 3 Abs. 1 b Nr. 1 UStG der USt. Der PKW war dem Unternehmensvermögen regelmäßig (s. 2.6.2) in vollem Umfang zugeordnet. Bemessungsgrundlage ist gem. § 10 Abs. 4 Nr. 1 UStG der Einkaufspreis zum Zeitpunkt des Umsatzes. Dieser entspricht wiederum i. d. R. dem Teilwert i. S. d. § 6 Abs. 1 Nr. 1 Satz 3 EStG.

BEISPIEL

U schenkt seiner Tochter T am 30.06.12 einen PKW. Dieses Fahrzeug hatte zum Zeitpunkt der Schenkung einen Buchwert von 22 500 € und einen Teilwert von 25 000 €. U hatte den PKW im Januar 11 für 30 000 € + 5 700 € USt erworben und ihn seither zu 80 % für betriebliche und zu 20 % für private bzw. unternehmensfremde Zwecke verwendet.

LÖSUNG Die richtige Ausbuchung des Fahrzeugs lautet:

Privat	29 750 €
an Fuhrpark	22 500 €
an Sonstiger Ertrag	2 500 €
an USt	4 750 €

Die Entnahme eines dem Unternehmen zugeordneten Wirtschaftsguts, das ein Unternehmer ohne Berechtigung zum Vorsteuerabzug erworben hat, unterliegt nicht der Umsatzbesteuerung nach § 3 Abs. 1 b Satz1 Nr. 1 i. V. m. Satz 2 UStG. Falls an einem solchen Wirtschaftsgut nach seiner Anschaffung Arbeiten ausgeführt worden sind, die zum Einbau von Bestandteilen geführt haben und für die der Unternehmer zum Vorsteuerabzug berechtigt war, unterliegen bei einer Entnahme des Wirtschaftsguts nur diese Bestandteile der Umsatzbesteuerung, wenn sie im Zeitpunkt der Entnahme noch einen Restwert haben (Restwertbesteuerung). Ob ein nachträglich in einen PKW eingebauter Bestandteil im Zeitpunkt der Entnahme des PKW noch einen Restwert hat, lässt sich im Allgemeinen unter Heranziehung anerkannter Marktübersichten für den Wert gebrauchter PKW (z. B. sog. Schwacke-Liste oder vergleichbare Übersichten von Automobilclubs) beurteilen. Wenn insoweit kein Aufschlag auf den – im Wesentlichen nach Alter und Laufleistung bestimmten – durchschnittlichen Marktwert des PKW im Zeitpunkt der Entnahme üblich ist, scheidet der Ansatz eines Restwertes aus (A 10.6 Abs. 2 UStAE).

Bestandteile in diesem Sinne sind diejenigen gelieferten Gegenstände, die auf Grund ihres Einbaus in das Wirtschaftsgut ihre körperliche und wirtschaftliche Eigenart endgültig verloren haben und die zu einer dauerhaften, im Zeitpunkt der Entnahme nicht vollständig verbrauchten Werterhöhung des Wirtschaftsguts geführt haben (A 3.3 Abs. 2 UStAE).

BEISPIEL

U hat am 01.07.06 aus privater Hand einen gebrauchten PKW für 10 000 € erworben und diesen zulässigerweise seinem Unternehmen zugeordnet. Am 01.03.07 lässt er nachträglich eine Klimaanlage für 2 500 € + 475 € USt einbauen.

Am 01.03.08 entnimmt U den PKW in sein Privatvermögen. Zu diesem Zeitpunkt hat der PKW einen Marktwert von netto 6 500 €. Hierin ist ein Aufschlag für die Klimaanlage i. H. v. 1 500 € enthalten.

LÖSUNG Mit dem Einbau der Klimaanlage hat diese ihre körperliche und wirtschaftliche Eigenart endgültig verloren. Der Einbau hat zu einer dauerhaften Werterhöhung des PKW geführt, die im Zeitpunkt der Entnahme nicht vollständig verbraucht war. Die Entnahme des PKW unterliegt daher gem. § 3 Abs. 1 b Satz 1 Nr. 1 i. V. m. Satz 2 UStG mit einer Bemessungsgrundlage gem. § 10 Abs. 4 Satz 1 Nr. 1 UStG i. H. v. 1 500 € der Umsatzsteuer.

Aus Vereinfachungsgründen kann auf die beschriebene Restwertbesteuerung verzichtet werden, wenn die vorsteuerentlasteten Aufwendungen für den Einbau von Bestandteilen weder 20 % der Anschaffungskosten noch 1 000 € übersteigen (A 3.3 Abs. 4 UStAE).

3 Einlagen

Die gesetzliche Begriffsbestimmung in § 4 Abs. 1 Satz 7 EStG lautet: Einlagen sind alle WG (Bareinzahlungen und sonstige WG), die der Steuerpflichtige dem Betrieb im Laufe des Wj. zugeführt hat.

Werden Wirtschaftsgüter aus der außerbetrieblichen Vermögenssphäre, i. d. R. dem PV, in das BV überführt, handelt es sich um Privateinlagen. Einlagefähig sind grundsätzlich alle WG, die für den Betrieb nützlich sein können, mit Ausnahme von Gegenständen, die zum notwendigen Privatvermögen gehören.

Privatvermögen —— Wirtschaftsgut ——→ Betriebsvermögen

Bloße Nutzungen und Leistungen können nach dieser Definition nicht in das BV eingelegt werden. Betrieblich verursachte, aber privat getragene Aufwendungen sind allerdings (nur) buchtechnisch wie eine Einlage zu behandeln. Der Vorgang wird als **Aufwandseinlage** bezeichnet. Betrieblich veranlasste Aufwendungen müssen sich als Aufwand auswirken. Da jedoch, wegen der mit privaten Mitteln getragenen Aufwendungen, mangels betrieblichem Vermögensabfluss keine tatsächliche Betriebsvermögensminderung vorliegt, kann dies buchtechnisch nur mit Hilfe einer Einlagebuchung gelöst werden (Buchung: Aufwand an Einlage).

BEISPIEL

a) Der Unternehmer bringt Wertpapiere aus einer Erbschaft in das BV ein (Sacheinlage).
b) Das Kindermädchen reinigt gelegentlich die Büroräume des Betriebs (Aufwandseinlage).
c) Die Waschmaschine in der Wohnung des U wird hin und wieder geringfügig betrieblich genutzt (Aufwandseinlage).

Die **eigene Arbeitsleistung** des Unternehmers kann nicht Gegenstand einer Aufwandseinlage sein, da insoweit kein Aufwand gegeben ist.

Ebenso wie die Entnahme eine eindeutige Entnahmehandlung voraussetzt, ist bei der Einlage eine **eindeutige Einlagehandlung** erforderlich. Diese kann auch in einer Nutzungsänderung liegen. Durch eine entsprechende Nutzungsänderung, durch die ein bislang zum PV gehörendes WG zu **notwendigem BV** wird, verdeutlicht der Unternehmer seinen Willen, ein WG vom PV zum notwendigen BV zu ziehen. Ist nach einer solchen Nutzungsänderung die erforderliche Einlagebuchung unterblieben, weist die betreffende Bilanz das Betriebsvermögen unvollständig aus; sie muss berichtigt werden (vgl. entsprechende Entnahmeregelung in R 4.3 Abs. 3 Satz 4 EStR).

Falls jedoch ein WG vom PV ins **gewillkürte BV** überführt werden soll, muss der Willensentschluss des Unternehmers grundsätzlich durch die **Buchung** nach außen kenntlich gemacht werden, sodass ohne Buchung grundsätzlich auch keine Einlage vorliegt. Die Rechtsprechung des BFH lässt es für die Zuordnung zum gewillkürten BV allerdings genügen, dass der notwendige Widmungsakt zeitnah in den Büchern oder in Aufzeichnungen dokumentiert wird (BFH vom 27.06.2006 BStBl II 2006, 874 und H 4.2 [1] (Gewillkürtes Betriebsvermögen) EStH). Der Zuordnungsakt muss sich dabei nicht zwingend aus dem eigentlichen Buchführungswerk (Kontenbuchführung) ergeben. So kann die zeitnahe Aufnahme des erworbenen Wirtschaftsguts in das betriebliche Bestandsverzeichnis ausreichen (BFH vom 22.09.1993 BStBl II 1994, 172). In der Regel wird der Unternehmer seine Widmungsentscheidung allerdings durch eine Einlagebuchung dokumentieren. Falls bei einem WG des PV eine Nutzungsänderung lediglich die Zuordnung zum gewillkürten BV zulässt, ist für die Herbeiführung der Betriebsvermögenseigenschaft die Vornahme der Einlagebuchung erforderlich und in diesem Sinne konstitutiv.

Entsprechend zur Verneinung von Zwangsentnahmen allein aufgrund von Nutzungsänderungen von Gebäudeteilen im Bereich des gewillkürten BV, auch unter dem Aspekt des Einheitlichkeitsgrundsatzes (s. 2.2), vertritt der BFH auch im Bereich der Einlage von Gebäudeteilen **ins gewillkürte BV** eine strenge Auffassung. Auch hier kann der Grundsatz der einheitlichen Behandlung eines Wirtschaftsguts nicht zu einer Zwangseinlage führen –vgl. BFH vom 21.04.2005 BStBl II 2005, 604, was wiederum bei unterschiedlich genutzten Gebäudeteilen relevant wird. In diesem Urteil führte der BFH aus, dass ein bisher zum Privatvermögen gehörender Gebäudeteil, der nunmehr für fremde gewerbliche Zwecke vermietet wird (fremdbetriebliche Nutzung n. R 4.2 Abs. 4 Satz 1 EStR), **ohne Einlageerklärung** des Unternehmers Privatvermögen bleibt, auch wenn der Unternehmer einen weiteren, schon vorher für fremde betriebliche Zwecke vermieteten Gebäudeteil dem gewillkürten BV zugeordnet hat. Auch der sogenannte Einheitlichkeitsgrundsatz könne hier für den Fall eines nachträglich entstandenen einheitlichen Nutzungs- und Funktionszusammenhangs nicht zur Zwangseinlage führen. Der BFH betonte von Neuem seine Auffassung, dass der sogenannte Einheitlichkeitsgrundsatz die Regelungen über die Entnahme und Einlage von Wirtschaftsgütern nicht außer Kraft setze, letztere vielmehr vorrangig zu beachten seien. Für Einlagen in den gewillkürten Betriebsvermögensbereich muss die Einlagehandlung grundsätzlich auf einer Willensentscheidung des Unternehmers beruhen, die dann wirksam wird, wenn sie äußerlich erkennbar und damit in objektiv nachprüfbarer Weise dokumentiert ist. Bei buchführenden Gewerbetreibenden ist die Behandlung in der Buchführung ein –widerlegbares- Indiz für die Willensentscheidung des Unternehmers. Auch schlüssiges Verhalten kann eine Einlagehandlung darstellen, aber nur wenn es diese Absicht des Unternehmers unmissverständlich zum Ausdruck bringt. Der BFH konnte im entschiedenen Fall keine schlüssige Einlagehandlung erkennen. Die Verwaltung hat sich in H 4.2 [4] (Nutzungsänderung) EStH dieser Meinung angeschlossen.

Die Einlage von WG als gewillkürtes BV ist allerdings nicht zulässig, wenn erkennbar ist, dass das betreffende WG dem Betrieb keinen Nutzen, sondern nur Verluste bringen wird.

BEISPIELE

a) Ein bislang ausschließlich privat genutzter PKW wird ab dem 01.04.12 zu 80 % betrieblich genutzt.
LÖSUNG Der PKW wird ab dem 01.04.12 zu einem WG des notwendigen BV, es liegt auf diesen Zeitpunkt eine Einlage vor. Es ist auf den 01.04.12 folgende Buchung vorzunehmen: **PKW an Einlage**
Auch wenn der Unternehmer die Einlagebuchung nicht vornähme, würde dies am Vorliegen einer Einlage nichts ändern. Die Buchung hätte diesbezüglich lediglich eine deklaratorische Wirkung. Die Buchführung müsste berichtigt werden und die Einlagebuchung nachgeholt werden.

b) Ein bislang ausschließlich privat genutzter PKW wird ab dem 01.04.12 zu 30 % betrieblich genutzt.
LÖSUNG Aufgrund der betrieblichen Nutzung zu 30 % ist ab dem 01.04.12 eine Zuordnung des PKW zum gewillkürten BV möglich (R 4.2 Abs. 1 Satz 6 EStR). Hierzu bedarf es aber einer eindeutig erkennbaren und dokumentierten Zuordnungsentscheidung des Unternehmers. Damit ist grundsätzlich die Buchung der Einlage erforderlich. Erst ab der ab dem 01.04.12 möglichen Einlagebuchung kann von der Zuführung des PKW ins BV und somit von einer Einlage ausgegangen werden. Die Buchung »PKW an Einlage« hätte in diesem Fall eine konstitutive Wirkung.

Bewertung und Buchung von Einlagen

Einlagen sind gem. § 6 Abs. 1 Nr. 5 EStG grundsätzlich mit dem **Teilwert** im Zeitpunkt der Einlage zu bewerten. Es sind jedoch **höchstens** die AK oder HK anzusetzen, wenn das dem BV zugeführte WG innerhalb der letzten drei Jahre vor dem Zeitpunkt der Einlage privat angeschafft oder hergestellt worden ist (§ 6 Abs. 1 Nr. 5 Satz 1 Buchst. a) EStG).[1]

BEISPIELE

Der Unternehmer legt 12 ein unbebautes Grundstück, das er 10 für 60 000 € erworben hat, in sein Betriebsvermögen ein.
a) Der Teilwert im Zeitpunkt der Einlage beträgt 70 000 €.
LÖSUNG Die Buchung ist wie folgt vorzunehmen:

S	Grundstück	H	S	Privat	H
60 000					60 000

b) Der Teilwert beträgt 50 000 €.
LÖSUNG Hier muss das Grundstück mit dem Teilwert (50 000 €) eingebucht werden.
Im Beispiel a) ist der Teilwert **höher** als die ursprünglichen AK. Da die Dreijahresfrist des § 6 Abs. 1 Nr. 5 Satz 1 Buchst. a) EStG zum Zeitpunkt der Einlage noch nicht abgelaufen ist, dürfen höchstens die AK angesetzt werden. Im Beispiel b) ist der Teilwert niedriger als die AK. Hier hat die Einlage unabhängig von der Dreijahresfrist mit dem Teilwert zu erfolgen.

Bei Einlage eines abnutzbaren WGs sind im Anwendungsfall des § 6 Abs. 1 Nr. 5 Satz 1 Buchst. a) EStG die **fortgeführten AK** oder **HK** als Vergleichsgröße maßgebend (§ 6 Abs. 1 Nr. 5 Satz 2 EStG).

BEISPIEL

U hat im Juli 10 einen PKW erworben, dessen Nutzungsdauer voraussichtlich acht Jahre beträgt. Die AK haben sich auf 32 000 € belaufen. Der PKW wurde in den Jahren 10 und 11 ausschließlich privat genutzt. Seit Januar 12 wird der PKW überwiegend betrieblich genutzt. Der Teilwert des PKW im Januar 12 betrug 27 000 €.
LÖSUNG Durch die Nutzungsänderung wechselt der PKW im Januar 12 vom notwendigen PV ins notwendige BV. Die Einlage hat gem. § 6 Abs. 1 Nr. 5 Satz 2 EStG mit den fortgeführten AK zu erfolgen, die sich wie folgt errechnen: AK 32 000 € ./. lineare AfA für 1,5 Jahre 6 000 € = 26 000 €. Der höhere Teilwert von 27 000 € darf nicht angesetzt werden, da die Dreijahresfrist des § 6 Abs. 1 Nr. 5 Satz 1 Buchst. a) EStG im Zeitpunkt der Einlage noch nicht abgelaufen war.

1 Zu weiteren Ausnahmen bei Einlage von Kapitalwerten vgl. § 6 Abs. 1 Nr. 5 Satz 1 Buchst. b) und c) EStG.

Beachte: Die **AfA** bei eingelegten abnutzbaren WG des Anlagevermögens bemisst sich grundsätzlich nach dem Einlagewert. Die Einlage ist insoweit ein anschaffungsähnlicher Vorgang. War jedoch das eingelegte abnutzbare WG zuvor im Rahmen der Überschusseinkünfte i. S. d. § 2 Abs. 1 Nr. 4 bis 7 EStG genutzt worden, ist die AfA-Bemessungsgrundlage nach § 7 Abs. 1 Satz 5 EStG zu bestimmen und die AfA davon zu berechnen, wobei es zu einer Abweichung der AfA-Bemessungsgrundlage vom Einlagewert kommen kann.

BEISPIEL

U überführt am 10.01.11 ein Mietwohngrundstück vom Privatvermögen in sein (gewillkürtes) BV. Das Grundstück hatte er am 05.01.08 erworben. Die AK betrugen seinerzeit 300 000 €. Davon entfielen auf den Grund und Boden 100 000 €, auf das Gebäude 200 000 €. Der Teilwert des Grund und Bodens betrug zum Zeitpunkt der Einlage 110 000 €, der Teilwert des Gebäudes 220 000 €. Im Rahmen der Einkünfte aus Vermietung und Verpachtung (§ 21 EStG) hatte U für das Gebäude in den Jahren 08 bis 10 eine Jahres-AfA von jeweils 4 000 € geltend gemacht (§ 7 Abs. 4 Satz 1 Nr. 2 Buchst. a) EStG).

LÖSUNG Gem. § 6 Abs. 1 Nr. 5 EStG sind Grund und Boden und Gebäude mit dem jeweiligen Teilwert (110 000 € und 220 000 €) einzulegen. Der Ausnahmefall des § 6 Abs. 1 Nr. 5 Satz 1 Buchst. a) EStG liegt nicht vor.

Die Gebäude-AfA nach Einlage bemisst sich sodann gem. § 7 Abs. 4 Satz 1 i. V. m. Abs. 1 Satz 5 EStG nur von 208 000 € (220 000 € ./. 12 000 €).

Bei einer künftigen AfA von 2 % von 208 000 € = 4 160 € verbleibt nach Ablauf von 50 Jahren ein Restbuchwert von 12 000 €. Von diesem Restbuchwert darf keine AfA vorgenommen werden. U kann dann während der gesamten Abschreibungsdauer (Jahre vor der Einlage zuzüglich 50 Jahre nach der Einlage) AfA insgesamt in Höhe des Einlagewerts = Teilwert 220 000 € als Werbungskosten und Betriebsausgaben abziehen. Dies ist hier der Effekt der Regelung des § 7 Abs. 1 Satz 5 EStG.

Die Höhe einer Aufwandseinlage bemisst sich ausschließlich nach den privat getragenen betrieblichen Aufwendungen. § 6 EStG stellt allgemeine Regeln ausschließlich für die Bewertung von Wirtschaftsgütern auf; **§ 6 Abs. 1 Nr. 5 EStG** besitzt für schlichte **Aufwandseinlagen keine Geltung,** da es sich hierbei nur um eine buchtechnische Einlage handelt (s. o.), deren Zweck ausschließlich darin besteht, den zutreffenden betrieblichen Aufwand auszuweisen.

Auch wenn eine Finanzierungsschuld den Vermögensbereich wechselt, indem wegen der Entnahme des fremdfinanzierten WG aus einer ursprünglich Betriebsschuld eine private Schuld wird (s. R 4.2 Abs. 15 Satz 1 EStR), kann dies nur mit Hilfe einer Einlagebuchung dargestellt werden, obwohl auf die Verbindlichkeit bezogen eine Einlage, verstanden als Überführung eines WG des PV ins BV, definitionsgemäß nicht vorliegt. Dieser Vorgang kann aber nur über eine Einlagebuchung erfolgsneutral erfasst werden. Erfolgsneutral deshalb, weil die durch die Ausbuchung der Verbindlichkeit hervorgerufene Erhöhung des Eigenkapitals kein betrieblich erwirtschafteter Ertrag ist.

BEISPIEL

U hat im Jahr 15 einen PKW erworben, den er ausschließlich betrieblich nutzte und für den er den Vorsteuerabzug vornahm. Im Jahr 19 überführt er den PKW aufgrund nunmehr ausschließlich privater Nutzung in sein PV.

Der dem aktuellen Marktwert entsprechende Entnahmewert des PKW beträgt 10 000 €, sein Buchwert im Zeitpunkt der Entnahme 9 000 €. Im Jahr 15 hatte U zur Finanzierung des Erwerbs des PKW bei seiner Hausbank eine Finanzierungsschuld aufgenommen, die im Zeitpunkt der Entnahme des PKW noch in Höhe von 8 000 € besteht.

LÖSUNG Nach R 4.2 Abs. 15 Satz 1 EStR wird die Finanzierungsschuld zu einer privaten Schuld und ist auszubuchen. Erfolgsneutral kann dies nur mit Hilfe einer Einlagebuchung geschehen. Die Buchungssätze lauten:

Privatentnahme	11 900	an	Fuhrpark	9 000
			Sonst. betriebl. Erträge	1 000
			Umsatzsteuer	1 900
Sonst. Verbindlichkeit	8 000	an	Privateinlage	8 000

FALL 53

Max Möbler (M) betreibt in Ludwigsburg eine Möbelhandlung. Seine Firma ist im Handelsregister eingetragen. Die Buchführung ist ordnungsmäßig.
Nach welcher Vorschrift des EStG ermittelt M seinen Gewinn?

1. M schenkt seinem Sohn S, der in Tübingen studiert, zum Geburtstag am 01.07.12 einen bisher ausschließlich betrieblich genutzten PKW. Dieser PKW war im Januar 10 für 20 000 € + 3 200 € USt angeschafft und jährlich mit 4 000 € abgeschrieben worden.
   a) Der Teilwert des PKW am 01.07.12 beträgt 14 000 €.
   b) Der Teilwert des PKW beträgt am 01.07.12 nur 9 000 €. Wie lautet die Buchung am 01.07.12?
2. M schenkt seiner Tochter T zu deren Hochzeit eine Schlafzimmereinrichtung. Den M hatte das Schlafzimmer 2 000 € + 380 € USt gekostet, der Listenpreis beträgt 3 000 €.
   Wie lautet die Buchung?
3. Am 01.01.12 ist M mit seiner Familie in die bisher vom Prokuristen der Fa. gemietete Wohnung des Betriebsgebäudes eingezogen. Das Gebäude, dessen Buchwert zum 31.12.11 250 000 € betrug (AK ./. AfA nach § 7 Abs. 4 Satz 1 Nr. 2 Buchst. a) EStG), hat eine Nutzfläche von insgesamt 600 m^2, wovon 150 m^2 auf die Wohnung entfallen. Der Grund und Boden steht seit dem Erwerb in 06 unverändert mit den AK i. H. v. 170 000 € zu Buche. Der Teilwert des Grundstücks in 12 beläuft sich auf 400 000 €, davon entfallen auf den Bodenwert 180 000 €.
   Wie lautet die Buchung am 01.01.12?
4. M lässt durch einen Arbeiter A seines Betriebes sein privates Gartengrundstück pflegen. Der betriebliche Lohnaufwand für A beträgt 60 € je Arbeitsstunde. A hat im Jahr 12 bis zum 31.05.12 insgesamt 30 Stunden im Garten des M gearbeitet.
   Wie lautet die vorbereitende Abschlussbuchung im Jahr 12?
5. Das o. g. Gartengrundstück wird seit 01.06.12 als Abstell- und Parkplatz für die Betriebsfahrzeuge genutzt. M hat das Grundstück im Jahr 06 für 8 000 € erworben. Im Juni 12 hätte er 14 000 € aufwenden müssen.
   Wie lautet die Buchung am 01.06.12?
6. M hat im Lotto 10 000 € gewonnen und bezahlt damit einen Teil seiner Warenschulden. Wie lautet die Buchung?
7. M hatte das o. g. Gartengrundstück (s. 5.) im August 09 erworben. Der Teilwert des Gartengrundstücks betrug im Juni 12 9 000 €.
   Wie lautet die Buchung am 01.06.12?
8. M unternimmt mit seinem privaten PKW eine Geschäftsfahrt. Die dadurch verursachten PKW-Kosten betragen 100 €.
   Wie lautet die Buchung?
9. Die im Haushalt des M tätige Hausgehilfin H reinigt einmal wöchentlich die Geschäftsräume. H erhält einen Jahreslohn von 4 800 €, den M aus privaten Mitteln bezahlt. Auf die Reinigung der Geschäftsräume entfallen rd. 25 % der Arbeitsleistung der H.
   Wie lautet die vorbereitende Abschlussbuchung?
10. Zur Ersparung von Kosten reinigt M seine Geschäftsräume selbst. Der dadurch ersparte Aufwand beträgt rund 1 000 €.
    Wie lautet die Buchung?

11. M besitzt in Tübingen ein privates Miethaus. Die an Studenten möbliert vermieteten Wohnungen richtet er mit Gegenständen aus seinem Warenlager ein. Diese Einrichtungsgegenstände haben M 40 000 € gekostet, ihr Listenpreis beträgt insgesamt 60 000 €. Wie lautet die Buchung?
12.
    a) M hat sich im Februar 10 eine Schreibmaschine für private Zwecke zum Preis von 550 € + 88 € USt angeschafft und seiner Tochter überlassen, die damit u. a. die bei der Verwaltung des Miethauses in Tübingen anfallende Korrespondenz schreibt. Die Maschine hat eine Nutzungsdauer von fünf Jahren. Ab 01.03.12 wird diese Maschine ausschließlich betrieblich genutzt. Der Teilwert der Maschine beträgt zu diesem Zeitpunkt 400 €.
    b) Der Teilwert der Schreibmaschine beträgt 350 € am 01.03.12.
    Wie lauten die Buchungen am 01.03.12?
13. M entnimmt seinem Warenlager im April 12 einen Schreibtisch und verkauft diesen im Mai 12 privat für 1 785 €. Der Teilwert des Schreibtisches beträgt 1 000 €.
    Wie lautet die Buchung?
14. M verpfändet im Juni 12 Aktien der X-AG im Nennwert von 10 000 € für einen Betriebskredit. Diese Aktien hatte M im Juli 09 zu einem Kurswert von 140 % für private Zwecke erworben. Der Börsenkurs im Juni 12 beträgt 160 %.
    Wie lautet die Buchung?
15. M hat im Januar 12 Aktien der Z-AG zum Anschaffungspreis von 20 000 € erworben und buchmäßig auf dem Wertpapierkonto erfasst. Als der Kurswert im Dezember 12 auf 30 000 € gestiegen ist, möchte M die Aktien privat verkaufen. Er bucht deshalb »Privat an Wertpapiere 20 000 €«, da er auf Grund der Kursentwicklung seinen früheren Entschluss, die Wertpapiere als BV zu behandeln, bereut hat.
    Ist die Buchung des M richtig?

4 Exkurs: Nicht abziehbare Betriebsausgaben

4.1 Allgemeines

Schon frühzeitig haben wir zwischen betrieblich veranlassten und privat veranlassten BV-Mehrungen bzw. BV-Minderungen unterschieden und diese Vorgänge unter die Begriffe Ertrag/Aufwand bzw. Entnahmen/Einlagen subsumiert (vgl. A 4.2.1).

Das EStG listet nun in § 4 Abs. 4 a und Abs. 5 Betriebsausgaben auf, die entweder überhaupt nicht oder nur beschränkt den Gewinn als Bestandteil des zu versteuernden Einkommens i. S. d. § 2 mindern dürfen.

Hierbei handelt es sich um Ausgaben, deren betriebliche Veranlassung anerkannt wird, die aber i. d. R. wegen ihrer Nähe zur Privatsphäre des Unternehmers einem (eingeschränkten) Abzugsverbot unterliegen. Diese Betriebsausgaben werden als solche in der Buchführung voll als Aufwand erfasst und sodann **außerhalb der Buchführung** dem Gewinn wieder **hinzugerechnet**. Es handelt sich dabei aber nicht um Entnahmen, da ja der Sache nach Betriebsausgaben vorliegen.

Als besonders problematisch hat sich in der Praxis die Regelung über den beschränkten Schuldzinsenabzug erwiesen. Der hier einschlägige § 4 Abs. 4 a EStG wurde in der Vergangenheit wiederholt abgeändert. Die jetzt geltende Fassung soll daher im Folgenden kurz skizziert werden.

4.2 Beschränkter Schuldzinsenabzug gem. § 4 Abs. 4a EStG

§ 4 Abs. 4a EStG schränkt den Abzug von betrieblich veranlassten Schuldzinsen generell ein, soweit der Unternehmer Überentnahmen getätigt hat. **Überentnahmen** liegen vor, wenn die Entnahmen den Gewinn und die Einlagen des betreffenden Wirtschaftsjahres übersteigen. Bei Unterentnahmen handelt es sich um Beträge, um die in den vorangegangenen Wirtschaftsjahren der Gewinn und die Einlagen die Entnahmen überstiegen haben.

Das folgende Ermittlungsschema verdeutlicht die einzelnen Schritte:

	Entnahmen im abgelaufenen Wj.
./.	Einlagen im abgelaufenen Wj.
./.	Gewinn im abgelaufenen Wj.
+	Summe der Überentnahmen Vorjahre (ab einschl. 1999)[1]
./.	Summe der Unterentnahmen Vorjahre (ab einschl. 1999)[1]
=	Bemessungsgrundlage für Berechnung der nicht abziehbaren Schuldzinsen

Sodann werden grundsätzlich 6 % dieser positiven Bemessungsgrundlage, **höchstens** jedoch der um 2 050 € gekürzte Betrag der tatsächlich im betreffenden Wirtschaftsjahr angefallenen Schuldzinsen dem Gewinn hinzugerechnet. Zinsen für Investitionsdarlehen werden dabei nicht berücksichtigt; diese Zinsen bleiben voll abzugsfähig.

BEISPIEL

Die Buchführung des U weist für 12 einen Gewinn i. H. v. 40 000 € aus. U hat im Jahr 12 Entnahmen i. H. v. 60 000 € und Einlagen i. H. v. 2 000 € getätigt. In den maßgebenden Vorjahren sind per Saldo Überentnahmen i. H. v. 10 000 € erfolgt. Laut Gewinn-und-Verlust-Rechnung sind im Jahr 12 Schuldzinsen i. H. v. 12 500 € aufgelaufen, davon entfallen 10 000 € auf ein Darlehen, das zur Finanzierung einer Produktionsanlage aufgenommen worden war.

LÖSUNG U hat im Jahr 12 Überentnahmen i. H. v. 18 000 € getätigt (Entnahmen 60 000 € ./. Einlagen 2 000 € ./. Gewinn 40 000 €). Die Bemessungsgrundlage für die nichtabzugsfähigen Zinsen ist des Weiteren um den Saldo der Überentnahme der Vorjahre = 10 000 € zu erhöhen. Die dem Gewinn außerbilanziell wieder hinzuzurechnenden Zinsen belaufen sich danach auf 6 % von 28 000 € = 1 680 €, höchstens jedoch auf 2 500 € ./. 2 050 € = 450 €. Die Zinsen für das Investitionsdarlehen i. H. v. 10 000 € bleiben voll abzugsfähig.

Im Ergebnis sind dem Gewinn außerhalb der Buchführung 450 € hinzuzurechnen.

Die in § 4 Abs. 4a EStG getroffenen Regelungen haben i. Ü. Zweifelsfragen aufgeworfen, deren endgültige Klärung der Rechtsprechung überlassen bleiben muss.

Seit Einführung der Abzugsbegrenzung für betriebliche Schuldzinsen im Jahr 1999 hat auch die Finanzverwaltung wiederholt zur Auslegung des § 4 Abs. 4a EStG Stellung genommen - aktuell mit Schreiben des BMF vom 02. 11. 2018 BStBl I 2018, 1207.

1 vgl. § 52 Abs. 6 Sätze 5 und 6 EStG

Teil G Hauptabschlussübersicht

1 Vorbemerkungen

Leider lassen sich auch in der Buchführung - selbst bei größter Sorgfalt - Fehler nicht immer vermeiden. Es wäre in der Praxis nun sehr peinlich, wenn beim Abschluss in der Schlussbilanz (Betriebsvermögensvergleich) und der Gewinn-und-Verlust-Rechnung unterschiedliche Gewinne ausgewiesen oder in der Bilanz Aktiva und Passiva verschiedene Summen ergeben würden. Eine vorherige Abstimmung ist also dringend geboten.

Dazu kommt, dass der Kaufmann in der Regel interessiert ist, schon vor dem endgültigen Abschluss wenigstens ein vorläufiges Ergebnis zu kennen. Dadurch wird ihm die Ausübung der verschiedenen Bilanzierungs- bzw. Bewertungswahlrechte wesentlich erleichtert, wenn nicht gar erst möglich gemacht. Die hier auftretenden Probleme haben Sie ja gerade in den Teilen D bis F kennengelernt.

Den genannten Zielen kommt nun die **Hauptabschlussübersicht** (HAÜ) entgegen, die zudem gegenüber dem »gewöhnlichen« Abschluss (Schlussbilanz nebst Gewinn-und-Verlust-Rechnung) noch eine weiter verbesserte Aussagekraft hat.

Übrigens hat die HAÜ auch noch andere Namen: z. B. Abschlusstabelle, Bilanztabelle oder Betriebsübersicht.

2 Die Hauptabschlussübersicht im Einzelnen

Bitte vergleichen Sie dazu jeweils das Beispiel (s. 4), das aus Fall 41 entwickelt wurde.

2.1 Summenbilanz

Normalerweise beginnt man die HAÜ damit, dass für alle Sachkonten die **Summen,** getrennt nach Soll und Haben, zusammengestellt (und zwar **vor** den Abschlussbuchungen) und addiert werden. Die Summen der Sollbeträge und Habenbeträge aller Konten müssen übereinstimmen. Erst dann steht fest, dass Buchungsfehler durch »Zahlendreher« und dergleichen ausgeschlossen sind.

2.2 Saldenbilanz

Der nächste Schritt - nicht selten auch der erste, an Stelle der Summenbilanz - ist das Aufstellen der Saldenbilanz. Hier werden - wieder für jedes Konto - Sollsumme und Habensumme saldiert und nur die **Salden** eingetragen.

Hier tritt nun ein **wichtiger Unterschied** zum jeweiligen Konto auf. Während beim Konto der Saldo den Ausgleich zwischen Soll und Haben bringen muss, steht er in der Saldenbilanz auf der entgegengesetzten Seite, also auf der Seite, welche die größere Summe ausweist. Das bedeutet, dass in der Saldenbilanz der Saldo bei Aktivkonten (Besitzkonten) und Aufwandskonten im **Soll,** bei Passivkonten (Schuldkonten) und Ertragskonten im **Haben** steht. Er hat demnach schon die Stelle, die er auch beim Abschluss in der Schlussbilanz oder der Gewinn-und-Verlust-Rechnung haben wird.

Werden nun die Salden zusammengezählt, so muss wieder in Soll und Haben die gleiche Summe erscheinen, dann ist auch die Saldierung fehlerfrei gelungen.

Für den Fall, dass die vorbereitenden Abschlussbuchungen bereits vor Erstellen der Summen- bzw. Saldenbilanz vorgenommen worden sind, geht es jetzt weiter mit der Vermögens- und Erfolgsbilanz. Dies ist jedoch nicht die Regel. Abschlussbuchungen, auch vorbereitende, werden meist erst in der HAÜ vorgenommen, bei manchen Buchführungsformen sogar nur in der HAÜ. Zeigt die Saldenbilanz aus diesem Grunde noch nicht die endgültigen Werte, kann man sie als Saldenbilanz I bezeichnen.

2.3 Umbuchungen

In diesen Spalten werden die vorbereitenden Abschlussbuchungen vorgenommen (AfA-Buchungen, Übertrag von Unterkonten auf Hauptkonten, von Privat auf Kapital, von Vorsteuer auf USt usw.). Abweichungen von den gewohnten Buchungen ergeben sich dabei nicht. Es heißt also wie bei den Konten z. B. Abschreibungen (AfA) Soll, Geschäftsausstattung Haben. Selbstverständlich müssen auch in den Umbuchungsspalten Sollsummen und Habensummen übereinstimmen.

2.4 Saldenbilanz II

In der Saldenbilanz II (auch: berichtigte Saldenbilanz) werden die durch die Umbuchungen berichtigten Salden ausgewiesen. Das bringt natürlich wieder eine Denk- und Rechenarbeit.

Ein Sollsaldo (z. B. bei Wareneinkauf) wird durch eine Umbuchung im Soll (z. B. Eingangsfracht) erhöht. Eine Umbuchung in Haben verringert den Saldo (z. B. AfA der Geschäftsausstattung). Bei einem Habensaldo ist es gerade umgekehrt (vergleichen Sie Kapital oder auch USt).

Einige Konten sind nun bereits ganz verschwunden, beispielsweise Vorsteuer, Privat und Eingangsfrachten. Ihr Saldo ist auf andere Konten übertragen. Die rechnerische Kontrolle erfolgt auch hier durch gleiche Summen in Soll und Haben.

2.5 Vermögensbilanz und Erfolgsbilanz

Nachdem bisher kein Unterschied zwischen Bestandskonten und Erfolgskonten gemacht wurde, erfolgt jetzt die Trennung dieser beiden Kontenarten. Dabei muss man sich darüber im Klaren sein, dass die Vermögensbilanz der Schlussbilanz, die Erfolgsbilanz der Gewinn-und-Verlust-Rechnung entspricht. Oft werden sogar in der HAÜ diese vertrauten Begriffe gewählt.

Streng genommen geht es nur noch um ein »Sortieren«. Die (evtl. berichtigten) Salden der Bestandskonten kommen in die Vermögensbilanz, die der Erfolgskonten in die Erfolgsbilanz. Auch hier ändern sich die Seiten nicht. Der Saldo »Kasse« beispielsweise steht immer im Soll (denken Sie an den Gegensatz zum Konto.). Auf zwei Besonderheiten ist jedoch zu achten:

1. Falls nicht ausnahmsweise für den Abschluss der Warenkonten der Nettoabschluss gewählt wurde, also der Wareneinsatz von Wareneinkauf auf Warenverkauf umgebucht wurde, enthält der Saldo des Kontos Wareneinkauf sowohl den Schlussbestand als auch den Wareneinsatz (gemischtes Konto). Dieser Saldo muss daher aufgeteilt werden. Der – durch Inventur ermittelte – Warenschlussbestand gehört in die Vermögensbilanz (Soll), der Rest des Saldos stellt den Wareneinsatz dar und muss in die Erfolgsbilanz, ebenfalls ins Soll.

2. Wenn Sie nunmehr die letzten vier Spalten addieren, werden Sie feststellen, dass weder in der Vermögensbilanz noch in der Erfolgsbilanz die Sollsumme der Habensumme entspricht. Ein nach allem ungewohntes Bild - aber keine Panik. An dieser Stelle ist die Ungleichheit das Normale. Es fehlt ja noch der Gewinn. In der Vermögensbilanz ist daher das Kapital (Habenseite) zu niedrig, in der Erfolgsbilanz fehlt der Gewinn auf der Sollseite. Nach Ansatz des Gewinns ergibt sich also hier der Ausgleich. Bitte beachten Sie, dass das Bild beim Verlust gerade umgekehrt ist; Ansatz also in der Vermögensbilanz im Soll und in der Erfolgsbilanz im Haben.

3 Besonderheiten

So wie es in der Buchführung oft recht unterschiedliche Methoden gibt, muss man auch bei der HAÜ mit verschiedenen Abweichungen rechnen. Es würde zu weit führen, alle Möglichkeiten abzuhandeln, aber auf einige auffallende Unterschiede soll doch hingewiesen werden.

Da gibt es z. B. die Möglichkeit, auf die Umbuchungen zur Vereinfachung ganz zu verzichten. Das bedeutet aber, dass wie beim Wareneinkaufskonto noch weitere Salden aufzuteilen sind, so alle Salden der abnutzbaren Wirtschaftsgüter. In der Saldenbilanz stünde dann noch der Buchwert vor AfA, in der Vermögensbilanz der Wert **nach** AfA, die AfA selbst in der Erfolgsbilanz.

Außerdem müssten beim Verzicht auf Umbuchungen **alle** Konten in der Vermögens- oder Erfolgsbilanz ausgewiesen werden, auch solche, die in Schlussbilanz oder Gewinn-und-Verlust-Rechnung nie erscheinen. Auffälligstes Beispiel dafür: Das Privatkonto würde dann in der **Vermögens**bilanz erscheinen (beim üblichen Entnahmeüberschuss im Soll). Mit diesem Ansatz wird dann das um die fehlenden Entnahmen zu hoch ausgewiesene Kapital »wertberichtigt«.

In anderen Darstellungsformen der HAÜ werden Kapital- und Privatkonten zunächst ganz aus der Vermögensbilanz herausgenommen und erst zum Schluss zusammen mit dem Gewinn der Passivseite der Vermögensbilanz nach Art einer Kapitalkontenentwicklung zugerechnet.

Eine weitere Möglichkeit besteht darin, die HAÜ noch um zwei weitere Spalten zu ergänzen, nämlich um Eröffnungsbilanz und Summenzugänge. Aus der jeweiligen Summe dieser Spalten ergibt sich dann die Summenbilanz. Es dürfte klar sein, dass diese Art der HAÜ die höchste Aussagekraft hat.

Lassen Sie sich durch die verschiedenen Alternativen nicht verwirren. Im Grundsatz stimmen alle Methoden nämlich überein.

4 Beispiel zur Hauptabschlussübersicht (vgl. Lösung zu Fall 41)

Konten	Nr.	Summenbilanz		Saldenbilanz 1	
		Soll	Haben	Soll	Haben
Geschäftsausstattung	030	26 400,00	90,00	26 310,00	-
Kapital	080	-	79 230,00	-	79 230,00
Forderungen	100	52 302,00	19 118,00	33 184,00	-
Vorsteuer	115	2 557,40	176,13	2 381,27	-
Bank	130	34 631,44	22 903,27	11 728,17	-
Kasse	150	4 135,00	1 438,00	2 697,00	-
Privat	160	4 414,00	-	4 414,00	-
Verbindlichkeiten	170	10 115,00	26 555,00	-	16 440,00
sonstige Verbindlichkeiten	190	5 355,00	12 876,00	-	7 521,00
Umsatzsteuer	195	2 162,56	6 471,00	-	4 308,44
Wareneinkauf	300	43 700,00	600,00	43 100,00	-
Eingangsfrachten	302	260,00	-	260,00	-
erhaltene Skonti	340	-	237,00	-	237,00
Löhne und Gehälter	501	4 090,00	-	4 090,00	-
soziale Aufwendungen	502	848,00	-	848,00	-
Betriebssteuern	520	1 200,00	-	1 200,00	-
Transportkosten	560	200,00	-	200,00	-
Abschreibungen (AfA)	590	-	-	-	-
Warenverkauf	800	-	23 300,00	-	23 300,00
Rücksendungen und Gutschriften	801	1 000,00	-	1 000,00	-
gewährte Skonti	840	224,00	-	224,00	-
Warenentnahmen	890	-	600,00	-	600,00
Summen		**193 594,40**	**193 594,40**	**131 636,44**	**131 636,44**

Umbuchungen				**Saldenbilanz II**		**Vermögensbilanz**		**Erfolgsbilanz**	
Buchungstext	**Soll**	**Buchungstext**	**Haben**	**Soll**	**Haben**	**Soll**	**Haben**		
	-	1. AfA	3 600,00	22 710,00	-	22 710,00	-	-	-
3. Privat	4 414,00		-	-	74 816,00	-	74 816,00	-	-
	-		-	33 184,00	-	33 184,00	-	-	-
	-	2. USt	2 381,27	-	-	-	-	-	-
	-		-	11 728,17	-	11 728,17	-	-	-
	-		-	2 697,00	-	2 697,00	-	-	-
	-	3. Kapital	4 414,00	-	-	-	-	-	-
	-		-	-	16 440,00	-	16 440,00	-	-
	-		-	-	7 521,00	-	7 521,00	-	-
2. Vor-	2 381,27		-	-	1 927,17	-	1 927,17	-	-
steuer									
4. Ein-	260,00		-	43 360,00	-	36 800,00	-	6 560,00	-
gangs-									
fracht									
	-	4. WE	260,00	-	-	-	-	-	-
	-		-	-	237,00	-	-	-	237,00
	-		-	4 090,00	-	-	-	4 090,00	-
	-		-	848,00	-	-	-	848,00	-
	-		-	1 200,00	-	-	-	1 200,00	-
	-		-	200,00	-	-	-	200,00	-
1. Ge-	3 600,00		-	3 600,00	-	-	-	3 600,00	-
schäft- saus-									
stattung									
5. Rück-	1 000,00		-	-	22 300,00	-	-	-	22 300,00
sendung									
	-	5. WV	1 000,00	-	-	-	-	-	-
	-		-	224,00	-	-	-	224,00	-
	-		-	-	600,00	-	-	-	600,00
	11 655,27		**11 655,27**	**123 841,17**	**123 841,17**	**107 119,17**	**100 704,17**	**16 722,00**	**23 137,00**
Gewinn						-	**6 415,00**	**6 415,00**	-
						107 119,17	**107 119,17**	**23 137,00**	**23 137,00**

FÄLLE 54–55

FALL 54

Aus den für das Jahr 01 geführten Sachkonten ergibt sich folgende Summenbilanz:

Kontenbezeichnung	Konto-Nr.	Soll €	Haben €
Geschäftsausstattung	030	81 200	3 600
Kapital	080	-	201 300
Forderungen	100	1 098 300	1 042 500
Vorsteuer	115	94 902	90 797
Bank	130	1 072 700	1 001 330
Kasse	150	35 580	30 110
Privat	160	51 890	-
Verbindlichkeiten	170	728 350	760 712
sonstige Verbindlichkeiten	190	64 000	75 700
Umsatzsteuer	195	124 538	130 630
sonstige betriebliche Erträge	260	-	1 700
Wareneinkauf	300	701 400	2 500
erhaltene Skonti	340	-	12 456
Löhne und Gehälter	501	120 000	-
soziale Aufwendungen	502	22 300	-
Raumkosten	510	32 670	-
Betriebssteuern	520	8 400	-
Allgemeine Verwaltungskosten	580	18 500	660
Abschreibungen	590	-	-
Warenverkauf	800	-	907 200
gewährte Skonti	840	12 500	1 535
Warenentnahmen	890	-	4 500
Summen		**4 267 230**	**4 267 230**

Angaben zum Abschluss:

- Warenbestand laut Inventur 61 800 €,
- AfA 20 % der Restbuchwerte.

Bitte erstellen Sie zunächst die Saldenbilanz I, nehmen Sie dann die erforderlichen Umbuchungen in einer Umbuchungsspalte vor und fertigen Sie anschließend die Saldenbilanz II sowie die Vermögensbilanz und die Erfolgsbilanz.
Welchen Stand hat das Kapital zum 31.12.01?
Wie hoch ist der Gewinn 01?

FALL 55

Die Saldenbilanz der Firma F weist zum 31.12.03 folgende Beträge aus:

Konto	Konto-Nr.	Soll €	Haben €
Geschäftsausstattung	030	82 500	
Kapital	080		129 445
Wertberichtigung auf Forderungen	091		500
Rückstellungen	092		
aktive Rechnungsabgrenzung	093		
Forderungen	100	71 400	
Vorsteuer	115	5 710	
Summen = Übertrag		**159 610**	**129 945**

Konto	Konto-Nr.	Soll €	Haben €
Übertrag		**159 610**	**129 945**
Bank	130	39 640	
Kasse	150	8 395	
Privat	160	60 628	
Verbindlichkeiten	170		53 020
sonstige Verbindlichkeiten	190		9 160
Umsatzsteuer	195		11 357
außerordentliche Erträge	270		1 550
Wareneinkauf	300	716 010	
Löhne und Gehälter	501	107 040	
soziale Aufwendungen	502	19 270	
Raumkosten	510	23 800	
Betriebssteuern	520	6 000	
Allgemeine Verwaltungskosten	580	53 620	
Abschreibungen (AfA)	590		
Abschreibungen auf Forderungen	595		
Warenverkauf	800		988 230
gewährte Skonti	840	3 249	
Warenentnahmen	890		4 000
Summen		**1 197 262**	**1 197 262**

Angaben zum Abschluss:

Soweit von den erforderlichen Umbuchungen die Umsatzsteuer betroffen wird, ist von dem am 31.12.03 geltenden allgemeinen Steuersatz von 19 % auszugehen.

1. Der Warenbestand am 31.12.03 beträgt laut Inventur 57 190 €.
2. Die Absetzungen für Abnutzung (AfA) der Geschäftsausstattung werden entsprechend einer betriebsgewöhnlichen Nutzungsdauer von 10 Jahren linear (§ 7 Abs. 1 EStG) mit 10 % der Anschaffungskosten von 148 800 € vorgenommen.
   Außerdem wurde im Juli 03 eine Büromaschine für 8 100 € netto angeschafft, die bei einer betriebsgewöhnlichen Nutzungsdauer von 5 Jahren ebenfalls linear abgeschrieben werden soll (die Sonderabschreibung des § 7 g EStG soll nicht in Anspruch genommen werden).
3. Bei den zunächst mit 476 € brutto gebuchten Kundenskonti (gewährte Skonti) für den Monat Dezember 03 ist die USt noch nicht herausgerechnet.
4. Für das Ausfallrisiko ist bei den Forderungen eine pauschale Wertberichtigung i. H. v. 1 % der Nettoforderungen angemessen. Die Wertberichtigung 31.12.02 (500 €) wurde bisher nicht aufgelöst.
5. Für 03 ist mit einer Gewerbesteuerschuld von 10 500 € zu rechnen. Die Firma hat hierauf 4 × 1 500 € vorausgezahlt und über Betriebssteuern gebucht.
6. Im September 03 wurde ein Betrag von 2 400 € für betriebliche Versicherungen überwiesen (Buchung über Allgemeine Verwaltungskosten). Die Überweisung betrifft die Zeit vom 01.10.03 bis 30.09.04.
7. Die Entnahme von Waren für den Haushalt des F ist für den Monat Dezember 03 noch nicht gebucht. Verkaufspreis der entnommenen Waren 1 200 €, Teilwert (Anschaffungskosten bzw. Wiederbeschaffungskosten) 800 €.

Nehmen Sie die erforderlichen Umbuchungen vor.

Bitte fertigen Sie anschließend die Saldenbilanz II, die Vermögensbilanz und die Erfolgsbilanz (Gewinn-und-Verlust-Rechnung).

Ermitteln Sie außerdem den Gewinn und den Stand des Kapitalkontos am 31.12.03.

Teil H Bilanzberichtigung

1 Voraussetzungen der Bilanzberichtigung

Durch unrichtige oder fehlende Buchungen im Laufe eines Wj. können sich Fehler in der Schlussbilanz und in der Gewinn-und-Verlust-Rechnung ergeben. Dasselbe gilt für fehlerhafte Bestandsaufnahmen und falsche Bewertungen.

Eine Bilanz ist zu berichtigen, wenn sie den einschlägigen gesetzlichen Vorschriften oder auch den sonstigen zu beachtenden handelsrechtlichen Grundsätzen ordnungsmäßiger Buchführung nicht entspricht, beispielsweise wenn die handelsrechtlichen bzw. steuerrechtlichen Bewertungsvorschriften nicht beachtet worden sind. Die Berichtigung hat durch den Steuerpflichtigen selbst zu erfolgen (vgl. § 4 Abs. 2 Satz 1 EStG); sie wird meist anlässlich einer Außenprüfung (Betriebsprüfung), gelegentlich aber auch bereits im Zusammenhang mit dem Steuerfestsetzungsverfahren vorgenommen, vgl. auch BFH vom 04. 11. 1999 BStBl II 2000, 129.

2 Technik der Bilanzberichtigung

Ein falscher Bilanzansatz wirkt sich immer auf die Höhe des BV am Ende des Wj. aus. Soweit ein solcher Fehler nicht durch einen anderen unrichtigen Bilanzansatz ausgeglichen wird, beeinflusst dies grundsätzlich auch der Gewinn nach BVV. Daraus ergibt sich die Notwendigkeit, falsche Bilanzposten zu berichtigen.

Neben der Berichtigung der fehlerhaften Ansätze interessiert somit insbesondere auch, welche Auswirkung die Fehlerberichtigung auf den bisher erklärten Gewinn hat. Falls eine Gewinnauswirkung des Fehlers vorliegt, zieht die Fehlerberichtigung auch eine Gewinnberichtigung nach sich. Da auch die fehlerhafte Behandlung von Entnahmen und Einlagen eine Auswirkung auf die Höhe des Gewinns haben kann, wie aus der Formel des Betriebsvermögensvergleichs nach § 4 Abs. 1 EStG ersichtlich ist, müssen auch falsche Entnahmen und Einlagen berichtigt werden. Da die Berichtigung von Bilanzposten, Entnahmen und Einlagen automatisch auch die Berichtigung des Eigenkapitals nach sich zieht, braucht man diese Bilanzposition selbst nicht gesondert zu berichtigen.

Zieht die Berichtigung von Bilanzposten, Entnahmen und Einlagen eine Gewinnauswirkung nach sich, muss sich diese auch in der Gewinn-und-Verlust-Rechnung zeigen, in der Aufwand und Ertrag gegenübergestellt sind. Dies ergibt sich schon daraus, dass die Erfolgskonten letztlich Unterkonten des Kapitalkontos sind und sich eine Gewinnberichtigung, die sich aus einer Berichtigung des Eigenkapitals ergibt, auch in diesen Unterkonten, also den Ertrags- bzw. Aufwandskonten darstellen lässt. Bei der Berichtigung der Bilanz für ein Wirtschaftsjahr ist es somit zweckmäßig, auch die Gewinn-und-Verlust-Rechnung zu berichtigen. Damit wird die Kontrollfunktion dieser Rechnung auch für die Bilanzberichtigung ausgenutzt.

MERKSATZ

Fehler in der laufenden Buchführung und beim Jahresabschluss führen grundsätzlich zu fehlerhaften Ansätzen in Bilanz und Gewinn-und-Verlust-Rechnung. Diese Fehler sind zu berichtigen.
Falls eine Gewinnauswirkung des Fehlers vorliegt, zieht die Fehlerberichtigung auch eine Gewinnberichtigung nach sich.

Welche Bilanzposten – und Erfolgsposten – zu berichtigen sind, lässt sich bei Verbuchungsfehlern leicht dadurch klären, dass man falsche und richtige Buchungssätze einander gegenüberstellt und dann einen Berichtigungsbuchungssatz bildet, der Auskunft gibt über die betroffenen Konten und die Berichtigungsbeträge.

BEISPIEL 1

Die Umsatzsteuer-Vorauszahlung für den Monat April i. H. v. 3 000 €, die im Mai an das Finanzamt überwiesen wurde, ist wie folgt gebucht worden:

520 Betriebssteuern	3 000 €	
an 130 Bank		3 000 €.

Die richtige Buchung hätte lauten müssen:

195 Umsatzsteuer	3 000 €	
an 130 Bank		3 000 €.

Ein Vergleich der beiden Buchungssätze zeigt, dass der Aufwand an Betriebssteuern um 3 000 € zu hoch ausgewiesen ist, dagegen die Umsatzsteuerschuld noch nicht um die Zahlung vermindert wurde. Ist noch kein Abschluss erfolgt, könnte man die Falschbuchung durch die Buchung

195 Umsatzsteuer	3 000 €	
an 520 Betriebssteuern		3 000 €

berichtigen.

LÖSUNG Der Bilanzansatz Umsatzsteuerschuld ist um 3 000 € zu vermindern.
Der GuV-Ansatz Betriebssteuern ist ebenfalls um 3 000 € zu kürzen.

Zur Beantwortung der Frage, welche Bilanzposten und GuV-Posten wie zu berichtigen sind, muss man sich jedoch nicht zwingend den Berichtigungsbuchungssatz überlegen. Insbesondere bei komplexen Sachverhalten ist dies zudem sehr aufwendig. Es genügt vielmehr, festzustellen, welche Bilanzposten und ggf. GuV-Posten durch den Geschäftsvorfall berührt werden und mit welchen richtigen Werten diese dann in der Bilanz und der Gewinn-und-Verlust-Rechnung auszuweisen sind. Anschließend vergleicht man diese Werte mit den bisher vom Steuerpflichtigen ausgewiesenen Werten. Ergibt sich ein Unterschied, sind diese Positionen mit den festgestellten Differenzen zu berichtigen. Zur Feststellung der Differenz bzw. der Fehler ist häufig die Darstellung von Bilanzposten- bzw. Kontenentwicklungen der betroffenen Bilanzposten erforderlich oder zumindest hilfreich. Deren Ergebnisse können dann dem notwendigen Vergleich zugrunde gelegt werden.

BEISPIEL 2

U hat am 01.04.12 einen künftig ausschließlich betrieblich genutzten PKW erworben. Als Kaufpreis wurden ihm vom PKW-Händler 30 000 € zuzüglich 5 700 € abziehbare Vorsteuer in Rechnung gestellt. In der Rechnung waren weitere 595 € (einschließlich 19 % Vorsteuer) Überführungskosten ausgewiesen. Für die Zulassung des PKW zahlte U am 01.04.12 an die Zulassungsstelle 60 € (keine Vorsteuerbelastung) mit Geld aus der betrieblichen Kasse. Am 03.04.12 überwies U den Rechnungsbetrag vom betrieblichen Konto zulässig unter Abzug von 2 % Skonto. Die betriebsgewöhnliche Nutzungsdauer des PKW beträgt 6 Jahre. U nahm auf diesen PKW für das Jahr 12 eine degressive AfA von 25 % vor. Sonderabschreibungen sollen nicht zulässig sein und wurden daher von U auch nicht vorgenommen. U verbuchte diese Vorgänge wie folgt:

PKW	30 000 €			
Kfz-Kosten	500 €			
Vorsteuer	5 795 €			
		an	sonstige Verbindlichkeit	36 295 €
Kfz-Kosten	60 €	an	Kasse	60 €

Sonstige Verbindlichkeit	36 295 €	an	Bank	35 569 €
		an	Skontoerträge	610 €
		an	Vorsteuer	116 €
AfA	7 500 €	an	PKW	7 500 €

Welcher Bilanzposten ist zum 31.12.12 wie zu berichtigen?

LÖSUNG Der PKW ist gem. § 6 Abs. 1 Nr. 1 EStG mit seinen Anschaffungskosten abzüglich Absetzungen für Abnutzung zu bilanzieren. Die Überführungskosten netto und die Zulassungsgebühren sind nach § 255 Abs. 1 HGB als Anschaffungsnebenkosten des PKW zu behandeln. Der Skontoabzug bei Bezahlung der Rechnung führt zu einer Minderung der Anschaffungskosten von 2 %. Die Vorsteuerberichtigung wurde richtig gebucht. Als AfA ist gem. § 7 Abs. 1 EStG nur die lineare Afa zulässig. Für das Jahr 12 als dem Jahr der Anschaffung ist gem. § 7 Abs. 1 Satz 4 EStG die AfA lediglich zeitanteilig zu gewähren.

Kontenentwicklung des PKW:
01.04.12
Ansatz der Anschaffungskosten

Kaufpreis (netto)	30 000 €
Überführungskosten (netto)	500 €
Zulassung	60 €
abzüglich Skontoabzug	./. 610 €
abzüglich AfA (29 950 € : 6 × 9/12 =)	./. 3 744 €
Bilanzansatz 31.12.12:	26 206 €

Da U zum 31.12.12 den PKW mit 22 500 € bilanziert hat, ist der Bilanzposten PKW um 3 706 € zu erhöhen.

Sowohl die Fehlerberichtigungen als auch deren Gewinnauswirkungen sind **darzustellen.** Dies kann auf zweierlei Weise geschehen. Zum einen anhand der betroffenen Bilanzposten (Bilanzpostendarstellung), zum anderen anhand der betroffenen GuV-Posten (GuV-Postendarstellung). Bei beiden Arten der Darstellung muss sich die gleiche Gewinnberichtigung ergeben.

Falls mehrere Bilanzposten bzw. mehrere GuV-Posten berichtigt werden, sind die einzelnen Gewinnberichtigungen jeweils zu addieren, sodass sich eine Gesamtgewinnauswirkung ergibt, wobei wiederum die Gesamtgewinnauswirkungen nach beiden Darstellungsweisen übereinstimmen müssen.

2.1 Gewinnauswirkung nach Betriebsvermögensvergleich

Die Darstellung der Gewinnauswirkungen infolge Änderung von Bilanzposten (Bilanzpostenmethode) beruht auf der Grundlage des Betriebsvermögensvergleichs. Die Gewinnauswirkung, die eine Bilanzpostenberichtigung nach sich zieht, kann anhand der Formel des Betriebsvermögensvergleichs leicht ermittelt werden:

	Betriebsvermögen am Schluss des Wirtschaftsjahres
./.	Betriebsvermögen am Schluss des vorangegangenen Wirtschaftsjahres
=	tatsächliche Betriebsvermögensveränderung des Wirtschaftsjahres
+	Wert der Entnahmen des Wirtschaftsjahres
./.	Wert der Einlagen des Wirtschaftsjahres
=	Gewinn des Wirtschaftsjahres

Aus der Formel ist auch ersichtlich, dass in diese Darstellungsmethode die Berichtigung von Entnahmen und Einlagen einzubeziehen ist.

Jede Änderung eines Aktivpostens oder Passivpostens erhöht oder mindert das BV am Ende des Wj. und wirkt sich dadurch, isoliert betrachtet, auf den Gewinn aus.

Die **Erhöhung eines Aktivpostens** erhöht auch das Endvermögen und damit den Gewinn. Dasselbe gilt für die **Kürzung eines Passivpostens**, z. B. die Verminderung der Umsatzsteuerschuld wie im Beispiel 1.

Die **Erhöhung eines Passivpostens** mindert das Endvermögen und damit den Gewinn. Dasselbe gilt für die **Kürzung eines Aktivpostens.**

Die Auswirkungen sind für jeden einzelnen Bilanzposten zu untersuchen und können sich auch gegenseitig aufheben, sodass sich die Gesamtberichtigung einer fehlerhaften Behandlung durchaus auch einmal gewinnneutral auswirken kann.

BEISPIEL 3

Ein zum 15.12.01 (= Übergang von Gefahr, Nutzen und Lasten) für 80 000 € erworbenes Grundstück wird erst bei Zahlung der Anschaffungskosten am 15.01.02 aktiviert (= als Zugang gebucht).

LÖSUNG Das Grundstück ist schon infolge des im Jahr 01, aufgrund des Übergangs von Gefahr, Nutzen und Lasten, erfolgten Erwerbs des wirtschaftlichen Eigentums in der Bilanz zum 31.12.01 auszuweisen. Andererseits ist auch die Kaufpreisschuld zu bilanzieren. Die Aktiva und damit das BV und der Gewinn erhöhen sich um den Wert des Grundstücks (80 000 €). Die Passiva erhöhen sich um den Wert der Kaufpreisschuld (ebenfalls 80 000 €), wodurch sich BV und Gewinn vermindern. Gewinnerhöhung und Gewinnminderung gleichen sich aus. Die Bilanzberichtigung ist also insgesamt erfolgsneutral.

Entnahmen und Einlagen werden außerhalb des eigentlichen Vermögensvergleichs zugerechnet oder abgezogen. Höhere Entnahmen bedeuten demnach höhere Zurechnung, d. h. höheren Gewinn. Niedrigere Entnahmen bringen dagegen eine geringere Zurechnung, also niedrigeren Gewinn. Höhere Einlagen bedeuten höheren Abzug, d. h. ebenfalls niedrigeren Gewinn, während niedrigere Einlagen zu einem geringeren Abzug und damit zu einem höheren Gewinn führen.

Gewinnerhöhend wirken sich aus	Gewinnmindernd wirken sich aus
• Erhöhung eines Aktivpostens • Minderung eines Passivpostens • Mehr Privatentnahmen • Weniger Privateinlagen	• Erhöhung eines Passivpostens • Minderung eines Aktivpostens • Mehr Privateinlagen • Weniger Privatentnahmen

MERKSATZ

Es ist jeder einzelne zu berichtigende Bilanzposten und ebenso die Berichtigung der Entnahmen und Einlagen mit der aus der jeweiligen Berichtigung folgenden Gewinnauswirkung darzustellen. Die Gesamtdarstellung aller durch einen Berichtigungsvorgang betroffenen Bilanzposten, Entnahmen und Einlagen ergibt dann, welche Gesamtgewinnauswirkung die Berichtigung der fehlerhaften Behandlung des Geschäftsvorfalls hat.

FÄLLE 56–57

FALL 56

Der Unternehmer hat am 10.07.01 einen (ausschließlich betrieblich genutzten) PKW für 48 000 € + 9 120 € USt angeschafft. Die betriebsgewöhnliche Nutzungsdauer beträgt sechs Jahre. Die AfA wird linear berechnet. Der Unternehmer buchte im Jahr 01 wie folgt

a) 021 Fuhrpark an 130 Bank 57 120 €,
b) 590 AfA an 021 Fuhrpark 9 520 €.

Wie lauten die richtigen Buchungen zu a) und b)?
Welche Bilanzposten sind wie zu berichtigen?
Im Fall 56 kann die Darstellung der Gewinnauswirkung nach Betriebsvermögensvergleich wie folgt aussehen:

Bilanzposten	**Bilanzansatz**		**Unterschied**	**Gewinn-auswirkung**
	Handelsbilanz/ Steuerbilanz	berichtigte Steuerbilanz		
Fuhrpark	47 600 €	44 000 €	./. 3 600 €	./. 3 600 €
Umsatzsteuer	0 €	./. 9 120 €	./. 9 120 €	+ 9 120 €
				+ 5 520 €

Dabei ist zu beachten, dass das Konto »Vorsteuer« üblicherweise in der Bilanz nicht erscheint, weil es mit der Umsatzsteuerschuld verrechnet wurde. Deshalb muss bei Erhöhung der Vorsteuer um 9 120 € in der Bilanz die Umsatzsteuerschuld um 9 120 € gekürzt werden. Die Gewinnauswirkung bleibt insoweit die gleiche (Erhöhung Aktivposten = Minderung Passivposten).

FALL 57

Der Unternehmer hat die Entnahme von Waren mit Teilwert (Wiederbeschaffungskosten) von 2 000 € (USt-Satz 19 %) nicht gebucht. Wie lautet die richtige Buchung und die Darstellung der Gewinnauswirkung der Berichtigungen?

Bilanzposten	Handelsbilanz/ Steuerbilanz	Prüferbilanz	Unterschied	Gewinnauswirkung
Entnahmen				
USt				

Die Darstellung der Bilanzpostenberichtigung (einschließlich Entnahmen und Einlagen) kann auch in folgender verkürzter Form erfolgen:

Bilanzposten	bisher	richtig	Berichtigung	Gewinnauswirkung

Dann lautet im Fall 57 die Darstellung wie folgt:

Bilanzposten	bisher	richtig	Berichtigung	Gewinnauswirkung
Entnahmen	0	2 380 €	+ 2 380 €	+ 2 380 €
Umsatzsteuer	0	380 €	+ 380 €	./. 380 €
				+ 2 000 €

2.2 Gewinnauswirkung nach Gewinn-und-Verlust-Rechnung

Die Gewinnauswirkung zeigt sich in der Regel besonders deutlich in den Erfolgskonten (Aufwands- und Ertragskonten). Es ergeben sich die entsprechenden Fragestellungen wie bei der Bilanzpostenmethode:

- Welche GuV-Posten sind durch den Berichtigungsvorgang betroffen?
- Wie sind diese GuV-Posten zu berichtigen und welche Gewinnauswirkungen zieht dies nach sich?
- Bei mehreren betroffenen GuV-Posten ist eine Gesamtgewinnauswirkung zu ermitteln.

Gewinnerhöhend wirken sich aus	Gewinnmindernd wirken sich aus
• Erhöhung eines Ertragskontos • Minderung eines Aufwandskontos	• Minderung eines Ertragskontos • Erhöhung eines Aufwandskontos

Die Gesamtgewinnauswirkung nach der GuV-Postenmethode **muss** mit der Gesamtgewinnauswirkung nach der Bilanzpostenmethode übereinstimmen **(Kontrollwirkung).** Unterschiedliche Gesamtgewinnauswirkungen zeigen einen Fehler beim Berichtigungsvorgang an. Es bietet sich folgende Darstellungsform an:

GuV-Posten	bisher	richtig	Berichtigung	Gewinn-auswirkung

Für das oben bei Tz. 2 angeführte Beispiel 1 lautet die Darstellung der GuV-Postenberichtigung wie folgt:

GuV-Posten	bisher	richtig	Berichtigung	Gewinn-auswirkung
Betriebssteuern	3 000 €	-	./. 3 000 €	+ 3 000 €

Im Interesse einer einwandfreien Bilanzberichtigung sollte die Gewinnauswirkung sowohl nach dem Betriebsvermögensvergleich (Bilanzpostenmethode) als auch nach der Gewinn-und-Verlust-Rechnung (GuV-Postenmethode) festgestellt werden. Beide Ergebnisse **müssen** übereinstimmen.

Für das oben bei Tz. 2 angeführte Beispiel 1 lautet die Darstellung der Bilanzpostenberichtigung wie folgt:

Bilanzposten	bisher	richtig	Berichtigung	Gewinn-auswirkung
Umsatzsteuer	3 000 €	-	./. 3 000 €	+ 3 000 €

FÄLLE 58–59

FALL 58

Stellen Sie für die Fälle 56 und 57 die Gewinnauswirkung nach Gewinn-und-Verlust-Rechnung in der Form obenstehender Gegenüberstellung dar. Vergleichen Sie mit der Gewinnauswirkung nach BVV.

FALL 59

In den folgenden Fällen sind jeweils die Berichtigungen der Bilanzposten und GuV-Posten anzugeben und die Gewinnauswirkungen nach der Bilanzpostenmethode und nach der GuV-Methode darzustellen.

a) Der Unternehmer hat am 01.10.01 eine Verpackungsmaschine für netto 2 500 € angeschafft. Die Vorsteuer ist richtig gebucht. Die Transport-, Montage- und Anschlusskosten mit 500 € netto wurden als Eingangsfrachten behandelt (Konto 302). Die betriebsgewöhnliche Nutzungsdauer beträgt 5 Jahre. Die AfA für das Jahr 01 wurde mit 25 % aus 2 500 €, d. h. 625 €, angesetzt. Es soll linear abgeschrieben werden.

b) Der Unternehmer hat am 01.03.01 einen Lagerplatz erworben. Vom Kaufpreis waren 15 000 € bar zu zahlen, der Restkaufpreis von 20 000 € ist bis 28.02.02 nebst 6 % Zinsen zu zahlen. An Erwerbsnebenkosten (Grunderwerbsteuer, Notariatskosten) fielen noch 1 800 € an, die im März 01 durch Scheck bezahlt wurden.

U hat unter unbebaute Grundstücke 15 000 € (Barzahlung) aktiviert. Die Restkaufpreisschuld (20 000 €) und Zinsen (1 200 €) wurden erst im Jahr 02 gebucht. Die Erwerbsnebenkosten sind unter Konto Haus- und Grundstücksaufwand verbucht worden (März 01).

c) Bei der Inventur zum 31.12.01 wurde ein Warenposten mit 1 500 € AK übersehen und deshalb im Bestandsverzeichnis und in der Bilanz nicht berücksichtigt.

Die aufgenommenen Waren sind mit den Netto-Einkaufspreisen von 60 000 € bewertet. Die für diese Waren angefallenen (anteiligen) Eingangsfrachten betragen 2 000 €, das anteilige Skonto beträgt 300 €. Eingangsfrachten und Skonti sind zutreffend während des Jahres über die Konten Eingangsfrachten bzw. Skontoerträge verbucht worden, die dann aber in das gemischte Wareneinkaufskonto abgeschlossen wurden.

d) U hat seit 01.03.01 Büroräume für 2 000 € monatlich vermietet (auf die Steuerfreiheit nach § 4 Nr. 12 a UStG wurde **nicht** verzichtet). Die Miete ist halbjährlich jeweils zum 01.03. und 01.09. im Voraus zu bezahlen. Die Wohnung des U im gleichen Haus, die 1/4 der Grundfläche des Gebäudes ausmacht, hat einen Mietwert von monatlich 600 €. Das Gebäude und der zugehörige Grund und Boden werden zu 75 % als BV bilanziert.

Im Jahr 01 wurde in diesem Zusammenhang gebucht:

02.03.	Bank an Mietertrag	12 000 €
06.08.	Grundstücksaufwand an Bank	4 000 €
04.09.	Bank an Mietertrag	12 000 €
31.12.	AfA an Gebäude	3 200 €

Die AfA ist nur für den bilanzierten Teil des Gebäudes, also ohne die eigene Wohnung, angesetzt. Der Grundstücksaufwand betrifft dagegen das gesamte Grundstück.

Teil I EDV-Buchführung

1 Einführung

Die Buchführung mittels elektronischer Datenverarbeitung (EDV; auch gelegentlich ADV = automatisierte Datenverarbeitung) war ursprünglich eine Sache nur für ganz große Betriebe. Das war die Zeit der Lochkarten, Sortier- und Tabelliermaschinen usw. Die rasche Entwicklung der Computer zu immer schnelleren Modellen mit immer mehr Speicherplatz und dabei dauernd sinkenden Preisen macht heute die EDV-Buchführung selbst für kleine Betriebe attraktiv. Dazu kommen ständig weiter verbesserte Programme (Software), vor allem bezüglich der sogenannten Benutzerfreundlichkeit.

Wo liegt nun eigentlich der Vorteil der EDV-Buchführung? Kurz gesagt in der Tatsache, dass die Eingabe eines einzigen Buchungssatzes eine ganze Reihe von Buchungsarbeiten auf einmal löst (Journal, Sachkonten, Personenkonten) und dass dabei Rechen- oder Übertragungsfehler nahezu ausgeschlossen sind. Außerdem ist noch eine Menge weiterer Auswertungen und Verknüpfungen möglich (Betriebswirtschaftliche Auswertungen, USt-Voranmeldungen usw.).

Die folgende kurze Übersicht über die EDV-Buchführung folgt weitgehend dem System DATEV. Die meisten anderen Buchführungsprogramme sind jedoch ähnlich aufgebaut.

2 Der Buchungssatz

2.1 Allgemeines

Für die buchmäßige Bearbeitung eines Geschäftsvorfalls ist ein Minimum an Angaben (Daten) erforderlich. Dazu gehören Datum, Konto, Gegenkonto und Betrag, evtl. Beleg-Nummer und Text. Das ist bei manueller und bei EDV-Buchführung gleich. Die EDV-Buchführung ermöglicht aber i. d. R. die Übernahme von Datum und Konto aus dem vorhergehenden Buchungssatz, sodass im Extremfall die Angabe von Betrag und Gegenkonto genügt (Kurzbuchung). Die Regel »Sollkonto an Habenkonto« wird man bei EDV-Buchführung vergeblich suchen. Vielmehr wird jeweils für das Konto, auf dem zu buchen ist, der Betrag in der Soll- oder Habenspalte angegeben. Die Gegenbuchung (Buchung auf dem Gegenkonto) erfolgt - im wahrsten Sinne des Wortes - automatisch richtig.

2.2 Die Kontonummer

Die Kontonummer hat üblicherweise fünf Stellen. Davon dient die erste zur Unterscheidung von Sachkonten und Personenkonten. Ist die erste Zahl (genauer: die fünfte von rechts) eine Null, so handelt es sich um ein Sachkonto (Bestands- oder Erfolgskonto). Eins bis sechs an dieser Stelle bedeutet ein Debitorenkonto (Kundenkonto, meist der Kunden-Nr. entsprechend), sieben bis neun ein Kreditorenkonto (Liefererkonto). Die Einteilung der Sachkonten in Kontenklassen hängt vom angewandten Kontenrahmen ab. Bei DATEV wird überwiegend der Spezialkontenrahmen SKR 03 verwendet, der im Aufbau grundsätzlich dem in der Anlage nach I 6 aufgezeichneten Kontenrahmen entspricht, wobei jedoch die Kontenklasse 4 die betrieblichen Aufwendungen umfasst; für Boni und Skonti gibt es keine eigene Kontenklasse. Die Kontenklasse 5 entfällt dann.

Für die Sachkonten können die im Kontenrahmen aufgeführten Konten unverändert übernommen oder - mit Einschränkungen - individuell geändert oder neue angelegt werden. Personenkonten müssen immer individuell eingerichtet werden.

2.3 Buchungskreise

Für eine rationelle Buchführungsarbeit ist es notwendig, die Geschäftsvorfälle nach Buchungskreisen zu sortieren. Nur dann sind Kurzbuchungen möglich. Außerdem kann bei der Datenerfassung mittels PC (Personal Computer) mit jeder Buchung auf dem Bildschirm sichtbar der Saldo des Kontos fortgeschrieben werden, was insbesondere bei den Bankkonten oder auch bei der Kasse eine zusätzliche Kontrolle erlaubt (fortgeschriebener Saldo = Saldo laut Kontoauszug der Bank bzw. Kassenbestand am Ende des Tages?). Fehler werden so im Entstehen aufgedeckt und lassen sich rechtzeitig korrigieren. Falschbuchungen können weitgehend vermieden werden.

Als Buchungskreise kommen in Betracht: Kasse, Bank (evtl. Bank 1, Bank 2, ...), Eingangsrechnungen (nicht nur für Waren!), Ausgangsrechnungen (auch für Hilfsgeschäfte), sonstige Belege (z. B. Entnahmen, Abschreibungen, Preisnachlässe, Abschlussbuchungen). Die Belege werden vor der Verbuchung nach Buchungskreisen sortiert und kontiert, d. h. mit Angaben über Konto und Gegenkonto versehen.

2.4 Forderungen und Verbindlichkeiten

Bei Eingangsrechnungen, Ausgangsrechnungen sowie Zahlungen durch Kunden oder an Lieferer wird bei der Buchung **nicht** das Sachkonto »Forderungen« oder »Verbindlichkeiten« verwendet, sondern das jeweilige Personenkonto (Debitorenkonto bzw. Kreditorenkonto). Die Buchung auf dem Sachkonto erfolgt automatisch durch den Computer. Nur für Fälle, bei denen ausnahmsweise kein Personenkonto vorhanden ist, wird über ein besonderes Forderungs- oder Verbindlichkeiten-Sachkonto gebucht.

2.5 Zusammengesetzte Buchungssätze

Bei der EDV-Buchführung gibt es oft keine zusammengesetzten Buchungssätze. Viele Computerprogramme »kennen« nur ein Konto und ein Gegenkonto. Eine - sehr wichtige - Ausnahme gibt es jedoch für die Umsatzsteuer bzw. die Vorsteuer. Vgl. dazu auch 2.7. In den übrigen Fällen muss der Geschäftsvorfall zur Buchung aufgeteilt werden. Ein Beispiel für eine solche Aufteilung finden Sie zum Verkauf von Anlagegütern unter C 3. Bei manchen neueren Buchführungsprogrammen gibt es jedoch die Möglichkeit des »Splittings«. Dadurch werden zusammengesetzte Buchungssätze auch bei EDV-Buchführung möglich.

2.6 Verrechnungskonten

Eine Besonderheit bei der EDV-Buchführung stellen die Konten dar, die eine Verrechnung zwischen den Buchungskreisen bezwecken. Der einfache, alltägliche Geschäftsvorfall der Einzahlung auf das Bankkonto beispielsweise bringt nämlich ein unerwartetes Problem. Dieser Vorgang betrifft zwei Buchungskreise. Insbesondere wenn man mit fortschreibenden Salden arbeitet, muss er sowohl bei KASSE als auch bei BANK erfasst werden. Aber zweimal »Bank an Kasse« wäre falsch: das Bankguthaben wäre zu hoch, der Kassenbestand zu nieder ausgewiesen.

Die Lösung dieses Problems bringt ein Verrechnungskonto, das Konto »Geldtransit«, das gewissermaßen zwischen das Bankkonto und das Kassenkonto geschoben wird:

- Buchungskreis BANK: Bank Soll, Geldtransit Haben,
- Buchungskreis KASSE: Geldtransit Soll, Kasse Haben.
- Die Buchungen auf »Geldtransit« heben sich gegenseitig auf.

Eine ähnliche Verrechnung, nämlich zwischen BANK (oder KASSE) und SONSTIGE BELEGE, ist auch für die Auszahlung des nach den Abzügen verbleibenden Nettolohnes erforderlich, über das Konto Lohnverrechnung.

2.7 Umsatzsteuer- und Vorsteuerkonten

Ein nicht zu unterschätzender Vorteil der EDV-Buchführung ist, dass bei Beträgen, die USt oder Vorsteuer enthalten, der Bruttobetrag gebucht werden und das Herausrechnen der Steuer dem Computer überlassen werden kann. Dazu braucht man einen sogenannten Steuerschlüssel oder ein »automatisches« Konto. Der Steuerschlüssel stellt eine Erweiterung der Kontonummer für das **Gegenkonto** dar. Er steht an der sechsten Stelle von **rechts.**

Schlüssel	Bedeutung
2	umsatzsteuerpflichtig, **ermäßigter** Steuersatz
3	umsatzsteuerpflichtig, **voller** Steuersatz
8	Vorsteuer, **ermäßigter** Steuersatz
9	Vorsteuer, **voller** Steuersatz

Die DATEV-Kontenrahmen sehen auch automatische Konten vor, das sind Konten mit automatischer Errechnung der USt bzw. Vorsteuer, z. B. im SKR 03 das Konto 8 400 »Erlöse 19 %« und das Konto 3 400 »Wareneingang 19 % Vorsteuer«. Im Kontenrahmen (und Kontenplan) sind diese Konten mit AM (**a**utomatische **M**ehrwertsteuer-Errechnung) bzw. AV (**a**utomatische **V**orsteuer-Errechnung) bezeichnet. Für automatische Konten darf **kein** Umsatzsteuerschlüssel angegeben werden.

Umsatzsteuer-Vorauszahlungen werden übrigens über ein eigenes Konto gebucht (Konto 1780 bei SKR 03). Eine Saldierung mit den Konten »Umsatzsteuer« und »Vorsteuer« findet erst beim Jahresabschluss statt, um die Umsatzsteuerschuld zum Bilanzstichtag zu ermitteln.

2.8 Skonti

Bei Zahlungen mit Skontoabzug wird beim Geldkonto der gekürzte Betrag gebucht. Dies gilt sowohl für Kundenskonti (gewährte Skonti) als auch für Liefererskonti (erhaltene Skonti). Der Brutto-Skontobetrag wird entweder als eigener Buchungssatz eingegeben oder - was einfacher ist - als zusätzliche Angabe innerhalb des Buchungssatzes der Zahlung.

3 Datenerfassung und Datenverarbeitung

3.1 Datenerfassung

Die einzelnen Daten des Buchungssatzes werden heutzutage fast ausschließlich über die Tastatur eines PC (Personal Computer) eingegeben. Die Eingabe lässt sich dabei am Bildschirm (Monitor) verfolgen, Salden können fortgeschrieben werden. Bei entsprechender Software lassen sich durch Plausibilitätsprüfungen Eingabefehler vermeiden.

Über die eingegebenen Daten wird ein Eingabeprotokoll erstellt, die sogenannte **Primanota,** die auch Grundbuchfunktion hat (vgl. BFH vom 10.08.1978 BStBl II 1979, 20).

3.2 Datenverarbeitung

Die Datenverarbeitung erfolgt entweder durch eigenen Computer oder über ein Rechenzentrum. Bei der Verarbeitung, die in der Regel mindestens monatlich erfolgen sollte, werden üblicherweise folgende Teile der Buchführung erstellt:

- Journal (evtl. auf Mikrofilm),
- Sach- und Personenkonten (evtl. auf Mikrofilm),
- Summen- und Saldenlisten.

Dazu kommen umsatzsteuerliche Auswertungen, die ein Ausfüllen der USt-Voranmeldung erleichtern, auf Wunsch die USt-Voranmeldung selbst. Auch betriebswirtschaftliche Auswertungen sind möglich (BWA, Kennzahlen für Aufwendungen und Erträge). Wer will, kann auch den Jahresabschluss über EDV erstellen lassen.

4 Beispiele zur EDV-Buchführung

4.1 Zugrunde liegende Sachverhalte

Getrennt nach Buchungskreisen sind nachfolgend die am 15.10.01 zur Buchung anfallenden Sachverhalte aufgeführt:

Kasse:	
Ausgabe für Porto und Briefmarken	45,00 €
Tageseinnahme aus Warenverkauf	8 520,40 €
Einzahlung auf Bankkonto	6 500,00 €
Bank:	
Lastschrift für GewSt-Vorauszahlung	1 200,00 €
Bareinzahlung (s. bei Kasse)	6 500,00 €
Überweisung an Firma Schultes GmbH	6 440,00 €
Gutschrift für Überweisung durch Firma A. Müller,	
nach Abzug von 118,32 € Skonto	3 825,68 €
Überweisung für Gehälter	6 318,50 €
Eingangsrechnungen:	
Warenrechnung Firma Holmes GmbH	
(2 730,00 € + 518,70 € USt)	3 248,70 €

Rechnung Firma Bürobedarf GmbH für Büromöbel (4 650,00 € + 883,50 € USt)	5 533,50 €
Rechnung Autohaus Bajer für Kfz-Reparatur (640,00 € + 121,60 € USt)	761,60 €
Ausgangsrechnungen:	
Warenrechnung an Firma A. Müller, (6 625,00 € + 1 258,75 € USt)	7 883,75 €
Rechnung für Verkauf überzähliger Büromöbel an Firma Gut + Billig, 2 000,00 € + 380,00 € USt	2 380,00 €
Sonstiges:	
Gehaltszahlung Bruttogehälter	8 000,00 €
einbehaltene Lohnsteuer	./. 240,80 €
Arbeitnehmeranteile Sozialversicherung	./. 1 440,70 €
Nettogehälter = Überweisung	6 318,50 €
Arbeitgeberanteil Sozialversicherung	1 440,70 €
Buchwerte der verkauften Büromöbel	500,00 €
Entnahme von Waren im Teilwert von	400,00 €

4.2 Auszug aus dem Kontenplan

Konto-Nr.	Bezeichnung
0420	Büroeinrichtung
1000	Kasse
1200	Bank
1360	Geldtransit
S 1400	Forderungen aus Lieferungen und Leistungen
1410	Forderungen aus Lieferungen und Leistungen ohne Kontokorrent
S 1575	anrechenbare Vorsteuer 19 %
S 1600	Verbindlichkeiten aus Lieferungen und Leistungen
1740	Verbindlichkeiten aus Lohn und Gehalt
1741	Verbindlichkeiten aus Lohn- und Kirchensteuer
1742	Verbindlichkeiten im Rahmen der sozialen Sicherheit
S 1775	Umsatzsteuer 19 %
1900	Privatentnahmen
2315	Anlagenabgänge[1]
AV 3400	Wareneingang 19 %
4120	Gehälter
4130	Gesetzliche soziale Aufwendungen
4320	Gewerbesteuer (Vorauszahlung)
4540	Kfz-Reparaturen
4910	Porto
AM 8400	Umsatzerlöse 19 % USt
S/AM 8735	Gewährte Skonti 19 %
8800	Erlöse aus Anlagenverkäufen
8900	Warenentnahmen

12050 A. Müller
70744 Autohaus Bajer
71180 Bürobedarf GmbH
72666 Holmes GmbH
75810 Schultes GmbH

Erläuterungen:
S = Sammelkonto; dieses Konto kann nicht direkt bebucht werden
AV = automatische Errechnung der Vorsteuer
AM = automatische Errechnung der Umsatzsteuer
[1] = beim Abschluss Saldierung mit Konto 8800

Für Sachkonten ist die Angabe der Kontenart 0 (fünfte Stelle von rechts) nur erforderlich, wenn davor ein Umsatzsteuerschlüssel oder ein Stornoschlüssel (vgl. 5) steht.

4.3 Primanota (Erfassungsprotokoll)

Umsatz		Gegenkonto				Beleg-feld	Datum	Konto	Skonto	Text
Soll	Haben	S	U	K						
	45,00				4910		15.10.	1000		
8 520,40					8400					
	6 500,00				1360					
	1 200,00				4320			1200		
6 500,00					1360					
	6 440,00			7	5810					
3 825,68				1	2050				118,32	
	6 318,50				1740					
3 248,70				7	2666			3400		
5 533,50			9	7	1180			420		
761,60			9	7	0744			4540		
	7 883,75			1	2050			8400		
	2 380,00		3	0	1410			8800		
6 318,50					1740			4120		
240,80					1741					
1 440,70					1742					
1 440,70					1742			4130		
	500,00				2315			420		
	476,00		3	0	1900			8900		

4.4 Journal

Datum	Buchungs-text	Beleg-Nr.	S U	Konto Gegenkonto	Umsatz						USt						USt-Konto	USt-Konto	
					Soll			Haben			Soll			Haben					
15.10. 15.10.				1000 4910		45	00		45	00									
15.10. 15.10.				1000 8400	8	52 0	40	7	160	00				1	360	40	1775	19	00
15.10. 15.10.				1000 1360	6	50 0	00	6	500	00									
15.10. 15.10.				1200 4320	1	20 0	00	1	200	00									
15.10. 15.10.				1200 1360	6	500	00	6	500	00									
15.10. 15.10.				1200 75810	6	440	00	6	440	00									
15.10. 15.10.				1200 12050	3	825	68	3	825	68									
15.10. 15.10.				8735 12050		99	43		118	32		18	89				1775	19	00
15.10. 15.10.				1200 1740	6	318	50	6	318	50									
15.10. 15.10.				3400 72666	2	730	00	3	248	70		518	70				1575	19	00
15.10. 15.10.			9	420 71180	4	650	00	5	533	50		883	50				1575	19	00
15.10. 15.10.			9	4540 70744		640	00		761	60		121	60				1575	19	00
15.10. 15.10.				8400 12050	7	883	75	6	625	00				1	258	75	1775	19	00
15.10. 15.10.			3	8800 1410	2	380	00	2	000	00					380	00	1775	19	00
15.10. 15.10.				4120 1740	6	318	50	6	318	50									
15.10. 15.10.				4120 1741		240	80		240	80									
15.10. 15.10.				4120 1742	1	440	70	1	440	70									
15.10. 15.10.				4130 1742	1	440	70	1	440	70									
15.10. 15.10.				420 2315		500	00		500	00									
15.10. 15.10.			3 3	8900 1900		476	00		400	00					76	00	1775	19	00

4.5 Sach- und Personenkonten

Zur Vereinfachung werden die Sach- und Personenkonten **nur auszugsweise** dargestellt. Es sollen dabei die verschiedenen Möglichkeiten der Verarbeitung aufgezeigt werden. Die Buchungen beziehen sich **nur** auf die in 4.1 vorgegebenen Sachverhalte.

1000	KASSE									
Datum	Gegenkonto	Buchungstext	Beleg-Nr.	S U	Umsatz					
					Soll			Haben		
15.10.	4910		5		8	520	40	6	45	00
15.10.	8400								500	00
15.10.	1360									

Statt Einzelbuchungen ist bei Finanzkonten (Kasse, Bank usw. auch eine sogenannte **Verdichtung** möglich. Dabei werden nur die Sollsummen und Habensummen der laufenden Abrechnung gebucht. Bei den im Kontenplan mit S (für Sammelkonto) bezeichneten Konten, wie z. B. Forderungen, Verbindlichkeiten, Vorsteuer 19 % und USt 19 %, ist das vom Programm her nicht anders. Die Verdichtung wird am Beispiel des Bankkontos gezeigt.

1200	BANK									
Datum	Gegenkonto	Buchungstext	Beleg-Nr.	S U	Umsatz					
					Soll			Haben		
15.10.	DIV.	SAMMEL-BUCHUNG ANZ	5		10	325	68	13	958	50

»DIV.« bedeutet Diverse, daneben ist - in der Belegspalte! - die Anzahl der »gesammelten« Buchungen angegeben, nämlich 5.

Die Auswirkung eines »automatischen« Kontos wird am Beispiel des Kontos »Wareneinkauf« gezeigt.

AM 3400	WARENEINKAUF									
Datum	Gegenkonto	Buchungstext	Beleg-Nr.	S U	Umsatz					
					Soll			Haben		
15.10.	72 666	19 %			2	730	00			

Das Konto »Kfz-Reparaturen« zeigt die Wirkung des Umsatzsteuerschlüssels.

4540	KFZ-REPARATUREN									
Datum	Gegenkonto	Buchungstext	Beleg-Nr.	S U	Umsatz					
					Soll			Haben		
15.10.	70 744	19 %		9		640	00			

Das Debitorenkonto (Personenkonto) für die Firma A. Müller zeigt folgendes Bild:

12050	A. MÜLLER										
Datum	Gegenkonto	Buchungstext	Beleg-Nr.	S	U	Umsatz					
						Soll			Haben		
15.10.	1200								3	825	68
15.10.	8735				A					118	32
15.10.	8400				A	7	883	75			

Die Buchungen auf dem Debitorenkonto führen beim Sachkonto »Forderungen« zu folgendem Ergebnis. Dabei ist unterstellt, dass bei der laufenden Auswertung keine weiteren Debitorenbuchungen erfolgt sind. Die Art der Buchung ist charakteristisch für alle Sammelkonten.

S 1400	FORDERUNGEN AUS LIEFERUNGEN UND LEISTUNGEN										
Datum	Gegenkonto	Buchungstext	Beleg-Nr.	S	U	Umsatz					
						Soll			Haben		
15.10.		S-BUCHG.									
15.10.		JOURNAL-SEITE	1			7	883	75			
		S-BUCHG.									
		JOURNAL-SEITE	1						3	944	00

Genauso werden auch die Buchungen in den Kreditorenkonten mit je einer Sammelbuchung im Soll und im Haben auf das Konto 1600 »Verbindlichkeiten aus Lieferungen und Leistungen« übernommen.

Im Übrigen enthalten die Konten nur die Geschäftsvorfälle für die laufende Erfassung bzw. Verarbeitung. Es handelt sich also nur um **Kontoauszüge,** die allerdings zusätzlich den alten und den neuen Saldo enthalten (der bei dieser Darstellung weggelassen wurde). Oft ist es möglich, nach Ablauf des Geschäftsjahres die Buchungen auf den Konten fortlaufend auszudrucken, sodass man statt 12 oder 13 Kontoauszügen u. U. nur ein einziges Blatt je Konto hat oder, wenn ein Blatt für die Geschäftsvorfälle nicht ausreicht, einige Blätter (Wartebuchhaltung bei DATEV). Dies fördert die Übersichtlichkeit.

4.6 Summen- und Saldenliste

Eine weitere Standardauswertung stellt die Summen- und Saldenliste dar. In ihr sind aufgelistet:

- Kontonummer und Kontenbezeichnung,
- Eröffnungsbilanzwerte für die Bestandskonten sowie für die Debitoren- und Kreditorenkonten, in Aktiva und Passiva,
- für jedes Konto die Summe der laufenden Abrechnungen in Soll und Haben,
- ebenso die Jahresverkehrszahlen einschließlich der laufenden Abrechnung und
- der Saldo per Abrechnung.

Dazu werden für jede Kontenklasse sowie für Debitoren und Kreditoren die Summen jeder Spalte ausgewiesen.

BEISPIEL

Konto	Bezeichnung	Eröffnungsbilanzwerte	Summe der Abrechnung	Jahresverkehrszahlen	Saldo per Abrechnung
01000	KASSE	1 833,50 S	8 520,40 S	91 476,12 S	
			6 545,00 H	92 150,85 H	1 158,77 S

Aus dem Aufgabentext und den folgenden Auswertungen ergeben sich dabei lediglich die Zahlen für »SUMME DER ABRECHNUNG«. In der Darstellung der Summen- und Saldenlisten sind Abweichungen möglich, z. B. können selbstverständlich Centbeträge durch ein Komma (oder einen Punkt) von den Eurobeträgen getrennt werden. Bei ausreichendem Platz können auch getrennte Spalten für Soll und Haben eingerichtet werden.

5 Stornobuchungen

Wenn auch - zumindest bei guten Buchführungsprogrammen - durch Plausibilitätsprüfungen und Saldo-Fortschreibung Fehler weitgehend verhindert werden können, ganz fehlerfreie Buchführungsarbeit dürfte wohl eine Illusion bleiben. Damit stellt sich auch bei EDV die Frage nach Stornobuchungen.

Im Prinzip gibt es dabei keine Unterschiede zur konventionellen Buchführung. Allerdings können manchmal wegen der Umsatzsteuerschlüssel oder der automatischen Konten besondere Berichtigungsschlüssel notwendig werden (im Gegenkonto siebte Stelle von rechts; an der sechsten Stelle - USt-Schlüssel - und an der fünften Stelle - Kontenart - ist jeweils eine Null anzusetzen, wenn die Stelle sonst leer bleiben würde).

Ganz allgemein ergibt sich bei allen Stornobuchungen ein recht interessantes Problem. Durch Stornobuchung und Neubuchung werden nämlich die Verkehrszahlen aufgebläht. Dadurch kann die Aussagekraft z. B. der Summen- und Saldenliste (auch der Hauptabschlussübersicht mit Summenzugängen und Summenbilanz) leiden, ja u. U. sogar verfälscht werden. Wohlgemerkt, die Salden und damit der Abschluss sind trotzdem in Ordnung.

Bei DATEV wird das Problem durch die sogenannte **Generalumkehr** gelöst. Dabei wird der falsche Buchungssatz storniert (vgl. C 6.1), allerdings mit Ansatz des Berichtigungsschlüssels 2 (für Generalumkehr). Der Ausdruck im Journal und im Konto wird dann mit dem Minus-Zeichen und der Angabe »GENERALUMKEHR« in der Textspalte versehen.

BEISPIEL

Die Rechnung des Lieferers Hugo Schrimm (Kreditoren-Nr. 78540) vom 23.11. über eine Warenlieferung im Wert von 26 400 € zuzüglich 5 016 € USt mit dem Rechnungsbetrag i. H. v. 31 416 € wurde versehentlich wie folgt erfasst:

Umsatz		Gegenkonto				Beleg-Feld	Datum	Konto
Soll	Haben	S	U	K				
3 416,00				7	8 540	126	23.11.	3 400

Die Auswertung führte zu folgendem Ergebnis (im Journal):

Datum	Buchungs-text	Beleg-Nr.	S U	Konto / Gegen-konto	Umsatz Soll	Umsatz Haben	USt Soll	USt Haben	USt-Konto	USt-Konto
23.11.		126		3 400	2 870 59		545 41		1575	19 00
23.11.				78 540		3 416 00				

Anlässlich einer Mahnung durch die Firma Schrimm wurde der Fehler aufgedeckt. Zur Berichtigung wird gebucht:

Umsatz		Gegenkonto				Beleg-Feld	Datum	Konto
Soll	Haben	S	U	K				
	3 416,00	2	0	7	8540	126	23.11.	3400
31 416,00				7	8540			

Die Auswertung führte zu folgendem Ergebnis (im Journal):

Datum	Buchungs-text	Beleg-Nr.	S U	Konto / Gegen-konto	Umsatz Soll	Umsatz Haben	USt Soll	USt Haben	USt-Konto	USt-Konto
23.11. 23.11.	**GENERAL- UMKEHR**	126	 2 0	3400 78 540	./.2 870 59	./. 3 416 00	545 41		1575	19 00
23.11. 23.11.		126		3400 78 540	26 400 00	31 416 00	5 016 00		1575	19 00

Die falsche Buchung ist damit aufgehoben. Die Berichtigung (Generalumkehr) ist allerdings deutlich im Journal und auch in den Konten gekennzeichnet, sodass Manipulationen kaum möglich sind.

Das Beispiel zeigt, dass die Korrektur im Gegensatz zur manuellen Stornierung bei der Auswertung im Journal (und übrigens auch im Konto) nicht durch Buchung auf der Gegenseite, sondern durch »Minus-Buchung« auf der ursprünglichen (falschen) Seite erfolgt. Dies ist die – gewollte – Wirkung der Generalumkehr (Berichtigungsschlüssel 2).

6 Aufheben der Automatik

Automatische Konten (vgl 2.7) sind eine feine Sache. Dass USt und Vorsteuer praktisch »nebenher« laufen, bedeutet eine erhebliche Vereinfachung der Buchungsarbeiten. Aber manchmal bringt die Automatik auch unerwartete Probleme. Ein Beispiel soll dies zeigen.

BEISPIEL

Das Möbelhaus X hat am 15.10. eine Lieferung der Möbelfabrik K von insgesamt 10 Schreibtischen erhalten. Gesamtrechnungsbetrag 5 200 € + 988 € USt. Die Buchung erfolgte über das Konto 3400 WARENEINGANG 19 % (automatische Errechnung der Vorsteuer – vgl. Kontenplan in 4.2).

Am 20.10. wird ein Schreibtisch aus dieser Lieferung für das eigene Büro ausgesondert und künftig dort verwendet.

Normalerweise ist das Problem leicht zu lösen, und zwar mit der Buchung

0420 BÜROEINRICHTUNG an 3400 WARENEINGANG 19 % 520 €.

Verwendet man jedoch - wie oben für den Einkauf - ein automatisches Konto, so wird aus den 520 € eine Vorsteuerkürzung von 83,03 € herausgerechnet. Das wäre selbstverständlich ein grober Fehler. Es bleibt also nichts anderes übrig, als die - diesmal unerwünschte - Automatik auszuschalten. Dazu gibt es einen besonderen Berichtigungsschlüssel, bei DATEV z. B. die Zahl 4 (Aufhebung der Automatik).
Nach unserem Kontenplan in 4.2 müsste der Vorgang demnach auf dem Konto 0420 BÜROEINRICHTUNG mit 520 € im Soll und auf dem Gegenkonto 400 3 400 WARENEINGANG 19 % gebucht werden. Durch den Berichtigungsschlüssel 4 unterbleibt das Herausrechnen der Vorsteuer.
Primanota:

Umsatz		Gegenkonto				Beleg-Nr.	Datum	Konto
Soll	Haben	S	U	K				
520,00		4	0	0	3 400	20	20.10.	420

Journal:

Datum	**Buchungs-text**	**Beleg-Nr.**	**S**	**U**	**Konto / Gegen-konto**	**Umsatz**		**USt**		**USt-Konto**	**USt-Konto**
						Soll	**Haben**	**Soll**	**Haben**		
20.10. 20.10.		20	4	0	3 400 420	520,00	520,00				

Anmerkung zur Kontonummer für Wareneingang im Buchungssatz (vgl. Primanota): Bei USt-Schlüssel und Kontenart muss jeweils eine Null angesetzt werden.

Anlage: Kontenplan

Kontenklasse			
0	**1**	**2**	**3**
Anlage- und Kapitalkonten	**Finanzkonten**	**Abgrenzungskonten**	**Wareneinkaufskonten**
000 unbebaute Grundstücke	100 Forderungen aus Lieferungen und Leistungen (Debitoren)	200 außerordentliche und betriebsfremde Aufwendungen	300 Wareneinkauf I 301 Zölle u. Ä. 302 Eingangsfracht 303 Verpackung
010 bebaute Grundstücke (Grund und Boden) 011 Gebäude	110 sonstige Forderungen 115 Vorsteuer	210 Zinsaufwand	310 Wareneinkauf II
020 Maschinen und maschinelle Anlagen 021 Fuhrpark	120 Wertpapiere des Umlaufvermögens	220 sonstiger betrieblicher Aufwand	320 Wareneinkauf III
030 Betriebs- und Geschäftsausstattung 039 geringwertige Wirtschaftsgüter	130 Bank	230 Haus- und Grundstücksaufwand	330 erhaltene Boni
040 immaterielle Werte (Firmenwert)	140 Besitzwechsel		340 erhaltene Skonti
050 Beteiligungen, Wertpapiere des Anlagevermögens	150 Kasse 151 Postbank		
060 langfristige Forderungen	160 Privat, Privatentnahmen 165 Privateinlagen	260 sonstiger betrieblicher Ertrag	
070 langfristige Verbindlichkeiten	170 Verbindlichkeiten aus Lieferungen und Leistungen (Kreditoren)	270 außerordentliche und betriebsfremde Erträge	
080 Kapital	180 Schuldwechsel	280 Zinserträge	
090 Wertberichtigungen, Rückstellungen, Rechnungsabgrenzungsposten	190 sonstige Verbindlichkeiten 191 Verbindlichkeiten Lohnsteuer/ Kirchenlohnsteuer 192 Verbindlichkeiten Sozialversicherung 195 Umsatzsteuer (Mehrwertsteuer)	290 Haus- und Grundstückserträge	390 Warenbestand

Kontenklasse					
4	5	6	7	8	9
Boni und Skonti	**Konten der Kostenarten**			**Warenverkaufskonten**	**Abschlusskonten**
400 gewährte Boni, Kundenboni	500 Personalkosten 501 Löhne und Gehälter 502 soziale Aufwendungen	**Konten für Nebenbetriebe**	**nicht belegt**	800 Warenverkauf I Umsatzerlöse I 801 Rücksendungen und Gutschriften	900 Eröffnungsbilanzkonto/ Saldovortrag
410 Kundenskonti, Skontoaufwand	510 Miete und sonstige Raumkosten			810 Warenverkauf II Umsatzerlöse II	
	520 Betriebssteuern und Abgaben			820 Warenverkauf III Umsatzerlöse III	
	530 Nebenkosten des Finanz- und Geldverkehrs (Finanzkosten)			830 gewährte Boni	930 Gewinn- und Verlustkonto
	540 Reisekosten Werbekosten			840 gewährte Skonti	940 Schlussbilanzkonto
	550 Provisionsaufwand				
	560 Transportkosten (Ausgangsfrachten)			860 Provisionserlöse	
470 erhaltene Boni, Liefererboni	570 Kosten des Fuhrparks (Kfz-Kosten)			870 sonstige Erlöse 871 Erlöse aus Anlagenverkauf	
480 Liefererskonti, Skontoerträge	580 allgemeine Verwaltungskosten				
	590 Abschreibungen auf Anlagevermögen 591 Abschreibungen auf geringwertige Wirtschaftsgüter 595 Abschreibungen auf Forderungen 599 Abschreibung für Anlagenabgang			890 Warenentnahmen 891 andere Sachentnahmen 892 Privater Kfz-Anteil	

Teil J Lösungshinweise zu den Fällen

Lösung zu Fall 1

	b)	c)	d)
BV 02	20 000 €	./. 5 000 €	60 000 €
BV 01	30 000 €	15 000 €	./. 4 000 €
BV-Zunahme	-	-	64 000 €
BV-Abnahme	10 000 €	20 000 €	-

Lösung zu Fall 2

	f)	g)	h)
BV 02	./. 8 000 €	30 000 €	10 000 €
BV 01	12 000 €	10 000 €	./. 4 000 €
BV-Zunahme	-	20 000 €	14 000 €
BV-Abnahme	20 000 €	-	-
+ Entnahmen	14 000 €	24 000 €	30 000 €
./. Einlagen	5 000 €	50 000 €	2 000 €
Gewinn	-	-	42 000 €
Verlust	11 000 €	6 000 €	-

Lösung zu Fall 3

	k)	l)	m)
BV 01	./. 5 000 €	12 000 €	30 000 €
./. Entnahmen	19 000 €	20 000 €	18 000 €
	./. 24 000 €	./. 8 000 €	12 000 €
+ Einlagen	14 000 €	0 €	8 000 €
	./. 10 000 €	./. 8 000 €	20 000 €
+ Gewinn	30 000 €	20 000 €	-
./. Verlust	-	-	25 000 €
BV 02	20 000 €	12 000 €	./. 5 000 €

Lösung zu Fall 4

Aktiva — Schlussbilanz zum 31.12.01 — Passiva

Aktiva		Passiva	
Grundstücke	60 000 €	(Eigen-)Kapital	96 200 €
Einrichtung	8 600 €	Hypothekenschuld	40 000 €
LKW (Fuhrpark)	14 200 €	Verbindlichkeiten	16 300 €
Warenvorräte	32 500 €	sonstige Verbindlichkeiten	7 800 €
(Waren-)Forderungen	17 900 €		
Bankguthaben	21 700 €		
Kasse	5 400 €		
	160 300 €		160 300 €

Lösung zu Fall 5

Geschäftsvorfall Nr.	a)	b)	c)
1	U	B	=
2	U	B	=
3	U	B	=
4	U	B	=
5	M	B	./.
6	M	P	=
7	E	B	+
8	E	B	+
9	M	P	=
10	E	P	=
11	M	P	+
12	-	B	./.

Lösung zu Fall 6

S	Einrichtung		H
AB	5 560		

S	Fuhrpark		H
AB	9 400		

S	Waren		H
AB	500		

S	Forderungen		H
AB	200		

S	Bank		H
AB	8 160		

S	Kasse		H
AB	240		

S	(Eigen-)Kapital		H
		AB	17 510

S	Darlehensschuld		H
		AB	6 000

S	Verbindlichkeiten für Waren		H
		AB	230

S	Sonstige Verbindlichkeiten		H
		AB	320

Erläuterung:
AB = Anfangsbestand

Lösung zu Fall 7

Die Anfangsbestände der Aktivposten stehen auf der Soll-Seite, die Anfangsbestände der Passivposten auf der Haben-Seite der Sachkonten.

Lösung zu Fall 8

1. Grundstücke S, Kasse H
2. Bank S, Kasse H
3. Verbindlichkeiten S, Bank H
4. Bank S, Darlehensschuld H
5. Kapital S, Bank H
6. Kapital S, Bank H
7. Bank S, Kapital H
8. Bank S, Kapital H

9. Kapital S, Kasse H
10. Bank S, Kapital H

Lösung zu Fall 9

Aktiva	Eröffnungsbilanz		Passiva
Einrichtung	4 000 €	(Eigen-)Kapital	13 100 €
Waren	9 000 €	Darlehensschuld	10 000 €
Forderungen	6 300 €	Verbindlichkeiten	5 500 €
Bank	7 100 €		
Kasse	2 200 €		
	28 600 €		28 600 €

S	Einrichtung		H
b) AB	4 000	d) Saldo	5 100
9. Kasse	1 100		

S	Waren		H
b) AB	9 000	7. Forderungen	3 600
6. Verbindlichkeiten	2 800	8. Kasse	1 700
		d) Saldo	6 500

S	Forderungen		H
b) AB	6 300	2. Bank	3 800
7. Waren	3 600	3. Kasse	1 000
		10. Bank	2 300
		d) Saldo	2 800

S	Bank		H
b) AB	7 100	1. Verbindlichkeiten	3 000
2. Forderungen	3 800	5. Darlehensschuld	2 000
4. Kasse	1 500	d) Saldo	9 700
10. Forderungen	2 300		

S	Kasse		H
b) AB	2 200	4. Bank	1 500
3. Forderungen	1 000	9. Einrichtung	1 100
8. Waren	1 700	d) Saldo	2 300

S	Kapital		H
d) Saldo	13 100	b) AB	13 100

S	Darlehensschuld		H
5. Bank	2 000	b) AB	10 000
d) Saldo	8 000		

S	Verbindlichkeiten		H
1. Bank	3 000	b) AB	5 500
d) Saldo	5 300	6. Waren	2 800

Lösung zu Fall 10

S	Einrichtung		H
b) AB	5 100	c) Saldo	5 100

S	Waren		H
b) AB	6 500	4. Kasse	2 600
5. Verbindlichkeiten	4 500	6. Forderungen	3 900
		c) Saldo	4 500

S	Forderungen		H
b) AB	2 800	1. Bank	1 200
6. Waren	3 900	c) Saldo	5 500

S	Bank		H
a) AB	9 700	3. Verbindlichkeiten	3 700
1. Forderungen	1 200	8. Darlehensschuld	3 000
2. Kasse	2 000	c) Saldo	8 000
7. Kasse	1 800		

S	Kasse		H
b) AB	2 300	2. Bank	2 000
4. Waren	2 600	7. Bank	1 800
		c) Saldo	1 100

S	Kapital		H
c) Saldo	13 100	a) AB	13 100

S	Darlehensschuld		H
8. Bank	3 000	a)AB	8 000
c) Saldo	5 000		

S	Verbindlichkeiten		H
3. Bank	3 700	a) AB	5 300
c) Saldo	6 100	5. Waren	4 500

Lösung zu Fall 11

Buchungen zu Fall 9:

Die Buchungssätze lauten wie folgt:

1.	Verbindlichkeiten an Bank	3 000 €
2.	Bank an Forderungen	3 800 €
3.	Kasse an Forderungen	1 000 €
4.	Bank an Kasse	1 500 €
5.	Darlehensschuld an Bank	2 000 €
6.	Waren an Verbindlichkeiten	2 800 €
7.	Forderungen an Waren	3 600 €
8.	Kasse an Waren	1 700 €
9.	Einrichtung an Kasse	1 100 €
10.	Bank an Forderungen	2 300 €

Buchungen zu Fall 10:

Die Buchungssätze lauten wie folgt:

1.	Bank an Forderungen	1 200 €
2.	Bank an Kasse	2 000 €
3.	Verbindlichkeiten an Bank	3 700 €
4.	Kasse an Waren	2 600 €
5.	Waren an Verbindlichkeiten	4 500 €
6.	Forderungen an Waren	3 900 €
7.	Bank an Kasse	1 800 €
8.	Darlehensschuld an Bank	3 000 €

Lösung zu Fall 12

Die Buchungssätze lauten wie folgt:

a) Bank	3 000 €	
Postbank	1 000 €	
an Forderungen		4 000 €
b) Fuhrpark	45 000 €	
an Kasse		10 000 €
an Bank		30 000 €
an sonstige Verbindlichkeiten		5 000 €
c) Kasse	2 000 €	
Forderungen	3 000 €	
an Waren		5 000 €
d) Waren	6 000 €	
an Kasse		1 500 €
an Verbindlichkeiten		4 500 €

Lösung zu Fall 13

Folgende Geschäftsvorfälle liegen vor:

1. Einzahlung auf das Bankkonto (aus der Geschäftskasse)
2. Verkauf von Waren auf Ziel
3. Überweisung zur Tilgung einer Warenschuld
4. Postbanküberweisung eines Kunden
5. Barabhebung vom Bankkonto
6. Wareneinkauf auf Ziel
7. Barkauf eines Einrichtungsgegenstandes
8. Überweisung (Lastschrift) zur Tilgung einer Darlehensschuld
9. Barausgabe zur Darlehensgewährung
10. Einkauf von Waren für 3 300 € gegen 300 € Barzahlung, Rest auf Ziel
11. Verkauf von Waren für 5 500 € gegen 500 € bar und 5 000 € auf Ziel
12. Verrechnung einer Warenschuld mit einer Warenforderung
13. Bankgutschrift gegen (Darlehens-)Schuldaufnahme
14. Überweisung vom Bankkonto auf das Postbankkonto
15. Rücksendung von Waren an den Lieferer
16. Bareinlage aus Privatmitteln
17. Kauf eines Einrichtungsgegenstandes gegen Barscheck (oder Überweisung)
18. Kauf eines Einrichtungsgegenstandes auf Ziel

Lösung zu Fall 14

Die Buchungssätze lauten wie folgt:

1.	Personalkosten an Kasse	2 100 €
2.	Raumkosten an Bank	850 €
3.	Bank an Provisionserträge	500 €
4.	Verbindlichkeiten an Bank	3 300 €
5.	Zinsaufwand an Bank	250 €
6.	Einrichtung an Kasse	1 340 €
7.	Raumkosten an Postbank	610 €
8.	Bank an Zinserträge	380 €
9.	Allgemeine Verwaltungskosten an Kasse	40 €
10.	Waren an Verbindlichkeiten	1 970 €
11.	Forderungen an Waren	2 480 €
12.	Betriebssteuern an Bank	750 €
13.	Bank an Raumkosten	100 €
14.	Postbank an Forderungen	1 370 €
15.	Kasse an Waren	490 €

Hinweis zu Nr. 12: Die Gewerbesteuer stellt nach § 4 Abs. 5 b EStG steuerlich zwar keine Betriebsausgabe dar, handelsrechtlich handelt es sich jedoch um eine betriebliche Steuer. Da in der Praxis die Geschäftsvorfälle nach handelsrechtlichen Grundsätzen verbucht werden, wird hier und in den nachfolgenden Fällen die Gewerbesteuer unter dem Aufwandskonto »Betriebssteuern« verbucht. Zur Ermittlung des zutreffenden steuerlichen Gewinns ist insoweit eine außerbilanzielle Hinzurechnung vorzunehmen.

Lösung zu Fall 15

Folgende Geschäftsvorfälle liegen vor:

1. Bankgutschrift für Mieteinnahme
2. Mieteinnahme in bar
3. Überweisung für Löhne und Gehälter
4. Postbanküberweisung für zu zahlende Provision
5. Barausgabe für Verwaltungskosten
6. Überweisung für Miete, Strom, Reinigung usw.
7. Kunde überweist auf Postbankkonto
8. Bankgutschrift für Rückzahlung von Betriebssteuern (z. B. Gewerbesteuer)
9. Postbanküberweisung an Lieferer
10. Bank belastet für Zinsen 170 €

Lösung zu Fall 16

S	Gewinn-und-Verlust-Konto		H
Personalkosten	18 300 €	Erträge aus Leistungen	42 580 €
Raumkosten	5 420 €	Mieterträge	2 460 €
Betriebssteuern	2 450 €		
Zinsaufwand	750 €		
allg. Verwaltungskosten	3 190 €		
Gewinn	14 930 €		
	45 040 €		45 040 €

Lösung zu Fall 17

Die Buchungssätze lauten wie folgt:

1. Privat an Bank
2. Kasse an Privat
3. Grundstücke an Privat
4. Privat an Waren
5. Privat an Postbank
6. Bank an Privat
7. Privat an Fuhrpark
8. Privat an Kasse

Lösung zu Fall 18

Die Buchungssätze lauten wie folgt:

1.	Schlussbilanzkonto (SBK) an Bank	6 260 €
2.	SBK an Forderungen	10 730 €
3.	SBK an Postbank	5 620 €
4.	Darlehensschuld an SBK	70 000 €
5.	Verbindlichkeiten an SBK	17 560 €
6.	sonstige Verbindlichkeiten an SBK	2 460 €

Lösung zu Fall 19

Die Abschlussbuchungssätze lauten:
Kapital an Entnahmen,
Einlagen an Kapital.

Lösung zu Fall 20

Aktiva	Eröffnungsbilanz		Passiva
Bank	12 400 €	Kapital	11 750 €
Kasse	2 350 €	Darlehensschuld	3 000 €
	14 750 €		14 750 €

S	Bank		H
AB	12 400	2. Raumk.	280
4. ProvF	1 330	7. Kasse	1 000
14. ProvF	1 830	8. Raumk.	850
20. ProvF	1 000	11. ZinsA	100
		15. Reisek.	270
		16. Privat	1 000
		17. Kasse	1 200
		21. DarlS	1 500
		SBK	10 360
	16 560		16 560

S	Kasse		H
AB	2 350	1. Reisek.	160
7. Bank	1 000	5. Privat	500
17. Bank	1 200	6. Reisek.	330
		9. Raumk.	300
		12. Privat	920
		13. AVK	740
		18. AVK	190
		22. Privat	250
		SBK	1 160
	4 550		4 550

S	Provisionsforderung (ProvF)		H
3. ProvE	1 330	4. Bank	1 330
10. ProvE	1 830	14. Bank	1 830
19. ProvE	2 170	20. Bank	1 000
		SBK	1 170
	5 330		5 330

S	Darlehensschuld (DarlS)		H
21. Bank	1 500	AB	3 000
SBK	1 500		
	3 000		3 000

S	Kapital		H
Privat	2 670	AB	11 750
SBK	11 190	GuV	2 110
	13 860		13 860

S	Privat		H
5. Kasse	500	Kapital	2 670
12. Kasse	920		
16. Bank	1 000		
22. Kasse	250		
	2 670		2 670

S	Raumkosten (Raumk)		H
2. Bank	280	GuV	1 430
8. Bank	850		
9. Kasse	300		
	1 430		1 430

S	Reisekosten (Reisek)		H
1. Kasse	160	GuV	760
6. Kasse	330		
15. Bank	270		
	760		760

S	Zinsaufwand (ZinsA)		H
11. Bank	100	GuV	100
	100		100

S	Allgemeine Verwaltungskosten (AVK)		H
13. Kasse	740	GuV	930
18. Kasse	190		
	930		930

S	Provisionserträge (ProvE)		H
GuV	5 330	3. ProvF	1 330
		10. ProvF	1 830
		19. ProvF	2 170
	5 330		5 330

S	Schlussbilanzkonto (SBK)		H
ProvF	1 170	Kapital	11 190
Bank	10 360	Darlehens-schulden	1 500
Kasse	1 160		
	12 690		12 690

S	Gewinn-und-Verlust-Konto (GuV)		H
Raumkosten	1 430	ProvE	5 330
Reisekosten	760		
Zinsaufwand	100		
AVK	930		
Kapital	2 110		
	5 330		5 330

Betriebsvermögen Ende Wirtschaftsjahr	11 190 €
Betriebsvermögen Ende Vorjahr/Anfang Wirtschaftsjahr	11 750 €
Unterschiedsbetrag	./. 560 €
+ Privatentnahmen	2 670 €
Gewinn laut Betriebsvermögensvergleich	2 110 €

Lösung zu Fall 21

Die Buchungssätze lauten wie folgt:

1. Kasse an Erlöse aus Leistungen	1 620 €
2. Raumkosten an Bank	500 €
3. Fahrtkosten an Kasse	180 €
4. Forderungen an Erlöse aus Leistungen	2 940 €
5. Allgemeine Verwaltungskosten an Verbindlichkeiten	370 €
6. Privat an Kasse	600 €
7. Bank an Kasse	3 500 €
8. Bank an Forderungen	2 400 €
9. Kasse an Erlöse aus Leistungen	850 €
10. Verbindlichkeiten an Bank	370 €
11. Raumkosten an Bank	320 €
12. Forderungen an Erlöse aus Leistungen	1 830 €
13. Personalkosten an Bank	2 140 €
14. Privat an Kasse	800 €
15. Allgemeine Verwaltungskosten an Verbindlichkeiten	1 260 €
16. Kasse an Erlöse aus Leistungen	930 €
17. Fahrtkosten an Kasse	150 €
18. Privat an Bank	1 290 €
19. Bank an Forderungen	1 500 €
20. Forderungen an Erlöse aus Leistungen	1 650 €
21. Kapital an Privat	2 690 €

S Forderungen (Ford.) H

4. Erlös	2 940	8. Bank	2 400
12. Erlös	1 830	19. Bank	1 500
20. Erlös	1 650	SBK	2 520
	6 420		6 420

S Raumkosten (Raumk.) H

2. Bank	500	GuV	820
11. Bank	320		
	820		820

S Kasse H

AB	5 940	3. Fahrtk.	180
1. Erlös	1 620	6. Privat	600
9. Erlös	850	7. Bank	3 500
16. Erlös	930	14. Privat	800
		17. Fahrtk.	150
		SBK	4 110
	9 340		9 340

S Allgemeine Verwaltungskosten (AVK) H

5. Verb.	370	GuV	1 630
15. Verb.	1 260		
	1 630		1 630

S Kapital (Kap.) H

21. Privat	2 690	AB	33 040
SBK	35 250	GuV	4 900
	37 940		37 940

S Bank H

AB	27 100	2. Raumk.	500
7. Kasse	3 500	10. Verb.	370
8. Ford.	2 400	11. Raumk.	320
19. Ford.	1 500	13. Persk.	2 140
		18. Privat	1 290
		SBK	29 880
	34 500		34 500

S Verbindlichkeiten (Verb.) H

10. Bank	370	5. AVK	370
SBK	1 260	15. AVK	1 260
	1 630		1 630

S Erlöse aus Leistungen (Erlös) H

GuV	9 820	1. Kasse	1 620
		4. Ford.	2 940
		9. Kasse	850
		12. Ford.	1 830
		16. Kasse	930
		20. Ford.	1 650
	9 820		9 820

S Privat H

6. Kasse	600	21. Kap.	2 690
14. Kasse	800		
18. Bank	1 290		
	2 690		2 690

S Schlussbilanzkonto H

Ford.	2 520	Verb.	1 260
Bank	29 880	Kap.	35 250
Kasse	4 110		
	36 510		36 510

S Personalkosten (Persk.) H

13. Bank	2 140	GuV	2 140
	2 140		2 140

S Fahrtkosten (Fahrtk.) H

3. Kasse	180	GuV	330
17. Kasse	150		
	330		330

S	GuV-Konto (GuV)		H
Raumk.	820	Erlös	9 820
Persk.	2 140		
AVK	1 630		
Fahrtk.	330		
Kap.	4 900		
	9 820		9 820

Betriebsvermögen Ende Wirtschaftsjahr	35 250 €
Betriebsvermögen Ende Vorjahr/Anfang Wirtschaftsjahr	33 040 €
Unterschiedsbetrag	2 210 €
+ Privatentnahmen	2 690 €
Gewinn laut Betriebsvermögensvergleich	4 900 €

Lösung zu Fall 22

S	Wertpapiere		H
AB	36 700 €	Abgänge	71 400 €
Zugänge	82 900 €	SBK	32 700 €
		GuV	15 500 €
	119 600 €		119 600 €

Die Abschlussbuchungssätze lauten wie folgt:

SBK an Wertpapierkonto	32 700 €
GuV-Konto an Wertpapierkonto	15 500 €

Auf dem gemischten Wertpapierkonto zeigt sich ein Aufwand von 15 500 €. Dieser Aufwand kann durch Buchverluste beim Verkauf von Wertpapieren entstanden sein oder durch Wertverlust (Kursrückgang) bei noch vorhandenen Wertpapieren.

Lösung zu Fall 23

S	Warenkonto		H
1. AB	26 100 €	4. Verb. (Nachlässe)	2 730 €
2. Verb. (Einkäufe)	68 500 €	5. Ford. (Verkäufe)	110 960 €
3. Kasse (Frachten)	1 940 €	7. SBK	19 400 €
6. Ford. (Kunden-Skonti)	3 120 €		
GuV-Konto	33 430 €		
	133 090 €		133 090 €

Der Rohgewinn beträgt 33 430 €. Die Abschlussbuchungssätze lauten wie folgt:

Warenkonto an GuV-Konto	33 430 €
SBK an Warenkonto	19 400 €

Lösung zu Fall 24

S	Warenkonto		H
1. AB	53 700 €	4. Rücksendung an Lieferer	4 910 €
2. Einkäufe	101 400 €	5. Verkäufe	105 890 €
3. Frachten	5 170 €	8. SBK	49 520 €
6. Rücksendung durch Kunden	2 740 €	GuV-Konto	3 550 €
7. Skonto von Kunden	860 €		
	163 870 €		163 870 €

Es ist ein Rohverlust von 3 550 € entstanden. Die Abschlussbuchungssätze lauten:

GuV-Konto an Warenkonto	3 550 €
SBK an Warenkonto	49 520 €

Lösung zu Fall 25

Warenanfangsbestand	6 400 €
+ Wareneinkauf	58 700 €
=	65 100 €
./. Warenschlussbestand	5 100 €
= Wareneinsatz	60 000 €
Warenverkauf (Sollumsatz)	80 000 €
= Rohgewinn	20 000 €

Rohgewinnsatz: $\frac{20\,000\text{ €} \times 100}{80\,000\text{ €}} = 25\,\%$

Rohgewinnaufschlagsatz: $\frac{20\,000\text{ €} \times 100}{60\,000\text{ €}} = 33\frac{1}{3}\,\%$

Lösung zu Fall 26

Warenanfangsbestand		16 200 €
+ Wareneinkauf		135 900 €
=		152 100 €
./. Rücksendungen an Lieferer		3 700 €
=		148 400 €
./. Warenschlussbestand		28 400 €
= Wareneinsatz		120 000 €
Warenverkauf	156 800 €	
./. Rücksendungen durch Kunden	6 800 €	150 000 €
= Rohgewinn		30 000 €

Rohgewinnsatz: $\frac{30\,000\text{ €} \times 100}{150\,000\text{ €}} = 20\,\%$

Rohgewinnaufschlagsatz: $\frac{30\,000\text{ €} \times 100}{120\,000\text{ €}} = 25\,\%$

Lösung zu Fall 27

S	Wareneinkauf		H
1. AB	26 100	4. Nachlass	2 730
2. Einkauf	68 500	SBK	19 400
3. Fracht	1 940	GuV	74 410
	96 540		96 540

S	Warenverkauf		H
6. Skonto	3 120	5. Verkäufe	110 960
GuV	107 840		
	110 960		110 960

S	Auszug aus dem GuV-Konto		H
Wareneinkauf	74 410 €	Warenverkauf	107 840 €

Es ergibt sich ein Rohgewinn von (107 840 € ./. 74 410 € =) 33 430 €, wie bei Fall 23.

Lösung zu Fall 28

S	Wareneinkauf		H
1. AB	53 700 €	4. Rücksendung	4 910 €
2. Einkäufe	101 400 €	SBK	49 520 €
3. Frachten	5 170 €	GuV	105 840 €
	160 270 €		160 270 €

S	Warenverkauf		H
6. Rücksendung	2 740 €	5. Verkauf	105 890 €
7. Skonto	860 €		
GuV	102 290 €		
	105 890 €		105 890 €

S	Auszug aus dem GuV-Konto		H
Wareneinkauf	105 840 €	Warenverkauf	102 290 €

Es ergibt sich, wie in Fall 24, ein Rohverlust von (105 840 € ./. 102 290 € =) 3 550 €.

Lösung zu Fall 29

Aktiva	Eröffnungsbilanz		Passiva
Geschäftsausstattung	24 300 €	Kapital	35 410 €
Waren	37 150 €	Darlehensschuld	40 000 €
Forderungen	18 320 €	Verbindlichkeiten	26 310 €
Bank	16 790 €		
Kasse	5 160 €		
	101 720 €		101 720 €

Die Buchungssätze lauten wie folgt:

1.	Kasse an Warenverkauf	2 820 €
2.	Bank an Kasse	4 000 €
3.	Betriebssteuern an Bank	800 €
4.	Wareneinkauf an Verbindlichkeiten	6 800 €
5.	Bank an Forderungen	3 100 €
6.	Forderungen an Warenverkauf	8 340 €
7.	Personalkosten an Bank	1 020 €

8. Verbindlichkeiten an Bank 12 670 €
9. Forderungen an Warenverkauf 17 220 €
10. Bank an Forderungen 9 500 €
11. Darlehensschuld an Bank 4 000 €
12. Warenverkauf an Forderungen 880 €
13. Allgemeine Verwaltungskosten an Kasse 120 €
14. Privat an Kasse 1 000 €
15. Wareneinkauf an Verbindlichkeiten 4 630 €
16. Verbindlichkeiten an Wareneinkauf 430 €
17. Allgemeine Verwaltungskosten an Kasse 850 €
18. Privat an Bank 1 380 €
19. Geschäftsausstattung an Bank 1 500 €
20. Zinsaufwand an Bank 620 €
21. Abschreibungen an Geschäftsausstattung 2 580 €
22. Kapital an Privat 2 380 €
23. SBK an Wareneinkauf 27 250 €
24. Abschluss der übrigen Bestandskonten (ohne Kapital)
25. GuV-Konto an Wareneinkauf 20 900 €
26. Warenverkauf an GuV-Konto 27 500 €
27. Abschluss der übrigen Erfolgskonten
28. GuV-Konto an Kapital 610 €
29. Kapital an SBK 33 640 €

S	SBK		H
Geschäftsausstattung	23 220 €	Kapital	33 640 €
Wareneinkauf	27 250 €	Darlehensschuld	36 000 €
Forderungen	30 400 €	Verbindlichkeiten	24 640 €
Bank	11 400 €		
Kasse	2 010 €		
	94 280 €		94 280 €

S	GuV-Konto		H
Wareneinkauf	20 900 €	Warenverkauf	27 500 €
Personalkosten	1 020 €		
Betriebssteuern	800 €		
Allgemeine Verwaltungskosten	970 €		
Zinsaufwand	620 €		
Abschreibungen	2 580 €		
Kapital (Gewinn)	610 €		
	27 500 €		27 500 €

a) Betriebsvermögen am Ende des Wj. 33 640 €
./. Betriebsvermögen am Anfang des Wj. (bzw. Ende Vorjahr) 35 410 €
= Unterschiedsbetrag ./. 1 770 €
+ Entnahmen 2 380 €
= Gewinn lt. Betriebsvermögensvergleich 610 €

b)	Warenverkauf lt. GuV-Konto	27 500 €
	Wareneinsatz lt. GuV-Konto	20 900 €
	= Rohgewinn	6 600 €

c) **Rohgewinnsatz:** $\frac{6\,600\,€ \times 100}{27\,500\,€} = 24\,\%$

Lösung zu Fall 30

Die Buchungssätze lauten wie folgt:

1.	Kasse an Bank	5 000 €
2.	Personalkosten an Kasse	4 210 €
3.	Forderungen an Warenverkauf	37 520 €
4.	Wareneinkauf an Verbindlichkeiten	18 340 €
5.	Raumkosten an Postbank	1 500 €
6.	Privat an Kasse	830 €
7.	Bank an Forderungen	8 750 €
8.	Kasse an Warenverkauf	9 550 €
9.	Allgemeine Verwaltungskosten Kosten an Kasse	1 150 €
10.	Verbindlichkeiten an Postbank	16 280 €
11.	Privat an Kasse	2 200 €
12.	Forderungen an Warenverkauf	9 880 €
13.	Bank an Forderungen	17 940 €
14.	Raumkosten an Postbank	580 €
15.	Postbank an Forderungen	8 370 €
16.	Kasse an Warenverkauf	10 490 €
17.	Bank an Kasse	15 000 €
18.	Privat an Bank	450 €
19.	Wareneinkauf an Verbindlichkeiten	15 880 €
20.	Verbindlichkeiten an Bank	6 060 €
21.	Abschreibungen an Geschäftsausstattung	8 720 €

S	GuV-Konto		H
Wareneinkauf	44 960 €	Warenverkauf	67 440 €
Personalkosten	4 210 €		
Raumkosten	2 080 €		
Allgemeine Verwaltungskosten	1 150 €		
Abschreibungen (AfA)	8 720 €		
Kapital (Gewinn)	6 320 €		
	67 440 €		67 440 €

S	Schlussbilanzkonto		H
Geschaftsausstattung	34 880 €	Kapital	94 440 €
Forderungen	41 240 €	Verbindlichkeiten	46 980 €
Bank (Guthaben!)	2 880 €		
Postbank	7 410 €		
Kasse	4 250 €		
Wareneinkauf	50 760 €		
	141 420 €		141 420 €

Betriebsvermögensvergleich:

Betriebsvermögen Ende Wj.	94 440 €
Betriebsvermögen Ende Vorjahr	./. 91 600 €
Unterschiedsbetrag	2 840 €
Entnahmen	+ 3 480 €
Gewinn	6 320 €
(Sollumsatz) Warenverkauf	67 440 €
Wareneinsatz	./. 44 960 €
Rohgewinn	22 480 €

Der **Rohgewinnsatz** beträgt 33 1/3 % und der **Rohgewinnaufschlagsatz** beträgt 50 %.
Der **Reingewinnsatz** ermittelt sich wie folgt: $\frac{6\,320\text{ €} \times 100}{67\,440\text{ €}}$ und beträgt rd. 9,4 %.

Lösung zu Fall 31

Die Buchungssätze lauten wie folgt:

1.	100	Forderungen	7 140 €	
		an 800 Warenverkauf		6 000 €
		an 195 Umsatzsteuer		1 140 €
2.	150	Kasse	952 €	
		an 800 Warenverkauf		800 €
		an 195 Umsatzsteuer		152 €
3.	130	Bank	1 785 €	
		an 800 Warenverkauf		1 500 €
		an 195 Umsatzsteuer		285 €

Lösung zu Fall 32

Die Buchungssätze lauten wie folgt:

1.	300	Wareneinkauf an 900 EBK		18 300 €
	900	EBK an 195 Umsatzsteuer		870 €
2.	300	Wareneinkauf	4 400 €	
	115	Vorsteuer	836 €	
		an 170 Verbindlichkeiten		5 236 €
3.	100	Forderungen	7 735 €	
		an 800 Warenverkauf		6 500 €
		an 195 Umsatzsteuer		1 235 €
4.	150	Kasse	1 547 €	
		an 800 Warenverkauf		1 300 €
		an 195 Umsatzsteuer		247 €
5.	195	Umsatzsteuer	870 €	
		an 130 Bank		870 €
6.	510	Raumkosten	800 €	
	115	Vorsteuer	152 €	
		an 130 Bank		952 €
7.	570	Kfz-Kosten	100 €	
	115	Vorsteuer	19 €	
		an 150 Kasse		119 €
8.	940	SBK an 300 Wareneinkauf		16 850 €

S	300 Wareneinkauf		H
1. 900	18 300	8. 940	16 850
2. 170	4 400	10. 930	5 850
	22 700		22 700

S	800 Warenverkauf		H
9. 930	7 800	3. 100	6 500
		4. 150	1 300
	7 800		7 800

S	115 Vorsteuer		H
2. 170	836	11. 195	1 007
6. 130	152		
7. 150	19		
	1 007		1 007

S	195 Umsatzsteuer		H
5. 130	870	1. 900	870
11. 115	1 007	3. 100	1 235
12. 940	475	4. 150	247
	2 352		2 352

a) **Die Umsatzsteuer-Zahllast** beträgt 475 €.

b)

Warenverkauf	7 800 €
./. Wareneinsatz	5 850 €
= **Rohgewinn**	1 950 €

c) **Rohgewinnsatz:** $\frac{1\,950\ € \times 100}{7\,800\ €} = 25\ \%$

Lösung zu Fall 33

Die Buchungssätze lauten wie folgt:

501	Lohnaufwand	1 800 €	
	an 150 Kasse		1 293 €
	an 190 sonstige Verbindlichkeiten		507 €
502	soziale Aufwendungen	360 €	
	an 190 sonstige Verbindlichkeiten		360 €
190	sonstige Verbindlichkeiten	720 €	
	an 130 Bank		720 €
190	sonstige Verbindlichkeiten	147 €	
	an 130 Bank		147 €

Lösung zu Fall 34

Die Buchungssätze lauten wie folgt:

501	Lohnaufwand	47 650 €	
	an 130 Bank		31 638 €
	an 190 sonstige Verbindlichkeiten		16 012 €
502	soziale Aufwendungen	9 522 €	
	an 190 sonstige Verbindlichkeiten		9 522 €
190	sonstige Verbindlichkeiten	19 044 €	
	an 130 Bank		19 044 €
190	sonstige Verbindlichkeiten	6 490 €	
	an 130 Bank		6 490 €

Lösung zu Fall 35

a)	1.		Veräußerungserlös brutto		5 950 €
		./.	darin enthaltene USt 19/119 von 5 950 € =		950 €
		=	Nettoerlös		5 000 €
		./.	Buchwert bei Veräußerung		2 800 €
		=	Buchgewinn		2 200 €
	2.	150	Kasse	5 950 €	
			an 021 Fuhrpark		2 800 €
			an 195 Umsatzsteuer		950 €
			an 260 sonstige betriebliche Erträge		2 200 €
b)	1.	130	Bank	2 380 €	
		220	sonstiger betrieblicher Aufwand	500 €	
			an 030 Geschäftsausstattung		2 500 €
			an 195 Umsatzsteuer		380 €

2. Es ergibt sich ein Aufwand (Buchverlust) von 500 €.

Lösung zu Fall 36

Die Buchungssätze lauten wie folgt:

1.	100	Forderungen	29 393 €	
		an 195 USt		4 693 €
		an 800 Warenverkauf		24 700 €
2.	195	USt	4 380 €	
		an 130 Bank		4 380 €
3.	190	sonstige Verbindlichkeiten	5 370 €	
		an 130 Bank		5 370 €
4.	300	Wareneinkauf	9 700 €	
	115	Vorsteuer	1 843 €	
		an 170 Verbindlichkeiten		11 543 €
5.	030	Geschäftsausstattung	2 200 €	
	115	Vorsteuer	418 €	
		an 130 Bank		2 618 €
6.	510	Raumkosten	2 900 €	
	115	Vorsteuer	551 €	
		an 130 Bank		3 451 €
7.	520	Betriebssteuern	2 710 €	
		an 190 sonstige Verbindlichkeiten		2 710 €
8.	150	Kasse	14 637 €	
		an 195 USt		2 337 €
		an 800 Warenverkauf		12 300 €
9.	130	Bank	15 000 €	
		an 150 Kasse		15 000 €
10.	510	Raumkosten	500 €	
	115	Vorsteuer	95 €	
		an 130 Bank		595 €

11.	150	Kasse	1 309 €	
		an 030 Geschäftsausstattung		600 €
		an 195 USt (19/119 von 1 309 €)		209 €
		an 260 sonstige betriebliche Erträge		500 €
12.	501	Löhne und Gehälter	5 350 €	
		an 130 Bank		3 297 €
		an 190 sonstige Verbindlichkeiten		2 053 €
	502	soziale Aufwendungen	1 065 €	
		an 190 sonstige Verbindlichkeiten		1 065 €
13.	170	Verbindlichkeiten	3 094 €	
		an 115 Vorsteuer		494 €
		an 300 Wareneinkauf		2 600 €
14.	160	Privatentnahmen	7 420 €	
		an 100 Forderungen		7 420 €
15.	590	Abschreibungen	10 200 €	
		an 030 Geschäftsausstattung		10 200 €

S	GuV-Konto		H
300 Wareneinkauf	18 500 €	260 sonstige betriebliche Erträge	500 €
501 Löhne und Gehälter	5 350 €	800 Warenverkauf	37 000 €
502 soziale Aufwendungen	1 065 €	080 Kapital (Verlust)	3 725 €
510 Raumkosten	3 400 €		
520 Betriebssteuern	2 710 €		
590 Abschreibungen	10 200 €		
	41 225 €		41 225 €

Aktiva	Schlussbilanzkonto		Passiva
030 Geschäftsausstattung	76 700 €	170 Verbindlichkeiten	91 989 €
100 Forderungen	63 803 €	190 sonstige Verbindlichkeiten	10 178 €
130 Bank	33 209 €	195 USt	4 826 €
150 Kasse	13 106 €	080 Kapital	178 175 €
300 Wareneinkauf	98 350 €		
	285 168 €		285 168 €

Betriebsvermögensvergleich:

Betriebsvermögen Ende Wj.	178 175 €
Betriebsvermögen Ende Vorjahr	189 320 €
Unterschiedsbetrag	./. 11 145 €
+ Entnahmen	7 420 €
Verlust	3 725 €

Lösung zu Fall 37

Die Buchungssätze lauten wie folgt:

1.	300	Wareneinkauf	2 400,00 €	
	115	Vorsteuer	456,00 €	
		an 170 Verbindlichkeiten		2 856,00 €
2.	170	Verbindlichkeiten	2 856,00 €	
		an 130 Bank		2 770,32 €
		an 340 erhaltene Skonti		85,68 €
3.	340	erhaltene Skonti	13,68 €	
		an 115 Vorsteuer		13,68 €
4.	100	Forderungen	4 522,00 €	
		an 800 Warenverkauf		3 800,00 €
		an 195 Umsatzsteuer		722,00 €
5.	130	Bank	4 431,56 €	
	840	gewährte Skonti	90,44 €	
		an 100 Forderungen		4 522,00 €
6.	195	Umsatzsteuer	14,44 €	
		an 840 gewährte Skonti		14,44 €
7.	030	Geschäftsausstattung	1 200,00 €	
	115	Vorsteuer	228,00 €	
		an 190 sonstige Verbindlichkeiten		1 428,00 €
8.	190	sonstige Verbindlichkeiten	1 428,00 €	
		an 130 Bank		1 399,44 €
		an 115 Vorsteuer		4,56 €
		an 030 Geschäftsausstattung		24,00 €

Lösung zu Fall 38

Die Buchungssätze lauten wie folgt:

1.	300	Wareneinkauf	6 500,00 €	
	115	Vorsteuer	1 235,00 €	
		an 170 Verbindlichkeiten		7 735,00 €
2.	170	Verbindlichkeiten	7 735,00 €	
		an 115 Vorsteuer (19/119 von 154,70 €)		24,70 €
		an 130 Bank		7 580,30 €
		an 340 erhaltene Skonti		130,00 €
3.	100	Forderungen	9 936,50 €	
		an 195 Umsatzsteuer		1 586,50 €
		an 800 Warenverkauf		8 350,00 €
4.	130	Bank	9 638,40 €	
	840	gewährte Skonti	298,10 €	
		an 100 Forderungen		9 936,50 €

Die gewährten Skonti (brutto) des laufenden Monats betragen danach (733,04 € + 298,10 €) 1 031,14 €. Die Umsatzsteuer ist mit 19/119 aus diesem Betrag herauszurechnen, das sind 164,64 €.

5.	195	Umsatzsteuer	164,64 €	
		an 840 gewährte Skonti		164,64 €

Lösung zu Fall 39

Die Buchungssätze lauten wie folgt:

1.	Anfangsbestand Kapital (080)		104 820,00 €	
2.	150	Kasse	3 213,00 €	
		an 800 Warenverkauf		2 700,00 €
		an 195 Umsatzsteuer		513,00 €
3.	300	Wareneinkauf	2 800,00 €	
	115	Vorsteuer	532,00 €	
		an 170 Verbindlichkeiten		3 332,00 €
4.	195	Umsatzsteuer	1 600,00 €	
		an 130 Bank		1 600,00 €
5.	801	Rücksendungen und Gutschriften	500,00 €	
	195	Umsatzsteuer	95,00 €	
		an 100 Forderungen		595,00 €
6.	100	Forderungen	5 450,20 €	
		an 800 Warenverkauf		4 580,00 €
		an 195 Umsatzsteuer		870,20 €
7.	170	Verbindlichkeiten	6 188,00 €	
		an 130 Bank		6 002,36 €
		an 340 erhaltene Skonti		156,00 €
		an 115 Vorsteuer		29,64 €
8.	170	Verbindlichkeiten	238,00 €	
		an 300 Wareneinkauf		200,00 €
		an 115 Vorsteuer		38,00 €
9.	300	Wareneinkauf	1 450,00 €	
	115	Vorsteuer	275,50 €	
		an 170 Verbindlichkeiten		1 725,50 €
10.	302	Eingangsfracht	100,00 €	
	115	Vorsteuer	19,00 €	
		an 130 Bank		119,00 €
11.	130	Bank	2 952,74 €	
	840	gewährte Skonti	50,64 €	
	195	Umsatzsteuer	9,62 €	
		an 100 Forderungen		3 013,00 €
12.	501	Löhne und Gehälter	1 670,00 €	
		an 130 Bank		1 148,00 €
		an 190 sonstige Verbindlichkeiten		522,00 €
	502	soziale Aufwendungen	332,00 €	
		an 190 sonstige Verbindlichkeiten		332,00 €

13.	160	Privat	1 200,00 €	
		an 150 Kasse		1 200,00 €
14.	130	Bank	9 354,10 €	
	840	gewährte Skonti	160,42 €	
	195	Umsatzsteuer	30,48 €	
		an 100 Forderungen		9 545,00 €
15.	100	Forderungen	16 898,00 €	
		an 800 Warenverkauf		14 200,00 €
		an 195 Umsatzsteuer		2 698,00 €
16.	801	Rücksendungen und Gutschriften	300,00 €	
	195	Umsatzsteuer	57,00 €	
	150	Kasse	1 420,00 €	
		an 100 Forderungen		1 777,00 €
17.	560	Transportkosten	50,00 €	
	115	Vorsteuer	9,50 €	
		an 150 Kasse		59,50 €
18.	160	Privat	600,00 €	
		an 150 Kasse		600,00 €
19.	170	Verbindlichkeiten	5 451,00 €	
		an 130 Bank		5 287,47 €
		an 340 erhaltene Skonti		137,42 €
		an 115 Vorsteuer		26,11 €
20.	030	Geschäftsausstattung	1 940,00 €	
	115	Vorsteuer	368,60 €	
		an 130 Bank		2 308,60 €
21.	590	Abschreibungen	3 988,00 €	
		an 030 Geschäftsausstattung		3 988,00 €
22.	080	Kapital	1 800,00 €	
		an 160 Privat		1 800,00 €
23.	195	Umsatzsteuer	1 110,85 €	
		an 115 Vorsteuer		1 110,85 €
24.	300	Wareneinkauf	100,00 €	
		an 302 Eingangsfracht		100,00 €
25.	800	Warenverkauf	800,00 €	
		an 801 Rücksendungen und Gutschriften		800,00 €

S	940 SBK		H
030	15 952,00	080	105 952,36
100	53 918,20	170	14 650,50
130	27 211,41	190	854,00
150	6 853,50	195	2 778,25
300	20 300,00		
	124 235,11		124 235,11

S	930 GuV-Konto		H
300	11 790,00	340	293,42
501	1 670,00	800	20 680,00
502	332,00		
560	50,00		
590	3 988,00		
840	211,06		
080	2 932,36		
	20 973,42		20 973,42

a)	**Betriebsvermögensvergleich:**		
	Betriebsvermögen am Ende des Wj.		105 952,36 €
	./. Betriebsvermögen Anfang (Ende Vorjahr)		104 820,00 €
	= Unterschiedsbetrag		1 132,36 €
	+ Entnahmen		1 800,00 €
	= Gewinn		2 932,36 €
b)	Warenverkauf lt. GuV-Konto		20 680,00 €
	./. Kundenskonti (gewährte Skonti)		211,06 €
	berichtigter Warenverkauf		20 468,94 €
	Wareneinsatz lt. GuV-Konto	11 790,00 €	
	./. Liefererskonti (erhaltene Skonti)	293,42 €	
	berichtigter Wareneinsatz	11 496,58 €	11 496,58 €
	= Rohgewinn		8 972,36 €

Lösung zu Fall 40

Der Buchungssatz zu Nr. 4 lautet wie folgt:

a)	160	Entnahmen	2 380 €	
		an 300 Wareneinkauf		2 000 €
		an 195 Umsatzsteuer		380 €
b)	160	Entnahmen	2 380 €	
		an 890 Warenentnahmen		2 000 €
		an 195 Umsatzsteuer		380 €

Der Buchungssatz zu Nr. 5 lautet wie folgt:

a)	160	Entnahmen	833 €	
		an 300 Wareneinkauf		700 €
		an 195 Umsatzsteuer		133 €
b)	160	Entnahmen	833 €	
		an 890 Warenentnahmen		700 €
		an 195 Umsatzsteuer		133 €

Berechnung von Wareneinsatz und Rohgewinn:

Warenverkauf		87 410 €
Warenanfangsbestand	13 750 €	
+ Wareneinkauf	62 340 €	
./. Warenentnahmen zu Anschaffungskosten	2 750 €	
./. Warenendbestand	15 330 €	
= Wareneinsatz	58 010 €	./. 58 010 €
= Rohgewinn		29 400 €

Rohgewinnsatz: $\frac{29\,400\ € \times 100}{87\,410\ €} = 33{,}6\ \%$

Rohgewinnaufschlagsatz: $\frac{29\,400\ € \times 100}{58\,010\ €} = 50{,}7\ \%$

Wird bei Ermittlung der Kennzahlen für das Warengeschäft von den mit dem Teilwert gebuchten Warenentnahmen (= 2 700 €) ausgegangen, führt dies regelmäßig nur zu geringfügig geänderten Kennzahlen. In der Praxis können diese Unterschiede nahezu immer vernachlässigt werden; in Prüfungsklausuren sollten die Warenentnahmen zur Ermittlung des Wareneinsatzes jedoch stets mit den Anschaffungskosten angesetzt werden.

Lösung zu Fall 41

Die Buchungssätze lauten wie folgt:

1.	100	Forderungen	5 950,00 €	
		an 800 Warenverkauf		5 000,00 €
		an 195 Umsatzsteuer		950,00 €
2.	560	Transportkosten	200,00 €	
	115	Vorsteuer	38,00 €	
		an 150 Kasse		238,00 €
3.	801	Rücksendungen und Gutschriften	1 000,00 €	
	195	Umsatzsteuer	190,00 €	
		an 100 Forderungen		1 190,00 €
4.	130	Bank	4 664,80 €	
	840	gewährte Skonti	80,00 €	
	195	Umsatzsteuer	15,20 €	
		an 100 Forderungen		4 760,00 €
5.	501	Löhne und Gehälter	4 250,00 €	
	502	soziale Aufwendungen	848,00 €	
		an 130 Bank		2 757,00 €
		an 190 sonstige Verbindlichkeiten		2 341,00 €
6.	150	Kasse	1 785,00 €	
		an 800 Warenverkauf		1 500,00 €
		an 195 Umsatzsteuer		285,00 €
7.	300	Wareneinkauf	8 500,00 €	
	115	Vorsteuer	1 615,00 €	
		an 170 Verbindlichkeiten		10 115,00 €
8.	302	Eingangsfracht	260,00 €	
	115	Vorsteuer	49,40 €	
		an 130 Bank		309,40 €
9.	170	Verbindlichkeiten	714,00 €	
		an 300 Wareneinkauf		600,00 €
		an 115 Vorsteuer		114,00 €
10.	170	Verbindlichkeiten	9 401,00 €	
		an 130 Bank		9 118,97 €
		an 340 erhaltene Skonti		237,00 €
		an 115 Vorsteuer		45,03 €
11.	160	Privat	1 200,00 €	
		an 150 Kasse		1 200,00 €
12.	130	Bank	4 600,00 €	
		an 100 Forderungen		4 600,00 €

13.	195	Umsatzsteuer	1 930,00 €	
		an 130 Bank		1 930,00 €
14.	160	Privat	714,00 €	
		an 890 Warenentnahmen		600,00 €
		an 195 Umsatzsteuer		114,00 €
15.	100	Forderungen	8 568,00 €	
		an 800 Warenverkauf		7 200,00 €
		an 195 Umsatzsteuer		1 368,00 €
16.	030	Geschäftsausstattung	4 500,00 €	
	115	Vorsteuer	855,00 €	
		an 190 sonstige Verbindlichkeiten		5 355,00 €
17.	190	sonstige Verbindlichkeiten	5 355,00 €	
		an 130 Bank		5 247,90 €
		an 030 Geschäftsausstattung		90,00 €
		an 115 Vorsteuer		17,10 €
18.	130	Bank	8 396,64 €	
	840	gewährte Skonti	144,00 €	
	195	Umsatzsteuer	27,36 €	
		an 100 Forderungen		8 568,00 €
19.	520	Betriebssteuern	1 200,00 €	
	160	Privat	2 500,00 €	
		an 130 Bank		3 700,00 €
20.	100	Forderungen	11 424,00 €	
		an 800 Warenverkauf		9 600,00 €
		an 195 Umsatzsteuer		1 824,00 €

Falls die Skonti brutto gebucht wurden, muss nun die Vorsteuer- bzw. Umsatzsteuerkürzung herausgerechnet und gebucht werden. Die Buchungssätze dazu lauten:

340	erhaltene Skonti an 115 Vorsteuer	45,03 €
195	Umsatzsteuer an 840 gewährte Skonti	42,56 €

Die vorbereitenden Abschlussbuchungen lauten wie folgt:

1.	590 Abschreibungen an 030 Geschäftsausstattung	3 600,00 €
2.	195 Umsatzsteuer an 115 Vorsteuer	2 381,27 €
3.	080 Kapital an 160 Privat	4 414,00 €
4.	300 Wareneinkauf an 302 Eingangsfracht	260,00 €
5.	800 Warenverkauf an 801 Rücksendung und Gutschriften	1 000,00 €

Aktiva — Schlussbilanz auf 31.12.01 — Passiva

Geschäftsausstattung	22 710,00 €	Kapital 31.12.00	79 230 €	
Waren	36 800,00 €	./. Entnahmen	4 414 €	
Forderungen	33 184,00 €		74 816 €	
Bank	11 568,17 €	+ Gewinn	6 255 €	81 071,00 €
Kasse	2 697,00 €	Verbindlichkeiten		16 440,00 €
		sonstige Verbindlichkeiten		7 521,00 €
		Umsatzsteuerschuld		1 927,17 €
	106 959,17 €			106 959,17 €

Aufwand	Gewinn-und-Verlust-Rechnung 01		Ertrag
Wareneinsatz	6 560 €	Warenverkauf	22 300 €
gewährte Skonti	224 €	Warenentnahmen	600 €
Löhne und Gehälter	4 250 €	erhaltene Skonti	237 €
soziale Aufwendungen	848 €		
Betriebssteuern	1 200 €		
Transportkosten	200 €		
Abschreibungen	3 600 €		
Gewinn	6 255 €		
	23 137 €		23 137 €

Zur Ermittlung des steuerlichen Gewinns als Besteuerungsgrundlage für die Einkommensteuer und Gewerbesteuer ist die unter Betriebssteuern gebuchte Gewerbesteuer außerbilanziell dem Gewinn von 6 255 € hinzuzurechnen.

Lösung zu Fall 42

Die Buchungssätze lauten wie folgt:

1.	100	Forderungen	43 435,00 €	
		an 195 Umsatzsteuer		6 935,00 €
		an 800 Warenverkauf		36 500,00 €
2.	130	Bank	16 326,80 €	
	840	gewährte Skonti	280,00 €	
	195	Umsatzsteuer	53,20 €	
		an 100 Forderungen		16 660,00 €
3.	150	Kasse	1 200,00 €	
		an 030 Betriebs- und Geschäftsausstattung		500,00 €
		an 195 Umsatzsteuer (19/119 aus 1 200 €)		191,60 €
		an 260 sonstiger betrieblicher Ertrag		508,40 €
4.	160	Privat	666,40 €	
		an 195 Umsatzsteuer		106,40 €
		an 890 Warenentnahmen		560,00 €

Die Privatentnahme ist mit dem Teilwert anzusetzen (§ 6 Abs. 1 Nr. 4 EStG). Auch die USt ist aus dem Teilwert = Wiederbeschaffungskosten zu berechnen (§ 10 Abs. 4 Nr. 1 UStG).

5.	801	Rücksendungen und Gutschriften	4 500,00 €	
	195	Umsatzsteuer	855,00 €	
		an 100 Forderungen		5 355,00 €
6.	170	Verbindlichkeiten	3 570,00 €	
		an 115 Vorsteuer		570,00 €
		an 300 Wareneinkauf		3 000,00 €
7.	501	Löhne	2 500,00 €	
	502	soziale Aufwendungen	498,00 €	
		an 130 Bank		1 562,00 €
		an 190 sonstige Verbindlichkeiten		1 436,00 €
8.	170	Verbindlichkeiten	15 232,00 €	
		an 330 erhaltene Boni		12 800,00 €
		an 115 Vorsteuer		2 432,00 €

9.	160	Privat	4 720,00 €	
	520	Betriebssteuern	9 680,00 €	
		an 130 Bank		14 400,00 €
10.	070	Darlehensschuld	10 000,00 €	
	210	Zinsaufwand	4 000,00 €	
		an 130 Bank		14 000,00 €
11.	190	sonstige Verbindlichkeiten	2 380,00 €	
		an 030 Betriebs- und Geschäfts-Ausstattung		60,00 €
		an 130 Bank		2 308,60 €
		an 115 Vorsteuer		11,40 €
12.	300	Wareneinkauf	8 900,00 €	
	115	Vorsteuer	1 691,00 €	
		an 170 Verbindlichkeiten		10 591,00 €
13.	302	Eingangsfrachten	240,00 €	
	115	Vorsteuer	45,60 €	
		an 150 Kasse		285,60 €
14.	170	Verbindlichkeiten	10 591,00 €	
		an 130 Bank		10 379,18 €
		an 115 Vorsteuer		33,82 €
		an 340 erhaltene Skonti		178,00 €

Die vorbereitenden Abschlussbuchungen lauten wie folgt:

15.	590	Abschreibungen auf AV (AfA)	7 128,00 €	7 128,00 €
		an 030 Betriebs- und Geschäftsausstattung		
16.	300	Wareneinkauf	4 490,00 €	4 490,00 €
		an 302 Eingangsfrachten		
17.	800	Warenverkauf	7 200,00 €	7 200,00 €
		an 801 Rücksendungen und Gutschriften		
18.	195	Umsatzsteuer	6 280,38 €	6 280,38 €
		an 115 Vorsteuer		
19.	080	Kapital	28 950,40 €	28 950,40 €
		an 160 Privat		

Aktiva — Schlussbilanz zum 31.12.02 — Passiva

Aktiva		Passiva	
Betriebs- und Geschäftsausstattung	28 512,00 €	Kapital	168 352,00 €
Warenbestand	47 300,00 €	Darlehensschuld	40 000,00 €
Forderungen	81 922,00 €	Verbindlichkeiten	12 233,00 €
Bankguthaben	66 210,02 €	sonstige Verbindlichkeiten	3 506,00 €
Kassenbestand	4 009,40 €	Umsatzsteuerschuld	3 862,42 €
	227 953,42 €		227 953,42 €

Aufwand	Gewinn-und-Verlust-Rechnung 02		Ertrag
Wareneinsatz	625 160,00 €	sonstiger betrieblicher Ertrag	508,40 €
Zinsaufwand	4 000,00 €	erhaltene Boni	12 800,00 €
gewährte Skonti	3 980,00 €	erhaltene Skonti	7 528,00 €
Löhne	28 900,00 €	Warenverkauf	813 800,00 €
soziale Aufwendungen	4 986,00 €	Warenentnahmen	5 160,00 €
Mietaufwand	24 000,00 €		
Betriebssteuern	9 680,00 €		
Allgemeine Verwaltungskosten	26 700,00 €		
Abschreibung auf AV (AfA)	7 128,00 €		
Gewinn	105 262,40 €		
	839 796,40 €		839 796,40 €

Betriebsvermögensvergleich:

BV am 31.12.02	168 352,00 €
BV am 31.12.01	92 040,00 €
Unterschiedsbetrag	76 312,00 €
+ Entnahmen	28 950,40 €
./. Einlagen	-
Gewinn	105 262,40 €

Zur Ermittlung des steuerlichen Gewinns als Besteuerungsgrundlage für die Einkommensteuer und Gewerbesteuer ist die unter Betriebssteuern gebuchte Gewerbesteuer außerbilanziell dem ermittelten Gewinn hinzuzurechnen.

Warenverkauf		813 800,00 €
./. Kundenskonti (gewährte Skonti)		3 980,00 €
berichtigter Warenverkauf		809 820,00 €
Wareneinsatz	625 160,00 €	
./. Liefererboni (erhaltene Boni)	12 800,00 €	
./. Liefererskonti (erhaltene Skonti)	7 528,00 €	
./. Warenentnahmen	5 160,00 €[1]	
berichtigter Wareneinsatz	599 672,00 €	./. 599 672,00 €
Rohgewinn		210 148,00 €

Rohgewinnsatz: $\frac{210\,148\text{ €} \times 100}{809\,820\text{ €}}$ = rd. 26 %

1 Die (private) »Warenentnahme« müsste hier eigentlich zu Anschaffungskosten angesetzt werden. Dies ist in der Praxis jedoch nur in Ausnahmefällen möglich und notwendig. Die Auswirkung ist äußerst geringfügig und kann daher vernachlässigt werden.

Lösung zu Fall 43

Die Buchungen lauten wie folgt:

a)	170	Verbindlichkeiten	952 €	
		an 300 Wareneinkauf		800 €
		an 115 Vorsteuer		152 €
	100	Forderungen	952 €	
		an 800 Warenverkauf		800 €
		an 195 Umsatzsteuer		152 €

Der Gewinn war um 1 600 € zu niedrig. Er wird durch Stornierung und Nachbuchung um 1 600 € erhöht.

b)	170	Verbindlichkeiten	750 €	
		an 100 Forderungen		750 €

Diese Falschbuchung hatte keine Gewinnauswirkung, ebenso wenig die Berichtigungsbuchung.

c)	160	Privat	500 €	
		an 520 Betriebssteuern		500 €

Der Gewinn war um 500 € zu niedrig. Er wird durch die Berichtigungsbuchung um 500 € erhöht.

d)	190	sonstige Verbindlichkeiten	1 000 €	
		an 502 soziale Aufwendungen		1 000 €

Der Gewinn war um 1 000 € zu niedrig. Die Berichtigung erhöht den Gewinn um 1 000 €.

e) Die richtigen Buchungen hätten lauten müssen:

030	Geschäftsausstattung	1 500,00 €	
115	Vorsteuer	285,00 €	
	an 190 (sonstige) Verbindlichkeiten		1 785,00 €
190	(sonstige) Verbindlichkeiten	1 785,00 €	
	an 130 Bank		1 731,45 €
	an 030 Geschäftsausstattung		45,00 €
	an 115 Vorsteuer		8,55 €
590	AfA (1/9 von 1 455 €, davon 10/12)[1]	134,72 €	
	an 030 Geschäftsausstattung		134,72 €

Daraus ergibt sich folgende **Berichtigungsbuchung**:

030	Geschäftsausstattung	1 320,28 €	
590	AfA	134,72 €	
340	erhaltene Skonti	45,00 €	
	an 300 Wareneinkauf		1 500,00 €

Es wären selbstverständlich auch mehrere Berichtigungsbuchungen möglich gewesen, z. B.

030	Geschäftsausstattung an 300 Wareneinkauf	1 500,00 €
340	erhaltene Skonti an 030 Geschäftsausstattung	45,00 €
590	AfA an 030 Geschäftsausstattung	134,72 €

Der Gewinn war um 1 320,28 € zu niedrig. Die angegebenen (alternativen) Berichtigungsbuchungen erhöhen den Gewinn um 1 320,28 €. [1]

1 Wegen zeitanteiliger AfA vgl. § 7 Abs. 1 Satz 4 EStG.

f) Die Entnahme hätte gem. § 6 Abs. 1 Nr. 4 EStG mit dem Teilwert gebucht werden müssen. Außerdem ist nach § 3 Abs. 1 b Satz 1 Nr. 1 i. V. m. § 10 Abs. 4 Satz 1 Nr. 1 und § 12 Abs. 1 UStG Umsatzsteuer (aus Entnahme von Gegenständen) angefallen, die gem. § 12 Nr. 3 EStG nicht als Betriebsausgabe abzugsfähig ist. Es hätte gebucht werden müssen:

160	Privat	3 570 €	
	an 030 Geschäftsausstattung		2 500 €
	an 195 Umsatzsteuer		570 €
	an 260 sonstiger betrieblicher Ertrag		500 €

Daraus ergibt sich folgende **Berichtigungsbuchung**:

160	Privat	3 570 €	
	an 030 Geschäftsausstattung		2 000 €
	an 195 Umsatzsteuer		570 €
	an 590 AfA		500 €
	an 260 sonstiger betrieblicher Ertrag		500 €

Der Gewinn war um 1 000 € zu niedrig. Er wird durch die Berichtigungsbuchung um 1 000 € erhöht.

Eine andere Buchungsmöglichkeit wäre:

160	Privat	3 570 €	
	an 195 Umsatzsteuer		570 €
	an 871 Ertrag aus Anlageabgang		3 000 €
599	Abschreibung für Anlageabgang	2 500 €	
	an 030 Geschäftsausstattung		2 500 €

Die Auswirkung ist unverändert; für die Verprobung der USt dagegen ist diese Buchung besser.

Hieraus würde sich folgende **Berichtigungsbuchung** ergeben:

160	Privat	3 570 €	
599	Abschreibung für Anlageabgang	2 500 €	
	an 030 Geschäftsausstattung		2 000 €
	an 195 Umsatzsteuer		570 €
	an 590 AfA		500 €
	an 871 Ertrag aus Anlageabgang		3 000 €

Lösung zu Fall 44

a) Alfons N ermittelt seinen Gewinn nach § 5 EStG. Als im Handelsregister eingetragener Gewerbetreibender besitzt N. die Kaufmannseigenschaft entweder nach § 1 HGB (Ist-Kaufmann) oder nach § 2 HGB (Kann-Kaufmann). Seine Buchführungspflicht ergibt sich sodann aus § 238 HGB, wenn seine Umsätze mehr als 500 000 € und sein Jahresüberschuss mehr als 50 000 € betragen. Werden diese Betragsgrenzen nicht überschritten, wäre Alfons N weder handelsrechtlich (§ 241 a HGB) noch steuerrechtlich (§ 141 Abs. 1 AO) zur Buchführung verpflichtet und könnte seinen Gewinn nach § 4 Abs. 3 EStG ermitteln.

b) Berthold M kann seinen Gewinn entweder nach § 4 Abs. 1 EStG durch BVV oder nach § 4 Abs. 3 EStG durch Einnahme-Überschuss-Rechnung ermitteln. M ist weder handelsrechtlich (kein Handelsgewerbe - kein Kaufmann) noch steuerrechtlich (kein **gewerbliches** Unternehmen i. S. d. § 141 AO) zur Buchführung verpflichtet. Wenn M freiwillig Bücher führt und Abschlüsse macht, ermittelt er seinen Gewinn nach § 4 Abs. 1 EStG. Im Zweifel wird sich M für die weniger aufwendige Einnahme-Überschuss-Rechnung des § 4 Abs. 3 EStG entscheiden.

c) Die GmbH ermittelt ihren Gewinn nach § 5 EStG. Die GmbH ist Formkaufmann, ohne dass es auf den Gegenstand des Unternehmens ankommt (§ 6 HGB i. V. mit § 13 GmbHG). Sie ist damit handelsrechtlich zur Führung von Büchern verpflichtet und erzielt gewerbliche Einkünfte (§ 8 Abs. 2 KStG). Gem. § 8 Abs. 1 KStG hat die Gewinnermittlung der GmbH u. a. nach den Vorschriften des EStG zu erfolgen, d. h. hier nach § 5 EStG.

d) Dieter R kann seinen Gewinn entweder nach § 4 Abs. 3 EStG oder § 5 EStG ermitteln. R ist Kleingewerbetreibender, für den eine Pflicht zur Eintragung in das Handelsregister nicht besteht. Ebenso scheidet eine Buchführungspflicht nach § 141 AO aus, wenn die dort genannten Betragsgrenzen nicht überschritten sind. Wenn R freiwillig Bücher führt, ermittelt er seinen Gewinn als Gewerbetreibender nach § 5 EStG. Im Zweifel wird R lediglich Aufzeichnungen führen, die eine Gewinnermittlung nach § 4 Abs. 3 EStG ermöglichen.

e) Erich S ermittelt seinen Gewinn nach § 5 EStG. S besitzt die Kaufmannseigenschaft gem. § 1 HGB. Als Ist-Kaufmann unterliegt S unabhängig vom Zeitpunkt des Eintrags seiner Firma in das Handelsregister der Buchführungspflicht gem. § 238 HGB. S ist in jedem Fall auch gem. § 141 Abs. 1 Nr. 1 AO zur Buchführung verpflichtet, da er die dort genannte Umsatzgrenze überschreitet.

f) Die AG ermittelt ihren Gewinn gem. § 5 EStG. Die AG ist Formkaufmann gem. § 6 HGB i. V. m. § 3 AktG und damit handelsrechtlich zur Buchführung verpflichtet (vgl. Lösung unter c)).

g) Eine Gewinnermittlung scheidet bei Fritz T aus, da keine Gewinneinkünfte i. S. d. § 2 Abs. 2 Nr. 1 EStG vorliegen. Die Einkünfte aus der Vermietung ergeben sich aus dem Überschuss der Einnahmen über die Werbungskosten (§ 2 Abs. 2 Nr. 2 i. V. m. § 2 Abs. 1 Nr. 6 EStG).

Lösung zu Fall 45

a) Die Praxiseinrichtung gehört zum notwendigen BV eines Arztes.

b) Wertpapiere werden durch ihre Verpfändung für einen Betriebskredit i. d. R. nicht zum notwendigen BV (vgl. BFH vom 17.03.1966 BStBl III 1966, 350, H 4.2 [1] (Wertpapiere) EStH). Der Unternehmer kann diese Wertpapiere aber als gewillkürtes BV behandeln. Durch die Verpfändung für den Betriebskredit ist ein objektiver Zusammenhang mit dem Betrieb hergestellt.

c) Die Kfz-Steuerschuld ist eine notwendige Betriebsschuld. Der PKW gehört zum notwendigen BV, da er überwiegend betrieblich genutzt wird. Die Kfz-Steuerschuld für diesen PKW gehört damit ebenfalls zum notwendigen BV.

d) Das Grundstück gehört als Lagerplatz zum notwendigen BV.

e) Die Hypothek ist eine notwendige Betriebsschuld, da sie mit dem Erwerb von notwendigem BV, nämlich des Grundstücks zu d), in unmittelbarem Zusammenhang steht.

f) Die Waschmaschine kann als gewillkürtes BV oder als PV behandelt werden. Da die betriebliche Nutzung nicht überwiegt, gehört die Waschmaschine nicht zum notwendigen BV. Sie kann aber zum gewillkürten BV gezogen werden, weil die betriebliche Nutzung wiederum nicht unbedeutend ist.

g) Eine Armbanduhr gehört i. d. R. zum notwendigen PV. Ausnahmsweise kann die Uhr auch einmal zum (notwendigen) BV zählen, z. B. als Umlaufvermögen bei einem Uhrenhändler.

h) Die Hobelbank gehört zum notwendigen BV eines Schreiners.
i) Die Einkommenssteuerschuld des Unternehmers ist eine notwendige Privatschuld (vgl. § 12 Nr. 3 EStG).
j) Der PKW gehört zum notwendigen PV, da er ausschließlich privat genutzt wird.
k) Das Gebäude zerfällt in vier selbständige WG: WG I »Räume der Betriebsbuchhaltung«, WG II »Fremdbetrieblich genutzte Räume«, WG III »Vermietete Wohnräume«, WG IV »Eigene Wohnung« (vgl. R 4.2 Abs. 4 EStR). Entsprechend besteht der Grund und Boden ebenfalls aus vier WG.
Der eigenbetrieblich genutzte Gebäudeteil (WG I) und der zugehörige Teil der Grundstücksfläche gehören nicht zum notwendigen BV, weil deren Wert im Verhältnis zum Wert des ganzen Grundstücks von untergeordneter Bedeutung ist (vgl. § 8 EStDV). Der Wert dieses Gebäudeteils zuzüglich des zugehörigen Grund und Bodens beträgt nach dem Verhältnis der Nutzflächen weder mehr als ein Fünftel des Werts des ganzen Grundstücks (hier ein Zehntel) noch mehr als 20 500 € (hier: 20 000 €). Der Unternehmer hat gem. § 8 EStDV ein Wahlrecht, diesen Grundstücksteil als BV oder PV zu behandeln.
Der fremdbetrieblich genutzte Gebäudeanteil (WG II) und der zu Wohnzwecken vermietete Gebäudeteil (WG III) mit dem zugehörigen Grund und Boden können gem. R 4.2 Abs. 9 EStR zum gewillkürten BV gezogen werden.
Die eigene Wohnung (WG IV) gehört zum notwendigen PV und darf daher nicht als BV ausgewiesen werden.
Nach allem kann U das bebaute Grundstück vollständig als PV oder zu 10 % oder zu 30 % bzw. 50 % als gewillkürtes BV behandeln.
l) Das Gebäude und entsprechend der Grund und Boden bestehen aus je drei selbständigen WG.
aa) U kann das ganze Grundstück als PV oder 10 % (§ 8 EStDV) bzw. 40 % (R 4.2 Abs. 9 EStR) als BV behandeln.
bb) U kann das ganze Grundstück als PV oder 20 % bzw. 50 % als BV behandeln.
cc) Der eigenbetrieblich genutzte Grundstücksteil gehört zum notwendigen BV (R 4.2 Abs. 7 EStR), der fremdgewerblich vermietete Grundstücksteil kann als gewillkürtes BV behandelt werden (R 4.2 Abs. 9 EStR), die vermietete Wohnung gehört (ausnahmsweise!) zum notwendigen PV.
dd) Der eigenbetrieblich genutzte Grundstücksteil muss als BV behandelt werden (R 4.2 Abs. 7 EStR). Der fremdgewerblich vermietete Teil kann als gewillkürtes BV ausgewiesen werden (R 4.2 Abs. 9 EStR).
Auch wenn im gegebenen Fall das Grundstück mehr als zur Hälfte die Voraussetzungen für die Behandlung als BV erfüllt, kann U gem. R 4.2 Abs. 10 Satz 1 EStR nicht das ganze Grundstück bilanzieren.
ee) Lösung wie unter dd).

Lösung zu Fall 46

a) Die AK des PKW betragen 23 100 €.
Zu den AK gehören zunächst alle Aufwendungen des U zur Erlangung der Verfügungsmacht an dem Kfz. Hierzu zählen neben dem Listenpreis und den Überführungskosten auch die Kosten der Sonderausstattung. Entscheidend für die Zuordnung zu den AK ist, dass die Aufwendungen der Anschaffung des PKW in dem Zustand dienten, in dem er sich zum Anschaffungszeitpunkt befand. Unerheblich ist, dass sich U denselben PKW auch ohne Sonderausstattung hätte beschaffen können.

Zu den AK gehören außerdem die Aufwendungen, die erforderlich sind, um das Kfz in einen betriebsbereiten Zustand zu versetzen. Deshalb ist auch die Zulassungsgebühr den AK zuzurechnen. Die Kosten der Tankfüllung, die Kfz-Steuer und -versicherung für das erste halbe Jahr gehören nicht zu den AK, da diese Aufwendungen (fast) ausschließlich mit der laufenden betrieblichen Nutzung und nicht mehr mit dem Anschaffungsvorgang in unmittelbarem Zusammenhang stehen. Die in der Rechnung gesondert ausgewiesene USt gehört gem. § 9 b Abs. 1 EStG i. V. m. § 15 Abs. 1 UStG nicht zu den AK des PKW.
Es ist wie folgt zu buchen:

S	Fuhrpark		H
1.	23 000		
3.	100		

S	Bank		H
		1.	27 370
		4.	400

S	Vorsteuer	H
1.	4 370	
2.	15,20	

S	Kasse		H
			5.195

S	Kfz-Kosten		H
2.	80		
4.	400		

S	Privat		H
5.	195	2.	95
		3.	100

b) Die AK des Postens Schulbücher haben zunächst 2 200 € betragen. Der Sofortrabatt mindert die AK, Porto und Verpackung erhöhen die AK als Nebenkosten. Durch die dem U eingeräumte Möglichkeit des Skontoabzugs haben sich die AK der Ware (noch) nicht verringert; nur bereits in Anspruch genommene Skonti mindern die AK der betreffenden WG (BFH vom 27. 02. 1991 BStBl II 1991, 456). Der vom Lieferanten gewährte Bonus mindert die AK des Postens Schulbücher um 200 €. Er ist von den AK derjenigen Waren abzusetzen, für deren Anschaffung er gewährt worden ist, soweit die Waren im Augenblick der buchmäßigen Berücksichtigung des Bonus noch vorhanden sind (BFH vom 07. 11. 1957 BStBl III 1958, 65). Die Anschaffungskostenminderung tritt nur i. H. d. Nettogutschrift ein; i. Ü. entfällt der Bonus auf die zu kürzende Vorsteuer (§ 17 Abs. 1 UStG). Der Posten Schulbücher ist somit zum 31.12. mit den AK von 2 000 € zu bewerten bzw. zu bilanzieren.
Außerdem hat U den ihm gewährten Umsatzbonus in der Schlussbilanz 31.12. zu aktivieren.
Es ist wie folgt zu buchen:

S	WEK		H
1.	2200		

S	Verbindlichkeiten		H
1.			2 354

S	Bonierträge		H
		2.	1 800

S	Vorsteuer		H
1.	154	2.	126

S	sonstige Forderungen	H
2.	1 926	

Die durch den Umsatzbonus eingetretene Minderung der AK der am Bilanzstichtag vorhandenen Ware wird inventurmäßig bei der Bewertung berücksichtigt, während die entsprechende laufende Buchung über das Konto »Bonierträge« erfolgt.

c) Die Lösung lautet wie folgt:

aa) Die AK des Schreibtischs belaufen sich auf 2 380 €. Da keine Rechnung vorliegt, ist die im Gesamtpreis enthaltene USt nicht gem. § 15 Abs. 1 UStG verrechenbar und gehört damit zu den AK (§ 9 b Abs. 1 EStG). Es ist wie folgt zu buchen: Geschäftsausstattung an Bank 2 380 €

bb) Der Kauf des Geschenks mit betrieblichen Mitteln stellt eine Geldentnahme dar. Der Anschaffungsvorgang vollzieht sich bereits im außerbetrieblichen privaten Bereich. Es ist wie folgt zu buchen: Privat an Bank 595 €

d) Die Lösung lautet wie folgt:

Die Inzahlungnahme eines Gebrauchtwagens durch den Autohändler ist regelmäßig **kein Tausch** (mit Baraufgabe), da der Händler den Neuwagen nicht abgibt, um den Gebrauchtwagen zu erhalten. Vielmehr will der Händler dem Käufer nur die Finanzierung des Kaufpreises für den Neuwagen erleichtern und räumt diesem insoweit eine sogenannte Ersetzungsbefugnis ein. Damit ist der Käufer des Neuwagens befugt, einen bestimmten Teil des nach § 433 BGB geschuldeten Kaufpreises durch Übereignung des Gebrauchtwagens zu ersetzen; der Gebrauchtwagen wird sodann an Zahlungs statt übereignet. Der Gebrauchtwagen ist in diesem Fall Gegenstand eines gesonderten Kaufvertrags.

Der von U geschuldete Kaufpreis für den Neuwagen umfasst zivilrechtlich auch die ihm vom Händler gesondert in Rechnung gestellte Umsatzsteuer. Soweit diese gem. § 15 UStG als Vorsteuer abzugsfähig ist, gehört sie gem. § 9 b Abs. 1 EStG nicht zu den AK. U kann das Fahrzeug umsatzsteuerrechtlich zu 100 % als Unternehmensvermögen behandeln und hat sodann die Berechtigung zum Vorsteuerabzug gem. § 15 Abs. 1 UStG zu 100 %.

Der Erwerbsvorgang ist danach wie folgt zu buchen:

S	Fuhrpark		H
1.	40 000		

S	VoSt		H
1.	7 600		

S	sonstige Verbindlichkeiten		H
		1.	47 600

Die Verbindlichkeit (Kaufpreisschuld) wird anschließend durch Zahlung von 35 700 € und die Übereignung des Gebrauchtwagens getilgt. Der Verkauf des Gebrauchtwagens unterliegt als Hilfsumsatz bei U der Umsatzsteuer i. H. v. 19/119 von 11 900 € und führt i. Ü. zu einem Ertrag i. H. d. Differenz zwischen Buchwert und Nettoerlös. Die Buchung lautet insoweit:

S	sonstige Verbindlichkeiten		H
2.	47 600		47 600

S	Bank		H
		2.	35 700

S	sonstige Erträge		H
		2.	10 000

S	USt		H
		2.	1 900

e) Die Lösung lautet wie folgt:

Der Kaufpreis (20 000 €) wurde über 2 Jahre gestundet. Bei langfristig (mehr als 1 Jahr) zinsloser Stundung besteht eine widerlegbare Vermutung dafür, dass in dem gestundeten Kaufpreis verdeckte Zinsen enthalten sind. Infolgedessen ist der Kaufpreis abzuzinsen und in einen **Kapitalanteil** und **Zinsanteil** aufzuteilen. Als Anschaffungskosten sind somit nicht das vereinbarte Entgelt von 20 000 €, sondern der abgezinste Barwert im Zeitpunkt des

Erwerbs anzusetzen (BFH vom 24.04.1991 BStBl 1991, 793). Bei der Ermittlung des abgezinsten Betrags (Barwert) ist ein Zinssatz von 5,5 % anzusetzen (§ 12 Abs. 3 BewG analog, R 6.2 Satz 2 EStR zu Kaufpreisraten). Der Barwert des gestundeten Kaufpreises ermittelt sich mit einem Vervielfältiger von 0,898 (BMF vom 26.05.2005 BStBl I 2005, 699 Tabelle 2).
AK des Lagerplatzes: 20 000 € × 0,898 = 17 960 €

Die Kaufpreisverbindlichkeit von 20 000 € ist nicht mit dem Erfüllungsbetrag (§ 253, Abs. 1 Satz 2 HGB), sondern mit dem **Barwert** zu passivieren, da hinsichtlich der verdeckten zukünftigen Zinszahlungen eine – sowohl nach Handels- als auch nach Steuerrecht (§ 5 Abs. 1 Satz 1 EStG) – nicht zu passivierende Zinsverbindlichkeit im Rahmen eines sog. **schwebenden Geschäfts** gegeben ist.
Buchung des Anschaffungsvorgangs:
Unbebautes Grundstück 17 960 € an sonstige Verbindlichkeiten 17 960 €

Lösung zu Fall 47

a) Die Buchungen lauten wie folgt:

aa) U muss die Maschine mit 18 000 € bilanzieren. Gem. § 6 Abs. 1 Nr. 1 EStG ist die Maschine mit den fortgeführten AK (= AK ./. AfA) anzusetzen; der höhere Teilwert darf nicht angesetzt werden.
Die (vorbereitenden) **Abschlussbuchungen** lauten wie folgt:
AfA an Maschine 2 000 €
SBK an Maschine 18 000 €

bb) Eine voraussichtlich dauernde Wertminderung liegt bei abnutzbaren Anlagegütern dann vor, wenn der Teilwert des Wirtschaftsguts zum Bilanzstichtag mindestens für die halbe Restnutzungsdauer unter dem planmäßigen Restbuchwert liegt (BMF vom 02.09.2016 BStBl I 2016, 995 Rz. 8).
Die Maschine hat am 31.12.01 noch eine Restnutzungsdauer von 9 Jahren. Nach Ablauf der halben Restnutzungsdauer (4,5 Jahre) beträgt der planmäßige Buchwert noch 9 000 €. Da der Teilwert (7 000 €) unter diesem Buchwert liegt, ist die Wertminderung von Dauer. U muss handelsrechtlich die Maschine mit dem niedrigeren Wert (7 000 €) ansetzen (§ 253 Abs. 3 Satz 5 HGB). Steuerrechtlich hat U über § 5 Abs. 1 Satz 1 Halbsatz 2 und § 6 Abs. 1 Nr. 1 Satz 2 EStG ein eigenständiges Wahlrecht, ob er die fortgeführten AK oder den niedrigeren Teilwert ansetzen möchte.
Die (vorbereitenden) **Abschlussbuchungen** bei Ansatz des Teilwerts lauten wie folgt:
AfA an Maschine 2 000 €
a. o. Aufwand an Maschine 11 000 €
SBK an Maschine 7 000 €

cc) U **muss** die Maschine mit 18 000 € bilanzieren. Gem. § 6 Abs. 1 Nr. 1 EStG muss mindestens die AfA nach § 7 EStG vorgenommen werden, d. h., dass der Teilwert von 19 000 € höher ist als die fortgeführten AK i. H. v. 18 000 € und deshalb nicht angesetzt werden darf.
Die (vorbereitende) **Abschlussbuchung** lautet wie bei Lösung unter aa).

b) Die Buchungen lauten wie folgt:

aa) U **muss** seine Vorräte in der Handelsbilanz mit insgesamt 5 500 € bewerten und bilanzieren. Entsprechend dem **Grundsatz der Einzelbewertung** ist jede Warengruppe für sich zu bewerten.
Die Warengruppe I ist mit dem niedrigeren Teilwert von 3 500 € anzusetzen. Es gilt das handelsrechtliche absolute Niederstwertprinzip beim Umlaufvermögen. Gem. § 6 Abs. 1

Nr. 2 EStG kann U in der Steuerbilanz wählen, ob er die Vorräte zu AK oder zum niedrigeren Teilwert bewertet.

Die Warengruppe II ist mit den AK i. H. v. 2 000 € zu bewerten, da hier der Teilwert (2 500 €) höher ist und deshalb nicht angesetzt werden darf. Die **Abschlussbuchung** lautet (beim Teilwertansatz):

SBK an WEK 5 500 €

bb) U **muss** seine Vorräte in der Handelsbilanz mit insgesamt 5 800 € bewerten und bilanzieren. Die Warengruppe I ist mit den AK i. H. v. 4 000 € anzusetzen, der höhere Teilwert (4 500 €) darf nicht angesetzt werden. Die Warengruppe II ist mit dem niedrigeren Teilwert in Höhe von 1 800 € anzusetzen. In der Steuerbilanz hat U die Warengruppe I mit den AK i. H. v. 4 000 € anzusetzen, für die Warengruppe II besteht das Wahlrecht zwischen AK (2 000 €) und niedrigerem Teilwert (1 800 €).

c) Die Buchungen lauten wie folgt:

aa) U hat die Lieferantenverbindlichkeit weiterhin mit ihren ursprünglichen »AK« von 10 000 € zu bewerten bzw. zu bilanzieren. Gem. § 6 Abs. 1 Nr. 3 EStG sind Verbindlichkeiten unter sinngemäßer Anwendung der Vorschriften des § 6 Abs. 1 Nr. 2 EStG anzusetzen. § 6 Abs. 1 Nr. 2 EStG lässt bei aktiven WG den Ansatz des niedrigeren Teilwerts zu. Der Ansatz des gegenüber den AK höheren Teilwerts ist in jedem Fall ausgeschlossen. Die sinngemäße Anwendung des § 6 Abs. 1 Nr. 2 EStG auf die Bewertung von Verbindlichkeiten bedeutet danach, dass der Ansatz einer Verbindlichkeit mit dem unter den AK liegenden Teilwert unzulässig ist, weil andernfalls ein nicht verwirklichter Gewinn ausgewiesen werden würde. Die Abschlussbuchung lautet wie folgt:

Lieferantenverbindlichkeit in ausländischer Währung an SBK 10 000 €

bb) Nach § 6 Abs. 1 Nr. 3 i. V. m. § 5 Abs. 1 Satz 1 Halbsatz 2 EStG kann bei Verbindlichkeiten in der Steuerbilanz ein voraussichtlich höherer Teilwert angesetzt werden. Die Finanzverwaltung hat im Schreiben des BMF vom 02.09.2016 BStBl I 2016, 995, Rz. 32 zur dauernden Werterhöhung von Fremdwährungsverbindlichkeiten Stellung genommen. Danach ist bei Verbindlichkeiten des laufenden Geschäftsverkehrs die Werterhöhung voraussichtlich von Dauer, wenn die Wechselkurserhöhung bis zur Bilanzerstellung oder einer vorangegangenen Tilgung anhält. Da dies im vorliegenden Fall gegeben ist, kann U die Verbindlichkeit entweder mit den AK i. H. v. 10 000 € oder mit dem höheren Teilwert i. H. v. 11 000 € passivieren. Die (vorbereitenden) **Abschlussbuchungen** für letzteren Fall lauten:

Kursverluste an Lieferantenverbindlichkeit in ausländischer Währung 1 000 € Lieferantenverbindlichkeiten in ausländischer Währung an SBK 11 000 €

Bei einer nur vorübergehenden Kursschwankung wäre der Ansatz des höheren Teilwerts steuerrechtlich unzulässig.

Lösung zu Fall 48

1. Die Höhe des AfA-Satzes beträgt:

a) Lineare AfA 33 1/3 %; degressive AfA 25 %

b) Lineare AfA 25 %; degressive AfA 25 %

c) Lineare AfA 20 %; degressive AfA 25 %

d) Lineare AfA 5 %; degressive AfA 12,5 %.

2. U kann hier zwischen der linearen AfA gem. § 7 Abs. 1 Satz 1 EStG und der Leistungs-AfA gem. § 7 Abs. 1 Satz 6 EStG wählen. Im Zweifel wird sich U hier für die **Leistungs-AfA** entscheiden, da ihm diese AfA in den ersten beiden Nutzungsjahren der Maschine vergleichsweise die höchsten Abschreibungen sichert, wie das folgende Schema zeigt.

	Stunden	%	€
1. Jahr	6 000	30	12 000
2. Jahr	8 000	40	16 000
3. Jahr	4 000	20	8 000
4. Jahr	2 000	10	4 000
	20 000	100	40 000

3. Die Buchung lautet wie folgt:

a)	Lieferwagen	30 000 €	
	Vorsteuer	5 700 €	
	an sonstige Verbindlichkeiten		35 700 €
b)	sonstige Verbindlichkeiten	35 700 €	
	an Bank		34 986 €
	an Lieferwagen		600 €
	an Vorsteuer		114 €
c)	Lieferwagen	600 €	
	Vorsteuer	114 €	
	an Kasse		714 €
d)	AfA an Lieferwagen		312 €
	SBK an Lieferwagen		29 688 €

U hat den Lieferwagen gem. § 7 Abs. 1 Satz 1 EStG abzuschreiben. Eine Sonderabschreibung nach § 7 g Abs. 5 EStG ist ausgeschlossen, da der Lieferwagen die Verbleibensvoraussetzung des § 7 g Abs. 6 Nr. 2 EStG nicht erfüllt. Sollte U eine Sonder-AfA nach § 7 g Abs. 5 EStG in 2019 in Anspruch genommen haben, ist nach erfolgtem Verkauf des Lieferwagens in 2020 der Steuerbescheid 2019 entsprechend zu ändern (§ 7 g Abs. 4 Satz 3 i. V. m. § 7 g Abs. 6 Nr. 2 EStG). Die lineare AfA kann gem. § 7 Abs. 1 Satz 4 EStG für einen Monat in Anspruch genommen werden.

e)	Bank	29 750 €	
	sonstiger Aufwand	4 688 €	
	an Lieferwagen		29 688 €
	an USt		4 750 €

Auf die Buchung der anteiligen AfA 20 bis zum Zeitpunkt des Ausscheidens des Lieferwagens aus dem Betriebsvermögen kann verzichtet werden, da die Gewinnauswirkung in jedem Fall die gleiche ist. Bei Berücksichtigung der AfA bis zum 30.06.20 würden die entsprechenden Buchungen wie folgt lauten:

AfA	1 875 €	
an Lieferwagen		1 875 €
Bank	29 750 €	
sonstiger Aufwand	2 813 €	
an Lieferwagen		27 813 €
an USt		4 750 €

Ein Vergleich der angesprochenen Erfolgskonten bestätigt, dass die endgültige Gewinnauswirkung bei beiden Buchungen übereinstimmt.

Hier wie dort ergibt sich im Ergebnis eine Gewinnminderung von 4 688 €.

4. U plant 2016 für die folgenden drei Jahre insgesamt Investitionen i. H. v. 750 000 €. Maximal könnte U für 2016 gem. § 7 g Abs. 1 EStG 40 % von 750 000 € (= 300 000 € Investitionsabzugsbeträge in Anspruch nehmen. Gem. § 7 g Abs. 1 Satz 4 EStG ist der höchstmögliche Abzug aber auf 200 000 € begrenzt. Deshalb wird U nur für die WG I und II den jeweiligen Abzugsbetrag von 80 000 € für WG I (40 % von 200 000 €) und 120 000 € für WG II (40 % von 300 000 €) beanspruchen.
Im Jahr 2017 kann U für das WG III einen Abzugsbetrag von 60 000 € (40 % von 150 000 €) und für das WG IV einen solchen von 40 000 € (40 % von 100 000 €) beanspruchen. Der zulässige Höchstbetrag von 200 000 € wird dadurch nicht überschritten, weil U die im Jahr 2016 in Anspruch genommenen Abzugsbeträge 2017, dem Jahr der entsprechenden Anschaffung, gem. § 7 g Abs. 2 Satz 1 EStG dem Buchgewinn 2017 wieder hinzugerechnet hat (Wahlrecht). Das so für 2017 frei werdende Abzugsvolumen kann nunmehr für die später geplanten Investitionen genutzt werden.
5. Die Buchungen lauten wie folgt:

a)	Geschäftsausstattung	850 €	
	Vorsteuer	162 €	
	an sonstige Verbindlichkeiten		1 012 €
b)	sonstige Verbindlichkeiten	1 012 €	
	an Geschäftsausstattung		100 €
	an Vorsteuer		19 €
	an Bank		893 €

c) Aufgrund der erfolgreichen Mängelrüge haben sich die ursprünglichen AK des Schreibtisches i. H. v. 850 € um 100 € auf 750 € gemindert.
Da die endgültigen AK somit 800 € nicht übersteigen, kann U diese AK gem. § 6 Abs. 2 EStG sofort in voller Höhe als Aufwand verbuchen. Die Aktivierung des Schreibtisches unter Berücksichtigung einer AfA ist allerdings auch möglich (AfA 12,5 % von 750 €, im Anschaffungsjahr nach § 7 Abs. 1 Satz 4 EStG zeitanteilig mit 3/12). Auch die Einstellung in einen Sammelposten nach § 6 Abs. 2 a EStG wäre möglich. Die Auflösung des Sammelpostens würde dann jährlich 1/5 von 750 € = 150 € betragen.

d) Drucker und Scanner sind neben der vorhandenen PC-Anlage selbständige bewegliche WG des abnutzbaren Anlagevermögens. Sie sind als solche grundsätzlich zu aktivieren und auf die Nutzungsdauer gem. § 7 Abs. 1 EStG abzuschreiben. Fraglich ist nur, ob diese Peripheriegeräte selbständig nutzungsfähig i. S. d. § 6 Abs. 2 EStG sind. Ein Drucker und ein Scanner sind nicht selbständig nutzungsfähig und daher entsprechend der betriebsgewöhnlichen Nutzungsdauer nach § 7 EStG abzuschreiben (vgl. Peripheriegeräte einer PC-Anlage H 6.13 (ABC der nicht selbständig nutzungsfähigen Wirtschaftsgüter) EStH)
Die Buchungen lauten wie folgt:

Geschäftsausstattung	560 €		
Vorsteuer	106 €	an Geldkonto	666 €
AfA (Drucker)	6 €		
AfA (Scanner)	10 €	an Geschäftsausstattung	16 €

6. Die Buchungen lauten wie folgt:

a)	Grund und Boden	40 000 €	
	Gebäude	160 000 €	
	an Kasse		50 000 €
	an Hypothek		150 000 €

b) Grund und Boden 200 €
Gebäude 800 €
Vorsteuer 100 €
an Bank 1 100 €
Die Notariats- und Grundbuchgebühren gehören zu den Anschaffungs(neben)kosten des Grundstücks.
Gewisse Schwierigkeiten ergeben sich hier daraus, dass diese Gebühren, die beim Erwerb der Einheit »Bebautes Grundstück« angefallen sind, auf die zwei Wirtschaftsgüter »Grund und Boden« und »Gebäude« zu verteilen sind. Diese Aufteilung hat nach objektiven Gesichtspunkten zu erfolgen. Ein solcher objektiver Maßstab ist die hier vorgegebene Verteilung des Gesamtkaufpreises auf Grund und Boden und Gebäude im Verhältnis 4 :

c) Grund und Boden 2 000 €
Gebäude 8 000 €
an sonstige Verbindlichkeiten 10 000 €
Auch die Grunderwerbsteuer gehört zu den Anschaffungs(neben)kosten des Grundstücks. Die Grunderwerbsteuerschuld des U entsteht als (betriebliche) Verbindlichkeit bereits mit Abschluss des Kaufvertrags. Auf den Zeitpunkt des Ergehens des Steuerbescheides oder der Bezahlung kommt es insoweit nicht an. Bei Begleichung der Grunderwerbsteuerschuld lautet die im Jahr 2020 vorzunehmende Buchung:
sonstige Verbindlichkeiten an Bank 10 000 €
Zur Frage der Verteilung der Grunderwerbsteuer auf Grund und Boden und Gebäude wird auf die Erläuterungen unter b) verwiesen.

d) AfA an Gebäude 1 125 €
SBK an Gebäude 167 675 €
SBK an Grund und Boden 42 000 €
Bemessungsgrundlage für die Gebäude-AfA sind die Gebäudeanschaffungskosten i. H. v. 168 800 €.
Der AfA-Satz beträgt gem. § 7 Abs. 4 Nr. 2 EStG (mindestens) 2 %. Die Jahres-AfA beläuft sich demnach auf 3 376 €. Für das Jahr der Anschaffung (2019) darf die AfA nur zeitanteilig (hier 4/12) vorgenommen werden.

7. Die Buchung lautet wie folgt:

a) Grund und Boden 60 000 €
Gebäude 175 000 €
an sonstige Verbindlichkeiten 235 000 €
Das Nebengebäude wird als Werkstatt ausschließlich zu eigenbetrieblichen Zwecken genutzt; es gehört somit als selbständiges WG in vollem Umfang zum notwendigen BV (R 4.2 Abs. 7 EStR) und muss mit den AK i. H. v. 50 000 € aktiviert werden.
Das Hauptgebäude zerfällt in drei selbständige WG (R 4.2 Abs. 4 EStR): WG I »Betriebsräume«, WG II »Fremdbetrieblich genutzte Räume«, WG III »Wohnräume«. Nur das WG I gehört zum notwendigen BV (R 4.2 Abs. 7 EStR). Die Höhe der auf diesen selbständigen Gebäudeteil entfallenden AK ist durch Aufteilung der AK für das gesamte Gebäude nach dem Verhältnis der Nutzflächen zu ermitteln (R 4.2 Abs. 6 EStR). Die AK des WG I betragen demnach 125 000 €.
Der erworbene Grund und Boden muss ebenfalls aufgeteilt werden. Maßgebend für diese Aufteilung ist die unterschiedliche Nutzung der betreffenden selbständigen Gebäude(-teile). Dabei gehört die mit der Werkstatt bebaute Grundfläche (20 m^2) in vollem Umfang zum notwendigen BV, während die das Hauptgebäude tragende Grundfläche (80

m²) zur Hälfte dem notwendigen BV zuzuordnen ist. Von den gesamten AK des Grund und Bodens sind daher 60 000 € zu aktivieren.

Die aus dem Grundstückskauf resultierende Verbindlichkeit ist entsprechend in eine notwendige Betriebsschuld (235 000 €) und in eine notwendige Privatschuld (165 000 €) aufzuteilen.

b) AfA an Gebäude 1 313 €
SBK an Gebäude 173 687 €
SBK an Grund und Boden 60 000 €

Das Werkstattgebäude und der selbständige Hauptgebäudeteil sind linear nach § 7 Abs. 4 Nr. 1 EStG abzuschreiben. Die jährliche AfA für das Werkstattgebäude beträgt 3 % von 50 000 €, d. h. 1 500 € (§ 7 Abs. 4 Nr. 1 EStG). Die jährliche AfA für den eigenbetrieblich genutzten Hauptgebäudeteil beläuft sich auf 3 % von 125 000 €, d. h. 3 750 € (§ 7 Abs. 5 a i. V. m. § 7 Abs. 4 Nr. 1 EStG). Die AfA darf im Jahre 2016 nur zeitanteilig vorgenommen werden. Somit ist für beide WG nur 1/4 der jeweiligen Jahres-AfA anzusetzen.

Lösung zu Fall 49

1. Die Buchungen lauten wie folgt:

S	Forderungen		H
	238 000	①	23 800
		②	59 500
		SBK	154 700

S	USt		H
①	3 800		

S	Dubiose		H
②	59 500	SBK	59 500

S	Delkredere		H
SBK	23 900		10 000
		③	13 900

S	Forderungsverluste		H
①	20 000	GuV	20 000

S	Abschreibung auf Forderungen		H
③	13 900	GuV	13 900

① Ausbuchung der ausgefallenen Forderungen mit USt-Berichtigung (§ 17 Abs. 2 UStG).
② Umbuchung der zweifelhaften Forderungen auf das Konto »Dubiose«.
③ Delkredere - Anpassungsbuchung.

Das Delkredere zum 31.12. berechnet sich wie folgt:

Einzelwertberichtigung	40 % von 50 000 €	20 000 €
Pauschalwertberichtigung	3 % von 130 000 €	3 900 €
		23 900 €

Sowohl die Einzelwertberichtigung als auch die Pauschalwertberichtigung berechnen sich auf die Nettobeträge der betroffenen Forderungen, da sie jeweils das Ausfallrisiko erfassen.

2. Die Buchungen lauten wie folgt:

a) Forderungsverluste 800 €
USt 152 €
an Forderungen 952 €

b) Forderungsverluste 2 000 €
USt 380 €
an Forderungen 2 380 €

Auch die USt-Berichtigung gem. § 17 Abs. 2 UStG erfolgt bereits im Jahr der Eröffnung des Insolvenzverfahrens (vgl. A 17.1 Abs. 11 Satz 5 UStAE).

c) Bank	500 €	
an sonstiger Ertrag		420 €
an USt		80 €

Aus dem überwiesenen Bruttobetrag ist die USt (mit 19/119) herauszurechnen und gem. § 17 Abs. 2 UStG zu berichtigen. Die ursprüngliche Leistung unterlag einem USt-Satz von 19 %.

4. Die Buchungen lauten wie folgt:

Delkredere		
an sonstiger Ertrag		500 €
Delkredere		
an SBK		3 500 €

Lösung zu Fall 50

1. Die Buchung im Jahr 01 lautet wie folgt:

Gebäudekosten	300 €	
Aktive RAP	300 €	
an Bank		600 €

Die Buchung im Jahr 02 lautet wie folgt:

Gebäudekosten		
an Aktive RAP		300 €

2. Die Buchung im Jahr 01 lautet wie folgt:

Aktive RAP		
an Bank		500 €

Die Buchung im Jahr 02 lautet wie folgt:

Mietaufwand		
an Aktive RAP		500 €

3. Die Buchung im Jahr 01 lautet wie folgt:

Postgiro	3 000 €	
an Mieterträge		1 000 €
an Passive RAP		2 000 €

Die Buchung im Jahr 02 lautet wie folgt:

Passive RAP		
an Mieterträge		2 000 €

4. Die Buchung im Jahr 01 lautet wie folgt:

Bank		
an Passive RAP		80 €

Die Buchung im Jahr 02 lautet wie folgt:

Passive RAP		
an Mieterträge		80 €

5. Die Buchung im Jahr 01 lautet wie folgt:

sonstige Forderungen		
an Zinsertrag		400 €

	Die Buchung im Jahr 02 lautet wie folgt:		
	Postgiro	600 €	
	an sonstige Forderungen		400 €
	an Zinsertrag		200 €
6.	Die Buchung im Jahr 01 lautet wie folgt:		
	sonstige Forderungen		
	an Zinsertrag		700 €
	Die Buchung im Jahr 02 lautet wie folgt:		
	Bank		
	an sonstige Forderungen		700 €
7.	Die Buchung im Jahr 01 lautet wie folgt:		
	Lohnaufwand		
	an sonstige Verbindlichkeiten		750 €
	Die Buchung im Jahr 02 lautet wie folgt:		
	Lohnaufwand	650 €	
	sonstige Verbindlichkeiten	750 €	
	an Kasse		1 400 €
8.	Die Buchung im Jahr 01 lautet wie folgt:		
	Provisionsaufwand	3 000 €	
	Vorsteuer	570 €	
	an sonstige Verbindlichkeiten		3 570 €
	Die Buchung im Jahr 02 lautet wie folgt:		
	sonstige Verbindlichkeiten		
	an Postgiro		3 570 €
9.	Die Buchung im Jahr 01 lautet wie folgt:		
	sonstige Forderungen		
	an Zinsertrag		240 €
	Die Buchung im Jahr 02 lautet wie folgt:		
	Bank	480 €	
	an Zinsertrag		240 €
	an sonstige Forderungen		240 €
10.	Die Buchung im Jahr 01 lautet wie folgt:		
	Privat		
	an Bank		300 €
11.	Die Buchung im Jahr 01 lautet wie folgt:		
	sonstige Forderungen	952 €	
	an Provisionsertrag		800 €
	an USt		152€
12.	Die Buchung im Jahr 01 lautet wie folgt:		
	Lohnaufwand	16 300 €	
	Sozialer Aufwand	2 910 €	
	an Bank		10 300 €
	an sonstige Verbindlichkeiten		8 910 €
	Die Buchung im Jahr 02 lautet wie folgt:		
	sonstige Verbindlichkeiten		
	an Bank		8 910 €

13. Die Darlehensschuld ist mit dem Erfüllungsbetrag einzubuchen und zu bilanzieren (§ 253 Abs. 1 HGB, § 6 Abs. 1 Nr. 3 EStG).
Das von der Bank bei Auszahlung einbehaltene Damnum oder Disagio i. H. v. 3 000 € hat zinsähnlichen Charakter und stellt neben den laufenden Zinsen eine weitere Vergütung für die Überlassung der Darlehensmittel dar.
Handelsrechtlich **kann** dieses Damnum bei Kreditaufnahme aktiviert und sodann planmäßig innerhalb der Laufzeit der Verbindlichkeit abgeschrieben werden (§ 250 Abs. 3 HGB).
In der Steuerbilanz **muss** das Damnum als RAP aktiviert und der Aufwand auf den Zinsfestschreibungszeitraum - hier mit der Laufzeit identisch - verteilt werden (§ 5 Abs. 5 Satz 1 Nr. 1 EStG).
Im gegebenen Fall ist das Damnum linear abzuschreiben; jährlich sind 600 € zu verrechnen. Auf die Jahre 01 und 06 entfällt dabei nur der halbe Jahresbetrag. Außerdem ist für die im abgelaufenen Wirtschaftsjahr entstandenen, aber erst später fälligen Zinsen zum 31.12. eine sonstige Verbindlichkeit auszuweisen.
Nach allem sind in 01 folgende Buchungen vorzunehmen:

a)	Bank	47 000 €		
	Damnum	3 000 €	an Darlehen	50 000 €
b)	Zinsaufwand		an Damnum	300 €
c)	Zinsaufwand		an sonstige Verbindlichkeiten	1 500 €
	Die Buchungen in 02 lauten:			
d)	Zinsaufwand	1 500 €		
	sonstige Verbindlichkeiten	1 500 €	an Bank	3 000 €
e)	Zinsaufwand		an Damnum	600 €
f)	Zinsaufwand		an sonstige Verbindlichkeiten	1 500 €

Lösung zu Fall 51

1. Im Jahr 02 findet keine Buchung statt.
Die Buchung im Jahr 03 lautet wie folgt:
Privat
an Postgiro 3 300 €
Die Einkommensteuer ist kein betrieblicher Aufwand. Die Bildung einer entsprechenden Rückstellung ist daher ausgeschlossen. Bei Zahlung aus betrieblichen Mitteln liegt eine Privatentnahme vor (vgl. auch § 12 Nr. 3 EStG).

2. Die Buchung im Jahr 02 lautet wie folgt:
Prozesskosten
an Rückstellung 700 €
Die Buchung im Jahr 03 lautet wie folgt:

a)	Rückstellung	700 €	
	Prozesskosten	50 €	
	an Bank		750 €
b)	Prozesskosten		
	an Rückstellung		1 000 €

Auch wenn zu erwarten ist, dass der Rechtsstreit durch alle Instanzen hindurch geführt werden wird, können zum jeweiligen Bilanzstichtag nur diejenigen voraussichtlichen Kosten zurückgestellt werden, die durch die bis zu diesem Zeitpunkt angerufenen Instanzen verursacht sind (BFH vom 06. 12. 1995 BStBl II 1996, 406). Im gegebenen Fall sind daher zum 31.12.02 nur die zu erwartenden Kosten der ersten Instanz rückstellungsfähig, während zum 31.12.03 die voraussichtlichen Kosten der zweiten Instanz zurückgestellt werden können.

3. Grundsätzlich muss U die Kosten der ihm im Jahr 02 auferlegten Verpflichtungen durch eine entsprechende Rückstellung in der Bilanz zum 31.12.02 berücksichtigen. Nicht rückstellungsfähig sind jedoch gem. § 5 Abs. 4b EStG die zukünftigen Aufwendungen für die Filteranlage, da diese zu aktivierungspflichtigen AK bzw. HK führen.
   Buchung 02:

S	Aufwand		H
1.	45 000		

S	Rückstellung		H
SBK	45 000	1.	45 000

   Buchung 03:

S	Aufwand		H
2.	46 000		

S	Rückstellung		H
3.	45 000	AB	45 000

S	Geldkonto		H
		2.	58 000

S[1]	Ertrag[1]		H
		3.	45 000

S	Filteranlage		H
2.	12 000		

4.

a) Gem. § 249 Abs. 1 Satz 2 Nr. 1 HGB ist für die im Geschäftsjahr 02 unterlassene Instandhaltung, die im folgenden Geschäftsjahr innerhalb von drei Monaten nachgeholt wurde, eine Rückstellung zu bilden. Es handelt sich hier nicht um eine Verbindlichkeitsrückstellung, denn der Unternehmer ist keinem Dritten gegenüber verpflichtet. Diese sogenannte Aufwandsrückstellung dient ausschließlich dem Zweck, die entstandenen Kosten dem Jahr der Verursachung - hier 02 - zuzuordnen. Aufgrund des Maßgeblichkeitsprinzips (§ 5 Abs. 1 Satz 1 EStG) ist die Rückstellung auch in die Steuerbilanz zu übernehmen. Zum 31.12.02 wird die Rückstellung erfolgswirksam passiviert und zum 31.12.03 wieder aufgelöst.

b) Wenn die Reparatur erst im April 03 abgeschlossen war, ist die Bildung einer Instandhaltungsrückstellung zum 31.12.02 handels- und steuerrechtlich ausgeschlossen.

Lösung zu Fall 52

a) U kann im Jahr 10 den Buchgewinn aus der Veräußerung der Beteiligung an der X-GmbH durch Bildung einer ersten Rücklage gem. § 6b Abs. 10 Satz 5 EStG und den Buchgewinn aus der Veräußerung des Grundstücks durch Bildung einer zweiten Rücklage gem. § 6b Abs. 3 EStG neutralisieren.
   Im Jahr 11 kann U die erste Rücklage entweder in voller Höhe auf die neu erworbene Beteiligung an der Y-GmbH oder zu 60 % auf das neu angeschaffte Gebäude übertragen, wobei im letzteren Fall die verbleibenden 40 % des Rücklagenbetrags erfolgswirksam, aber steuerbefreit aufzulösen wären (§ 6b Abs. 10 Sätze 6 und 7 EStG). Die zweite Rücklage

1 Statt über Konto »Ertrag« könnte die Rückstellung auch im Haben des Kontos »Aufwand« gebucht werden.

kann im Jahr 11 entweder in voller Höhe auf das neu erworbene Gebäude oder i. H. v. 20 000 € auf das angeschaffte Gebäude und i. H. v. 30 000 € auf den Grund und Boden übertragen werden (§ 6b Abs. 1 EStG).

b) U kann zunächst den bei der Veräußerung des Betriebsgrundstücks realisierten Buchgewinn im Jahr 11 entweder gem. § 6b Abs. 3 EStG oder nach R 6.6 EStR neutralisieren. Es liegen die Voraussetzungen beider Bestimmungen nebeneinander vor.

Bei Anwendung des § 6b EStG können sodann grundsätzlich die stillen Reserven des Grund und Bodens auf den erworbenen Grund und Boden, die des Gebäudes auf das neue Gebäude übertragen werden.

Der vollständige Abzug des Buchgewinns i. H. v. 200 000 € aus der Veräußerung des Grund und Bodens beim erworbenen Grund und Boden scheitert hier aber daran, dass dessen AK nur 180 000 € betragen haben. Die restlichen 20 000 € könnten nur auf das neue Gebäude übertragen werden.

Der Abzug des gesamten Buchgewinns i. H. v. 240 000 € beim Gebäude wäre i. Ü. gem. § 6b Abs. 1 EStG auch zulässig, aber ungünstig, da sich künftig das AfA-Volumen und die AfA-Bemessungsgrundlage in Höhe des vorgenommenen Abzugs vermindern würde (§ 6b Abs. 6 EStG).

Nach allem wird U den Buchgewinn i. H. v. 180 000 € beim erworbenen Grund und Boden und i. H. v. 60 000 € beim erworbenen Gebäude abziehen. Diese Verfahrensweise ist sowohl gem. § 6b Abs. 1 EStG als auch nach R 6.6 zulässig.

Den Buchgewinn i. H. v. 20 000 € aus der Beteiligungsveräußerung wird U zunächst durch die Bildung einer Rücklage gem. § 6b Abs. 10 Satz 5 EStG neutralisieren, um ihn im Jahr 12 auf die neu angeschaffte Beteiligung an der Y-AG steuerneutral übertragen zu können. Die nach § 6b Abs. 10 Satz 1 EStG ebenfalls zulässige Übertragung des steuerpflichtigen Teils des Veräußerungsgewinns auf das im selben Jahr erworbene Gebäude wird U wegen der dadurch bewirkten Minderung der AfA-Bemessungsgrundlage unterlassen.

Der Buchungsweg im Jahr 11 hätte folgendes Aussehen:

S	Rücklage I		H
4.	240 000	1.	240 000

S	Aufwand		H
1.	240 000		
2.	20 000		

S	Grund u. Boden (neu)		H
3.	180 000	4.	180 000

S	Rücklage II		H
SBK	20 000	2.	20 000

S	Afa		H
5.	2 700		

S	Gebäude (neu)		H
3.	420 000	4.	60 000
		5.	2 700
		SBK	357 300

S	Geldkonto		H
		3.	600 000

S	Schlussbilanzkonto	H
Gebäude 357 300	Rücklage 20 000	

Die AfA für das Gebäude beträgt gem. § 7 Abs. 4 Nr. 1 EStG 3 % von 360 000 € = 10 800 €; davon im Jahr 11 3/12 = 2 700 €.

Lösung zu Fall 53

1. M ermittelt als **Kaufmann** seinen Gewinn nach §§ 4 Abs. 1; 5 Abs. 1 EStG.

a)	Privat	16 660 €	
	an Fuhrpark		10 000 €
	an sonstiger betrieblicher Ertrag		4 000 €
	an USt		2 660 €
b)	Privat	10 710 €	
	sonstiger betrieblicher Aufwand	1 000 €	
	an Fuhrpark		10 000 €
	an USt		1 710 €
2.	Privat	2 380 €	
	an WEK/Warenentnahmen		2 000 €
	an USt		380 €

Der Teilwert entspricht bei WG des Umlaufvermögens im Zweifel den ursprünglichen AK des entnommenen WG. Der Ansatz des Verkaufspreises (Listenpreis) scheidet aus. Die USt erhöht wegen § 12 Nr. 3 EStG die Entnahmebuchung.

3.	Privat	100 000 €	
	an Grund und Boden		42 500 €
	s.b. Aufwand	7 500 €	
	an Gebäude		62 500 €
	an s. b. Erträge		2 500 €

Die vorliegende Nutzungsänderung stellt eine schlüssige Entnahmebehandlung dar. Da der zu eigenen Wohnzwecken genutzte Gebäudeteil als selbständiges WG zum notwendigen PV gehört, wird das WG »Wohnung« durch den Einzug des M vom BV ins PV überführt. Gleichzeitig gilt der entsprechende Teil des Grund und Bodens als entnommen.

Die Entnahme hat zum Teilwert zu erfolgen. Der Teilwert des Gebäudeteils »Wohnung« beträgt 55 000 € (25 % von 220 000 €), der des entsprechenden Bodenanteils 45 000 € (25 % von 180 000 €). Der Vergleich mit den betreffenden anteiligen Buchwerten ergibt danach beim Gebäude einen Entnahmeverlust i. H. v. 7 500 € und beim Grund und Boden einen Entnahmegewinn i. H. v. 2 500 €.

4.	Privat	2 142 €	
	an USt		342 €
	an Lohnaufwand		1 800 €

Es liegt eine Aufwandsentnahme i. H. v. 1 800 € und umsatzsteuerlich eine fiktive sonstige Leistung i. S. d. § 3 Abs. 9 a Nr. 2 UStG vor. Bemessungsgrundlage sind gem. § 10 Abs. 4 Nr. 3 UStG die entstandenen Kosten i. H. v. 1 800 €. Die USt erhöht wegen § 12 Nr. 3 EStG die Entnahmebuchung.

5.	Unbebautes Grundstück		
	an Privat		14 000 €

Es liegt eine schlüssige Einlagehandlung durch Nutzungsänderung vor. Die Bewertung der Einlage hat gem. § 6 Abs. 1 Nr. 5 EStG mit dem Teilwert zu erfolgen.

6.	Verbindlichkeiten		
	an Privat		10 000 €
7.	Unbebautes Grundstück		
	an Privat		8 000 €

Die Einlage hat mit den ursprünglichen AK zu erfolgen, da die Dreijahresfrist des § 6 Abs. 1 Nr. 5 Satz 1 2. HS Buchst. a) EStG zum Zeitpunkt der Einlage noch nicht abgelaufen ist und der Teilwert über den ursprünglichen AK liegt.

8. Kfz-Kosten
an Privat 100 €
Es liegt eine Aufwandseinlage vor. Der Wertansatz erfolgt i. H. d. durch die Betriebsfahrt verursachten PKW-Kosten.

9. Raumkosten
an Privat 1 200 €
Hier ist eine Aufwandseinlage gegeben. Die durch den Betrieb veranlassten Aufwendungen betragen 1 200 €.

10. Keine Buchung; die eigene Arbeitsleistung des M ist nicht einlagefähig. Eine Aufwandseinlage scheidet wegen Fehlens eigener Aufwendungen aus.

11. Privat
an WEK 40 000 €
Es liegt eine Privatentnahme i. S. d. § 4 Abs. 1 Satz 2 EStG, aber keine fiktive Lieferung i. S. d. § 3 Abs. 1 b Nr. 1 UStG vor. U entnimmt bzw. verwendet die Möbel nicht für unternehmensfremde Zwecke. Das Unternehmen des U umfasst auch die private Vermietung (§ 2 Abs. 1 UStG!).

12.

a) GwG-Abschreibung
an Privat 384 €
Bei der Einlage von abnutzbaren Anlagegütern bilden die fortgeführten AK den Höchstwert i. S. d. § 6 Abs. 1 Nr. 5 Satz 1 2. HS Buchst. a) EStG (§ 6 Abs. 1 Nr. 5 Satz 2 EStG). Dies bedeutet, dass von den ursprünglichen AK die AfA für die Zeit zwischen der Anschaffung und der Einlage abzusetzen ist.
Die ursprünglichen AK der Schreibmaschine haben 638 € betragen; die USt i. H. v. 88 € war nicht als Vorsteuer verrechenbar (§ 15 Abs. 1 Nr. 1 UStG) und gehört damit zu den AK. Die lineare AfA beträgt 127 €.
Die zum 01. 03. 08 fortgeführten AK belaufen sich somit auf 384 € (638 € ./. 254 €). Diese müssen angesetzt werden, da der Teilwert höher ist und die Dreijahresfrist des § 6 Abs. 1 Nr. 5 Satz 1 2. HS Buchst. a) EStG noch nicht abgelaufen ist.
Da es sich jetzt um ein selbständig nutzungsfähiges WG des beweglichen abnutzbaren Anlagevermögens handelt, dessen Einlagewert 800 € nicht übersteigt, ist der Einlagewert der Schreibmaschine gem. § 6 Abs. 2 Satz 1 EStG im Jahr 12 als dem Jahr der Einlage voll abzuschreiben.

b) GwG-Abschreibung
an Privat 350 €
Der gegenüber den fortgeführten AK niedrigere Teilwert muss nach § 6 Abs. 1 Nr. 5 Satz 1 1. HS EStG angesetzt werden, ohne dass es auf die Dreijahresfrist des § 6 Abs. 1 Nr. 5 Satz 1 2. HS Buchst. a) EStG ankommt, und kann als GwG gem. § 6 Abs. 2 Satz 1 EStG abgeschrieben werden.

13. Privat 1 785 €
an WVK 1 500 €
an USt 285 €
Der Schreibtisch gehörte zum notwendigen BV (Umlaufvermögen). WG des notwendigen BV sind nicht entnahmefähig, solange ihre Zweckbestimmung, dem Betrieb zu dienen,

weiterbesteht. Der Schreibtisch hat im gegebenen Fall erst durch die Veräußerung seinen eigentlichen betrieblichen Zweck erfüllt, dem er bis zu diesem Zeitpunkt gedient hat. Seine Entnahme und anschließende private Veräußerung war daher nicht möglich. Zudem besteht nach § 344 Abs. 1 HGB die Vermutung, dass die von einem Kaufmann vorgenommenen Geschäfte als zum Betrieb seines Handelsgewerbes gehörig gelten. Gegenstand der Entnahme ist hier daher die in Geld erhaltene Gegenleistung.

14. M hat die Wahl, die Aktien im PV zu belassen oder sie als gewillkürtes BV im Juni 12 gem. § 6 Abs. 1 Nr. 5 Satz 1 Buchst. c) EStG wie folgt einzubuchen:
    Wertpapiere
    an Privat 14 000 €
15. Die Berichtigungsbuchung lautet wie folgt:
    Privat
    an Kursgewinne 10 000 €
    M hat die Aktien im Januar 12 zulässigerweise dem (gewillkürten) BV zugeführt. Dieser Geschäftsvorfall kann nicht rückgängig gemacht werden. M kann die Aktien nur durch eine entsprechende Entnahme (zum Teilwert!) wieder aus dem BV lösen, wobei diese Entnahme ebenfalls nicht rückdatiert werden darf, so dass die Entnahme einen Entnahmegewinn/Kursgewinn von 10 000 € realisiert.

Lösung zu Fall 54

Die Umbuchungen lauten wie folgt:

1. AfA 20 % aus 77 600 €, d. h. 15 520
   Buchungssatz: 590 Abschreibungen an 030 Geschäftsausstattung 15 520 €
2. Übertrag Vorsteuer
   Buchungssatz: 195 Umsatzsteuer an 115 Vorsteuer 4 105 €
3. Übertrag Privatentnahmen
   Buchungssatz: 080 Kapital an 160 Privat 51 890 €

   Das **Kapital** am 31.12.01 beträgt:

Saldo nach Übertrag des Privatkontos	149 410 €
+ Gewinn für das Jahr 01	61 061 €
Stand 31.12.01	210 471 €

   Der Gewinn im Jahr 01 beträgt 61 061 €

Hauptabschlussübersicht für das Jahr 01

Konten	Nr.	Summenbilanz in €		Saldenbilanz I in €	
		Soll	Haben	Soll	Haben
Geschäftsausstattung	030	81 200	3 600	77 600	-
Kapital	080	-	201 300	-	201 300
Forderungen	100	1 098 300	1 042 500	55 800	-
Vorsteuer	115	94 902	90 797	4 105	-
Bank	130	1 072 700	1 001 330	71 370	-
Kasse	150	35 580	30 110	5 470	-
Privat	160	51 890	-	51 890	-
Verbindlichkeiten	170	728 350	760 712	-	32 362
sonstige Verbindlichkeiten	190	64 000	75 700	-	11 700
Umsatzsteuer	195	124 538	130 630	-	6 092
sonstige betriebliche Erträge	260	–	1 700	–	1 700
Wareneinkauf	300	701 400	2 500	698 900	–
erhaltene Skonti	340	–	12 456	–	12 456
Löhne und Gehälter	501	120 000	–	120 000	–
soziale Aufwendungen	502	22 300	–	22 300	–
Raumkosten	510	32 670	–	32 670	–
Betriebssteuern	520	8 400	–	8 400	–
Allgemeine Verwaltungskosten	580	18 500	660	17 840	–
Abschreibungen	590	–	–	–	–
Warenverkauf	800	–	907 200	–	907 200
gewährte Skonti	840	12 500	1 535	10 965	–
Warenentnahmen	890	–	4 500	–	4 500
Summen		**4 267 230**	**4 267 230**	**1 177 310**	**1 177 310**
Gewinn					

Umbuchungen in €		Saldenbilanz II in €		Vermögensbilanz in €		Erfolgsbilanz in €	
Soll	Haben	Soll	Haben	Soll	Haben	Soll	Haben
–	1. 15 520	62 080	–	62 080	–	–	–
3. 51 890	–	–	149 410	–	149 410	–	–
–	–	55 800	–	55 800	–	–	–
–	2. 4 105	–	–	–	–	–	–
–	–	71 370	–	71 370	–	–	–
–	–	5 470	–	5 470	–	–	–
–	3. 51 890	–	–	–	–	–	–
–	–	–	32 362	–	32 362	–	–
–	–	–	11 700	–	11 700	–	–
2. 4 105	–	–	1 987	–	1 987	–	–
–	–	–	1 700	–	–	–	1 700
–	–	698 900	–	61 800	–	637 100	–
–	–	–	12 456	–	–	–	12 456
–	–	120 000	–	–	–	120 000	–
–	–	22 300	–	–	–	22 300	–
–	–	32 670	–	–	–	32 670	–
–	–	8 400	–	–	–	8 400	–
–	–	17 840	–	–	–	17 840	–
1. 15 520	–	15 520	–	–	–	15 520	–
–	–	–	907 200	–	–	–	907 200
–	–	10 965	–	–	–	10 965	–
–	–	–	4 500	–	–	–	4 500
71 515	**71 515**	**1 121 315**	**1 121 315**	**256 520**	**195 459**	**864 795**	**925 856**
				–	**61 061**	**61 061**	–
				256 520	**256 520**	**925 856**	**925 856**

Lösung zu Fall 55

Aufgrund der Angaben zum Abschluss ergeben sich folgende Umbuchungen:

1. Berechnung der AfA Geschäftsausstattung nach § 7 Abs. 1 EStG:

10 % von 148 800 €	14 880 €	
20 % von 8 100 €, d. h. 1 620 €, davon 6/12	810 €[1]	
Summe der AfA	15 690 €	
Umbuchung: AfA an Geschäftsausstattung	15 690 €	

2. Die USt ist um die in der Entgeltminderung »Kundenskonti« enthaltene Steuer zu kürzen (§ 17 Abs. 1 UStG), das sind 19/119 von 476 €, d. h. 76 €.

Umbuchung: USt an gewährte Skonti	76 €	

3. Nettoforderungen: 71 400 € : 1,19 — 60 000 €
   pauschale Wertberichtigung davon 1 % — 600 €
   Der vorhandene Bestand vom Vorjahr (Saldo) ist demgemäß um 100 € zu erhöhen (»aufzustocken«).

Umbuchung: Abschreibung auf Forderungen	100 €	
an Wertberichtigung auf Forderungen		100 €

4. Voraussichtliche Gewerbesteuer 03 — 10 500 €
   darauf vorausgezahlt 4 × 1 500 € — 6 000 €
   Demnach ist eine Rückstellung von 4 500 € zu bilden.

Umbuchung: Betriebssteuern an Rückstellungen	4 500 €	

5. Nach § 5 Abs. 5 Satz 1 EStG (§ 250 Abs. 1 HGB) ist eine aktive Rechnungsabgrenzung vorzunehmen. Auf die Zeit **nach** dem 31.12.03 entfallen 9/12 von 2 400 €, d. h.! 1 800 €.

Umbuchung: aktive Rechnungsabgrenzung	1 800 €	
an Allgemeine Verwaltungskosten		1 800 €

6. Entnahmen sind nach § 6 Abs. 1 Nr. 4 EStG mit dem Teilwert anzusetzen. Außerdem fällt nach § 3 Abs. 1 b Nr. 1 UStG USt an, die sich gemäß § 10 Abs. 4 Nr. 1 UStG nach den Wiederbeschaffungskosten (Teilwert) bemisst. Die USt beträgt also 19 % von 800 €, d. h. 152 €. Sie darf aber nach § 12 Nr. 3 EStG den Gewinn nicht mindern.

Umbuchung: Privat	952 €	
an Umsatzsteuer		152 €
an Warenentnahmen		800 €

   Außerdem sind noch folgende Umbuchungen vorzunehmen:

7. Kapital an Privat — 61 580 €
8. Umsatzsteuer an Vorsteuer — 5 710 €

a) Der Gewinn beträgt 104 347 €.

b) Kapitalkontenentwicklung:

Stand laut Saldenbilanz I 31.12.02	203 845 €
./. Entnahmen	61 580 €
Stand laut Vermögensbilanz 31.12.03	142 265 €
+ Gewinn 03	104 367 €
Stand am 31.12.03 (Schlussbilanzansatz)	246 632 €

1 Vgl. § 7 Abs. 1 Satz 4 EStG.

Hauptabschlussübersicht zum 31.12.03

Konten	Nr.	Saldenbilanz I	
		Soll	Haben
Geschäftsausstattung	030	156 900	–
Kapital	080	–	203 845
Wertberichtigung auf Forderungen	091	–	500
Rückstellungen	092	–	–
aktive Rechnungsabgrenzung	093	–	–
Forderungen	100	71 400	–
Vorsteuer	115	5 710	–
Bank	130	39 640	–
Kasse	150	8 395	–
Privat	160	60 628	–
Verbindlichkeiten	170	–	53 020
sonstige Verbindlichkeiten	190	–	9 160
Umsatzsteuer	195	–	11 357
		–	–
außerordentliche Erträge	270	–	1 550
Wareneinkauf	300	716 010	–
Löhne und Gehälter	501	107 040	–
soziale Aufwendungen	502	19 270	–
Raumkosten	510	23 800	–
Betriebssteuern	520	6 000	–
Allgemeine Verwaltungskosten	580	53 620	–
Abschreibungen (AfA)	590	–	–
Abschreibungen auf Forderungen	595	–	–
Warenverkauf	800	–	988 230
gewährte Skonti	840	3 249	–
Warenentnahmen	890	–	4 000
Summen		**1 271 662**	**1 271 662**
Gewinn			

Umbuchungen		Saldenbilanz II		Vermögensbilanz		Erfolgsbilanz	
Soll	Haben	Soll	Haben	Soll	Haben	Soll	Haben
–	1. 15 690	141 210	–	141 210	–	–	–
7. 61 580	–	–	142 265	–	142 265	–	–
–	3. 100	–	600	–	600	–	–
–	4. 4 500	–	4 500	–	4 500	–	–
5. 1 800	–	1 800	–	1 800	–	–	–
–	–	71 400	–	71 400	–	–	–
–	8. 5 710	–	–	–	–	–	–
–	–	39 640	–	39 640	–	–	–
–	–	8 395	–	8 395	–	–	–
6. 952	7. 61 580	–	–	–	–	–	–
–	–	–	53 020	–	53 020	–	–
–	–	–	9 160	–	9 160	–	–
2. 76	–	–	5 723	–	5 723	–	–
8. 5 710	6. 152	–	–	–	–	–	–
–	–	–	1 550	–	–	–	1 550
–	–	716 010	–	57 190	–	658 820	–
–	–	107 040	–	–	–	107 040	–
–	–	19 270	–	–	–	19 270	–
–	–	23 800	–	–	–	23 800	–
4. 4 500	–	10 500	–	–	–	10 500	–
–	5. 1 800	51 820	–	–	–	51 820	–
1. 15 690	–	15 690	–	–	–	15 690	–
3. 100	–	100	–	–	–	100	–
–	–	–	988 230	–	–	–	988 230
–	2. 76	3 173	–	–	–	3 173	–
–	6. 800	–	4 800	–	–	–	4 800
90 408	**90 408**	**1 209 848**	**1 209 848**	**319 635**	**215 268**	**890 213**	**994 580**
				–	**104 367**	**104 367**	–
				319 635	**319 635**	**994 580**	**994 580**

Gewinn-und-Verlust-Rechnung in Staffelform (§ 275 HGB) als Beispiel

1.	Umsatzerlöse[1]		985 057 €
2.	Warenentnahmen		+ 4 800 €
			989 857 €
3.	Aufwendungen für bezogene Ware		./. 658 820 €
4.	Rohergebnis		331 037 €
5.	Personalaufwand		
	Löhne und Gehälter	107 040 €	
	soziale Abgaben	19 270 €	./. 126 310 €
6.	Abschreibungen		
	auf Sachanlagen	15 690 €	
	auf Umlaufvermögen	100 €	./. 15 790 €
7.	sonstige betriebliche Aufwendungen		
	Raumkosten	23 800 €	
	Allgemeine Verwaltungskosten	51 820 €	./. 75 620 €
8.	Ergebnis der gewöhnlichen Geschäftstätigkeit		113 317 €
9.	Außerordentlicher Ertrag		+ 1 550 €
10.	Steuern vom Ertrag		./. 10 500 €
11.	Jahresüberschuss/Gewinn (handelsrechtlich)		104 367 €

Der steuerliche Gewinn zur Bemessung der Einkommensteuer und Gewerbesteuer des F beträgt jedoch 114 867 €, da der unter Betriebssteuern gebuchte Gewerbesteueraufwand von 10 500 € gem. § 4 Abs. 5 b EStG steuerlich keine Betriebsausgabe darstellt.

Lösung zu Fall 56

Die richtigen Buchungen lauten:

a)	021	Fuhrpark	48 000 €	
	115	Vorsteuer	9 120 €	
		an 130 Bank		57 120 €

b) AfA 16 2/3 % von 48 000 €, d. h. 8 000 €, davon 6/12 (§ 7 Abs. 1 Satz 4 EStG);

590	AfA an 021 Fuhrpark	4 000 €

Die **Berichtigungsbuchungen** lauten:

a)	115	Vorsteuer an 021 Fuhrpark	9 120 €
b)	021	Fuhrpark an 590 AfA	5 520 €

Da fälschlicherweise beim Erwerb kein Vorsteueranspruch gebucht wurde, ist der Bilanzposten Umsatzsteuer zu berichtigen, da diese durch Verrechnung mit abziehbarer Vorsteuer um 9 120 € niedriger wird. Zugleich wurden damit die AK des PKW falsch gebucht. Ebenso wurde die AfA falsch berechnet. Damit ist auch der Bilanzposten PKW zu berichtigen. Die Kontenentwicklung PKW lautet wie folgt:
AK 48 000 € abzüglich AfA 4 000 € = 44 000 € (Bilanzansatz PKW zum 31.12.01).

1 Warenverkauf abzüglich Kundenskonti (gewährte Skonti)

Lösung zu Fall 57

Die richtige Buchung lautet:

160	Entnahmen	2 380 €	
	an 890 Warenentnahmen		2 000 €
	an 195 Umsatzsteuer		380 €

Bilanzposten	HB/StB	Prüferbilanz	Unterschied	Gewinnauswirkung
Entnahmen	-	2 380	+ 2 380	+ 2 380
USt	-	380	+ 380	./. 380
				+ 2 000

Lösung zu Fall 58

Fall	GuV-Posten	bisher	richtig	Unterschied	Gewinnauswirkung
56	AfA	9 520	4 000	./. 5 520	+ 5 520
57	Warenentnahmen	-	2 000	+ 2 000	+ 2 000

Lösung zu Fall 59

a) Zu den AK der Verpackungsmaschine gehören auch die Nebenkosten der Anschaffung. Bei einer betriebsgewöhnlichen Nutzungsdauer von fünf Jahren beträgt die lineare AfA nach § 7 Abs. 1 EStG 20 %. Weil die Anschaffung im Oktober 01 erfolgt ist, kann jedoch die AfA nur mit 3/12 angesetzt werden (§ 7 Abs. 1 Satz 4 EStG). Demnach ergibt sich für 01 eine AfA von 150 € (3 000 € x 20 % x 3/12).

	bisher	richtig
Einkaufspreis netto	2 500 €	2 500 €
+ Nebenkosten	-	500 €
Anschaffungskosten	2 500 €	3 000 €
./. AfA 01	625 €	150 €
Buchwert 31.12.01	1 875 €	2 850 €

Gewinnauswirkung nach GuV

GuV-Posten	bisher	richtig	Berichtigung	Gewinnauswirkung
Eingangsfracht (= Wareneinsatz)	500	-	./. 500	+ 500
AfA	625	150	./. 475	+ 475
				+ 975

Gewinnauswirkung nach BVV

Bilanzposten	bisher	richtig	Berichtigung	Gewinnauswirkung
Geschäftsausstattung	1 875	2 850	+ 975	+ 975

b) Die Anschaffungskosten des Lagerplatzes betragen 35 000 € Kaufpreis + 1 800 € Nebenkosten, zusammen 36 800 €.
Die Zinsen für die Zeit vom 01.03. bis 31.12.01 sind ohne Rücksicht auf ihre Fälligkeit schon im Jahr 01 verursacht und bilden Zinsaufwand. 6 % von 20 000 €, d. h. 1 200 €, davon 10/12 = 1 000 €. Dieser Betrag ist als sonstige Verbindlichkeit anzusetzen.
Gewinnauswirkung nach GuV

GuV-Posten	bisher	richtig	Berichtigung	Gewinnauswirkung
Haus- und Grundstücksaufwand	1 800	-	./. 1 800	+ 1 800
Zinsaufwand	-	1 000	+ 1 000	./. 1 000
				+ 800

Gewinnauswirkung nach BVV

Bilanzposten	bisher	richtig	Berichtigung	Gewinnauswirkung
unbebaute Grundstücke	15 000	36 800	+ 21 800	+ 21 800
sonstige Verbindlichkeiten	-	21 000	+ 21 000	./. 21 000
				+ 800

c) Waren sind nach § 6 Abs. 1 Nr. 2 EStG, § 253 Abs. 1 HGB mit den AK (oder steuerlich wahlweise mit dem - hier nicht aktuellen - niedrigeren Teilwert) anzusetzen. Dazu gehören neben dem Netto-Einkaufspreis noch die anteiligen Eingangsfrachten. Das anteilige Skonto mindert die AK gem. § 255 Abs. 1 Satz 3 HGB.
Demnach ergibt sich folgende Berechnung:

aufgenommene Waren, Einkaufspreis netto	60 000 €
+ anteilige Eingangsfrachten	2 000 €
./. anteiliges Skonto	300 €
+ nicht aufgenommene Waren	1 500 €
AK = Bilanzansatz	63 200 €

Gewinnauswirkung nach GuV

GuV-Posten	bisher	richtig	Berichtigung	Gewinnauswirkung
Wareneinsatz	./. 60 000	./. 63 200	./. 3 200	+ 3 200

Gewinnauswirkung nach BVV

Bilanzposten	bisher	richtig	Berichtigung	Gewinnauswirkung
Waren	60 000	63 200	+ 3 200	+ 3 200

d) U hat die vermieteten Büroräume und den anteiligen Grund und Boden zutreffend als gewillkürtes BV bilanziert (vgl. R 4.2 Abs. 9 EStR). Die selbstgenutzte Wohnung wurde als notwendiges Privatvermögen ebenfalls zutreffend nicht aktiviert. Für die am 04.09.01 vereinnahmte Miete ist, soweit sie auf die Zeit vom 01.01. bis 28.02.02 entfällt, ein passiver Rechnungsabgrenzungsposten i. H. v. 4 000 € zu bilden (§ 5 Abs. 5 Satz 1 Nr. 2 EStG, § 250 Abs. 2 HGB). Ein Mietwert der eigenen Wohnung ist nicht anzusetzen. Dafür sind die anteiligen Grundstücksaufwendungen mit 1/4, d. h. 1 000 € als Privatentnahmen (Geldentnahmen) zu behandeln. Eine AfA für den zu eigenen Wohnzwecken genutzten Gebäudeteil ist nicht anzusetzen.

Gewinnauswirkung nach GuV

GuV-Posten	bisher	richtig	Berichtigung	Gewinnauswirkung
Mietertrag	24 000	20 000	./. 4 000	./. 4 000
Grundstücksaufwand	4 000	3 000	./. 1 000	+ 1 000
				./. 3 000

Gewinnauswirkung nach BVV

Bilanzposten	bisher	richtig	Berichtigung	Gewinnauswirkung
passive RAP	-	4 000	+ 4 000	./. 4 000
Privatentnahmen	-	1 000	+ 1 000	+ 1 000
				./. 3 000

Teil K Komplexe Übungsfälle

Übungsfall 1

Bearbeitungszeit: 3 Stunden

I. Sachverhalt

1 Allgemeines

Ulrich Uhl (U) ist Inhaber einer Handelsfirma in Ludwigsburg. Er ermittelt den Gewinn nach § 5 EStG. Das Wj. stimmt mit dem Kalenderjahr überein.

Sämtliche umsatzsteuerpflichtigen Ausgangsumsätze der Firma unterliegen dem Regelsteuersatz gem. § 12 Abs. 1 UStG. U ist gem. § 15 UStG zum Vorsteuerabzug berechtigt. Für alle mit USt belasteten Eingangsumsätze liegen ordnungsgemäße Rechnungen mit gesondertem Steuerausweis vor.

Der Buchhalter (B) der Firma hat nach Verbuchung der laufenden Geschäftsvorfälle bis einschließlich Dezember 14 mit dem Zahlenwerk der Buchführung einen vorläufigen Jahresabschluss für 14 erstellt, der aus den Anlagen 1 und 2 ersichtlich ist.

Der Steuerberater der Firma hat diesen Abschluss überprüft und hierzu die folgenden Feststellungen getroffen.

2 Einzelfeststellungen

2.1 Lagerhalle

Im Laufe des Jahres 13 hatte U sein Warenangebot erheblich erweitert. Die Unterbringung dieser zusätzlichen Vorräte bereitete ihm großes Kopfzerbrechen. Als ihm die Stadt Ludwigsburg im Dezember 13 für den Bau einer Lagerhalle ein unverzinsliches Darlehen i. H. v. 100 000 € in Aussicht stellte, war sein Entschluss gefasst.

Am 01. 01. 14 wurde ein Architekt beauftragt und im gleichen Monat der Bauantrag gestellt. In Schnellbauweise war die Lagerhalle sodann bereits am 01. 10. 14 fertiggestellt.

Das entsprechende unbebaute Grundstück hatte U im Februar 13 mit der ursprünglichen Absicht erworben, darauf ein Einfamilienhaus für seine eigenen Wohnzwecke zu errichten.

Im Zusammenhang mit dem Grundstückskauf und dem Bau der Lagerhalle sind dem U folgende Kosten entstanden:

a) Anschaffungskosten für das unbebaute Grundstück i. H. v. 300 000 €.
   Den Kauf hat U mit der Aufnahme einer Hypothek über 200 000 € finanziert. Die mit 6 % zu verzinsende Hypothek wurde am 01. 02. 13 aufgenommen und ist am 01. 02. 23 zurückzuzahlen. Die Zinsen sind jährlich nachschüssig fällig (erstmals am 01. 02. 14). Die Grundstückspreise hatten im Übrigen Anfang 14 gegenüber dem gleichen Zeitraum des Vorjahres allgemein um 5 % angezogen.
b) Herstellungskosten der Lagerhalle i. H. v. 400 000 €.
   Ein von der Stadt Ludwigsburg hierfür am 01. 02. 14 gewährtes unverzinsliches Darlehen i. H. v. 100 000 € ist am 31. 12. 23 zur Rückzahlung fällig. Im Übrigen hat U die Kosten aus eigenen betrieblichen Mitteln getragen.

In der Buchführung wurden die beschriebenen Vorgänge wie folgt erfasst:

Buchung am 01.01.14:	Grund und Boden an Einlagen 315 000 €
Buchung am 01.02.14:	Bank an Darlehensschuld 100 000 € (Darlehen Stadt Ludwigsburg)
Buchung am 01.02.14:	Zinsaufwand an Bank 12 000 € (Zinsen Hypothekenschuld)

Das Konto »Lagerhalle« entwickelte sich bis 31.12.14 wie folgt:

Zugang 14	400 000 €
./. AfA 14	./. 10 000 €
Stand 31.12.14	390 000 €

Mit diesem Wert ist die Lagerhalle unter der Bilanzposition »Gebäude« in die Bilanz zum 31.12.14 übernommen worden. Die betriebsgewöhnliche Nutzungsdauer der Lagerhalle wurde **zutreffend** mit 40 Jahren veranschlagt.
Die Darlehensschuld gegenüber der Stadt Ludwigsburg wurde (unverändert) mit 100 000 € passiviert.
Der Grund und Boden wurde (unverändert) mit 315 000 € bilanziert.

2.2 Wertpapiere

U hatte im Jahr 10 einmalig 100 Aktien der X-AG erworben, die bis zum 31.12.13 mit den AK i. H. v. 40 000 € bilanziert worden sind. Der Kurswert dieser Aktien hatte sich seit 10 ständig verbessert und stand am 31.12.13 bei 500 € pro Stück.

Um seinen Sohn S an das Aktiengeschäft heranzuführen, schenkte U diesem im Juli 14 zehn seiner X-Aktien. Allerdings war es gerade in diesem Zeitpunkt zu einem Kurseinbruch gekommen; der Wert der X-Aktie war auf 350 € pro Stück gesunken. Im Herbst 14 setzte eine Kurserholung ein, die den Wert der X-Aktie bis zum 31.12.14 wieder auf 390 € pro Stück steigen ließ. Der Kursanstieg hat sich auch über den Jahreswechsel 14/15 hinaus fortgesetzt.

In der Bilanz zum 31.12.14 sind die Aktien mit 39 000 € aktiviert. Der Buchhalter B, der von der Schenkung nicht in Kenntnis gesetzt worden war, hatte i. R. d. Jahresabschlusserstellung lediglich gebucht: Kursverluste an Wertpapiere 1 000 €.

2.3 Waren- und Kassenbestand

Die Inventur zum 31.12.14 hatte folgendes Ergebnis:

	AK	**Teilwert**
Warengruppe I	56 000 €	60 000 €
Warengruppe II	18 000 €	8 000 €
Summe	74 000 €	68 000 €

Die Warenbestände wurden insgesamt mit 68 000 € bilanziert.

Kurz vor der Inventur war in der Nacht vom 22. auf 23.12.14 bei einem Einbruch ein Teil der Vorräte der Warengruppe I, dessen Einkaufspreis sich auf 10 000 € + 1 900 € USt belaufen hatte, gestohlen worden. Diese Ware sollte für 15 000 € + 2 850 € USt verkauft werden. Ihr Teilwert zum Zeitpunkt des Diebstahls betrug 12 000 €. Bei diesem Einbruch wurden darüber hinaus Vorräte der Warengruppe II zum Teil so erheblich auf Dauer beschädigt, dass der obige Teilwertansatz (8 000 €) ohne Weiteres gerechtfertigt ist.

Der Einbruch erstreckte sich auch auf die Wohnung des U. Dort wurde ein Geldbehälter mit 3 500 € gestohlen. Es handelte sich dabei um die Bareinnahmen des Vortags, die U »sicherheitshalber« der Tageskasse entnommen hatte, um sie am nächsten Morgen zur Bank zu bringen und sie dort seinem betrieblichen Bankkonto gutschreiben zu lassen.

Ein Kassenfehlbetrag konnte dadurch vermieden werden, dass diese Tageseinnahme »einfach« nicht verbucht wurde.

Von den Tätern fehlt jede Spur. Der Schaden war **nicht** durch eine Versicherung abgedeckt.

2.4 Fuhrpark

Am 01.07.14 hat U seinen alten Betriebs-PKW für 16 000 € an eine Privatperson veräußert.

Diesen PKW hatte U im Januar 09 zum Listenpreis von 30 000 € + 5 700 € USt angeschafft. Der PKW wurde seinerzeit **zutreffend** mit der Buchung »Fuhrpark 30 000 €/VorSt 5 700 €/an Bank 35 700 €« erfasst und in der Folgezeit linear mit 5 000 € jährlich abgeschrieben; sein Restbuchwert zum 31.12.13 betrug 5 000 €.

Ebenfalls am 01.07.14 hat U einen neuen Betriebs-PKW erworben. Der Kfz-Händler überließ U den PKW zum Listenpreis i. H. v. 42 000 € + 7 980 € USt, obwohl der PKW eine von U gewünschte Sonderausstattung erhielt, die normalerweise zusätzlich noch 3 000 € + 570 € USt gekostet hätte.

Die Neuanschaffung wurde wie folgt gebucht:

Fuhrpark	42 000 €	
Vorsteuer	7 980 €	
an Bank		49 980 €

Der alte PKW wurde mit seinem Restbuchwert (5 000 €) über »sonstiger Aufwand« ausgebucht.

Der Verkauf wurde buchmäßig nicht erfasst; der Erlös (16 000 €) wurde von U privat vereinnahmt.

In der Bilanz zum 31.12.14 ist der neue PKW mit 35 000 € (42 000 € ./. AfA 7 000 €) aktiviert, wobei **zutreffend** von einer betriebsgewöhnlichen Nutzungsdauer von sechs Jahren ausgegangen wurde.

Für beide Fahrzeuge sind 14 die folgenden laufenden Betriebskosten angefallen:

	PKW alt		**PKW neu**	
Reparaturen	1 000 €	+ 190 € USt		-
Benzin, Öl	2 000 €	+ 380 € USt	3 000 €	+ 570 € USt
Wartungskosten		-	500 €	+ 95 € USt
Kfz-Steuer	400 €		300 €	
Kfz-Versicherung	600 €		700 €	
Summen	4 000 €	+ 570 € USt	4 500 €	+ 665 € USt

Insgesamt wurden die Kosten mit der Buchung erfasst:

Kfz-Kosten	8 500 €		
Vorsteuer	1 235 €	an Bank	9 735 €

Beide Fahrzeuge wurden 14 auch privat genutzt. Der private Nutzungsanteil beträgt für beide Fahrzeuge laut **ordnungsgemäßem** Fahrtenbuch 20 %.

Buchmäßig wurde der private Nutzungsanteil bisher lediglich »pauschal« i. R. d. Jahresabschlusserstellung mit der Buchung »Entnahmen an Erträge aus privater Kfz-Nutzung 1 000 €« berücksichtigt.

II. Aufgabe

1. Die Feststellungen des Steuerberaters sind auszuwerten. Dabei sind die gebotenen Berichtigungen der Ansätze in der vorläufigen Steuerbilanz bzw. GuV-Rechnung zu erläutern. Zu 2.4: Üben Sie das dem U gesetzlich eingeräumte Recht, beim Ansatz des privaten Kfz-Nutzungsanteils zwischen zwei Methoden wählen zu können, in der für U steuerlich günstigsten Weise aus. Begründen Sie Ihre Entscheidung durch Gegenüberstellung der Ergebnisse beider Methoden!
2. Am Schluss der Gliederungspunkte 2.1 bis 2.4 sind die Berichtigungen der Bilanzposten (ohne Kapital) und ggf. der Entnahmen und Einlagen sowie der Posten der GuV-Rechnung darzustellen und die Gewinnauswirkung anzugeben. Dabei ist das folgende Schema zu verwenden:

Bilanzposten	bisher	richtig	Änderung	Gewinnauswirkung
...	...	...	...	...

   Entsprechend ist die Berichtigung und deren Gewinnauswirkung bei den GuV-Posten darzustellen.
3. Erstellen Sie die berichtigte bzw. endgültige Steuerbilanz zum 31. 12. 14 und die berichtigte GuV-Rechnung 14 in den hierfür vorgesehenen Spalten der Anlagen 1 und 2. In der Spalte »Veränderungen« sind die Berichtigungen der Bilanzposten (einschließlich Entnahmen und Einlagen) ohne Kapital und der Posten der GuV-Rechnung ohne Gewinn im Einzelnen unter Hinweis auf die Gliederungspunkte 2.1 bis 2.4 einzutragen. Das berichtigte Kapital zum 31. 12. 14 und der endgültige Gewinn 14 können am Schluss durch Ergänzung errechnet werden.
4. Ermitteln Sie den berichtigten Gewinn durch BVV. Centbeträge sind auf volle Euro zu runden.

Anlage 1 Steuerbilanz der Firma Uhl zum 31. 12. 14

Aktiva	Vorläufige Bilanz in €	Tz.	Veränderungen in €	Endgültige Bilanz in €
Grund und Boden	450 000			
Gebäude	570 500			
Geschäftsausstattung	28 000			
Fuhrpark	83 800			
Wertpapiere	39 000			
Waren	68 000			
Forderungen	23 200			
Bank	6 000			
Kasse	4 500			
Summe Aktiva	1 273 000			

Passiva	Vorläufige Bilanz in €	Tz.	Veränderungen in €	Endgültige Bilanz in €
Darlehen	100 000			
Lieferantenschulden	96 200			
Sonstige Verbindlichkeiten	144 000			
Umsatzsteuer	12 800			
Rückstellungen	220 000			
Kapital	700 000			
Summe Passiva	1 273 000			
Einlagen	315 000			
Entnahmen	15 000			

Vorläufige Kapitalentwicklung 14

Stand 31. 12. 13	300 000 €
+ Einlagen 14	315 000 €
./. Entnahmen 14	15 000 €
+ Gewinn 14	100 000 €
Stand 31. 12. 14	700 000 €

Anlage 2 Gewinn-und-Verlust-Rechnung 14 der Firma Uhl

	Vorläufige GuV-Rechnung in €	Tz.	Veränderungen in €	Endgültige GuV-Rechnung in €
Wareneinsatz	380 000			
Personalkosten	120 000			
Betriebssteuern	20 000			
Kfz-Kosten	44 000			
Zinsaufwand	15 000			
Allgemeine Verwaltungskosten	12 000			
AfA	23 000			
Kursverluste	1 000			
Sonstiger Aufwand	35 000			
Gewinn	100 000			
Summe Aufwandsseite	750 000			
Ertrag Warenverkauf	740 000			
Erträge aus privater Kfz-Nutzung	1 000			
Sonstige Erträge	9 000			
Summe Ertragsseite	750 000			

Übungsfall 2

Bearbeitungszeit: 3 Stunden

I. Sachverhalt

1 Allgemeines

1. Heinrich Holzer (H) ist Inhaber eines Einzelhandelsbetriebes in Ludwigsburg. Er ermittelt den Gewinn nach § 5 EStG. Das Wirtschaftsjahr stimmt mit dem Kalenderjahr überein.
2. Die Umsatzsteuer bemisst sich für sämtliche steuerpflichtigen Umsätze nach § 12 Abs. 1 UStG. Der Unternehmer ist gem. § 15 UStG zum Vorsteuerabzug berechtigt.
3. Der Buchhalter (B) der Firma hat nach Verbuchung der laufenden Geschäftsvorfälle bis einschließlich Dezember 2018 mit dem Zahlenwerk der Buchführung einen vorläufigen Abschluss erstellt, der aus den Anlagen 1 und 2 ersichtlich ist. Der Steuerberater (S) der Firma hat hierzu die unter II. erläuterten Feststellungen getroffen.
4. Soweit unter II. keine Angaben erfolgen, entsprechen die Wertansätze des vorläufigen Abschlusses den handels- und steuerrechtlichen Bestimmungen.
5. Es ist davon auszugehen, dass die Firma unter Ausnutzung der steuerlich zulässigen Möglichkeiten den möglichst niedrigsten Gewinn versteuern möchte. Der Betrieb des H überschreitet schon seit Jahren, so auch 2018, **nicht** die Größenmerkmale des § 7 g Abs. 1 Satz 2 Nr. 1 EStG.

2 Einzelfeststellungen

2.1 Betriebsgrundstück

Am 01. 04. 2018 hat H ein Grundstück, das 1984 mit einem dreigeschossigen Haus bebaut worden war, für 600 000 € erworben. Davon entfielen 150 000 € auf den Grund und Boden, 450 000 € auf das Gebäude. Die Hälfte des Kaufpreises wurde vom Verkäufer bis zum 01. 04. 2019 zu einem Zinssatz von 8 % darlehensmäßig gestundet; die Zinsen sind mit der Rückzahlung des Kaufpreisdarlehens fällig.

Die mit Bescheid vom 09. 06. 2018 festgesetzte Grunderwerbsteuer betrug 30 000 €. Sie wurde noch im Jahr 2018 von U ebenso wie der nicht gestundete Kaufpreisanteil vom betrieblichen Konto überwiesen.

Die Vorgänge wurden wie folgt gebucht:

Grund und Boden	150 000 €	an	Bank	300 000 €
Gebäude	450 000 €	an	Darlehensschuld	300 000 €
Betriebssteuern	30 000 €	an	Bank	30 000 €

H nutzt das Gebäude ab 01. 04. 2018 folgendermaßen:

Erdgeschoss	(100 m^2 Nutzfläche)	eigenbetrieblich
I. Stock	(100 m^2 Nutzfläche)	für fremde Wohnzwecke vermietet
II. Stock	(100 m^2 Nutzfläche)	auf Dauer für eigene Wohnzwecke

Der Mieter hat die monatliche Miete in Höhe von 1 000 € jeweils pünktlich im Voraus am letzten Tag des Vormonats auf ein privates Bankkonto des H überwiesen. Die Miete wurde daher nicht verbucht.

2.2 Sonstiges Anlagevermögen

Auch für das sonstige abnutzbare Anlagevermögen ist für 2018 noch keine AfA vorgenommen worden. Die jeweiligen Anschaffungsbuchungen sind korrekt erfolgt. Nach der Anlagekartei ergibt sich folgender Bestand:

	Anschaffungskosten	Datum	Nutzungsdauer	Buchwert 31.12.2017
a) Maschinen	18 000 €	02.01.2017	10 Jahre	12 600 €
b) Büromöbel	20 000 €	03.01.2016	8 Jahre	15 000 €
c) Fuhrpark				
1 LKW	50 000 €	05.10.2018	8 Jahre	-
1 PKW	30 000 €	09.01.2011	6 Jahre	1 €

Zum Zeitpunkt der jeweiligen Anschaffung lagen ausnahmslos ordnungsgemäße Rechnungen mit gesondertem USt-Ausweis vor.

Die Maschinen unter a) wurden gem. § 7 Abs. 1 EStG abgeschrieben. Außerdem ist in 2017 zulässig eine maximale Sonderabschreibung nach § 7 g Abs. 5 EStG in Anspruch genommen worden.

Die Büromöbel unter b) wurden gebraucht erworben und ebenfalls gem. § 7 Abs. 1 EStG abgeschrieben.

Den PKW unter c) wollte H ursprünglich beim Kauf des neuen LKW in Zahlung geben. Der Kfz-Händler hatte ihm dafür noch 7 000 € (= gemeiner Wert) geboten. Schließlich schenkte H den PKW seiner Tochter T zu deren 18. Geburtstag am 02.10.2018. Dieser Vorgang wurde mit der Buchung »sonstiger Aufwand an Fuhrpark 1 €« erfasst.

Der LKW wird ausschließlich betrieblich genutzt.

2.3 Warenvorräte

Der Warenbewertung lagen folgende zutreffend ermittelte Daten zugrunde:

	Anschaffungskosten	Teilwert 31.12.2018
Warengruppe I	5 000 €	4 000 €
Warengruppe II	8 000 €	9 000 €
Warengruppe III	12 000 €	11 000 €
Summe	25 000 €	24 000 €

Dieser Warenbestand wurde daraufhin gem. § 6 Abs. 1 Nr. 2 EStG mit einem Zwischenwert von 24 500 € bilanziert. Die o. g. Teilwerte haben sich bis zum Verkauf der Ware im Jahr 2019 nicht verändert.

Inventurmäßig nicht erfasst ist eine erst am 31.12.2018 eingegangene Lieferung der Warengruppe IV mit beigefügter Rechnung über 3 000 € + 570 € USt. Ebenso unterblieb die Verbuchung der Lieferung; bei Bezahlung am 16.01.2019 wurde lediglich gebucht »Verbindlichkeiten an Bank 3 570 €«.

2.4 Devisenforderung/Devisenschuld

Von einem Lieferanten aus der Schweiz hat H am 14. 12. 2018 zollfrei Waren für 5 000 Schweizer Franken bezogen. Da der Kurs bei Lieferung 1 Schweizer Franken = 0,65 € betrug, wurde der Einkauf **richtig** »WEK an Devisenverbindlichkeit 3 250 €« gebucht.

Am 22. 12. 2018 wurden Waren für 3 000 Schweizer Franken an einen anderen ausländischen Abnehmer umsatzsteuer- und zollfrei in die Schweiz geliefert und ebenfalls **richtig** mit dem Tageskurs (1 Schweizer Franken = 0,75 €) »Devisenforderung an WVK 2 250 €« verbucht.

Da beide Lieferungen am 31. 12. 2018 noch nicht bezahlt waren, hatte der Buchhalter der Firma zum 31. 12. 2018 zur Vereinfachung die Devisenforderung auf das Konto Devisenverbindlichkeit umgebucht. Am 31. 12. 2018 betrug der Kurs 1 Schweizer Franken = 0,70 €.

Die jeweiligen Zahlungen erfolgten im Januar 2019 zum Kurs von 1 Schweizer Franken = 0,70 €.

2.5 Steuerrückstellung

Zum 31. 12. 2018 war eine Gewerbesteuerrückstellung für die zu erwartende Abschlusszahlung für 2018 in Höhe von 3 000 € passiviert worden. An GewSt-Vorauszahlungen für 2018 waren insgesamt 6 000 € geleistet und über das Konto »Betriebssteuern« verbucht worden.

2.6 Prozessrückstellung

Im Oktober 2018 wurde eine gegen die Firma H seit Dezember 2017 geführte Schadenersatzklage abgewiesen. Nachdem das Urteil im November 2018 rechtskräftig geworden war, wurden dem H die im Jahr 2018 entstandenen und von ihm getragenen und auch verbuchten Rechtsanwaltskosten in Höhe von 1 000 € erstattet. B verbuchte diese Überweisung irrtümlich »Bank an Prozessrückstellung« und erhöhte damit die wegen des Prozess- und Kostenrisikos **zutreffend** zum 31. 12. 2017 passivierte Rückstellung von 6 000 € um weitere 1 000 €.

2.7 Wertpapiere

Seit 2011 waren 100 Aktien der X-AG unverändert mit den Anschaffungskosten von insgesamt 50 000 € als gewillkürtes Betriebsvermögen ausgewiesen.

Nachdem der Börsenkurs stetig gestiegen war (Teilwert dieser Aktien am 01. 01. 2018 = 60 000 € und am 31. 12. 2018 = 70 000 €), wies H den B Anfang Januar 2019 an, die Aktien bei der Erstellung des Abschlusses für 2018 mit Wirkung zum 01. 01. 2018 auszubuchen. B buchte daraufhin im Rahmen der Abschlussvorbereitungen 2018 »Privat an Wertpapiere 50 000 €«.

Am 19. 01. 2019 hat H die Aktien für 72 000 € veräußert.

II. Aufgabe

1. Die Feststellungen des Steuerberaters sind auszuwerten. Dabei sind die Berichtigungen der Ansätze in der vorläufigen Steuerbilanz bzw. GuV-Rechnung – soweit erforderlich – kurz zu erläutern. Etwaige Centbeträge sind auf volle Euro auf- oder abzurunden.
2. Am Schluss der Gliederungspunkte 2.1 bis 2.7 sind die Berichtigungen der Bilanzposten (ohne Kapital) und evtl. der Entnahmen und Einlagen sowie der Posten der GuV-Rech-

nung darzustellen und die Gewinnauswirkung anzugeben. Dabei ist das folgende Schema zu verwenden:

Bilanzposten	bisher	richtig	Änderung	Gewinnauswirkung
…	…	…	…	…

Entsprechend ist die Änderung und deren Gewinnauswirkung bei den GuV-Posten darzustellen.

3. Erstellung der berichtigten bzw. endgültigen Steuerbilanz zum 31. 12. 2018 und der berichtigten GuV-Rechnung 2018 in den hierfür vorgesehenen Spalten der Anlagen 1 und 2. In der Spalte »Veränderungen« sind die Berichtigungen der Bilanzposten (einschließlich Entnahmen und Einlagen) ohne Kapital und der Posten der GuV-Rechnung ohne Gewinn im Einzelnen unter Hinweis auf den entsprechenden Gliederungspunkt einzutragen. Das berichtigte Kapitel zum 31. 12. 2018 und der endgültige Gewinn 2018 können am Schluss durch Ergänzungen errechnet werden.
4. Ermittlung des berichtigten Gewinns durch Betriebsvermögensvergleich und Angabe des zu versteuernden Gewinns.

Anlage 1 Steuerbilanz der Firma Holzer zum 31. 12. 2018

Aktiva	**Vorläufige Bilanz in €**	**Tz.**	**Veränderungen in €**	**Endgültige Bilanz in €**
Grund und Boden	150 000			
Gebäude	450 000			
Maschinen	12 600			
Geschäftsausstattung	15 000			
Fuhrpark	50 000			
Waren	24 500			
Forderungen	1 000			
Bank	9 000			
Kasse	1 340			
Akt. RAP	500			
Sonstige Aktiva	6 510			
Summe Aktiva	720 450			

Passiva	Vorläufige Bilanz in €	Tz.	Veränderungen in €	Endgültige Bilanz in €
Darlehen	300 000			
Verbindlichkeiten	42 300			
Devisenverbindlichkeit	1 000			
Umsatzsteuer	6 000			
Sonstige Verbindlichkeiten	1 000			
Prozessrückstellung	7 000			
Steuerrückstellungen	3 000			
Passiver RAP	700			
Kapital	359 450			
Summe Passiva	720 450			
Einlagen	113 000			
Entnahmen	60 000			

Vorläufige Kapitalentwicklung 2018:

Stand 31.12.2017	206 450 €
+ Einlagen 2018	113 000 €
./. Entnahmen 2018	60 000 €
+ Gewinn 2018	100 000 €
Stand 31.12.2018	359 450 €

Anlage 2 Gewinn-und-Verlust-Rechnung der Firma Holzer 2018

	Vorläufige GuV-Rechnung in €	Tz.	Veränderungen in €	Endgültige GuV-Rechnung in €
Wareneinsatz	400 000			
Personalkosten	100 000			
Betriebssteuern	39 000			
Kfz-Kosten	40 000			
Zinsaufwand	2 000			
Beratungskosten	1 000			
Allgemeine Verwaltungskosten	8 000			
AfA/sonstige Abschreibungen	-			
Sonstiger Aufwand	70 000			
Gewinn	100 000			
Summe Aufwandsseite	760 000			
Ertrag Warenverkauf	750 000			
Mieterträge	500			
Sonstige Erträge	9 500			
Summe Ertragsseite	760 000			

Teil L Lösungshinweise zu den komplexen Übungsfällen

Lösung zu Übungsfall 1

Zu 2.1 bis 2.4:

2.1 Lagerhalle

a) Mit dem Bau der Lagerhalle ist das unbebaute Grundstück vom (notwendigen) PV in das (notwendige) BV überführt worden. Die Einlage hat gem. § 6 Abs. 1 Nr. 5 a EStG mit den ursprünglichen AK zu erfolgen. Gleichzeitig ist das der Finanzierung dieser Anschaffung dienende Hypothekendarlehen als notwendige Betriebsschuld zu erfassen. Die auf das Jahr 13 entfallenden Zinsen sind kein betrieblicher Aufwand, da die Hypothek im Jahr 13 noch notwendige Privatschuld war und erst mit der Einlage des Grundstücks zu einer betrieblichen Schuld wurde (R 4.2 Abs. 15 Satz 2 EStR). Zum 31. 12. 14 ist für die Monate Februar bis Dezember 14 eine antizipative Zinsabgrenzung i. H. v. 11 000 € vorzunehmen.
Die richtigen Buchungen hätten gelautet:
Buchung am 01. 01. 14:

Grund und Boden	300 000 €	
an Einlagen		300 000 €
Entnahmen	200 000 €	
an Hypothek		200 000 €

Buchung am 01. 02. 14:

Zinsaufwand	1 000 €	
Entnahmen	11 000 €	
an Bank		12 000 €

Buchung am 31. 12. 14:

Zinsaufwand	11 000 €	
an sonstige Verbindlichkeiten		11 000 €

b) Die Lagerhalle ist gem. § 7 Abs. 4 Nr. 1 EStG mit jährlich 3 % abzuschreiben. Die AfA für das Jahr 14 beträgt p. r. t. 3 000 €, die Lagerhalle ist zum Bilanzstichtag 31.12.14 mit 397 000 € zu bilanzieren. Die Darlehensschuld gegenüber der Stadt Ludwigsburg ist zum 31. 12. 14 gem. § 6 Abs. 1 Nr. 3 Satz 1 EStG abzuzinsen und mit 61 800 € zu passivieren (vgl. Tabelle 1 zu § 12 Abs. 3 BewG).
Die richtige Buchung zum 31. 12. 14 lautet:

Darlehensschuld		
an sonstige Erträge		38 200 €

Bilanzberichtigung	bisher	richtig	Änderung	Gewinnauswirkung
Grund und Boden	315 000	300 000	./. 15 000	./. 15 000
Gebäude	390 000	397 000	+ 7 000	+ 7 000
Hypothekenschuld	-	200 000	+ 200 000	./. 200 000
Darlehensschuld	100 000	61 800	./. 38 200	+ 38 200
Sonstige Verbindlichkeiten	-	11 000	+ 11 000	./. 11 000
Einlagen	315 000	300 000	./. 15 000	+ 15 000
Entnahmen	-	211 000	+ 211 000	+ 211 000
				+ 45 200

GuV-Berichtigung	bisher	richtig	Änderung	Gewinnauswirkung
AfA	10 000	3 000	./. 7 000	+ 7 000
sonstige Erträge	-	38 200	+ 38 200	+ 38 200
				+ 45 200

2.2 Wertpapiere

Die Schenkung der 10 X-Aktien war als Entnahme zu erfassen und gem. § 6 Abs. 1 Nr. 4 Satz 1 EStG mit dem Teilwert im Zeitpunkt der Entnahme anzusetzen. Die richtige Buchung lautet:

Entnahme	3 500 €	
an Wertpapiere		4 000 €
sonstiger Aufwand (Kursverluste)	500 €	

Zum 31. 12. 14 kommt eine Abschreibung des Wertpapierbestandes auf den niedrigeren Teilwert nicht in Betracht, da keine **dauernde** Wertminderung vorliegt (§ 6 Abs. 1 Nr. 2 Satz 2 EStG). Gem. BMF vom 02. 09. 2016 BStBl I 2016, 995, Rz. 17 ist bei börsennotierten Aktien des Anlagevermögens von einer voraussichtlich dauernden Wertminderung auszugehen, wenn der Börsenwert zum Bilanzstichtag unter denjenigen im Zeitpunkt des Aktienerwerbs gesunken ist und der Kursverlust die Bagatellgrenze von 5 % der Notierung bei Erwerb überschreitet. Bei den nach dem Bilanzstichtag bis zum Tag der Bilanzaufstellung eintretenden Kursänderungen handelt es sich um wertbeeinflussende (wertbegründende) Umstände, die die Bewertung der Aktien zum Bilanzstichtag grundsätzlich nicht berühren.

Der Kurswert der Aktien im Zeitpunkt des Erwerbs hatte 400 € je Aktie betragen. 5 % hieraus sind 20 €. Somit überschreitet der Kursverlust von 10 € gegenüber dem Anschaffungskurs diese Bagatellgrenze nicht, sodass von einer voraussichtlichen dauernden Wertminderung nicht ausgegangen werden kann. Das in § 253 Abs. 3 Satz 6 HGB in diesen Fällen vorgesehene Wahlrecht zur Vornahme einer Teilwertabschreibung ist wegen des Vorrangs der steuerlichen Regelung gemäß § 5 Abs. 6 EStG nicht anwendbar, da die in § 6 Abs. 1 Nr. 2 Satz 2 EStG aufgestellte steuerliche Sondervoraussetzung der voraussichtlich dauernden Wertminderung nicht vorliegt.

Bilanzberichtigung	bisher	richtig	Änderung	Gewinnauswirkung
Wertpapiere	39 000	36 000	./. 3 000	./. 3 000
Entnahmen	-	3 500	+ 3 500	+ 3 500
				+ 500

GuV-Berichtigung	bisher	richtig	Änderung	Gewinnauswirkung
Kursverluste	1 000	500	./. 500	+ 500

2.3 Waren- und Kassenbestand

Nach dem Grundsatz der Einzelbewertung ist die Warengruppe I mit den AK (56 000 €) und die Warengruppe II mit dem niedrigeren Teilwert (8 000 €) anzusetzen. Die dauernde Wertminderung der Warengruppe II ist hier nachgewiesen (§ 6 Abs. 1 Nr. 2 Satz 2 EStG).

Eine Verbuchung des Warendiebstahls war nicht erforderlich. Der Warenbestand zum 31. 12. 14 wurde mengenmäßig richtig erfasst; der Verlust der Ware hat sich in der GuV-Rechnung über den (insoweit erhöhten) Wareneinsatz als Aufwand ausgewirkt. Lediglich für Zwecke der Verprobung des Rohgewinns wäre die Buchung »außerordentlicher Aufwand an WEK 10 000 €« angebracht.

Der Diebstahl des Geldes spielt sich (noch) in der betrieblichen Sphäre ab, sodass ein außerordentlicher Aufwand gegeben ist. Laut Sachverhalt wollte U das Geld dem Betrieb nicht »entnehmen«, um es am nächsten Tag wieder in den Betrieb »einzulegen«. Die Tageseinnahmen waren trotz des Diebstahls zu verbuchen.

Die richtige Buchung lautet demnach:

sonstiger Aufwand	3 500 €	
an WVK		2 941 €
an USt		559 €
		(19/119 von 3 500 €)

Bilanzberichtigung	bisher	richtig	Änderung	Gewinnauswirkung
Waren	68 000	64 000	./. 4 000	./. 4 000
USt	-	559	+ 559	./. 559
				./. 4 559

GuV-Berichtigung	bisher	richtig	Änderung	Gewinnauswirkung
WES	./. 68 000	./. 64 000	+ 4 000	./. 4 000
WVK	-	2 941	+ 2 941	+ 2 941
sonstiger Aufwand	-	3 500	+ 3 500	./. 3 500
				./. 4 559

2.4 Fuhrpark

Zunächst ist der Verkauf des alten PKW buchmäßig zu erfassen, wobei i. H. d. Erlöses zugleich eine Geldentnahme vorliegt. Bis zum Veräußerungszeitpunkt ist noch eine AfA von 2 500 € vorzunehmen. Folgende vereinfachte Nachbuchung:

Entnahmen	16 000 €	
AfA	2 500 €	
an sonstige Erträge		15 945 €
an USt		2 555 €

Für das neue Fahrzeug wurde eine Jahres-AfA gem. § 7 Abs. 1 EStG vorgenommen. Zulässig war nur eine AfA für sechs Monate (3 500 €).

Der private Nutzungsanteil kann hier gem. § 6 Abs. 1 Nr. 4 Sätze 2 und 3 EStG nach der 1 %-Methode oder der Fahrtenbuchmethode angesetzt werden.

Für den **alten** PKW ergibt sich folgende Berechnung:

a) 1 %-Methode

Listenpreis 35 700 € x 1 % x 6 Monate	2 142 €
USt 19 % von 1 714 € (2 142 € ./. 20 %)	326 €

b) Fahrtenbuchmethode

Betriebskosten einschließlich AfA 6 500 € x 20 %	1 300 €
USt 19 % von 1 200 € (20 % von 6 000 €)	228 €

Der Umsatzsteuer unterliegen nach § 10 Abs. 4 Satz 1 Nr. 2 UStG die bei der privaten Verwendung des PKW entstandenen Ausgaben, soweit sie zum vollen oder teilweisen Vorsteuerabzug berechtigt haben. Zu diesen Ausgaben gehören auch die AK des PKW, die zum Zwecke der Besteuerung gleichmäßig auf einen Zeitraum zu verteilen sind, der dem für das Wirtschaftsgut maßgeblichen Berichtigungszeitraum nach § 15 a UStG entspricht, vorliegend somit 5 Jahre. Die Bemessungsgrundlage für die USt beträgt damit 6 000 € (3 000 € laufende vorsteuerentlastete Kosten und 3 000 € verteilte AK für ein halbes Jahr), davon 20 % entsprechend dem privaten Nutzungsanteil, somit 1 200 €.

Für den **neuen** PKW ergibt sich folgende Berechnung:

a) 1 %-Methode

Listenpreis + Sonderausstattung 53 550 € x 1 % x 6 Monate	3 213 €
USt 19 % von 2 570 € (3 213 € ./. 20 %) =	488 €

b) Fahrtenbuchmethode

Betriebskosten	4 500 €	
einschließlich AfA	3 500 €	
	8 000 € x 20 % =	1 600 €
USt 19 % von 1 540 € (20 % von 7 700 €) =		293 €

Umsatzsteuerrechtlich entspricht die ertragsteuerrechtliche AfA i. H. v. 3 500 € nicht den Vorgaben des § 10 Abs. 4 Satz 1 Nr. 2 Satz 3 UStG, der bestimmt, dass in die Bemessungsgrundlage für die fiktive sonstige Leistung die AK gleichmäßig verteilt auf einen Zeitraum von fünf Jahren einzubeziehen sind, d. h. hier 4 200 €. Die weiteren vorsteuerentlasteten laufenden Kosten betragen 3 500 €.

Die Gegenüberstellung ergibt, dass sowohl für den alten als auch für den neuen PKW die Fahrtenbuchmethode die günstigere ist.

Die entsprechende Buchung lautet:

Entnahme	3 421 €	
an USt		521 €
an Erträge aus privater Kfz-Nutzung		2 900 €

Bilanzberichtigung	bisher	richtig	Änderung	Gewinnauswirkung
USt	–	3 076	+ 3 076	./. 3 076
Entnahmen	1 000	19 421	+ 18 421	+ 18 421
Fuhrpark	35 000	38 500	+ 3 500	+ 3 500
				+ 18 845

GuV-Berichtigung	bisher	richtig	Änderung	Gewinnauswirkung
sonstige Erträge	–	15 945	+ 15 945	+ 15 945
Erträge aus privater Kfz-Nutzung	1 000	2 900	+ 1 900	+ 1 900
AfA	7 000	6 000	./. 1 000	+ 1 000
				+ 18 845

Anlage 1
Steuerbilanz der Firma Uhl zum 31.12.14

Aktiva	**Vorläufige Bilanz in €**	**Tz.**	**Veränderungen in €**	**Endgültige Bilanz in €**
Grund und Boden	450 000	2.1	./. 15 000	435 000
Gebäude	570 500	2.1	+ 7 000	577 500
Geschäftsausstattung	28 000			28 000
Fuhrpark	83 800	2.4	+ 3 500	87 300
Wertpapiere	39 000	2.2	./. 3 000	36 000
Waren	68 000	2.3	./. 4 000	64 000
Forderungen	23 200			23 200
Bank	6 000			6 000
Kasse	4 500			4 500
Summe Aktiva	1 273 000			1 261 500

Passiva	Vorläufige Bilanz in €	Tz.	Veränderungen in €	Endgültige Bilanz in €
Darlehen	100 000	2.1	+ 161 800	261 800
Lieferantenschulden	96 200			96 200
Sonstige Verbindlichkeiten	144 000	2.1	+ 11 000	155 000
Umsatzsteuer	12 800	2.3 2.4	+ 559 + 3 076	16 435
Rückstellungen	220 000			220 000
Kapital	700 000			512 065
Summe Passiva	1 273 000			126 1 500
Einlagen	315 000	2.1	./. 15 000	300 000
Entnahmen	15 000	2.1 2.2 2.4	+ 211 000 + 3 500 + 18 421	247 921

Anlage 2
Gewinn-und-Verlust-Rechnung 14 der Firma Uhl

	Vorläufige GuV-Rechnung in €	Tz.	Veränderungen in €	Endgültige GuV-Rechnung in €
Wareneinsatz	380 000	2.3	+ 4 000	384 000
Personalkosten	120 000			120 000
Betriebssteuern	20 000			20 000
Kfz-Kosten	44 000			44 000
Zinsaufwand	15 000			15 000
Allgemeine Verwaltungskosten	12 000			12 000
AfA	23 000	2.1 2.4	./. 7 000 ./. 1 000	15 000
Kursverluste	1 000	2.2	./. 500	500
Sonstiger Aufwand	35 000	2.3	+ 3 500	38 500
Gewinn	100 000			159 986
Summe Aufwandsseite	750 000			808 986
Ertrag Warenverkauf	740 000	2.3	+ 2 941	742 941
Erträge aus privater Kfz-Nutzung	1 000	2.4	+ 1 900	2 900
Sonstige Erträge	9 000	2.1 2.4	+ 38 200 + 15 945	63 145
Summe Ertragsseite	750 000			808 986

Zu Tz. 2.5:
Betriebsvermögensvergleich:

	Kapital 31. 12. 14	512 065 €
./.	Kapital 31. 12. 13	300 000 €
		212 065 €
+	Entnahmen 14	247 921 €
./.	Einlagen 14	300 000 €
	Gewinn 14	159 986 €

Lösung zu Übungsfall 2

Zu 2.1 bis 2.7:

2.1 Betriebsgrundstück

Die Anschaffungskosten des bebauten Grundstücks belaufen sich einschließlich der Grunderwerbsteuer als Anschaffungsnebenkosten gemäß § 255 Abs. 1 Satz 2 HGB auf insgesamt 630 000 €, davon entfallen nach dem vorgegebenen objektiven Aufteilungsverhältnis auf den Grund und Boden 157 500 € und auf das Gebäude 472 500 €.

Der eigenbetrieblich genutzte Grundstücksanteil gehört gem. R 4.2 Abs. 4 und 7 EStR zum notwendigen Betriebsvermögen.

Der vermietete Gebäudeteil kann gem. R 4.2 Abs. 9 EStR als gewillkürtes Betriebsvermögen behandelt werden. H hat durch die Einbuchung des Grundstücks seine betriebliche Widmungsentscheidung zum Ausdruck gebracht.

Der auf Dauer für eigene Wohnzwecke genutzte Gebäudeteil bildet notwendiges Privatvermögen.

Nach dem gemäß R 4.2 Abs. 6 Satz 2 EStR maßgebenden Verhältnis der Nutzflächen können daher nur 2/3 des Grundstücks eingebucht bzw. bilanziert werden, wobei der Grund und Boden mit 105 000 € und das Gebäude mit 310 275 € (315 000 € ./. 4 725 € zeitanteilige AfA gem. § 7 Abs. 4 Satz 1 Nr. 2 Buchst. a EStG) zu bilanzieren sind. Auch für das eigenbetrieblich genutzte Erdgeschoss bestimmt sich der jährliche AfA-Satz nach § 7 Abs. 4 Satz 1 Nr. 2 Buchst. a EStG, da der Bauantrag für das Gebäude nicht nach dem 31. 03. 1985 gestellt worden ist.

Daher ist auch das Kaufpreisdarlehen nur mit 200 000 € zu passivieren, weil nur insoweit eine Betriebsschuld vorliegt, da es nur zu diesem Anteil zum Erwerb von betrieblichem Vermögen verwendet wurde – vgl. H 4.2 [15] (Betriebsschuld) EStH. Entsprechend ist nur die Hälfte der angefallenen Zinsen als Aufwand im Jahr 2018 zu erfassen. Entsprechend der privaten Grundstücksnutzung liegen im Zusammenhang mit dem Erwerbsvorgang Geldentnahmen i. H. v. 110 000 € vor.

Die Mieteinnahmen stellen i. H. v. 9 000 € Ertrag und zugleich Geldentnahmen im Jahr 2018 dar. Die bereits im Jahr 2018 zugeflossene Miete für Januar 2019 ist passiv abzugrenzen, zugleich aber auch als Geldentnahme im Jahr 2018 zu erfassen.

Bilanzberichtigung	bisher	richtig	Änderung	Gewinnauswirkung
Grund und Boden	150 000	105 000	./. 45 000	./. 45 000
Gebäude	450 000	310 275	./. 139 725	./. 139 725
Darlehensschuld	300 000	200 000	./. 100 000	+ 100 000
sonstige Verbindlichkeiten	-	12 000	+ 12 000	./. 12 000
passiver RAP	-	1 000	+ 1 000	./. 1 000
Entnahmen	-	120 000	+ 120 000	+ 120 000
				+ 22 275

GuV-Berichtigung	bisher	richtig	Änderung	Gewinnauswirkung
Betriebssteuern	30 000	-	./. 30 000	+ 30 000
Mieterträge	-	9 000	+ 9 000	+ 9 000
Zinsaufwand	-	12 000	+ 12 000	./. 12 000
AfA	-	4 725	+ 4 725	./. 4 725
				+ 22 275

2.2 Sonstiges Anlagevermögen

Für die Maschinen ist 2017 neben der AfA nach § 7 Abs. 1 EStG i. H. v. 1 800 € eine Sonder-Abschreibung gem. § 7 g Abs. 5 EStG i. H. v. 3 600 € (20 % von 18 000 €) in Anspruch genommen worden. Im Jahr 2018 ist eine AfA von 1 800 € (10 % von 18 000 €) anzusetzen. Die Sonderabschreibung nach § 7 g Abs. 5 EStG mindert die Bemessungsgrundlage der weiteren AfA gemäß § 7a Abs. 9 EStG erst nach Ablauf des fünfjährigen Begünstigungszeitraums.

Für die im Jahr 2016 erworbenen Büromöbel beträgt der maßgebende AfA-Satz gem. § 7 Abs. 1 EStG 12, 5 %. Die für 2018 vorzunehmende AfA beläuft sich danach auf 2 500 €.

Für den im Jahr 2018 angeschafften betrieblichen LKW kann neben der AfA gem. § 7 Abs. 1 EStG noch die Sonderabschreibung gem. § 7 g Abs. 5 EStG beansprucht werden. Die Größenvoraussetzung nach § 7 g Abs. 6 Nr. 1 EStG sind nach den allgemeinen Sachverhaltsangaben erfüllt. Infolge der ausschließlich betrieblichen Nutzung ist auch die Nutzungsvoraussetzung nach § 7 g Abs. 6 Nr. 2 EStG erfüllt. Die Sonderabschreibung mindert im Jahr 2018 gemäß § 7 a Abs. 9 EStG noch nicht die Bemessungsgrundlage der planmäßigen linearen AfA. Die planmäßige AfA hat nach § 7 Abs. 1 Satz 4 EStG im Jahr 2018 als dem Jahr der Anschaffung zeitanteilig ab dem Erwerbsmonat Oktober 2018 zu erfolgen. Danach entwickelt sich das Konto LKW bzw. Fuhrpark wie folgt:

Zugang 2018	50 000 €
AfA gem. § 7 Abs. 1 EStG (12,5 % von 50 000 € x 3/12)	./. 1 563 €
AfA gem. § 7 g Abs. 5 EStG (20 % von 50 000 €)	./. 10 000 €
31. 12. 2018	38 437 €

Die Entnahme des PKW hat gem. § 6 Nr. 4 Satz 1 EStG mit dem Teilwert zu erfolgen. Der Teilwert zum Zeitpunkt der Entnahme betrug 7 000 € ./. 1 118 € USt = 5 882 €. Der gemeine Wert als Bruttowert war um die darin enthaltene Umsatzsteuer zu mindern, da der Teilwert grundsätzlich dem Nettowert entspricht. Außerdem liegt eine fiktive Lieferung gegen Entgelt gem. § 3 Abs. 1 b Nr. 1 UStG vor, Bemessungsgrundlage ist gem. § 10 Abs. 4 Satz 1 Nr. 1 UStG der Einkaufspreis (netto) ≙ Teilwert. Die richtige Buchung hätte demnach gelautet:

Entnahmen	7 000 €	
an Fuhrpark		1 €
sonstige Erträge		5 881 €
USt		1 118 €

Bilanzberichtigung	bisher	richtig	Änderung	Gewinnauswirkung
Maschinen	12 600	10 800	./. 1 800	./. 1 800
Geschäftsausstattung	15 000	12 500	./. 2 500	./. 2 500
Fuhrpark	50 000	38 437	./. 11 563	./. 11 563
USt	-	1 118	+ 1 118	./. 1 118
Entnahmen	-	7 000	+ 7 000	+ 7 000
				./. 9 981

GuV-Berichtigung	bisher	richtig	Änderung	Gewinnauswirkung
AfA/sonstige Abschreibung	-	15 863	+ 15 863	./. 15 863
sonstiger Aufwand	1	-	./. 1	+ 1
sonstige Erträge	-	5 881	+ 5 881	+ 5 881
				./. 9 981

2.3 Warenvorräte

Handelsrechtlich gilt nach § 253 Abs. 4 HGB das strenge Niederstwertprinzip, wonach bei Vermögensgegenständen des Umlaufvermögens Abschreibungen vorzunehmen sind, um diese mit einem niedrigeren Wert anzusetzen, der sich aus einem Börsen- oder Marktpreis am Abschlussstichtag ergibt.

Steuerrechtlich gilt die Sondervorschrift § 6 Abs. 1 Nr. 2 Satz 2 EStG, die ein Wahlrecht eröffnet zur Vornahme einer Abschreibung auf den niedrigeren Teilwert am Bilanzstichtag. Dieses steuerlich autonome Wahlrecht kann für die Steuerbilanz gem. § 5 Abs. 1 Satz 1 letzter Teilsatz EStG unabhängig vom Ansatz des Umlaufvermögens in der Handelsbilanz ausgeübt werden. Falls jedoch steuerlich der niedrigstmögliche Gewinn ermittelt werden soll, wird auch steuerlich der niedrigere Teilwert angesetzt werden, vorausgesetzt, die Wertminderung ist voraussichtlich von Dauer.

Außerdem ist der Grundsatz der Einzelbewertung zu beachten (§ 6 Abs. 1 Satz 1 EStG, § 252 Abs. 1 Nr. 3 HGB). Die jeweiligen Teilwerte der Warengruppen I und III sind dauerhaft im Wert gemindert, da sie bis zum Verkauf konstant unter den historischen AK geblieben sind (vgl. a. BMF vom 02.09.2016 BStBl I 2016, 995 Rz. 16). Die am 31.12.2018 angelieferte Ware der Warengruppe IV ist bereits 2018 mit ihren AK zu bilanzieren.

Danach sind zum 31.12.2018 die folgenden Wertansätze vorzunehmen:

Warengruppe I	4 000 €
Warengruppe II	8 000 €
Warengruppe III	11 000 €
Warengruppe IV	3 000 €
Summe	26 000 €

Die Warenlieferung vom 31.12.2018 war noch im Jahr 2018 buchmäßig zu erfassen, einschließlich Kaufpreisverbindlichkeit und Vorsteueranspruch.

Bilanzberichtigung	bisher	richtig	Änderung	Gewinnauswirkung
Waren	24 500	26 000	+ 1 500	+ 1 500
Verbindlichkeiten	-	3 570	+ 3 570	./. 3 570
USt	-	./. 570	./. 570	+ 570
				./. 1 500

GuV-Berichtigung	bisher	richtig	Änderung	Gewinnauswirkung
WES	./. 24 500	./. 23 000	+ 1 500	./. 1 500

2.4 Devisenforderung/Devisenverbindlichkeit

Die vorgenommene Saldierung verstößt gegen den Grundsatz der Einzelbewertung (vgl. § 5 Abs. 1 a Satz 1 EStG und § 252 Abs. 1 Nr. 3 HGB). Die Forderung und die Verbindlichkeit sind unter Beachtung des Niederstwert- bzw. Höchstwertprinzips mit dem Kurswert vom 31.12.2018 (= 0,70 €) zu bilanzieren. Die Veränderung des Kurses im Vergleich zum jeweiligen Kauf- bzw. Verkaufskurs war auch dauerhaft, weil er bis zur Zahlung Bestand hatte (vgl. a. BMF vom 02.09.2016 BStBl I 2016, 995 Rz. 16 und 36). Die Devisenforderung hatte demnach zum 31.12.2018 nur noch einen Wert von 2 100 € und somit einen niedrigeren Teilwert. Gemäß § 6 Abs. 1 Nr. 2 Satz 2 EStG durfte dieser angesetzt werden und die Devisenforderung war wegen des gewünschten niedrigsten Gewinns mit diesem Wert zu bilanzieren. Die Devisenverbindlichkeit hatte zum 31. 12. 2018 einen Wert von 3 500 €, der damit über ihrem Einstandswert lag. Dieser höhere Teilwert durfte nach § 6 Abs. 1 Nr. 3 Satz 1 i. V. m. § 6 Abs. 1 Nr. 2 Satz 2 EStG angesetzt werden und die Devisenverbindlichkeit war wegen des gewünschten niedrigsten Gewinns mit diesem Wert zu bilanzieren.

Bilanzberichtigung	bisher	richtig	Änderung	Gewinnauswirkung
Devisenforderung	-	2 100	+ 2 100	+ 2 100
Devisenverbindlichkeiten	1 000	3 500	+ 2 500	./. 2 500
				./. 400

GuV-Berichtigung	bisher	richtig	Änderung	Gewinnauswirkung
Kursverluste	-	400	+ 400	./. 400

2.5 Steuerrückstellung

Trotz des Wortlauts des § 4 Abs. 5 b EStG wird die Gewerbesteuer als lediglich steuerlich nicht abziehbare Betriebsausgabe behandelt. Somit ist auch in der Steuerbilanz die Bildung einer Rückstellung für die voraussichtliche Abschlusszahlung zulässig – vgl. R 5.7 Abs. 1 EStR. Es handelt sich dabei um eine Rückstellung wegen ungewisser Verbindlichkeit nach § 249 Abs. 1 Satz 1 HGB. Es hat allerdings wegen § 4 Abs. 5b EStG außerhalb der Bilanz ein Zuschlag zum Gewinn zu erfolgen, um den bei der Einkommensteuer zugrunde zu legenden Gewinn aus Gewerbebetrieb zu ermitteln. Der Zuschlag beträgt vorliegend, einschließlich der als Aufwand gebuchten GewSt-Vorauszahlungen, 9 000 €.

2.6 Prozessrückstellung

Die Erstattung der Anwaltskosten musste zu einer Aufwandsminderung führen: die richtige Buchung hätte »Bank an Beratungskosten« gelautet. Die Rückstellung war am 31. 12. 2018 gewinnerhöhend aufzulösen, nachdem die Klage zu diesem Zeitpunkt rechtskräftig abgewiesen war.

Bilanzberichtigung	bisher	richtig	Änderung	Gewinnauswirkung
Prozessrückstellung	7 000	-	./. 7 000	+ 7 000

GuV-Berichtigung	bisher	richtig	Änderung	Gewinnauswirkung
außerordentlicher Ertrag	-	6 000	+ 6 000	+ 6 000
Beratungskosten	1 000	-	./. 1 000	+ 1 000
				+ 7 000

2.7 Wertpapiere

Eine rückwirkende Entnahme der Aktien ist nicht möglich; sie waren zum 31. 12. 2018 weiterhin mit den Anschaffungskosten in Höhe von 50 000 € zu bilanzieren. Die Entwidmung und damit Entnahme der Aktien ist erst in der Anweisung des H von Anfang Januar 2019 zu sehen.

Bilanzberichtigung	bisher	richtig	Änderung	Gewinnauswirkung
Wertpapiere	-	50 000	+ 50 000	+ 50 000
Entnahmen	50 000	-	./. 50 000	./. 50 000
				0

Anlage 1
Steuerbilanz der Firma Holzer zum 31. 12. 2018

Aktiva	Vorläufige Bilanz in €	Tz.	Veränderungen in €	Endgültige Bilanz in €
Grund und Boden	150 000	2.1	./. 45 000	105 000
Gebäude	450 000	2.1	./. 139 725	310 275
Maschinen	12 600	2.2	./. 1 800	10 800
Geschäftsausstattung	15 000	2.2	./. 2 500	12 500
Fuhrpark	50 000	2.2	./. 11 563	38 437
Waren	24 500	2.3	+ 1 500	26 000
Forderungen	1 000			1 000
Bank	9 000			9 000
Kasse	1 340			1 340
Akt. RAP	500			500
Sonstige Aktiva	6 510	2.4 2.7	+ 2 100 + 50 000	58 610
Summe Aktiva	720 450			573 462

Passiva	Vorläufige Bilanz in €	Tz.	Veränderungen in €	Endgültige Bilanz in €
Darlehen	300 000	2.1	./. 100 000	200 000
Verbindlichkeiten	42 300	2.3	+ 3 570	45 870
Devisen-verbindlichkeit	1 000	2.4	+ 2 500	3 500
Umsatzsteuer	6 000	2.2 2.3	+ 1 118 ./. 570	6 548
Sonstige Verbindlichkeiten	1 000	2.1	+ 12 000	13 000
Prozessrückstellung	7 000	2.6	./. 7 000	
Steuerrück-stellungen	3 000	2.5		3 000
Passiver RAP	700	2.1	+ 1 000	1 700
Kapital	359 450			299 844
Summe Passiva	720 450			573 462
Einlagen	113 000			113 000
Entnahmen	60 000	2.7 2.1 2.2	./. 50 000 + 120 000 + 7 000	137 000

Anlage 2
Gewinn-und-Verlust-Rechnung der Firma Holzer 2018

	Vorläufige GuV-Rechnung in €	Tz.	Veränderungen in €	Endgültige GuV-Rechnung in €
Wareneinsatz	400 000	2.3	+ 1 500	401 500
Personalkosten	100 000			100 000
Betriebssteuern	39 000	2.1	./. 30 000	9 000
Kfz-Kosten	40 000			40 000
Zinsaufwand	2 000	2.1	+ 12 000	14 000
Beratungskosten	1 000	2.6	./. 1 000	
Allgemeine Verwaltungskosten	8 000			8 000
AfA		2.1 2.2	+ 4 725 + 15 863	20 588
Sonstiger Aufwand	70 000	2.2	./. 1	69 999
Kursverluste		2.4	+ 400	400
Gewinn	100 000			117 394
Summe Aufwandsseite	760 000			780 881
Ertrag Warenverkauf	750 000			750 000
Mieterträge	500	2.1	+ 9 000	9 500
sonstige Erträge	9 500	2.2	+ 5 881	15 381
außerordentliche Erträge		2.6	+ 6 000	6 000
Summe Ertragsseite	760 000			780 881

Zu Tz. 2.7:
Betriebsvermögensvergleich:

	Kapital 31.12.2018	299 844 €
./.	Kapital 31.12.2017	206 450 €
		93 394 €
+	Entnahmen 2018	137 000 €
		230 394 €
./.	Einlagen 2018	113 000 €
	Gewinn 2018	117 394 €
+	Hinzurechnung gem. § 4 Abs. 5b EStG (Tz. 2.5)	9 000 €
	zu versteuernder Gewinn § 15 Abs. 1 Satz 1 Nr. 1 EStG	126 394

Stichwortregister

I

J

K

L

M

N

P

R